Electromagnetics

전자기학

강진규 지음

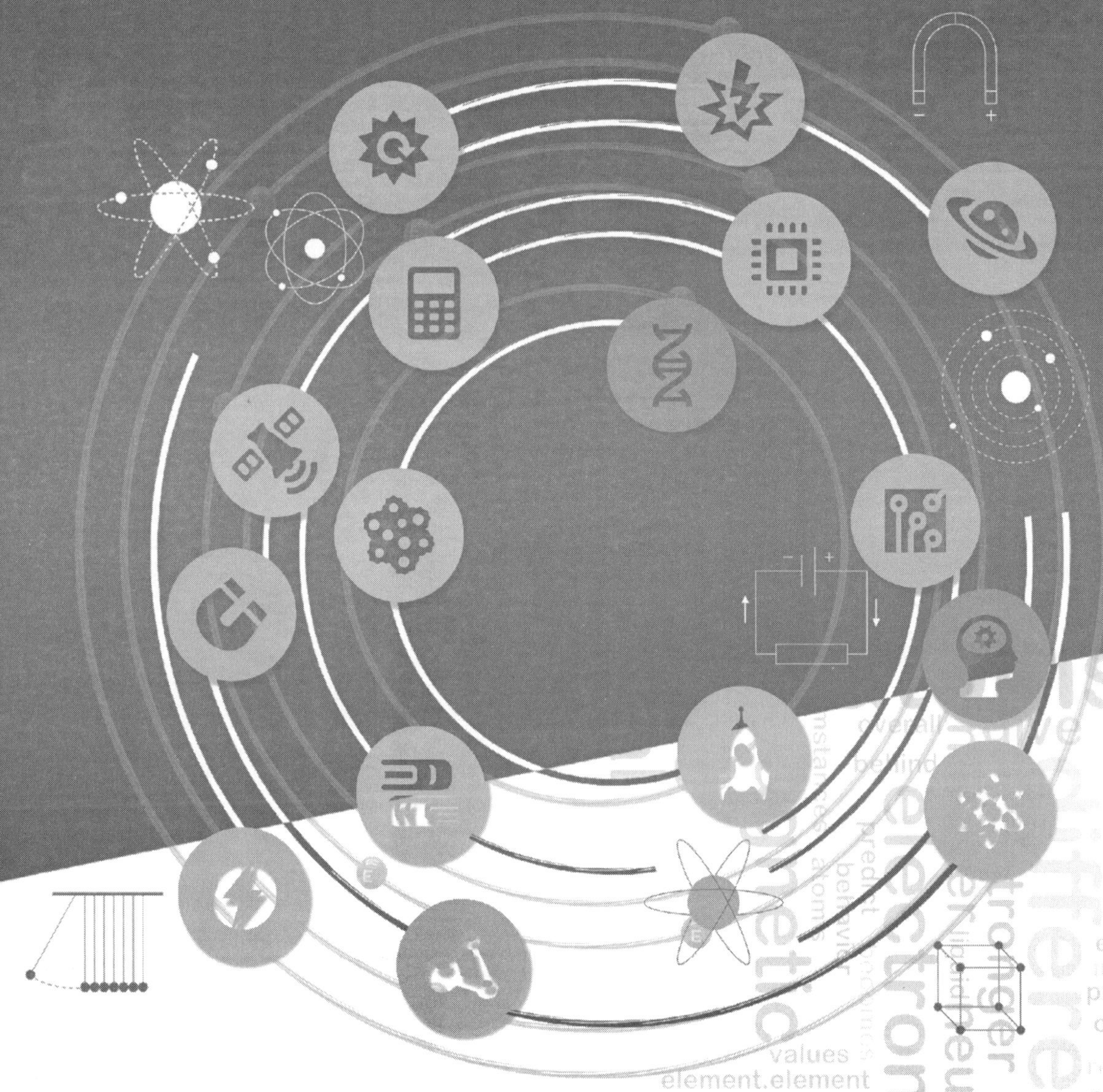

동일출판사

머리말

전기・자기에 관한 연구는 18세기부터 시작되었으며 여러 학자들의 헌신적이며 지속적인 연구에 의해 오늘날과 같은 뛰어난 공학적 발전을 이루게 되었다. 전기적・자기적 현상을 다루는 전자기학은 이와 같은 전기・자기분야에 있어서 가장 기본이 되는 학문으로서 이로부터 전기・자기에 관한 모든 응용이 시작된다 하여도 과언은 아닐 것으로 생각된다. 따라서 전기공학이나 전자공학 및 통신공학을 전공하고자 하는 학생이나 또는 이 분야에 종사하고자 하는 기술자들에게 있어서는 반드시 익혀야 할 기초 학문으로 인식되어 있다. 더욱이 오늘날과 같이 제어계측, 메카트로닉스 등 학문의 연계가 더욱 활발하게 이루어지는 상황에서는 기계분야 종사자들에 이르기까지 전기・자기현상에 대한 이해와 응용능력을 필요로 하게 되었다.
전자기학에 관한 저서는 이전부터 수없이 많이 출판되었으며, 오늘날에도 적지 않은 교재 및 기술도서가 출판되는 실정에 있다. 본서에서는 복잡한 내용과 또한 복잡한 수식은 가급적 피하고 기본이 되는 이론과 현상을 위주로 비교적 평이한 수식연산과 간단한 논리로 기술하고 또한 많은 예제의 풀이 과정을 통하여 전자기현상을 처음 접하는 학생이나 기술자들이 비교적 용이하게 전자기학을 이해할 수 있도록 하고자 한다.
앞으로 전기・자기 관련 기술과 이와 관련된 기술은 하루가 다르게 발전을 이루게 될 것이며 이와 더불어 산업현장에서는 이 부분에 대한 지식을 지닌 기술자를 더욱 필요로 할 것으로 기대되고 있다.
이러한 관점에서 본서가 대학이나 전문대학의 저학년생의 면학에 기여할 수 있고 산업체 근무자들 중 전자기학을 이해하고자 하는 사람들에게 전자기학의 입문서로의 역할을 할 수 있다면 더 바랄 나위가 없을 것으로 생각한다.
끝으로 본서의 출판에 적극적인 지원을 아끼지 않으신 동일출판사의 사장님과 전 직원분들께 깊은 감사를 드린다.

저 자

차례

제1장 벡터해석(vector 解析)

제2장 정전계 (靜電界)

제3장 정전용량(靜電容量)

제4장 유전체(誘電體)

제5장 정상전류(定常電流)

제6장 정상전류(定常電流)

제7장 자성체(磁性體)

제8장 전자유도(電磁誘導)현상

제9장 전자계(電磁界)

제 1 장 벡터해석(vector 解析)

1.1 벡터해석

1.1.1 스칼라량과 벡터량

물리량 가운데 수치단위만으로는 그 물리량을 충분히 표시할 수 없는 양이 있다. 이를 테면 물체에 작용하는 힘, 이동하는 물체의 속도 등은 이에 대한 좋은 예라 할 수 있다.

즉, 물체에 몇 뉴튼의 힘이 작용했다라고만 하면 이 힘에 의해 물체가 어느 방향으로 움직이는지 정확히 알 수 없다. 따라서 힘의 크기와 함께 방향도 분명히 나타내야만 한다.

이와 같이 크기와 방향을 함께 나타내야 하는 양으로는 속도, 가속도 및 전계의 세기 등을 들 수 있으며 이와 같은 양을 나타내기 위해서는 평행사변형법에 의해 가・감(加感)이 행해질 수 있는 벡터의 개념을 도입하는 것이 편리하다.

즉, 크기와 방향 및 단위에 의해 표시되는 양을 벡터량이라 한다.

또한 3, $\sqrt{5}/2$, 0.5와 같은 수치, 즉 순수(純數)를 스칼라(scalar)라 하며 크기와 단위만으로도 충분히 나타낼 수 있는 양을 스칼라량이라 한다. 따라서 질량, 온도, 시간, 전위 … 등은 수치와 단위만으로 표시될 수 있으므로 스칼라량이 된다.

벡터를 문자로 표시하는 데는 보통 고딕체 영자(英字) **A**, **B** 혹은 문자에 기호를 붙여서 $\overrightarrow{A}$, $\overrightarrow{B}$ 로 표시한다.

또한 벡터 **A**의 크기를 절대치 $|\mathbf{A}|$, 또는 A 등으로 표시한다. 벡터 **A**를 도시하는 데 그림 1.1과 같이 공간에 임의의 점 O를 가정하고 이점으로부터 정해진 방향으로 직선을 그으며, 길이 $\overline{Oa}$를 벡터의 절대치 $|\mathbf{A}|$와 같게 하고, 방향은 끝부분에 화살표를 붙여서 표시한다. **A**를 $\overrightarrow{Oa}$로 표시할 수도 있다.

임의의 벡터에 대해 방향 및 절대치가 같을 경우 두 벡터는 서로 같으며, 절대치가 같고, 방향이 반대가 되는 벡터는 앞의 벡터에 대하여 (−)벡터라 하며 그림에서와 같이 부(負)기호를 붙인다.

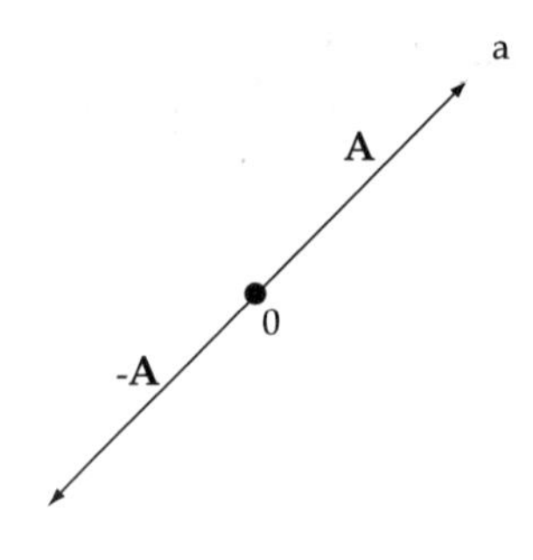

그림 1.1 벡터의 표시

1.1.2 벡터의 합(合)과 차(差)

벡터 A와 B의 합은 그림 1.2와 같이 평행사변형, 또는 삼각형법에 의하여 구할 수 있다, 즉 한점 O를 취하고 벡터 A 및 B를 표시하는 $\overrightarrow{Oa}$, $\overrightarrow{Ob}$를 두 변으로 하는 평행사변형 Oacb 또는 삼각형 Oac를 만들고 $\overrightarrow{Oc}$로 표시되는 벡터를 C라 하면 벡터 A와 B의 합은 C가 된다. 이 관계를 기호로 표시하면 식 (1.1)과 같이 된다.

$$\mathbf{A}+\mathbf{B}=\mathbf{C} \tag{1.1}$$

차(差)의 경우는 빼어지는 쪽의 벡터 방향을 반대로 하여 더한다. 즉, 그림 1.2에서 벡터 A에서 B를 빼는 경우에는 B를 반대방향으로 하여 $\overrightarrow{Ob'}$를 만들고 $\overrightarrow{Oa}$와 $\overrightarrow{Ob'}$의 합 $\overrightarrow{Od}$를 구한다. 여기서 $\overrightarrow{Od}$를 벡터 A에서 B를 뺀 벡터라 하며 이를 D라고 하고 이 관계를 기호로 표시하면 식 (1.2)와 같다.

$$\mathbf{A}-\mathbf{B}=\mathbf{D} \tag{1.2}$$

그림 1.2에서 점 b와 a를 연결한 선에 화살표를 붙인 $\overrightarrow{ba}$로써 A−B=D를 표시할 수 있다. 합(合)의 정의로부터 스칼라 n이 (+)의 정수라 할 때 이것을 벡터 A에 곱한다는 것은 벡터 A의 방향과 같으며 절대치가 n|A|인 벡터 nA가 됨을 표시한다. n이 (−)의 정수인 경우에는 A의 방향을 역으로 하여 n배 한 것으로 된다.

이러한 가정을 확장하여 n이 분수인 경우에 있어서도 크기, 방향 모두 n이 (+), (−) 정수인 경우와 같이 취급한다.

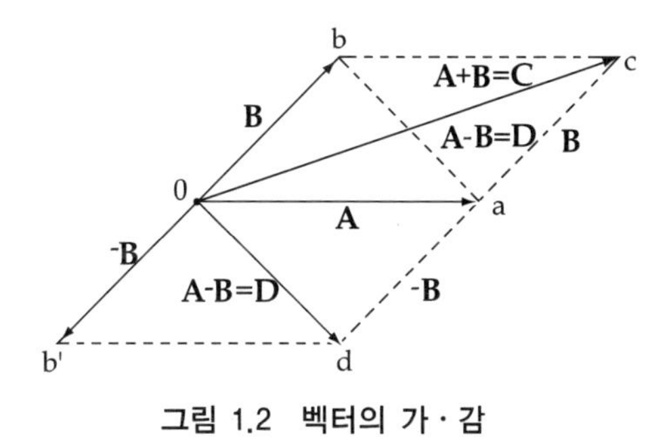

그림 1.2 벡터의 가 · 감

이러한 견지로부터 벡터 **A**를 고려하는데 벡터 **A**의 방향과 같으며 절대치가 1인 벡터를 **k**라 하면 벡터 **A**는 **k**와 $|\mathbf{A}|$의 곱으로 표시할 수 있다. 즉,

$$\mathrm{A} = \mathrm{k}|\mathrm{A}| = \mathrm{kA} \tag{1.3}$$

k와 역방향인 벡터 **B**는

$$\mathrm{B} = -\mathrm{k}|\mathrm{B}| = -\mathrm{kB} \tag{1.4}$$

로 표시된다. 이 경우 **k**를 벡터 **A**의 단위 벡터라 한다. 그림 1.3과 같이 단위벡터 $\mathbf{A}_0$와 θ의 각을 이루는 벡터 **A**를 가정하면 **A**의 $\mathbf{A}_0$방향에 대한 투영의 길이 $\mathrm{A_s}$는 식 (1.5)로 나타낼 수 있다. 여기서 $\mathrm{A_s}$는 방향을 지니지 않으며 $\theta >< \frac{2}{\pi}$에 의하여 (+) 또는 (−)인 스칼라이다.

$$\mathrm{A_s} = |\mathbf{A}|\cos\theta \tag{1.5}$$

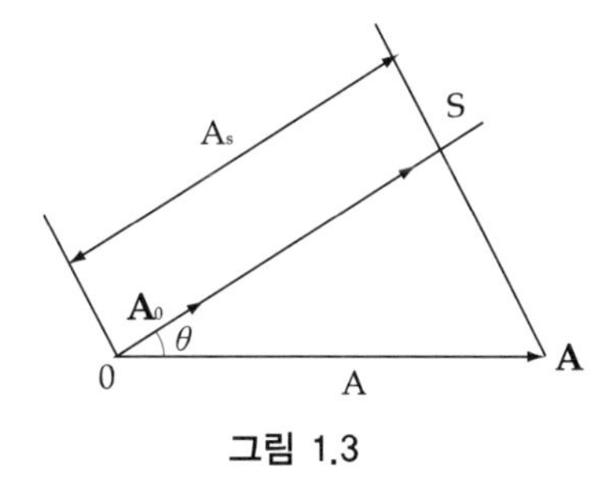

그림 1.3

이러한 $\mathrm{A_s}$를 $\mathbf{A}_0$방향의 성분(component)이라 한다.

따라서 벡터 $\overrightarrow{OS}$는 식 (1.6)으로 표시된다.

$$\overrightarrow{OS} = \mathbf{A}_o A_s \qquad (1.6)$$

1.1.3 벡터의 표시법

그림 1.4(a)의 직각좌표계 상에서 벡터 **A**, 즉 $\overrightarrow{OA}$는 x, y, z축 방향에 대한 3 벡터의 합으로서 표시할 수 있다.

점 A에서 x, y, z축에 수직선을 긋고 각각의 축과 만나는 점을 A_1, A_2, A_3라 하면 벡터 합의 정의에 의해

$$\mathbf{A} = \overrightarrow{OA_1} + \overrightarrow{OA_2} + \overrightarrow{OA_3} \qquad (1.7)$$

로 된다. 즉 $\overrightarrow{OA_1} + \overrightarrow{OA_2}$는 $\overrightarrow{OB}$이며 $\overrightarrow{OB} + \overrightarrow{OA_3}$는 **A**로 된다. 여기서 $\overrightarrow{OA_1}$은 그림 1.4의 (b)와 같이 **A**의 (+)x 축 방향에 대한 벡터를 **i**로 표시하고 **A**의 x 축에 대한 투영의 길이 즉 $\overline{OA_1} = A_x$라 하면

$$\overrightarrow{OA_1} = \mathbf{i} A_x \qquad (1.8)$$

로 된다.

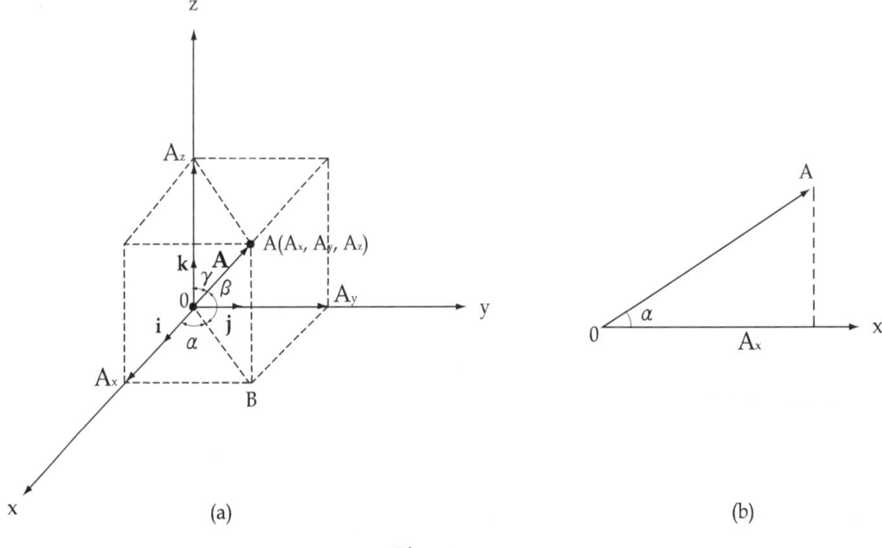

그림 1.4

같은 방법으로 (+)y, z축 방향에 대한 벡터를 각각 $\mathbf{j}$, $\mathbf{k}$로 하고 A_y, A_z를 $\mathbf{A}$의 y, z축에 대한 투영의 길이로 하면 $\overrightarrow{OA_2} = \mathbf{j}A_y$, $\overrightarrow{OA_3} = \mathbf{k}A_z$이므로 식 (1.7)은 식 (1.9)로 나타낼 수 있다.

$$\mathbf{A} = \mathbf{i}A_x + \mathbf{j}A_y + \mathbf{k}A_z \tag{1.9}$$

여기서 $\mathbf{i}$, $\mathbf{j}$, $\mathbf{k}$를 특히 기본벡터(fundamental vector)라 한다.

A_x, A_y, A_z는 벡터 $\mathbf{A}$의 x, y, z축 방향의 성분이며 각 좌표축 방향의 성분을 알면 식 (1.10)로부터 벡터 $\mathbf{A}$의 크기를 알 수 있다.

$$|\mathbf{A}| = \sqrt{A_x^2 + A_y^2 + A_z^2} \tag{1.10}$$

또한 벡터 $\mathbf{A}$와 x, y, z축과의 사이각을 α, β, γ라 하면 식 (1.11)로부터 벡터 $\mathbf{A}$의 방향을 알 수 있다.

$$\left.\begin{aligned} \frac{A_x}{|\mathbf{A}|} &= \cos\alpha = l \\ \frac{A_y}{|\mathbf{A}|} &= \cos\beta = m \\ \frac{A_z}{|\mathbf{A}|} &= \cos\gamma = n \end{aligned}\right\} \tag{1.11}$$

또한 l, m, n 중에서 두 가지를 알면 다른 하나를 구할 수 있다.

$$l^2 + m^2 + n^2 = 1 \tag{1.12}$$

식 (1.13)과 같은 $\mathbf{A}$, $\mathbf{B}$ 두 개의 벡터의 합 또는 차는 해석적으로 식 (1.14)에 의해 구할 수 있다.

$$\left.\begin{aligned} \mathbf{A} &= \mathbf{i}A_x + \mathbf{j}A_y + \mathbf{k}A_z \\ \mathbf{B} &= \mathbf{i}B_x + \mathbf{j}B_y + \mathbf{k}B_z \end{aligned}\right\} \tag{1.13}$$

$$\mathbf{A} \pm \mathbf{B} = \mathbf{i}(A_x \pm B_x) + \mathbf{j}(A_y \pm B_y) + \mathbf{k}(A_z \pm B_z) \tag{1.14}$$

예제 1

직각 좌표의 원점과 점 P(1, 2, 3) 및 점 Q(6, 3, 5)가 주어지고 선분 $\overrightarrow{OP}$ 및 $\overrightarrow{OQ}$를 표시하는 벡터를 A, B라 한다. 벡터 A와 B의 합과 차를 구하라.

풀이 A, B를 각각 x, y, z축 방향의 성분으로 표시하면

$$A = i1 + j2 + k3$$
$$B = i6 + j3 + k5$$

A, B의 합을 나타내는 벡터 C는

$$C = A + B = i(1+6) + j(2+3) + k(3+5) = i7 + j5 + k8$$

따라서 크기는 $|C| = \sqrt{7^2 + 5^2 + 8^2} = 11.75$이며, 방향은 여현(餘弦)에 의해

$$l = \frac{7}{11.5},\ m = \frac{5}{11.5},\ n = \frac{8}{11.5}$$

A, B의 차를 나타내는 벡터 D는

$$D = A - B = i(1-6) + j(2-3) + k(3-5)$$
$$= i(-5) + j(-1) + k(-2)$$

따라서 크기는 $|D| = \sqrt{(-5)^2 + (-1)^2 + (-2)^2} = 5.48$이며, 방향은

$$l = \frac{-5}{5.48},\ m = \frac{-1}{5.48},\ n = \frac{-2}{5.48}$$

로 표시된다.

1.1.4 벡터(Vector)의 스칼라곱

두 개의 벡터 A와 B의 곱에는 스칼라 곱(scalar product)과 벡터곱(vector product)의 두 종류가 있다. 먼저 여기서는 스칼라 곱을 정의하기로 한다. 두 개의 벡터 A, B의 절대치에 그들 사이의 각 θ의 여현을 곱한 것을 벡터 A, B의 스칼라 곱, 또는 내적(內積, inner product)이라 하며 A · B 또는(AB)로 표시되며 결과는 스칼라이다. 즉,

$$A \cdot B = (AB) = |A||B|\cos\theta \tag{1.15}$$

그림 1.5로부터 A · B는 $|A|\cos\theta$와 $|B|$ 또는 $|B|\cos\theta$와 $|A|$의 곱을 나타낸다.

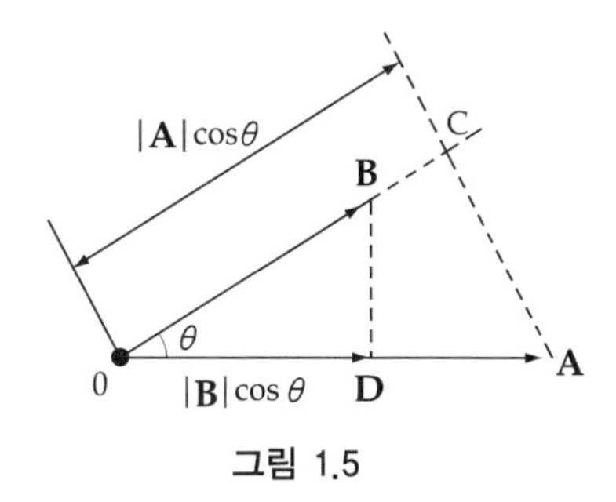

그림 1.5

가령 힘에 의한 일을 고려하면 개념을 파악할 수 있을 것이다. 임의의 질점(質点)에 가해지는 일정한 힘 **F**와 변위 **S**사이의 각을 θ라 한다면 행해지는 일은 질점에 가해지는 힘 **F**에 대한 **S** 방향의 성분 $|\mathbf{F}|\cos\theta$와 $|\mathbf{S}|$와의 곱으로 되며 식 (1.16)으로 나타낼 수 있다.

$$W = |\mathbf{F}||\mathbf{S}|\cos\theta \tag{1.16}$$

식 (1.16)을 스칼라 곱으로 표시하면

$$W = \mathbf{F} \cdot \mathbf{S} \tag{1.17}$$

그리고 스칼라 곱에는 교환법칙이 성립한다. 즉 벡터 **A**와 **B**의 곱의 순서에는 관계없이 식 (1.18)이 성립하며, 또한 분배법칙도 성립하여 식 (1.19)가 만족된다.

$$\mathbf{A} \cdot \mathbf{B} = \mathbf{B} \cdot \mathbf{A} \tag{1.18}$$

$$(\mathbf{A} + \mathbf{B}) \cdot \mathbf{C} = \mathbf{A} \cdot \mathbf{C} + \mathbf{B} \cdot \mathbf{C} \tag{1.19}$$

다음에 스칼라 곱의 특별한 경우를 고찰해 본다.

① A와 B가 수직인 경우

이때는 $\cos\theta = \cos\frac{\pi}{2} = 0$이므로

$$\mathbf{A} \cdot \mathbf{B} = 0 \tag{1. 20}$$

로 된다.

여기서 주의해야 할 것은 $\mathbf{A} \cdot \mathbf{B} = 0$는 $\mathbf{A} = 0$ 또는 $\mathbf{B} = 0$를 의미하는 것이 아니고 **A**와 **B**가 수직임을 의미한다. 다만 **A**와 **B** 중 어느 한쪽이 임의(크기, 방향)의 벡터

라 하여도 항상 $\mathbf{A} \cdot \mathbf{B} = 0$가 성립된다면 **A**와 **B** 중 하나는 0이다.

② **A와 B가 같은 방향의 경우**

$\cos\theta = \cos 0 = 1$이므로

$$\mathbf{A} \cdot \mathbf{B} = |\mathbf{A}||\mathbf{B}| \tag{1.21}$$

③ **A와 B가 반대방향의 경우**

$\cos\theta = \cos\pi = -1$이므로

$$\mathbf{A} \cdot \mathbf{B} = -|\mathbf{A}||\mathbf{B}| \tag{1.22}$$

④ **A와 B가 같은 경우**

$\cos\theta = \cos\pi = 1$이며, $|\mathbf{A}| = |\mathbf{B}|$이므로

$$\mathbf{A} \cdot \mathbf{B} = |\mathbf{A}|^2 = |\mathbf{B}|^2 \tag{1.23}$$

다음에 **A**와 **B**를 직각 좌표 성분으로 표시하여 식 (1.23)이라 하면

$$\left.\begin{aligned} \mathbf{A} &= \mathbf{i}A_x + \mathbf{j}A_y + \mathbf{k}A_z \\ \mathbf{B} &= \mathbf{i}B_x + \mathbf{j}B_y + \mathbf{k}B_z \end{aligned}\right\} \tag{1.23}$$

스칼라 곱 $\mathbf{A} \cdot \mathbf{B}$도 식 (1.25)으로 표시할 수 있다.

$$\mathbf{A} \cdot \mathbf{B} = (\mathbf{i}A_x + \mathbf{j}A_y + \mathbf{k}A_z) \cdot (\mathbf{i}B_x + \mathbf{j}B_y + \mathbf{k}B_z) \tag{1.25}$$

따라서 식 (1.25)에서 분배법칙에 의하여 각 항에 대한 스칼라 곱을 행하면 기본 벡터에 대해서는 식 (1.26)의 관계가 성립하므로 식 (1.27)의 결과를 얻을 수 있다.

$$\left.\begin{aligned} \mathbf{i} \cdot \mathbf{i} = \mathbf{j} \cdot \mathbf{j} = \mathbf{k} \cdot \mathbf{k} = 1 \\ \mathbf{i} \cdot \mathbf{j} = \mathbf{j} \cdot \mathbf{k} = \mathbf{k} \cdot \mathbf{i} = 0 \end{aligned}\right\} \tag{1.26}$$

$$\mathbf{A} \cdot \mathbf{B} = A_x B_x + A_y B_y + A_z B_z \tag{1.27}$$

예제 2

질점에 일정한 힘 $F = i5 + j6 + k8$[N]이 작용하여 질점이 점 $A(-2, 1, -3)$[m]에서 점$B(1, -3, 4)$[m]로 이동했다. 이때 행한 일은 얼마인가?

풀이 점 A와 점 B사이의 변위 벡터 S는 원점에서 점 A 및 점 B로 향하는 벡터 A와 벡터 B의 벡터差 $B - A$에 의하여 표시되며 $A = -2i + j + 3k$, $B = i - 3j + 4k$이므로 변위 벡터 S는 $S = B - A = i\{1-(-2)\} + j\{(-3)-1)\} + k\{4-(-3)\} = i3 - j4 + k7$로 된다. 따라서 일 W는

$$
\begin{aligned}
W &= F \cdot S = (i5 + j6 + k8) \cdot (i3 - j4 + k7) \\
&= 5 \times 3 + 6 \times (-4) + 8 \times 7 \\
&= 15 - 24 + 56 = 47[J]
\end{aligned}
$$

1.1.5 벡터의 벡터곱

각 θ를 이루는 두 벡터 A와 B의 벡터곱, 또는 외적(外積, outer product)은 식 (1.28)로 표시되며 곱의 결과는 벡터가 된다.

$$A \times B = n|B||A|\sin\theta \tag{1.28}$$

여기서 n은 A와 B를 포함하는 평면에 수직인 단위 벡터이며, 벡터 $A \times B$의 방향은 그림 1.6과 같이 벡터 A를 벡터 B에 중첩시키는데 가장 가까운 경로($\theta < \pi$)를 통하여 오른쪽 나사를 회전시킬 때 나사가 진행하는 방향으로 한다. 따라서 곱하는 순서를 반대로 하면 방향도 반대로 되므로

$$A \times B = -B \times A \tag{1.29}$$

도 되며 그 결과 교환법칙은 성립하지 않는다. 이러한 것은 그림 1.6에서 분명히 알 수 있다.

이와 같이 벡터 곱의 경우 교환법칙은 성립하지 않으나 식 (1.30)과 같이 분배법칙은 성립한다. 즉,

$$(A \times B) \times C = A \times C + B \times C \tag{1.30}$$

다음에 벡터곱의 특별한 경우를 고찰해 보자.

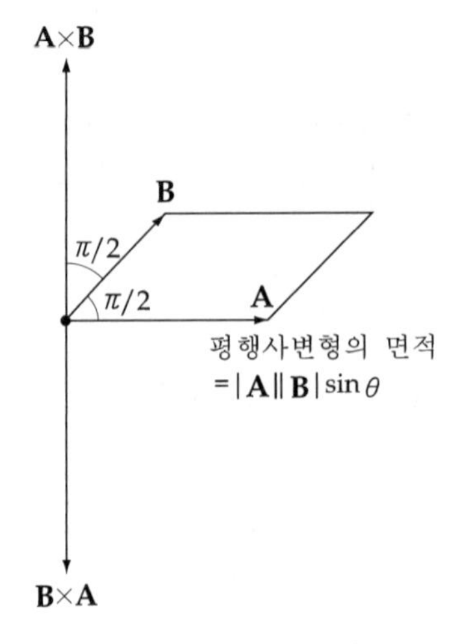

그림 1.6 두 벡터의 벡터곱

① **A와 B가 평행인 경우**

$\sin\theta = \sin 0° = \sin\pi = 0$이므로

$$\mathbf{A}\times\mathbf{B} = 0 \tag{1.31}$$

식 (1.31)은 A나 B가 0이란 뜻이 아니며 두 벡터 A, B가 서로 평행임을 의미한다. 다만, 어느 하나의 벡터가 임의의 벡터라 하여도 $\mathbf{A}\times\mathbf{B} = 0$으로 되면 다른 벡터는 항상 0이 된다.

② **A와 B가 수직인 경우**

$\sin\theta = \sin\frac{\pi}{2} = 1$이므로 식 (1.28)로부터

$$\mathbf{A}\times\mathbf{B} = \mathbf{n}|\mathbf{A}||\mathbf{B}| \tag{1.32}$$

즉, A와 B의 절대치의 곱과 같은 크기를 가지며 A에서 B로 오른 나사를 돌릴 때 나사가 진행하는 방향을 갖는 벡터이다.

다음에 A와 B의 벡터 곱을 직각 좌표성분으로 나타내면 식 (1.33)과 같다. 즉,

$$\mathbf{A}\times\mathbf{B} = (\mathbf{i}A_x + \mathbf{j}A_y + \mathbf{k}A_z)\times(\mathbf{i}B_x + \mathbf{j}B_y + \mathbf{k}B_z) \tag{1.33}$$

식 (1.33)에 분배법칙을 적용하여 각 항의 벡터곱을 순차적으로 행하면 위에서 언급한 ①, ②로부터 기본 벡터의 경우 식 (1.34)로 되므로

$$\left.\begin{aligned} &\mathbf{i}\times\mathbf{i}=\mathbf{j}\times\mathbf{j}=\mathbf{k}\times\mathbf{k}=0 \\ &\mathbf{i}\times\mathbf{j}=\mathbf{k},\ \mathbf{j}\times\mathbf{k}=\mathbf{i},\ \mathbf{k}\times\mathbf{i}=\mathbf{j} \end{aligned}\right\} \tag{1.34}$$

$$\begin{aligned} \mathbf{A}\times\mathbf{B} &= \mathbf{i}(A_yB_z-A_zB_y)+\mathbf{j}(A_zB_x-A_xB_z)+\mathbf{k}(A_xB_y-A_yB_x) \\ &= \begin{vmatrix} \mathbf{i} & \mathbf{j} & \mathbf{k} \\ A_x & A_y & A_z \\ B_x & B_y & B_z \end{vmatrix} \end{aligned} \tag{1.35}$$

로 된다.

1.1.6 3개의 벡터곱

세 개의 벡터 **A**, **B**, **C**의 곱으로 $\mathbf{A}\cdot(\mathbf{B}\times\mathbf{C})$와 $\mathbf{A}\times(\mathbf{B}\times\mathbf{C})$를 가정한다.

① **스칼라 3중곱 ; $\mathbf{A}\cdot(\mathbf{B}\times\mathbf{C})$**

$\mathbf{A}\cdot(\mathbf{B}\times\mathbf{C})$는 $\mathbf{A}\cdot\mathbf{B}\times\mathbf{C}$로 나타낼 수도 있다. 그러나 곱의 순서에 주의를 해야 한다. 먼저 $\mathbf{A}\cdot\mathbf{B}$를 취하면 그 결과는 스칼라인데 이것과 벡터 **C**와의 벡터 곱은 불합리하므로 의미가 없게 된다. 따라서 곱의 순서는 $\mathbf{B}\times\mathbf{C}$를 구하고 이 결과와 벡터 **A**와의 스칼라 곱을 구한다. 그 결과 이 경우의 곱은 스칼라로 된다.

그림 1.7에서 $|\mathbf{B}\times\mathbf{C}|$는 평행육면체의 밑면 Obdc의 면적을 나타내므로 $\mathbf{B}\times\mathbf{C}$의 결과는 크기가 $|\mathbf{B}||\mathbf{A}|\sin\theta$이며, 방향은 밑면적에 수직인 벡터 $\overrightarrow{\mathrm{OP}}$가 된다.

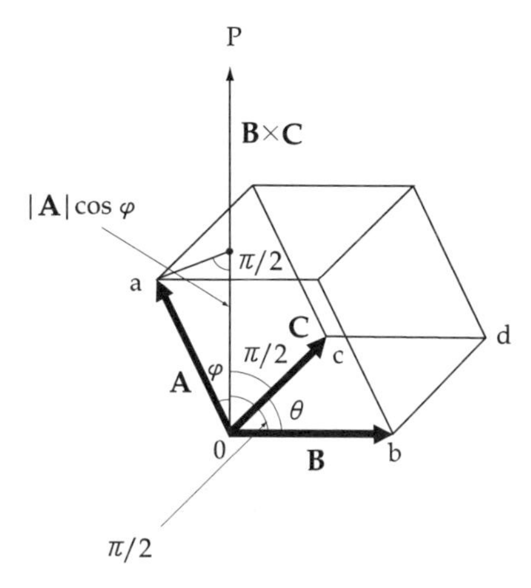

그림 1.7 스칼라 3중곱

벡터 A와 $\overrightarrow{OP}$의 스칼라 곱은 식 (1.36)으로 되므로 이는 평행육면체의 체적 V와 같다.

$$\begin{aligned} A \cdot \overrightarrow{OP} &= A(B \times C) = |A||\overrightarrow{OP}|\cos\theta \\ &= |\overrightarrow{OP}|(|A|\cos\theta) \\ &= \text{밑면적} \times \text{높이} \end{aligned} \tag{1.36}$$

체적 V는 C×A와 B 혹은 A×B와 C와의 곱으로 되므로 식 (1.37)의 관계가 성립된다.

$$A \cdot (B \times C) = B \cdot (C \times A) = C \cdot (A \times B) \tag{1.37}$$

여기서 벡터 (B×C), (C×A), (A×B)와 벡터 A, B, C가 이루는 각이 예각이라면 결과는 (+)로 되나 둔각인 경우에는 (−)로 된다.

$$\left.\begin{aligned} V &= B \cdot (C \times A) = -B \cdot (A \times C) = (C \times A) \cdot B = -(A \times C) \cdot B \\ V &= C \cdot (A \times B) = -C \cdot (B \times A) = (A \times B) \cdot C = -(B \times A) \cdot C \\ V &= A \cdot (B \times C) = -A \cdot (C \times B) = (B \times C) \cdot A = -(C \times B) \cdot A \end{aligned}\right\} \tag{1.38}$$

식 (1.38)의 결과는 두 벡터의 곱의 성질로부터 쉽게 알 수 있다. 이를 기억하는데 헤비사이드(Heavyside)의 정리를 이용하는 것이 편리하다. A · (B×C)에서 기호 ·와 ×를 바꾸어도 결과는 변하지 않으며, 두 개의 벡터를 서로 바꾸어 넣으면 기호가 변한다.

따라서 A · B×C는 각 벡터가 놓여진 순서가 정해지면 기호 ·와 ×의 교환이 자유롭게 되므로 세 개가 한 조인 스칼라 곱을 만드는 기호로서 A · (B×C) = (ABC)로 간략하게 표기할 수도 있다.

다음에 A, B, C를 직각 좌표의 성분으로 표시하여 스칼라 곱을 나타내면 식 (1.40)으로 된다.

$$A \cdot (B \times C) = (ABC) = (iA_x + jA_y + kA_z) \cdot \begin{vmatrix} i & j & k \\ B_x & B_y & B_z \\ C_x & C_y & C_z \end{vmatrix}$$

$$= |(\mathbf{i}A_x + \mathbf{j}A_y + \mathbf{j}A_z)| \cdot \left\{ \mathbf{i}\begin{vmatrix} B_y & B_z \\ C_y & C_z \end{vmatrix} - \mathbf{j}\begin{vmatrix} B_x & B_z \\ C_x & C_z \end{vmatrix} + \mathbf{k}\begin{vmatrix} B_x & B_y \\ C_x & C_y \end{vmatrix} \right\}$$

$$= A_x \begin{vmatrix} B_y & B_z \\ C_y & C_z \end{vmatrix} - A_y \begin{vmatrix} B_x & B_z \\ C_x & C_z \end{vmatrix} + A_z \begin{vmatrix} B_x & B_y \\ C_x & C_y \end{vmatrix} \qquad (1.40)$$

$$= \begin{vmatrix} A_x & A_y & A_z \\ B_x & B_y & B_z \\ C_x & C_y & C_z \end{vmatrix}$$

③ **벡터의 3중곱** ; $A \times (B \times C)$

$A \times (B \times C)$의 경우는 ( )를 생략할 수가 없다. $A \times (B \times C)$는 벡터 A와 벡터 $B \times C$의 벡터곱이므로 $(B \times C) = D$, $A \times (B \times C) = E$라 하면 E는 $B \times C$, 즉 D에 수직이며, D는 B와 C에 수직이므로 결국 E는 B와 C를 포함하는 평면상에 있는 벡터로 된다. 마찬가지로 $A \times (B \times C)$는 A와 B를 포함하는 평면상에 있는 벡터로 된다.

따라서 벡터곱의 경우 식 (1.41)과 같이 결합법칙(結合法則)이 성립되지 않는다.

$$A \times (B \times C) \neq (A \times B) \times C \qquad (1.41)$$

또한 벡터곱의 정의로 부터 벡터의 2중곱이 식 (1.42)와 같이 되므로 교환법칙도 성립되지 않는다.

$$\begin{aligned} A \times (B \times C) &= -(B \times C) \times A \\ &= -A \times (C \times B) \\ &= (C \times B) \times A \end{aligned} \qquad (1.42)$$

따라서 벡터의 3중곱은 벡터가 된다.

예제 3

$A \times (B \times C) = B \cdot (A \cdot C) - C \cdot (A \cdot B)$임을 증명하라.

풀이 $B \times C = D$라 하면

$$E = A \times (B \times C) = A \times D = \begin{vmatrix} i & j & k \\ A_x & A_y & A_z \\ D_x & D_y & D_z \end{vmatrix}$$

$$= \mathbf{i}\begin{vmatrix} A_y & A_z \\ D_y & D_z \end{vmatrix} - \mathbf{j}\begin{vmatrix} A_x & A_z \\ D_x & D_z \end{vmatrix} + \mathbf{k}\begin{vmatrix} A_x & A_y \\ D_x & D_y \end{vmatrix}$$

$$= \mathbf{i}(A_y D_z - A_z D_y) + \mathbf{j}(A_z D_x - A_x D_z) + \mathbf{k}(A_x D_y - A_y D_x)$$

그리고

$$\mathbf{D} = \mathbf{B} \times \mathbf{C} = \mathbf{i}(B_y C_z - B_z C_y) + \mathbf{j}(B_z C_x - B_x C_z) + \mathbf{k}(B_x C_y - B_y C_x)$$

그러므로

$$E_x = (A_y D_z - A_z D_y)$$

$$= A_y(B_x C_y - B_y C_x) - A_z(B_z C_x - B_x C_z) + A_x B_x C_x - A_x B_x C_x$$

$$= B_x(A_x C_y + A_y C_y + A_z C_z) - C_x(A_x B_x + A_y B_y + A_z B_z)$$

$$= B_y(\mathbf{A} \cdot \mathbf{C}) - C_x(\mathbf{A} \cdot \mathbf{B})$$

똑같은 과정으로

$$E_y = B_y(\mathbf{A} \cdot \mathbf{C}) - C_y(\mathbf{A} \cdot \mathbf{B})$$

$$E_z = B_z(\mathbf{A} \cdot \mathbf{C}) - C_z(\mathbf{A} \cdot \mathbf{B})$$

따라서

$$\mathbf{E} = \mathbf{A} \times (\mathbf{B} \times \mathbf{C})$$

$$= \mathbf{i}\{B_x(\mathbf{A} \cdot \mathbf{C}) - C_x(\mathbf{A} \cdot \mathbf{B})\} + \mathbf{j}\{B_y(\mathbf{A} \cdot \mathbf{C}) - C_y(\mathbf{A} \cdot \mathbf{B})\}$$

$$+ \mathbf{k}\{B_z(\mathbf{A} \cdot \mathbf{C}) - C_z(\mathbf{A} \cdot \mathbf{B})\}$$

$$= (\mathbf{i}B_x + \mathbf{j}B_y + \mathbf{k}B_z)(\mathbf{A} \cdot \mathbf{C}) - (\mathbf{i}C_x + \mathbf{j}C_y + \mathbf{k}C_z)(\mathbf{A} \cdot \mathbf{B})$$

$$= \mathbf{B} \cdot (\mathbf{A} \cdot \mathbf{C}) - \mathbf{C} \cdot (\mathbf{A} \cdot \mathbf{B})$$

로 된다.

1.2 벡터 미분연산자(微分演算子)

벡터의 미분 연산자는 ∇(nabla라고 부른다) 또는 grad(gradient의 약자)인 기호를 사용하여 나타내고, 그 내용은 다음과 같이 정의(定義)한다.

$$\nabla = \text{grad} = \frac{\partial}{\partial x}\mathbf{i} + \frac{\partial}{\partial y}\mathbf{j} + \frac{\partial}{\partial z}\mathbf{k} \tag{1.43}$$

∇는 다음에 설명하는 바와 같이, 임의의 스칼라량에 대해서 미분적 조작을 하여 새로운 벡터를 만들어내는 역할을 하는 형식으로, 이 성분을 $(\partial/\partial x, \partial/\partial y, \partial/\partial z)$하는 하나의 벡터로 볼 수도 있다.

∇를 이와 같이 생각하고 이를 임의의 스칼라 함수 $\varnothing(x, y, z)$에 대해서 곱하면,

$$\begin{aligned} \text{grad}\,\varnothing = \nabla\varnothing &= \left(\frac{\partial}{\partial x}\mathbf{i} + \frac{\partial}{\partial y}\mathbf{j} + \frac{\partial}{\partial z}\mathbf{k}\right)\varnothing \\ &= \frac{\partial\varnothing}{\partial x}\mathbf{i} + \frac{\partial\varnothing}{\partial y}\mathbf{j} + \frac{\partial\varnothing}{\partial z}\mathbf{k} \end{aligned} \tag{1.44}$$

가 되어, $\nabla\varnothing$는 성분이 $\frac{\partial\varnothing}{\partial x}$, $\frac{\partial\varnothing}{\partial y}$, $\frac{\partial\varnothing}{\partial z}$인 벡터량이 된다.

1.2.1 벡터의 발산(發散)

벡터 미분연산자 ∇를 하나의 벡터로 보고, 이것과 다른 벡터 $\mathbf{A}(A_x, A_y, A_z)$와의 스칼라 곱을 취하면 식 (1.45)로 된다.

$$\begin{aligned} \nabla\cdot\mathbf{A} &= \left(\frac{\partial}{\partial x}\mathbf{i} + \frac{\partial}{\partial y}\mathbf{j} + \frac{\partial}{\partial z}\mathbf{k}\right)\cdot(A_x\mathbf{i} + A_y\mathbf{j} + A_z\mathbf{k}) \\ &= \frac{\partial A_x}{\partial x} + \frac{\partial A_y}{\partial y} + \frac{\partial A_z}{\partial z} \end{aligned} \tag{1.45}$$

$\nabla\cdot\mathbf{A}$를 벡터 $\mathbf{A}$의 발산(divergence)이라 하며 div$\mathbf{A}$라고 쓰기도 한다.

따라서,

$$\text{div}\mathbf{A} = \nabla \cdot \mathbf{A} = \frac{\partial A_x}{\partial x} + \frac{\partial A_y}{\partial y} + \frac{\partial A_z}{\partial z} \tag{1.46}$$

① 발산정리(發算定理)

미소 입방체 dx dy dz 내에 체적 밀도가 ρ인 전하가 충만되어 있을 때, 이 입방체로부터 밖으로 향하여 나가는 전 전속(全 電束)은 식 (1.47)로 나타낼 수 있다.

$$\left(\frac{\partial D_x}{\partial x} + \frac{\partial D_y}{\partial y} + \frac{\partial D_z}{\partial z}\right)dv = \rho\, dv \tag{1.47}$$

$$\text{단, } dv = dx\, dy\, dz \tag{1.48}$$

식 (1.47)에서 좌변의 괄호 안은 전속밀도 **D**의 발산과 같으므로 식 (1.49)로 된다.

$$\text{div}\mathbf{D} = \rho \tag{1.49}$$

지금, 체적전하밀도가 ρ인 전하가 V인 체적에 분포되어 있다고 하면, 식 (1.47)은 식 (1.49)를 사용하여 다음과 같은 체적적분의 형식으로 나타낼 수 있다.

$$\oint_v \text{div}\mathbf{D}\, dv = \int_v \rho\, dv \tag{1.50}$$

② 라플라스 방정식

식 (1.44)로 표현된 grad$\varnothing$에 대해 발산을 취하면, 식 (1.51)을 얻을 수 있다.

$$\begin{aligned} \text{div grad}\varnothing &= \nabla \cdot \nabla\varnothing \\ &= \left(\frac{\partial}{\partial x}\mathbf{i} + \frac{\partial}{\partial y}\mathbf{j} + \frac{\partial}{\partial z}\mathbf{k}\right) \cdot \left(\frac{\partial}{\partial x}\mathbf{i} + \frac{\partial}{\partial y}\mathbf{j} + \frac{\partial}{\partial z}\mathbf{k}\right)\varnothing \\ &= \left(\frac{\partial^2}{\partial x} + \frac{\partial^2}{\partial y} + \frac{\partial^2}{\partial z}\right)\varnothing \end{aligned} \tag{1.51}$$

$$\text{여기서 } \nabla \cdot \nabla = \frac{\partial^2}{\partial x} + \frac{\partial^2}{\partial y} + \frac{\partial^2}{\partial z} \equiv \nabla^2 \tag{1.52}$$

식 (1.52)로 표현된 ∇^2를 라플라스의 연산자 또는 라플라시안(Laplacian)이라 한다.

1.2.2 벡터의 회전(回轉)

벡터 미분연산자 ∇와 벡터 $\mathbf{A}$와의 벡터 곱을 벡터 $\mathbf{A}$의 회전(rotation, curl)이라 하고, 기호로는 $\mathrm{rot}\,\mathbf{A}$ 또는 $\mathrm{curl}\,\mathbf{A}$를 사용한다. 즉, 벡터 곱의 정의에서 $\mathrm{rot}\,\mathbf{A}$는 다음과 같이 표현된다.

$$\mathrm{rot}\,\mathbf{A} = \mathrm{curl}\,\mathbf{A} = \nabla \times \mathbf{A} = \begin{vmatrix} \mathbf{i} & \mathbf{j} & \mathbf{k} \\ \frac{\partial}{\partial x} & \frac{\partial}{\partial y} & \frac{\partial}{\partial z} \\ A_x & A_y & A_z \end{vmatrix}$$

$$= \left(\frac{\partial A_z}{\partial y} - \frac{\partial A_y}{\partial z} \right) \mathbf{i} + \left(\frac{\partial A_x}{\partial z} - \frac{\partial A_z}{\partial x} \right) \mathbf{j} + \left(\frac{\partial A_x}{\partial y} - \frac{\partial A_y}{\partial x} \right) \mathbf{k} \tag{1.53}$$

예제 4

$\mathrm{div}\,\mathrm{rot}\,\mathbf{A} = 0$임을 증명하라. (1.54)

풀이

$$\mathrm{div}\,\mathrm{rot}\,\mathbf{A} = \nabla \cdot (\nabla \times \mathbf{A}) = \nabla \cdot \begin{vmatrix} \mathbf{i} & \mathbf{j} & \mathbf{k} \\ \frac{\partial}{\partial x} & \frac{\partial}{\partial y} & \frac{\partial}{\partial z} \\ A_x & A_y & A_z \end{vmatrix}$$

$$= \left(\frac{\partial}{\partial x}\mathbf{i} + \frac{\partial}{\partial y}\mathbf{j} + \frac{\partial}{\partial \partial z}\mathbf{k} \right) \cdot \left\{ \left(\frac{\partial A_z}{\partial y} - \frac{\partial A_y}{\partial z} \right) \mathbf{i} + \left(\frac{\partial A_x}{\partial z} - \frac{\partial A_z}{\partial x} \right) \mathbf{j} + \left(\frac{\partial A_x}{\partial y} - \frac{\partial A_y}{\partial y} \right) \mathbf{k} \right\}$$

$$= \frac{\partial}{\partial x} \left(\frac{\partial A_z}{\partial y} - \frac{\partial A_y}{\partial z} \right) + \frac{\partial}{\partial y} \left(\frac{\partial A_x}{\partial z} - \frac{\partial A_z}{\partial x} \right) + \frac{\partial}{\partial x} \left(\frac{\partial A_y}{\partial x} - \frac{\partial A_x}{\partial y} \right) = 0$$

예제 5

$\mathrm{rot}\,\mathrm{rot}\,\mathbf{A} = \mathrm{grad}\,\mathrm{div}\mathbf{A} - \nabla^2 \mathbf{A}$ 임을 증명하라. (1.55)

풀이

$$\mathrm{rot}\,\mathrm{rot}\,\mathbf{A} = \nabla \times \nabla \times \mathbf{A} = \nabla \times \begin{vmatrix} \mathbf{i} & \mathbf{j} & \mathbf{k} \\ \frac{\partial}{\partial x} & \frac{\partial}{\partial y} & \frac{\partial}{\partial z} \\ A_x & A_y & A_z \end{vmatrix}$$

$$=\begin{vmatrix} \mathbf{i} & \mathbf{j} & \mathbf{k} \\ \dfrac{\partial}{\partial x} & \dfrac{\partial}{\partial y} & \dfrac{\partial}{\partial z} \\ \left(\dfrac{\partial A_z}{\partial y}-\dfrac{\partial A_y}{\partial z}\right) & \left(\dfrac{\partial A_x}{\partial z}-\dfrac{\partial A_z}{\partial x}\right) & \left(\dfrac{\partial A_y}{\partial x}-\dfrac{\partial A_x}{\partial y}\right) \end{vmatrix}$$

$$=\left\{\frac{\partial}{\partial y}\left(\frac{\partial A_y}{\partial x}-\frac{\partial A_x}{\partial y}\right)-\frac{\partial}{\partial z}\left(\frac{\partial A_x}{\partial z}-\frac{\partial A_z}{\partial x}\right)\right\}\mathbf{i}$$

$$+\left\{\frac{\partial}{\partial z}\left(\frac{\partial A_z}{\partial y}-\frac{\partial A_y}{\partial z}\right)-\frac{\partial}{\partial x}\left(\frac{\partial A_y}{\partial x}-\frac{\partial A_x}{\partial y}\right)\right\}\mathbf{j}$$

$$+\left\{\frac{\partial}{\partial x}\left(\frac{\partial A_x}{\partial z}-\frac{\partial A_z}{\partial x}\right)-\frac{\partial}{\partial y}\left(\frac{\partial A_z}{\partial y}-\frac{\partial A_y}{\partial z}\right)\right\}\mathbf{k}$$

$$=\left\{\frac{\partial^2 A_y}{\partial y\,\partial x}+\frac{\partial^2 A_z}{\partial z\,\partial x}-\frac{\partial^2 A_x}{\partial y^2}-\frac{\partial^2 A_x}{\partial z^2}\right\}\mathbf{i}$$

$$+\left\{\frac{\partial^2 A_z}{\partial z\,\partial y}+\frac{\partial^2 A_x}{\partial x\,\partial y}-\frac{\partial^2 A_y}{\partial z^2}-\frac{\partial^2 A_y}{\partial x^2}\right\}\mathbf{j}$$

$$+\left\{\frac{\partial^2 A_x}{\partial x\,\partial z}+\frac{\partial^2 A_y}{\partial y\,\partial z}-\frac{\partial^2 A_z}{\partial x^2}-\frac{\partial^2 A_z}{\partial y^2}\right\}\mathbf{k}$$

$$=\left\{\left(\frac{\partial^2 A_x}{\partial x^2}+\frac{\partial^2 A_y}{\partial y\,\partial x}+\frac{\partial^2 A_z}{\partial z\partial x}\right)-\left(\frac{\partial^2 A_x}{\partial x^2}+\frac{\partial^2 A_x}{\partial y^2}+\frac{\partial^2 A_x}{\partial z^2}\right)\right\}\mathbf{i}$$

$$+\left\{\left(\frac{\partial^2 A_x}{\partial x\,\partial y}+\frac{\partial^2 A_y}{\partial y^2}+\frac{\partial^2 A_z}{\partial z\partial y}\right)-\left(\frac{\partial^2 A_y}{\partial z^2}+\frac{\partial^2 A_y}{\partial y^2}+\frac{\partial^2 A_y}{\partial x^2}\right)\right\}\mathbf{j}$$

$$+\left\{\left(\frac{\partial^2 A_x}{\partial x\partial z}+\frac{\partial^2 A_y}{\partial y\partial z}+\frac{\partial^2 A_z}{\partial z^2}\right)-\left(\frac{\partial^2 A_z}{\partial x^2}+\frac{\partial^2 A_z}{\partial y^2}+\frac{\partial^2 A_z}{\partial z^2}\right)\right\}\mathbf{k}$$

$$=\left\{\frac{\partial}{\partial x}\left(\frac{\partial A_x}{\partial x}+\frac{\partial A_y}{\partial y}+\frac{\partial A_z}{\partial z}\right)-\left(\frac{\partial^2 A_x}{\partial x^2}+\frac{\partial^2 A_x}{\partial y^2}+\frac{\partial^2 A_x}{\partial z^2}\right)\right\}\mathbf{i}$$

$$+\left\{\frac{\partial}{\partial y}\left(\frac{\partial A_x}{\partial x}+\frac{\partial A_y}{\partial y}+\frac{\partial A_z}{\partial z}\right)-\left(\frac{\partial^2 A_y}{\partial x^2}+\frac{\partial^2 A_y}{\partial y^2}+\frac{\partial^2 A_y}{\partial z^2}\right)\right\}\mathbf{j}$$

$$+\left\{\frac{\partial}{\partial z}\left(\frac{\partial A_x}{\partial x}+\frac{\partial A_y}{\partial y}+\frac{\partial A_z}{\partial z}\right)-\left(\frac{\partial^2 A_z}{\partial x^2}+\frac{\partial^2 A_z}{\partial y^2}+\frac{\partial^2 A_z}{\partial z^2}\right)\right\}\mathbf{k}$$

한편 $\text{grad div}\,\mathbf{A}-\nabla^2\mathbf{A}=\nabla\nabla\cdot\mathbf{A}-\nabla^2\mathbf{A}$

$$=\left(\frac{\partial}{\partial x}\mathbf{i}+\frac{\partial}{\partial y}\mathbf{j}+\frac{\partial}{\partial z}\mathbf{k}\right)\left(\frac{\partial A_x}{\partial x}+\frac{\partial A_y}{\partial y}+\frac{\partial A_z}{\partial z}\right)$$

$$-\left(\frac{\partial^2}{\partial x}+\frac{\partial^2}{\partial y}+\frac{\partial^2}{\partial z}\right)(A_x\mathbf{i}+A_y\mathbf{j}+A_z\mathbf{k})$$

$$= \left\{ \frac{\partial}{\partial x}\left(\frac{A_x}{\partial x} + \frac{\partial A_y}{\partial y} + \frac{\partial A_z}{\partial z} \right) - \left(\frac{\partial^2 A_x}{\partial x^2} + \frac{\partial^2 A_y}{\partial y^2} + \frac{\partial^2 A_z}{\partial z^2} \right) \right\} i$$

$$+ \left\{ \frac{\partial}{\partial y}\left(\frac{\partial A_x}{\partial x} + \frac{\partial A_y}{\partial y} + \frac{\partial A_z}{\partial z} \right) - \left(\frac{\partial^2 A_x}{\partial x^2} + \frac{\partial^2 A_y}{\partial y^2} + \frac{\partial^2 A_z}{\partial z^2} \right) \right\} j$$

$$+ \left\{ \frac{\partial}{\partial z}\left(\frac{\partial A_x}{\partial x} + \frac{\partial A_y}{\partial y} + \frac{\partial A_z}{\partial z} \right) - \left(\frac{\partial^2 A_x}{\partial x^2} + \frac{\partial^2 A_y}{\partial y^2} + \frac{\partial^2 A_z}{\partial z^2} \right) \right\} k$$

$$\therefore \ \mathrm{rot\,rot}\,\mathbf{A} = \mathrm{grad\,div}\,\mathbf{A} - \nabla^2 \mathbf{A}$$

1.2.3 스토크의 정리(Stokes'theorem)

벡터 **A**가 작용하는 공간 내에 하나의 폐곡선 C와 이것을 주변으로 하는 곡면 S을 생각하기로 한다. 벡터 **A**의 접선 방향 성분에 대해 곡선 C를 따라 선적분한 결과는 곡면 S에 대하여 rot**A**의 법선 성분을 면적분한 것과 같다. 이를 스토크(Stokes)의 정리라 하며, 식 (1.56)으로 나타낸다.

$$\oint_c \mathbf{A} \cdot d\mathbf{r} = \int_s \mathrm{rot}\,\mathbf{A} \cdot \mathbf{n}\, dS \qquad (1.56)$$

여기서, d**r**은 곡선 C에 대한 접선 방향의 미소 길이 벡터, **n**은 미소 면적 dS의 단위법선 벡터를 나타내며, 그 방향은 **n**와 C의 주회적분방향이 오른 나사의 관계를 만족하도록 한다. 식 (1.56)의 증명은 다음과 같이 된다.

먼저, 그림 1.8과 같이 곡선 C로 둘러쌓인 폐곡면 S를 다수의 미소 면적으로 분할하고, 각 미소면적에 대하여 화살표 방향으로 선적분한 후 이들을 더하면 서로 인접한 미소면적에 따른 선적분은 서로 상쇄되므로, 최후에 남는 것은 주변 곡선 C에 대한 선적분의 값으로 된다.

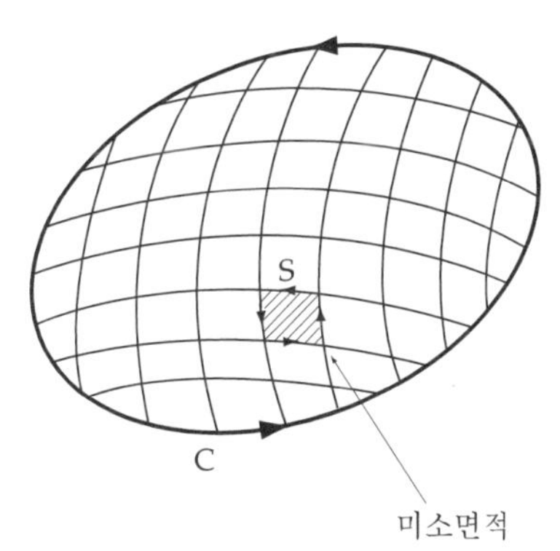

그림 1.8 스토크(Stokes)의 정리

한편, 각 미소면적에 대한 면적분의 합은 분명히 곡선 S에 대한 면적분과 같다. 따라서, 조그마한 한 개의 미소 면적에 대한 면적분은 이 면에 대한 면적분과 같다는 것을 증명하면, 식 (1.56)의 스토크의 정리가 증명된다.

벡터의 여러 성질 중 좌표축을 회전하여도 벡터는 원래의 상태에서 변하지 않는다는 성질이 있는 데, 가장 간단한 경우로 그림 1.9와 같이 xy평면상의 미소면적 dx dy를 생각하기로 한다.

이 미소면적 dx dy에 대해 그림에 나타낸 화살표 방향으로 선적분을 취한다면, 오른 나사의 관계로부터 이 면의 법선 방향의 단위 벡터 **n**은 z축 방향을 향하기 때문에 **n**은 **k**와 일치하게 된다. 이 미소면적에 대해 식 (1.56)의 우변을 계산하면 식 (1.57)로 된다.

$$\begin{aligned}\text{rot}\,A\cdot\mathbf{n}dS &= \left\{\left(\frac{\partial A_z}{\partial A_y}-\frac{\partial A_y}{\partial A_z}\right)\mathbf{i}+\left(\frac{\partial A_x}{\partial A_z}-\frac{\partial A_z}{\partial A_x}\right)\mathbf{j}+\left(\frac{\partial A_y}{\partial A_x}-\frac{\partial A_x}{\partial A_y}\right)\mathbf{k}\right\}\cdot\mathbf{n}dS \\ &= \left(\frac{\partial A_y}{\partial A_x}-\frac{\partial A_x}{\partial A_y}\right)dx\,dy \qquad (1.57)\end{aligned}$$

또한, 이 미소면적의 주변에 대한 선적분, 즉 식 (1.56)의 좌변을 계산하면 식 (1.58)로 된다.

$$\begin{aligned}&A_x(x,\ y)dx+A_y(x+dx,\ y)dy-A_x(x,\ y+dy)dx-A_y(x,\ y)dy \\ &=\left(\frac{\partial A_y}{\partial x}-\frac{\partial A_x}{\partial y}\right)dx\,dy \qquad (1.58)\end{aligned}$$

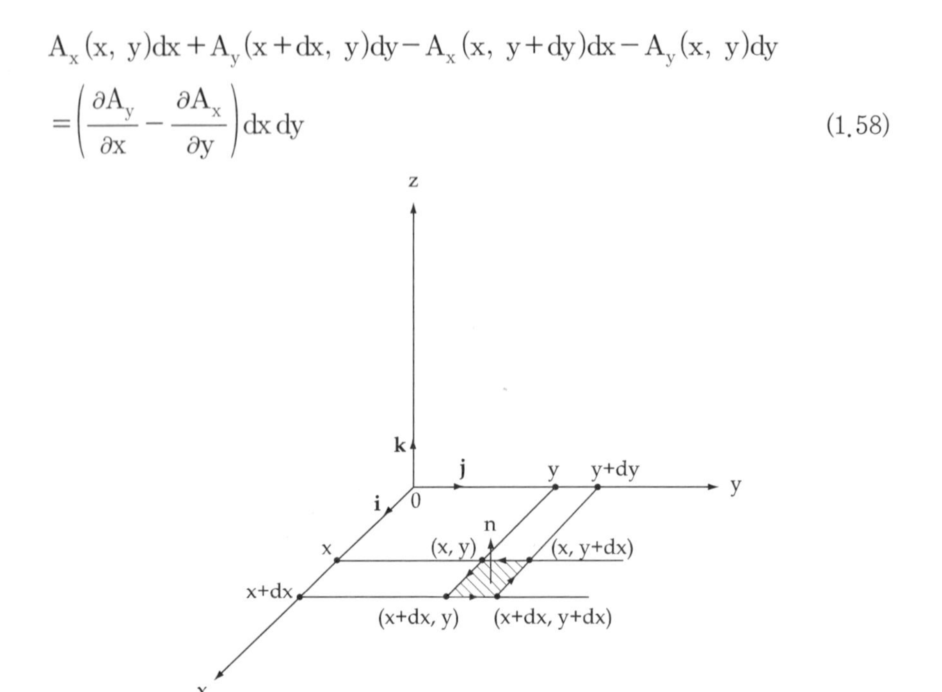

그림 1.9 xy평면상의 미소 면적

식 (1.57)과 식 (1.58)은 같은 값이 되므로, 이 미소면적에 대한 면적분과 선적분은 같다. 결국, 위에서 설명한 바와 같이 임의의 곡면에 대한 스토크의 정리가 성립됨이 증명되었다.

스토크 정리는 면적분을 선적분으로 바꾸는 경우, 혹은 그 반대의 경우에 사용된다.

1.3 좌표계(座標係)

1.3.1 원통좌표계(圓筒座標系)

문제를 풀이하는 데 있어서 일반적으로 직각 좌표계를 이용하는 경우가 대부분이지만 경우에 따라 직각좌표계를 이용할 때 계산이 복잡해지는 경우가 적지 않다. 그러므로 특수한 대칭성을 가진 문제를 푸는 경우 보다 논리적인 방법을 사용하지 않으면 안 된다.

즉 원통이나 구대칭성을 갖는 문제를 풀이할 때는 원통 좌표계(cylindrical coordinate system), 또는 구좌표계(spherical coordinate system)를 사용하는 것이 편리하다. 원주 또는 원통 좌표계는 해석기하학의 극좌표계에 대응하는 2차원 좌표계라 할 수 있다. 2차원 좌표계에서는 평면상 한 점의 위치를 원점으로부터 그 점까지와의 거리 r과, 이점과 원점을 연결하는 직선과 원점을 통과하는 미리 정해진 한 직선($\varnothing = 0$으로 표시)이 이루는 각 $\varnothing$로 표시한다. 그러나 3차원 좌표계인 원통 좌표계라 함은 원주면 죄표계를 말하는 것으로 타원 주면 좌표계나 포물선 주면 좌표계, 또는 쌍곡선 주면 좌표계등과 혼돈해서는 안 된다.

원통 좌표계에서는 직각 좌표계의 경우와는 달리 세 개의 좌표축을 인정하지 않는다. 원통 좌표계를 사용할 때 공간 속의 점들은 서로 직교하는 세면의 교차점이 된다고 생각해야 한다. 이 세 면은 r이 일정한 원통면, $\varnothing$가 일정한 평면 및 z가 일정한 평면을 말하며, 이는 직각 좌표계에서 공간 속의 점을 x, y, z가 일정한 세 평면의 교차점으로 생각한 것과 같게 된다. 원통 좌표계의 세 면은 그림 1.10 (a)와 같이 표시 된다.

다음에는 원통 좌표계의 세면의 단위 벡터를 정해야 한다. 이 좌표계에서는 좌표축이 없기 때문에 직각 좌표계의 경우처럼 좌표축의 방향과 동일한 방향을 갖는 단위 벡터를 정할 수 없다. 그러나 좌표의 치가 일정한 면에 직각이고 좌표의 치가 증가하는 방향으로 직각좌표계의 단위 벡터 방향을 정의하면 **i**는 x가 일정한 면과 직각으로 그점에서 x값이 증가하는 방향을 갖는 단위벡터가 된다. 이와 같은 방법으로 원통좌표계의 세 단위벡터 $\mathbf{a}_r$, $\mathbf{a}_\varnothing$, $\mathbf{a}_z$등을 정의할 수 있다.

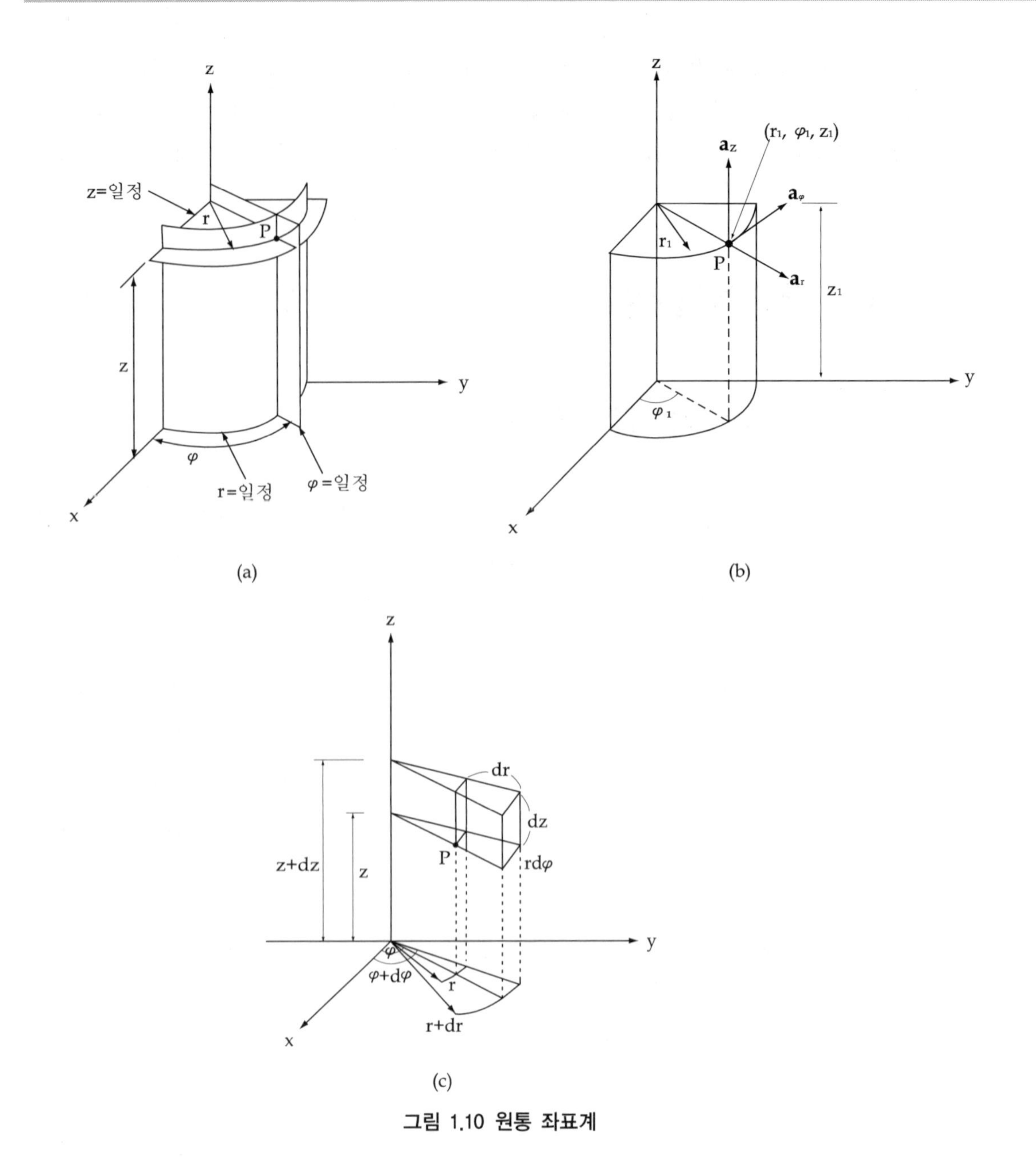

그림 1.10 원통 좌표계

그림 1.10의 (a)는 원통 좌표계에서 서로 직교하는 세면, (b)는 원통 좌표계의 세면의 단위 벡터, (c)는 원통 좌표계에서의 미소 체적소를 나타내며dr, $rd\varnothing$, dz등은 미소 길이를 표시한다.

따라서 점 $P(r_1,\ \varnothing_1,\ z_1)$에 있어서 단위벡터 $\mathbf{a}_r$은 원통면 $r=r_1$에 직각이고 원통 바깥쪽을 향하는 방향을 지니며 $\varnothing=\varnothing_1$, $z=z_1$인 두 평면상에 있다. 그리고 단위벡터 $\mathbf{a}_\varnothing$는

$\varnothing = \varnothing_1$인 면과 직각으로 $\varnothing$가 증가하는 방향을 지니며 $z = z_1$인 평면상에 있으며 $r = r_1$인 원통면의 접선 방향이 된다. 또 단위 벡터 $\mathbf{a}_z$는 직각 좌표계의 경우와 같다. 이 단위벡터들은 서로 직각이며 각 단위 벡터는 서로 직교하는 세 면 가운데 어느 한 면의 법선 방향과 동일한 방향을 갖는다.

즉, $\mathbf{a}_r \times \mathbf{a}_\phi = \mathbf{a}_z$인 관계가 성립되는 것을 오른손 원통 좌표계라고 정의할 수 있는데 이 경우 세 손가락을 서로 직각이 되도록 펼칠 때 엄지손가락과 집게손가락 및 가운데 손가락이 각각 r, $\varnothing$, z가 증가하는 방향을 가리키게 된다. 원통 좌표계에서는 r, $\varnothing$, z를 각각 미소 량, 즉 dr, $rd\varnothing$, dz만큼 증가시킴으로써 미소 체적소를 만들 수 있다. 그림 1.10의 (c)와 같이 반경 r 및 r+dr인 두 원통면과 각 $\varnothing$ 및 $\varnothing + d\varnothing$인 두 방사평면, 그리고 높이 z 및 z+dz인 두 평면을 그리면 이들 여섯 면으로 둘러싸이는 미소 체적소를 구할 수 있다. 부피가 매우 작아지면 이 체적소의 모양은 변의 길이가 각각 dr, $rd\varnothing$, dz인 직육면체와 같다고 할 수 있다. dr, dz 등은 길이의 차원을 갖지만 $d\varnothing$는 그렇지 않으며 $rd\varnothing$는 길이의 차원을 갖는다. 이 미소 체적소에 있어서 각 면의 면적은 $r\,dr\,d\varnothing$, $dr\,dz$, $r\,d\varnothing\,dz$가 되며 체적은 $r\,dr\,d\varnothing\,dz$로 표시된다.

예제 6

그림 1.10의 (b)와 같은 방법으로 다음 각 점의 위치를 표시하고 이들 점과 점 P(10. 90°, 5)사이의 거리를 구하라.

(a) A(15. 90°, 5)
(b) B(10. 90°, 5)
(c) C(10. 270°, 15).
(d) D(10. 12.6°, 4.83).
(e) E(10. 0°, 0)

5, 29, 10, 10, 15

1.3.2 구좌표계(救座標係)

원통 좌표계와는 달리 3차원 구좌표계와 대응하는 2차원 구좌표계는 존재하지 않는다. 구 좌표와 대응하는 2차원의 표시방법으로는 지구 표면의 한 점을 위도와 경도로 표시하는 방법을 들 수 있는 데 이 경우에는 지구 표면의 어느 한 점을 표시하는 것일 뿐 지구내부나 지구밖에 있는 점을 표시하는 것은 아니다. 세 개의 직각 좌표축을 가지는 공간 속의 한 점을 구좌표로 표시하면 그림 1.11의 (a)와 같다. 좌표 r은 원점으로부터 그 점까지의 거리를 표시한다. 이것은 원통 좌표계에서 z축과의 거리를 표시하는 좌표와 동일한 문자를 사용하므로 혼돈하지 않도록 주의하여야 한다. 소문자 r로 좌표 표시가 되어 있을 경우 이것이 원통 좌표계의 좌표인지는 전후관계를 보면 쉽게 구별할 수 있을 것이다. 구 좌표계에서 r이 일정한 면은 구면을 나타낸다.

좌표 θ는 이 점과 원점을 연결하는 직선과 z축 사이의 각을 표시하며 θ가 일정한 면은 원추면이 된다. 이 원추면과 r이 일정한 구면은 이 두면이 교차하는 곡선(반경 $r\sin\theta$ 인 원)상의 모든 점에서 서로 교차한다. 좌표 θ는 위도와 대응관계에 있으나 지구 표면의 점을 표시하는 데 위도나 좌표 θ를 사용할 경우 위도는 적도를 기준으로 하지만 θ는 지구의 북극을 기준으로 하는 셈이 된다.

좌표 $\varnothing$는 원통 좌표계의 경우와 동일한 것으로 그 점과 원점을 연결하는 직선을 $z=0$인 평면에 투사한 선과 x축 사이의 각을 표시한다. 이것은 동쪽으로 갈수록 증가하는 경도에 대응되며 $\theta=0$인 직선, 즉 z축은 $\varnothing$가 일정한 면에 놓이게 된다.

구좌표계를 사용하면 공간 속의 점을 전술한 바와 같이 서로 직교하는 세면, 즉 구면, 원추면 및 평면의 교차점으로 표시할 수 있다. 이것을 도면으로 나타내면 그림 1.11의 (b)와 같다.

또 공간의 모든 점에서 구좌표계에 대해 세 개의 단위 벡터를 정의할 수 있다. 이 단위 벡터들은 앞에서 말한 서로 직교하는 세면 가운데 한 면과 직각이 되며 그면의 좌표가 증가하는 방향을 갖는다. 따라서 단위벡터 $\mathbf{a}_r$은 r이 일정한 구면과 직각으로 r이 증가하는 방향을 향하는 벡터이며, θ가 일정한 원주면과 $\varnothing$가 일정한 평면상에 놓이게 된다. 단위벡터 $\mathbf{a}_\varnothing$는 그 점을 통과하는 원추면과 직각이고 $\varnothing$가 일정한 평면상에 있으며 r이 일정한 구면의 접선 방향이 된다.

단위벡터 $\mathbf{a}_\theta$는 원통 좌표계의 $\mathbf{a}_\theta$와 같으며 그림 1.11의 (c)는 이 단위벡터를 나타낸다. 이 단위벡터가 서로 직교하여 $\mathbf{a}_r \times \mathbf{a}_\theta = \mathbf{a}_\varnothing$인 관계가 성립되는 좌표계를 오른손 구좌표계라 한다. 그림 1.11의 (c)에 표시된 좌표계는 오른손 구좌표계로 오른손의 엄지손가락과 집게손가락 및 가운데 손가락은 각각 r, θ, $\varnothing$가 증가하는 방향을 가리키게 된다. 이는 원통 좌표의 r, $\varnothing$, z 직각 좌표의 x, y, z에 대응한다.

구좌표계에 있어서 미소 체적소는 그림 1.11의 (d)와 같이 r, θ, $\varnothing$를 각각 dr, $d\theta$, $d\varnothing$만큼 증가시킴으로써 얻을 수 있다. 이 미소체적소를 이루는 반경이 r인 구면과 $r+dr$인 구면(球面)사이의 거리는 dr이며 좌표가 θ 및 $d\theta$인 두 원추면사이의 거리는 $r\,d\theta$이다. 또한 좌표가 각각 $\varnothing$, $\varnothing+d\varnothing$인 두 면 사이의 거리는 $r\sin\theta\, d\varnothing$가 되며 이 체적소의 각 면적은 각각 $r\,dr\,d\theta$, $r\sin\theta\,dr\,d\varnothing$, $r^2\sin\theta\,dr\,d\varnothing$, 체적은 $r^2\sin\theta\,dr\,d\theta\,d\varnothing$이다.

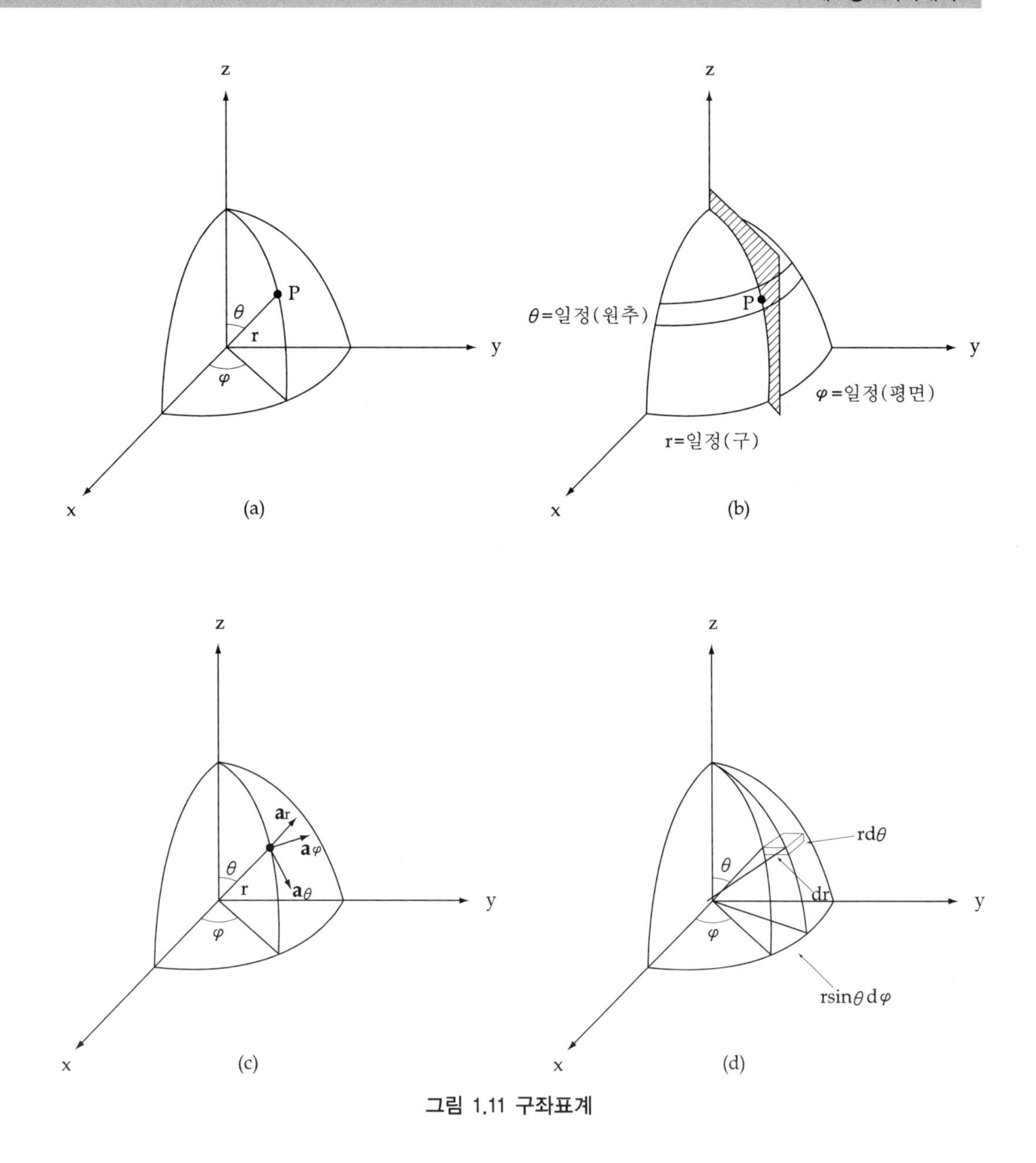

그림 1.11 구좌표계

1.3.3 좌표계사이의 변환

벡터 해석의 방법으로 전계 및 자계에 관한 문제를 풀이할 경우 직각 좌표계를 사용하면 간편하지만 해답은 원통 좌표계나 구 좌표계로 표시해야 할 경우가 있다. 또 이와 반대로 원통 좌표계나 구좌표계로 해석하고 직각 좌표계로 해답을 표시해야 할 경우도 있다. 그리고 특수한 문제를 취급할 경우에는 여러 가지 좌표계를 동시에 사용하고 필요에 따라 좌표계 사이의 변환(transformation)을 해야 할 경우도 있다. 이 좌표계 사이의 변환은 앞으로 자주 사용되지는 않기 때문에 결정적인 중요성을 갖는다고는 할 수 없으나 지금까지 배운 벡터의 개념을 이해하는데 도움이 될 것이다.

우선 직각 좌표계로 표시한 벡터를 원통 좌표계로 변환하는 문제를 고찰해보기로 한다. 이 문제는 변수변환과 성분변환등 두 단계로 구분하여 취급해야 한다.

각 성분이 x, y, z의 함수인 직각좌표계로 표시된 벡터 $\mathbf{A}=A_x\mathbf{i}+A_\phi\mathbf{j}+A_z\mathbf{k}$의 성분 A_r, $A_\varnothing$, A_z를 r, θ, z의 함수인 원통 좌표계의 벡터 $\mathbf{A}=A_x\mathbf{a}_r+A_\varnothing\mathbf{a}_\varnothing+A_z\mathbf{a}_z$로 변환하는 문제에 대해 생각하기로 한다.

이 경우 앞에서 말한 두 단계의 순서가 바뀌어도 결과에는 차이가 없다. 여기서는 첫 단계로 변수변환을 한다. 두 좌표계를 그림 1.12와 같이 취할 경우 두 좌표계에서 z=0인 각각의 면이 일치하며 y=0인 면과 ∅=0인 면이 일치한다. 따라서 임의의 점 P의 좌표 변수들 사이에는 다음과 같은 변환관계가 성립한다.

$$x=r\cos\varnothing,\quad y=r\sin\varnothing,\quad z=z$$

$$r=\sqrt{(x^2+y^2)},\ \varnothing=\tan^{-1}\frac{y}{x},\quad z=z$$

이 식의 첫째 줄은 x, y, z를 r, ∅, z의 함수로 표시하며 둘째 줄은 r, ∅, z를 x, y, z로 표시한다. 여기서 변수 z는 불변이므로 두 좌표계는 동일한 단위 벡터 $\mathbf{a_z}$를 갖는다.

변수변환의 설명을 위한 예로 $\mathbf{B}=z\mathbf{i}+(1-x)\mathbf{j}+\left(\frac{y}{x}\right)\mathbf{k}$인 벡터를 취하여 좌표계 변환의 첫 단계로 변수변환을 하면 $\mathbf{B}=z\mathbf{i}+(1-r\cos\theta)\boldsymbol{j}+(\tan\varnothing)\boldsymbol{k}$가 된다.

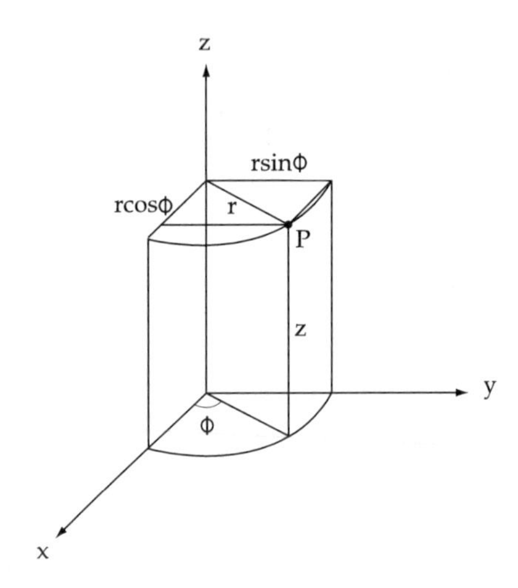

그림 1.12 직각좌표 x, y, z와 원통좌표 r, ∅, z와의 관계, 변수 z는 동일하다.

다음에는 성분변환에 대해서 고찰한다. 직각 좌표 성분이 A_x, A_y, A_z인 벡터로 변환할 때 단위 벡터 $\mathbf{a}_z$는 두 좌표계에서 모두 같기 때문에 A_z항은 동일하다. 임의의 벡터에 대해 특정 방향의 성분은 그 벡터와 특정방향을 나타내는 단위 벡터와의 스칼라 곱과 같다는 성질을 이용하면 성분 A_r, $A_\varnothing$ 등은 $A_r = A \cdot \mathbf{a}_r$ 및 $A_\varnothing = A \cdot \mathbf{a}_\varnothing$로 되며 $\mathbf{a}_z \cdot \mathbf{a}_r$ 및 $\mathbf{a}_z \cdot \mathbf{a}_\varnothing$가 0임을 고려하여 스칼라 곱을 구하면

$$A_r = (A_x\mathbf{i} + A_x\mathbf{j} + A_x\mathbf{k}) \cdot \mathbf{a}_r = A_x\mathbf{i} \cdot \mathbf{a}_r + A_y\mathbf{j} \cdot \mathbf{a}_r \text{ 및}$$
$$A_\varnothing = (A_x\mathbf{i} + A_y\mathbf{j} + A_z\mathbf{k}) \cdot \mathbf{a}_\varnothing = A_x\mathbf{i} \cdot \mathbf{a}_\varnothing + A_y\mathbf{j} \cdot \mathbf{a}_\varnothing$$

를 얻을 수 있다.

따라서 성분의 변환관계를 얻기 위해서는 $\mathbf{i} \cdot \mathbf{a}_r$, $\mathbf{j} \cdot \mathbf{a}_r$, $\mathbf{i} \cdot \mathbf{a}_\varnothing$ 및 $\mathbf{j} \cdot \mathbf{a}_\varnothing$ 등을 구해야 한다. 이는 모두 단위벡터끼리의 스칼라 곱이므로 단위 벡터 사이의 각cosine으로 표시 된다. 그림 1.12로부터 다음과 같은 관계식을 얻을 수 있다.

$$\mathbf{i} \cdot \mathbf{a}_r = \cos\varnothing, \mathbf{j} \cdot \mathbf{a}_r = \sin\varnothing$$
$$\mathbf{i} \cdot \mathbf{a}_r = -\sin\varnothing, \mathbf{j} \cdot \mathbf{a}_\varnothing = \cos\varnothing$$

이 관계식을 이용하면 직각 좌표계의 벡터 **A**는 식 (1.59)와 같이 원통 좌표계로 변환된다.

$$\mathbf{A} = (A_x\cos\varnothing + A_y\sin\varnothing)\mathbf{a}_r + (-A_x\sin\varnothing + A_y\cos\varnothing)\mathbf{a}_\varnothing + A_z\mathbf{a}_z \qquad (1.\ 59)$$

이 관계식을 이용하면 전술한 벡터 **B**의 변환은

$$\mathbf{B} = (z\cos\varnothing + r\sin\varnothing\cos\varnothing)\mathbf{a}_z + (-z\sin\varnothing + \cos\varnothing - r\cos^2\varnothing)\mathbf{a}_\varnothing + \tan\varnothing\mathbf{a}_z$$

이다. 이 경우는 직각 좌표로 표시한 것이 훨씬 간단함을 알 수 있다.

근본적으로 좌표계 사이의 변환은 간단한 문제이다. 즉 먼저 변수변환을 하고 다음에 성분 변환을 하면 되는 것이다. 그런데, 방법 그 자체는 이와 같이 간단하지만 실제에 있어서 변환과정은 복잡한 경우가 많다. 따라서 표 1.1과 같이 변수 상호간의 변환식과 각 좌표계 성분 사이의 변환관계를 미리 표로 만들어 두면 편리하다. 이 표의 경우에는 반대 방향으로의 변환도 표시되어 있다. 즉 직각좌표계의 각 성분이 원통좌표계의 성분으로 표시되어 있다. 이 관계식은 식 (1.59)를 얻은 것과 같은 방법으로 구할 수 있는데 이 경우도 이미 구한

단위 벡터의 스칼라 곱의 수치를 사용한다. 이와 동일한 방법으로 직각 좌표계의 벡터와 구좌표계로 또는 그 반대로 변환할 수 있으며 각 변수사이의 변환관계는 다소 복잡하지만 그림 1.9의 (a)를 이용하면

$$x = r\sin\theta\cos\varnothing,\ y = r\sin\theta\sin\varnothing,\ z = r\cos\theta$$

$$r^2 = x^2 + y^2 + z^2,\ \cos\theta = \frac{z}{\sqrt{(x^2+y^2+z^2)}},\ \tan\varnothing = \frac{y}{x}$$

를 얻을 수 있다.

삼각관계를 이용하면 그림 1.11의 (C)에서 두 좌표계에 대한 각 단위벡터의 스칼라 곱을 쉽게 구할 수 있다. 구좌표계의 단위벡터와 직각 좌표계의 단위벡터의 스칼라 곱은 구좌표계 벡터에 대한 직각 좌표계 벡터 방향의 성분을 표시한다. 따라서 구좌표계의 각 단위벡터와 **k**와의 스칼라 곱은 다음과 같다.

$$\mathbf{a}_r \cdot \mathbf{k} = \mathbf{k} \cdot \mathbf{a}_r = \cos\theta$$

$$\mathbf{a}_\theta \cdot \mathbf{k} = \mathbf{k} \cdot \mathbf{a}_\theta = -\sin\theta$$

$$\mathbf{a}_\varnothing \cdot \mathbf{k} = \mathbf{k} \cdot \mathbf{a}_\varnothing = 0$$

한편 **i** 또는 **j**와의 스칼라 곱을 구할 경우 먼저 구좌표계 단위 벡터의 xy평면상 투사(投射)를 구하고 이 투사의 x 또는 y축상의 투사를 구하면 된다. 예를 들면 $\mathbf{a}_r \cdot \mathbf{i}$의 xy평면상의 투사는 $\sin\theta$가 되며, x축 상의 투사는 $\sin\theta\cos\varnothing$가 된다. 다른 스칼라곱도 이와 같은 방법으로 구할 수 있다. (표 1.2 참조).

이 관계식을 사용하면 구좌표성분 A_r, A_θ, $A_\varnothing$를 직각 좌표 성분 A_x, A_y, A_z로 표시할 수 있으며 반대 방향의 변환식도 구할 수 있다. 이 관계는 표 1.2와 같으며 직각 좌표계와 구좌표계 사이의 변환에 이용한다.

표 1.1 직각 좌표계와 원통 좌표계 사이의 변수 및 성분 변환 관계

직각 좌표계 → 원통 좌표계	원통 좌표계 → 직각 좌표계
$x = r\cos\varnothing$	$r = \sqrt{x^2+y^2}$
$y = r\sin\varnothing$	$\varnothing = \tan^{-1}\dfrac{y}{x}$
$z=z$	$z=z$
$A_r = A_x\cos\varnothing + A_y\sin\varnothing$	$A_x = A_r\dfrac{x}{\sqrt{x^2+y^2}} - A_\varnothing\dfrac{y}{\sqrt{x^2+y^2}}$
$A_\varnothing = A_x\sin\varnothing + A_y\cos\varnothing$	$A_y = A_r\dfrac{y}{\sqrt{x^2+y^2}} - A_\varnothing\dfrac{x}{\sqrt{x^2+y^2}}$
$A_z = A_z$	$A_z = A_z$

표 1.2 직각좌표계와 구좌표계 사이의 변수 및 성분 변환 관계

직각 좌표계 → 구좌표계	구좌표계 → 직각 좌표계
$x = r\sin\theta\cos\varnothing$	$r = \sqrt{x^2+y^2+z^2}$
$y = r\sin\theta\sin\varnothing$	$\theta = \cos^{-1}\dfrac{z}{\sqrt{x^2+y^2+z^2}}$
$z = r\cos\theta$	$\varnothing = \tan^{-1}\dfrac{y}{x}$
$A_r = A_x\sin\theta\cos\varnothing + A_y\sin\theta\sin\varnothing + A_z\cos\theta$	$A_x = \dfrac{A_r\,x}{\sqrt{x^2+y^2+z^2}} + \dfrac{A_\theta\,xz}{\sqrt{(x^2+y^2)+(x^2+y^2+z^2)}} - \dfrac{A_\varnothing\,y}{\sqrt{x^2+y^2}}$
$A_\theta = A_x\cos\theta\cos\varnothing + A_y\cos\theta\sin\varnothing - A_z\sin\theta$	$A_y = \dfrac{A_r\,y}{\sqrt{x^2+y^2+z^2}} + \dfrac{A_\theta\,yz}{\sqrt{(x^2+y^2)+(x^2+y^2+z^2)}} + \dfrac{A_\varnothing\,x}{\sqrt{x^2+y^2}}$
$A_\varnothing = -A_x\sin\varnothing + A_y\cos\varnothing$	$A_z = \dfrac{A_r\,z}{\sqrt{x^2+y^2+z^2}} - \dfrac{A_\theta\sqrt{x^2+y^2}}{\sqrt{x^2+y^2+z^2}}$
$a_r \cdot i = \sin\theta\cos\varnothing$	
$a_\theta \cdot j = \cos\theta\cos\varnothing$	
$a_\varnothing \cdot i = -\sin\varnothing$	
$a_r \cdot j = \sin\theta\sin\varnothing$	
$a_\theta \cdot j = \cos\theta\sin\varnothing$	
$a_\varnothing \cdot j = \cos\varnothing$	

예제 7

다음 각 점의 직각 좌표계를 구하라.

(a) A (8, 120°, 5)(원통좌표)

(b) B (8, 120°, 30°)(구좌표)

풀이 $(-4,\ 4\sqrt{3},\ 5),\ (6,\ 2\sqrt{3},\ -4)$

예제 8

점(2, −1,3)의 원통 좌표 및 구좌표를 구하라.

풀이 원통좌표 : $(\sqrt{5},\ 333.4^\circ,\ 3)$, 구좌표 : $(\sqrt{8},\ 36.7^\circ,\ 333.4^\circ)$

예제 9

벡터 $\mathbf{F} = y\mathbf{i} - x\mathbf{j} + z\mathbf{k}$를 원통 좌표계 및 구좌표계로 변환하라.

풀이 원통 좌표 : $-r\mathbf{a}_\varnothing + z\,\mathbf{a}_z$, 구좌표 : $r\cos\theta^2\mathbf{a}_r + r\sin\theta\cos\theta\mathbf{a}_\theta - r\sin\theta\mathbf{a}_\varnothing$

예제 10

다음 벡터를 직각 좌표계로 변환하라.
원통 좌표계 : $r(\mathbf{a}_\varnothing + \mathbf{a}_z)$, 구좌표계 : $r(\mathbf{a}_\theta + \mathbf{a}_\varnothing)$

풀이 1. $-y\mathbf{i} - x\mathbf{j} + \sqrt{x^2+y^2}\,\mathbf{k}$

2. $\dfrac{1}{\sqrt{x^2+y^2}}[(xz - y\sqrt{x^2+y^2} + z^2)\mathbf{i} + (yz + x\sqrt{(x^2+y^2+z^2)}\,\mathbf{j} - (x^2+y^2)\mathbf{k}]$

제1장 연습문제

01 $A = -3i + 2j + k$, $B = i + 5j + 4k$인 두 벡터가 있다.
(a) $A + B$, (b) $A - B$, (c) $A \cdot B$, (d) $A \times B$를 구하라.

02 $A(4, -2, 1)$, $B(-2, 1, 4)$, $C(-5, 3, 4)$점이 있다. (a) A에서 B로 향하는 선분 벡터, (b) A와 C사이의 거리, (c) B C의 중점에서 A로 향하는 방향의 단위 벡터를 구하라.

03 $A = 2i - 2j + 3k$, $B = i + j - k$일 때 벡터 A 및 B가 만드는 평면에 수직인 단위 벡터를 구하라.

04 $A = 4i - 2j + 5k$, $B = 5i + yj + 2k$인 두 벡터가 수직일 때 y의 값를 구하라.

05 $A = 5i + 4j - 10k$, $B = 4i - 2j + 5k$가 어떤 삼각형의 2변을 표시하는 벡터이다. 이 삼각형의 면적을 구하라.

06 $A = 4i - 3j + k$, $B = -3i + j + 2k$이다. 이때 (a) A의 B방향의 성분, (b) B의 A 방향의 성분 벡터를 구하라.

07 $A \times B$인 벡터는 벡터 A에 수직이 됨을 증명하라.

08 $E = \frac{50}{r}\mathbf{a}_r - 4\mathbf{a}_z$인 전계가 있다 이때 점 (10,28,2)에서의 단위벡터 $\mathbf{a}_e$를 직각 좌표계로 표시하라.

09 원점에서 점 (−2,1,2)로 향하는 방향의 단위벡터를 $\mathbf{a}_1$이라고 할 때 $x = 0$인 평면과 평행이고 $\mathbf{a}_1$에 수직인 단위벡터 $\mathbf{a}$를 구하라.

10 구좌표계에서 $\mathbf{A} = \frac{100}{r^2}\mathbf{a}_r$ 인 벡터계가 있다. 이때 점 (3, −4,5)에서 벡터 **A**의 크기 및 벡터 $B = 2i - 2j + 5k$ 사이의 각을 구하라.

11 $A = yj$ 인 벡터계가 있다. (a) A를 원통 좌표계로 변환하고, (b) 점 P(−2,5,3)에서의 A를 구하라. (c) A를 구좌표계로 변환하고, (d) 점 P에서 A를 구하라.

제2장 정전계(靜電界)

2.1 정전기(靜電氣 : Static Electricity)

오늘날 우리들은 대부분의 일상생활에 있어서 직접, 간접적으로 전기의 혜택을 받고 있으며 이와 같은 영향은 매우 막대한 것이라 할 수 있다. 전기 및 자기에 관한 체계적인 연구는 길버트(William Gilbert, 1540~1603, 영국)에 의해 처음으로 시도되었다. 호박(琥箔)을 여러 가지 물체로 마찰시킬 때 종이나 깃털등과 같이 가벼운 물체를 끌어당기는 현상이 발생하게 되는데 이러한 사실은 기원전 600년경부터 알려져 있었으나 길버트는 마찰에 의해 발생되는 이러한 힘을 호박력(琥箔力)이라는 의미로 "Electrica"라고 호칭하였다. 뿐만 아니라 전기적인 물질과 비(非)전기적인 물질을 분류하여 호박뿐 아니라 유황, 수지, 유리, 수정등도 마찰에 의해 똑같은 현상이 발생하게 됨을 알게 되었다. 또한 전기와 자기를 대비하여 전기적인 성질을 띠는 물체는 금속, 액체, 연기등 모든 물체를 끌어당기지만 자기적인 성질을 띠는 물체는 철만을 끌어당기며 전기는 종이, 천, 금속막 등에 의해 차단되지만 자기는 철 이외의 모든 것을 통과한다는 사실도 확인하였다.

2.1.1 대전현상과 전하

두 종류의 물체를 서로 마찰시킴에 따라 정전기(static electricity)가 발생하는 데, 이러한 작용이 발생되는 원인은 전하(eletric charge)라고 하는 물질 때문이며, 전하가 나타나는 현상을 대전(帶電)이라 한다. 전하에는 다음과 같은 성질이 있다.

① 전하에는 (+)·(−)의 두 종류가 있다.

② 같은 종류의 전하는 서로 반발하며, 다른 종류의 전하는 서로 흡인한다.

일반적으로 물질은 전기적으로 중성이지만 두 개의 물체를 서로 문지르면 전기적으로 (+)·(−)로 분리된다. 이를 마찰전기(triboelectricity)라 한다. 예를 들면 유리막대를 비단천으로 문지를 때 유리막대는 바로 (+)로 대전되며, 비단천은 (−)로 대전된다. 그림 2.1과 같이 금속 도금한 두개의 가볍고 작은 공을 매달고 양쪽에 대전된 유리막대를 접촉시키면 두개의 작은 공은 서로 반발하여 멀어지게 되며, 또 각각의 공에 대전된 유리막대와 비단천을 접촉시키면 두 개의 공은 서로 흡인하여 가까이 접근하게 됨을 알 수 있다.

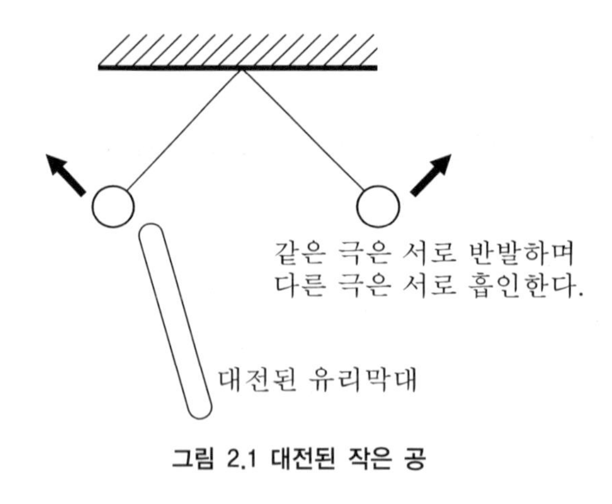

그림 2.1 대전된 작은 공

마찰에 의해 (+)·(−)의 어느 쪽 전기가 발생하는가는 상대에 따라 다르게 되지만 일반적으로는 그림 2.2와 같게 된다. 이를 마찰전기계열 혹은 대전열이라고 한다.

(+) 모피-유리-목면-비단-호박-인체-플라스틱-금속-에보나이트(−)

그림 2.2 대전열

2.1.2 미소 전기량

모든 물질은 원자로 구성된다. 또한 원자는 전기적으로 (+)전하인 원자핵과 그 주위의 궤도를 운동하는 (−)전하, 즉 전자로 구성된다. 원자핵은 중성자와 양자로 이루어진다. 이 중 원자의 가장 바깥쪽 궤도를 운동하는 전자(최외각 전자)는 원자핵과의 결합력이 약하기 때문에 물질간의 접촉이나 빛·전자 등의 상호 작용에 의해 원자의 구속에서 벗어나 자유전자(free electron)가 되며 주위의 다른 물질에 부착된다. 이러한 현상을 전리현상(電離現象)이라 하는데 이 때문에 전자를 잃은 쪽 물질은 (+)로 대전되며 전자가 부착된 물질은 (−)로 대전된다. 이상의 설명을 반드시 엄밀한 현상이라 할 수는 없으나 일반적으로 위와 같이 생각할 수 있다. 전자 한 개가 갖는 전하를 전기량의 최소단위로 하는 데, 1911년 밀리칸(Robert A.Millikan, 1868－1953, 미국)에 의해 최초로 그 크기가 구해졌다.

그 크기는 $e=1.602177\times10^{-19} \fallingdotseq 1.60\times10^{-19}$으로 단위는 쿨롱[C]이며 또 전자의 질량은 $m_e=9.1093897\times10^{-31} \fallingdotseq 9.11\times10^{-31}$[kg]이 된다.

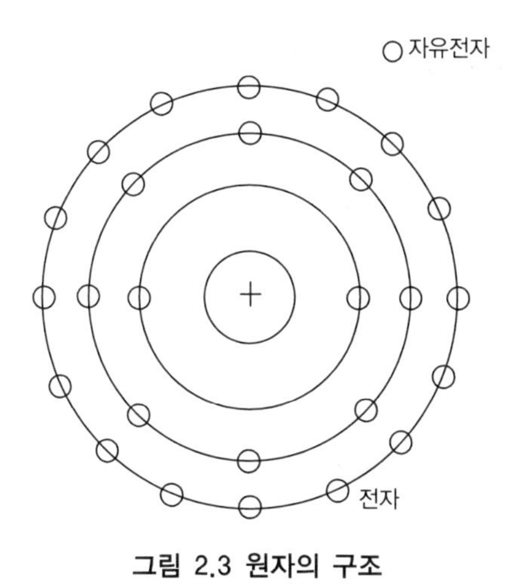

그림 2.3 원자의 구조

2.2 쿨롱의 법칙

하나의 대전체 가까이에 다른 대전체를 접근시키면 두 전하사이에는 힘이 작용하게 되는데 이는 대전체에 의해 형성되는 전기적 영향이 미치는 공간이 대전체주위에 형성되며 그 결과 다른 대전체가 이 공간 내에 접근하게 되면 힘이 작용하기 때문이라고 생각할 수 있다. 이와 같이 전기적인 힘이 작용하는 공간을 전계(電界, 또는 電場 ; electric field)라 하며 특히 전하가 정지하고 있는 경우의 전계를 정전계(electro static field)라 한다.

쿨롱(Charles August De Coulomb, 1736～1806, 프랑스)은 초기에 비틀림 저울(toroision balance)을 고안하여, 비틀림 저울의 지침각이 회전력, 즉 토크에 비례하는 성질을 이용함으로써 여러 가지 대전체에 대해 대전체 사이의 거리와 반발력사이의 관계를 알기 위한 실험을 하였으며, 1778년 두개의 같은 종류의 대전체 사이에 작용하는 반발력은 두 대전체 중심 거리의 제곱에 반비례한다는 사실을 발견하였다.

또 진자의 등시성(等時性)을 이용하여, 정확한 진자로 중력을 측정할 수 있도록 자유 진동 주기(自由振動週期)의 관계를 이용하여 다른 종류의 대전체 사이에 작용하는 인력에 관한 실험을 행하여 동일한 크기의 인력이 이들 대전체의 중심 거리의 제곱에 반비례한다는 것을 입증하였다.

그러나 그와 같은 사실은 이미 1772년 Henry Cavendish(1731~1810)가 확인하였으나 발표가 쿨롱의 발표 이후에 이루어진 관계로 이 법칙을 쿨롱의 법칙이라 한다.

2.2.1 쿨롱의 법칙(Coulomb's law)

진공 중에 2개의 전하 Q_1, Q_2가 서로 점전하로 보일 정도의 아주 먼 거리인 r[m]의 간격으로 놓여 있을 때 두 전하 사이에는 다음과 같은 힘이 작용한다.

$$F = k\frac{Q_1 Q_2}{r^2}$$

이 힘은 전하 Q_1과 Q_2가 같은 극성인 경우 서로 반발력으로 작용하며, 다른 극성의 전하일 경우 흡인력으로 작용한다. 또한 힘의 방향은 두 전하를 연결하는 직선상에 있게 된다. 이 힘을 쿨롱력(Coulomb's force) 혹은 정전기력(靜電氣力)이라 부르며, 이 힘에 대한 관계식을 쿨롱의 법칙이라 한다. 이 법칙은 중력에 관한 뉴튼의 법칙과 유사한 형식으로 전자기 현상의 이론적 해석에 있어서 기본이 되는 법칙으로서 중요한 의미를 지니고 있다.

위의 식에서 k는 정수이며, 전하 Q_1, Q_2의 단위를 쿨롱[C], 거리 r의 단위를 [m]라 하면 국제 단위(SI 단위)에 있어서 진공 중에서 양 전하에 작용하는 힘은

$$F = c^2 \times 10^{-17} \frac{Q_1 Q_2}{r^2} [N]$$

으로 정의된다. 여기서 c는 빛의 속도로서 $c = 1.998 \times 10^8$ [m/s]이다. 또한 ϵ_0는 진공의 유전율(permittivity)로서 빛의 속도를 이용하여 아래와 같이 나타낼 수 있다.

$$\epsilon_0 = \frac{10^7}{4\pi c^2} \fallingdotseq 8.854 \times 10^{-12} [F/m]$$

따라서 이 값들을 대입함에 따라 쿨롱력은 식 (2.1)과 같이 표현된다.

$$\mathbf{F} = \frac{1}{4\pi\epsilon_0}\frac{Q_1 Q_2}{r^2} \fallingdotseq 9\times 10^9 \frac{Q_1 Q_2}{r^2}\mathbf{a}_r \ [\mathrm{N}] \tag{2.1}$$

여기서 $\mathbf{a}_r$ 은 힘이 작용하는 방향을 나타내는 단위벡터(unit vector)이다.

2.2.2 다수의 전하 사이에 작용하는 쿨롱력

전하 사이에 작용하는 쿨롱력은 크기와 함께 방향을 갖고 있다. 이와 같이 크기와 방향을 지닌 양을 벡터량이라 한다. 따라서 그림 2.4와 같이 세 개의 점전하가 일직선에 나란히 있는 경우 전하 Q_1, Q_2사이에 작용하는 힘을 $\mathbf{F_{12}}$, Q_1, Q_3사이에 작용하는 힘을 $\mathbf{F}_{13}$이라 할 때 Q_1, Q_2, Q_3 전체에 작용하는 합성력은 $\mathbf{F}=\mathbf{F}_{12}+\mathbf{F}_{13}$으로 되나 힘이 동일 축상에서 작용하므로 크기만을 고려하여 $F=F_{12}+F_{13}$와 같이 단순히 가산할 수 있다. 그러나 그림 2.5와 같은 경우에는 힘의 작용방향이 동일 축상에 있지 않으므로 크기와 방향을 동시에 고려하여야 하며 그 결과 벡터적으로 합성(평행사변형의 법칙)할 필요가 있다. 또한 다수의 전하가 있을 경우에는 각각의 전하가 단독으로 있는 경우와 마찬가지의 방법으로 벡터적으로 합성하여 구할 수 있다.

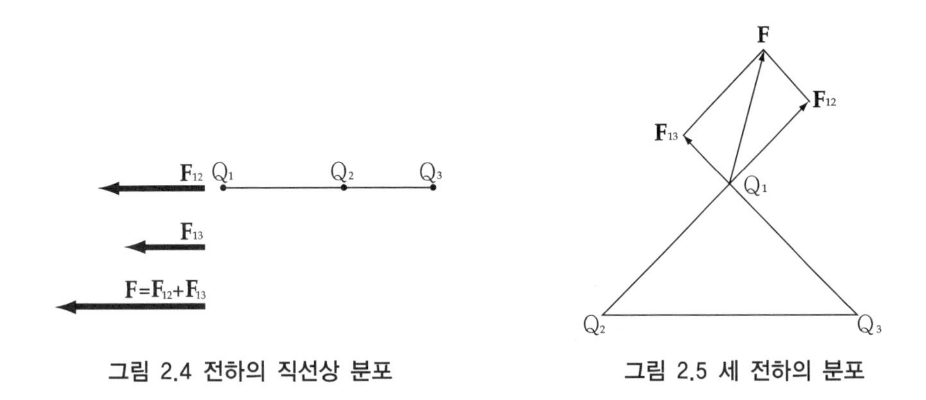

그림 2.4 전하의 직선상 분포

그림 2.5 세 전하의 분포

2.2.3 쿨롱력과 만유인력의 비교

여기서 쿨롱력과 만유인력에 대해 크기를 비교해 본다. 지금 크기가 1[C]인 (+)·(−)전하가 서로 1[m]인 거리를 두고 놓여져 있을 때 두 전하사이에 작용하는 쿨롱력을 F라 하면 흡인력은

$$F = 9 \times 10^9 \frac{Q_1 Q_2}{r^2} = -9 \times 10^9 \,[N]$$

이 되며, 또 중력 f를 질량 m, 중력 가속도 g로 나타내면 $\mathbf{f} = m\mathbf{g} = m \times 9.8\mathbf{a}_g$[N]가 되므로, F = f라 할 때 쿨롱력은 $m = \frac{9 \times 10^9}{9.8} = 9.18 \times 10^8$[kg]의 질량에 작용하는 중력에 상당하게 된다. 따라서 전하량의 단위 [C]은 상당히 큰 단위라는 것을 알 수 있다.

참고 **중력 가속도 g와 만유인력의 법칙**

만유인력의 법칙은 1666년 뉴튼(Sir Isaac Newton, 1642~1727)에 의해 발견되었다. 그림 2.6과 같이 질량이 M, m인 2개의 물체가 r[m]의 거리를 사이에 두고 놓여져 있을 때 두 질량사이에 작용하는 만유인력은 $F = G\frac{M \cdot m}{r^2}$[N]이 된다.

여기서 G는 만유인력의 정수로서 뉴튼으로부터 약 100년 후 Cavendish에 의해 측정되었으며 $G = 6.672 \times 10^{11}$ [Nm^2/kg^2]으로 갈릴레이를 기념하는 뜻에서 G로 나타내었다.

지금 지구를 예로 들어 이를 설명하기로 한다. 지구의 직경을 r = 6371[km], 평균밀도를 $\rho = 5.48 \times 10^3$[kg/m^3]라 할 때 지구상의 물체 m[kg]에 만유인력의 법칙을 적용하기로 한다. 즉 지구의 질량은 $M = (4/3)\pi r^3 \rho$이며, 작용하는 만유인력은

$$F = \frac{GM}{r^2} m = \frac{4}{3}\pi r \rho G m$$이므로

중력가속도 g는

$$g = \frac{4}{3}\pi r \rho G = \frac{4}{3}\pi \times (6.371 \times 10^6) \times (5.48 \times 10^3) \times (6.672 \times 10^{-11})$$
$\fallingdotseq 9.8[N/m]$이 된다.

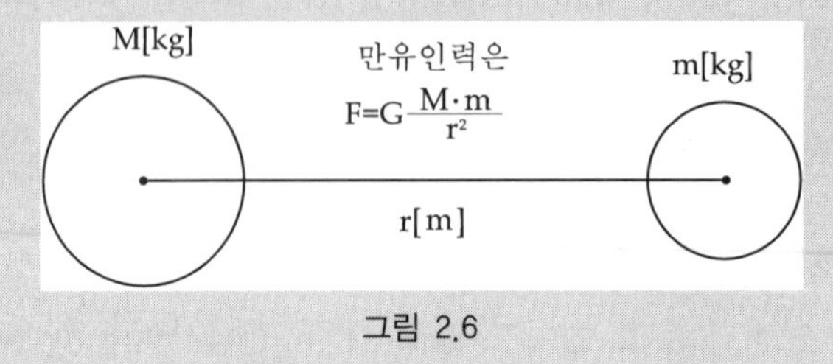

그림 2.6

예제 1

진공 속에 +10[μC] 및 −3.2[μC]인 2개의 점전하가 1.2[m]의 간격으로 놓여져 있을 때 두 전하사이에 작용하는 힘[N]은? 또, 힘의 방향은 어떻게 되는가?

풀이 풀롱의 법칙 $F = \frac{1}{4\pi\epsilon_0} \cdot \frac{Q_1 Q_2}{r^2}$를 이용하여 해를 구할 수 있다.

힘의 크기는 F를 구하면 되며, 힘의 방향은 Q_1, Q_2의 부호에 따라, 곱의 결과가 (+)이면 반발력, (−)이면 흡인력이 된다. (+)전하와 (−)전하이므로 흡인력이 된다.

조건에서 $Q_1 = 10 \times 10^{-6}$[C], $Q_2 = 3.2 \times 10^{-6}$[C], $r = 1.2$[m]이므로

$$F = \frac{1}{4\pi\epsilon_0} \times \frac{Q_1 Q_2}{r^2} = 9 \times 10^9 \cdot \frac{Q_1 Q_2}{r^2} [N]$$

$$= 9 \times 10^9 \times \frac{10 \times 10^{-6} \times 3.2 \times 10^{-6}}{1.2^2} = 0.2 \, [N]$$

예제 2

두 개의 서로 같은 구도체에, 동일 양의 전하를 대전시킨 후 15[cm] 떨어뜨린 결과 구도체에는 서로 3×10^{-4}[N]의 반발력이 작용한다. 이 때 구도체에 주어진 전하[C]는?

풀이 쿨롱의 법칙 $F = \frac{1}{4\pi\epsilon_0} \times \frac{Q_1 Q_2}{r^2}$에 대해 $Q_1 = Q_2 = Q_3$의 조건과 힘 F, 거리 r이 주어졌으며 전하 Q를 구하는 문제로서

$$F = \frac{1}{4\pi\epsilon_0} \times \frac{Q^2}{r^2} \text{에서 } Q^2 = 4\pi\epsilon_0 r^2 F \qquad \therefore Q = \sqrt{4\pi\epsilon_0 r^2 F} \, [C]$$

$$Q = \sqrt{7.5 \times 10^{-16}} \, [C]$$

예제 3

공기 중에 한 변이 50[cm]인 정삼각형의 각 정점에, 같은 크기의 전하 Q_1, Q_2, Q_3가 놓여 있을 경우, 각 정점의 대전체에 작용하는 힘의 크기와 방향을 구하시오. 단 $Q_1 = Q_2 = Q_3 = 20$[μC]

풀이 대전체에 작용하는 힘을 구하는 문제로 힘 $F = 9 \times 10^9 \cdot \frac{Q_1 Q_2}{r^2}$[N]을 이용하여 각 대전체 사이에 작용하는 힘의 크기를 먼저 계산한다.

각 전하의 부호는 (+)이므로, 각 정점에 작용하는 힘은 반발력으로 된다. 예를 들면, 전하 Q_1의 경우, Q_2와 Q_3로부터 반발력을 동시에 받게 되므로, 두 힘을 합성하면 아래 그림과 같이 된다. 아래 그림으로부터 각각의 대전체 사이에 작용하는 힘의 크기는

$$F_{12} = F_{13} = 9 \times 10^9 \cdot \frac{Q_1 Q_2}{r^2} = 9 \times 10^9 \times \frac{20 \times 10^{-6} \times 20 \times 10^{-6}}{0.5^2} = 14.4[\text{N}]$$

또 Q_1에 작용하는 힘 F_1은 F_{12}와 F_{13}의 벡터합이므로

$$F_1 = 2F_{12} \cos 30° = 2 \times 14.4 \times \frac{\sqrt{3}}{2} = 25[\text{N}]$$

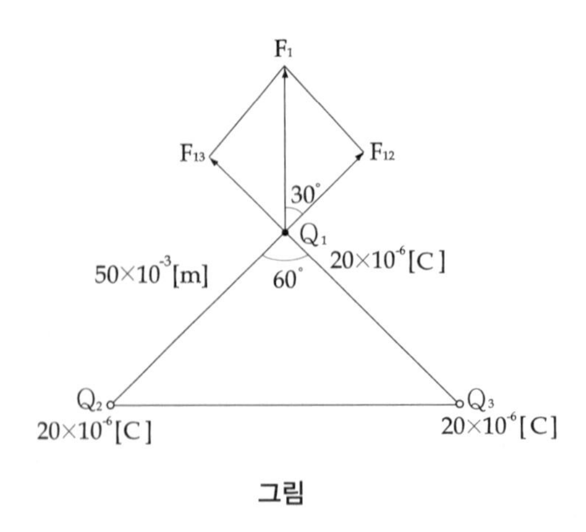

그림

2.3 전계(電界 : Electric Field)

2.3.1 전계의 세기

그림 2.7과 같이 전하량이 Q인 대전체가 있을 때 그 주위에는 전기적인 장(場)이 형성된다. 이 장을 전계(electric field) 또는 전장이라 한다.

전계 내에 제 2의 전하 q가 놓여 있으면 이 전하에는 쿨롱력이 작용하게 된다. 전계의 세기(intensity of electric field)를 **E**라 할 때, 쿨롱력과 전계 세기의 관계는 식 (2.2)로 표현된다.

$$\mathbf{F} = q\mathbf{E}[\text{N}] \tag{2.2}$$

이로부터 전계의 세기는 식 (2.3)으로 표현된다.

$$\mathbf{E} = \frac{\mathbf{F}}{q} = \frac{Q}{4\pi\epsilon_0 r^2}\mathbf{a}_r = 9\times10^9\frac{Q}{r^2}\mathbf{a}_r[\text{N/C}] \tag{2.3}$$

즉, 전계의 세기란 단위 정전하에 작용하는 전기적인 힘으로 정의할 수 있으며 벡터량이 된다. 그림 2.7에서와 같이 전하 Q의 극성이 (+)인 경우 정전하 q에 작용하는 힘의 방향을 **E**의 방향이라 하면, 정전하 q에 작용하는 힘 **F**의 방향도 **E**의 방향과 같게 된다. 만일 q가 (−)이면 힘 **F**의 방향은 반대로 된다.

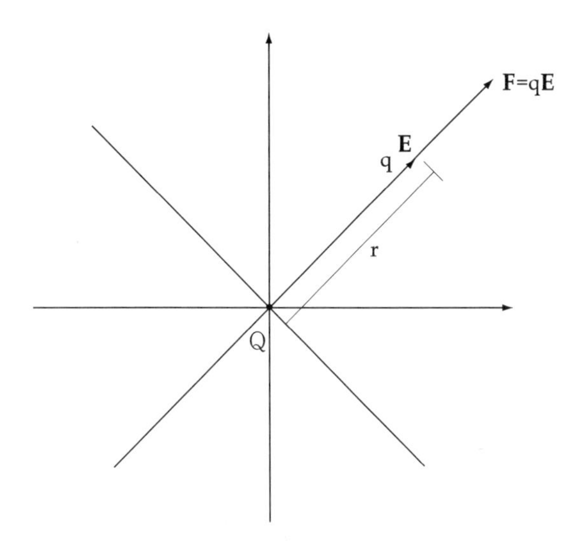

그림 2.7 점전하에 의한 전계

2.3.2 다수의 전하분포에 의한 전계

점전하가 여러 개 존재할 때 임의의 점 P에서의 전계는 각 점에 분포된 전하 $Q_1 \sim Q_i$에 의해 형성되는 전계를 벡터적으로 합성함으로써 구할 수 있게 된다.

지금 그림 2.8에서 전하 Q_1과 Q_2에 의해 점 P에 작용하는 전계에 대해 생각하기로 한다.

각 전하로부터 점 P까지의 거리를 각각 r_1, r_2라 하면

$$r_1 = \sqrt{(x-x_1)^2+(y-y_1)^2},\ r_2 = \sqrt{(x-x_2)^2+(y-y_2)^2}$$

로 되며, 진하 Q_1에 의해 발생되는 전계의 x축 성분을 $\mathbf{E}_{x1}$이라 하면

$$\mathbf{E}_{x1} = \frac{Q_1}{4\pi\epsilon_0 r_1{}^2}\cos\theta\,\mathbf{a}_x = \frac{Q_1}{4\pi\epsilon_0 r_1{}^2}\cdot\frac{(x-x_1)}{r_1}\mathbf{a}_x$$
$$= \frac{1}{4\pi\epsilon_0}\cdot\frac{Q_1(x-x_1)}{r_1^3}\mathbf{a}_x$$

이며, Q_2에 의한 전계의 x축 성분 $\mathbf{E}_{x2}$도 같은 방법으로 구할 수 있다.

따라서 Q_1과 Q_2에 의해 점 P에 작용하는 전계의 x축 성분은 $\mathbf{E}_x = \mathbf{E}_{x1} + \mathbf{E}_{x2}$가 된다.

전하가 i개 존재하는 경우 각각의 전하에 의해 점 P에 형성되는 전계의 x축 성분은

$$\mathbf{E}_x = \frac{1}{4\pi\epsilon_0}\sum\frac{Q_i(x-x_i)}{r_i^3}\mathbf{a}_x$$

전계에 대한 y축 성분도 같은 형태로 되며, 3차원인 경우 식 (2.4)의 z축 성분을 고려하여야 한다.

$$\mathbf{E}_y = \frac{1}{4\pi\epsilon_0}\sum\frac{Q_i(y-y_i)}{r_i^3}\mathbf{a}_y$$
$$\mathbf{E}_z = \frac{1}{4\pi\epsilon_0}\sum\frac{Q_i(z-z_i)}{r_i^3}\mathbf{a}_z \tag{2.4}$$

여기서 $r_i = \sqrt{(x-x_i)^2 + (y-y_i)^2 + (z-z_i)^2}$

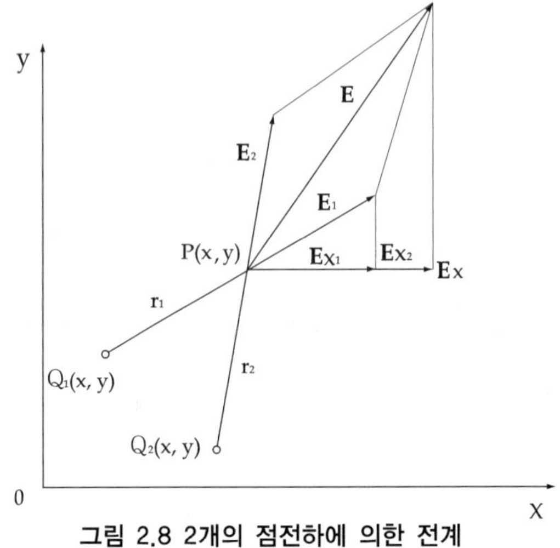

그림 2.8 2개의 점전하에 의한 전계

예제 4

공기 중에 있는 8×10^{-9}[C]의 전하로부터 0.6[m] 떨어진 점의 전계의 세기는?

풀이 전계의 세기 E는

$$E = \frac{1}{4\pi\epsilon_0} \cdot \frac{Q}{\epsilon_r r^2} \mathbf{a}_r = 9\times10^9 \times \frac{8\times10^{-9}}{0.6^2} \mathbf{a}_r = 200\mathbf{a}_r \,[\mathrm{V/m}]$$

예제 5

전계의 세기가 3×10^4[V/m]인 전계 중에 7×10^{-8}[C]의 전하가 놓일 때 전하가 받는 힘은?

풀이 전하가 받는 힘 F는 $F = QE = 7\times10^{-8}\times3\times10^4 = 2.1\times10^{-3}\mathbf{a}_r$ [N]

예제 6

공기 중에서 8[μC]의 전하가 분포된 대전체와 4[μC]의 전하가 분포된 대전체를 5[m] 간격으로 놓았을 때, 양 대전체 중간점에서 전계의 세기를 구하시오.

풀이 양 대전체 중심 위치인 2.5[m]인 점에서 전계의 세기 E는 각 전하로부터 각각 반발력을 받기 때문에 각 전하에 의한 전계의 크기 E_1과 E_2의 차로 된다. 따라서

$$E = E_1 - E_2 = 9\times10^9 \times \frac{(8-4)\times10^{-6}}{2.5^2} = 5.76\times10^3 [\mathrm{V/m}]$$

방향은 8[μC]로부터 4[μC]쪽을 향한다.

예제 7

진공 속에 +q[C] 및 −q[C]인 두 개의 점전하가, 아래의 그림과 같이 놓여 졌을 때, 그림의 P점에서 전계의 세기 [V/m]를 구하시오. 단, ϵ_0는 진공의 유전율 [F/m]이라 한다.

풀이 +q[C]와 −q[C]에 의한 점 P의 전계의 세기를 각각 E_1, E_2라 하면

$$E_1 = \frac{q}{4\pi\epsilon_0 r^2}\mathbf{a}_r \,[\mathrm{V/m}], \quad E_2 = \frac{-q}{4\pi\epsilon_0 r^2}\mathbf{a}_r \,[\mathrm{V/m}]$$

따라서 $\mathbf{E}_1$, $\mathbf{E}_2$의 절대치는 같으며, 방향은 그림과 같으므로 합성 전계의 세기는

$$E = 2E_1 \cos 45° = \sqrt{2}E_1 = \frac{\sqrt{2}q}{4\pi\epsilon_0 r^2}[V/m]$$

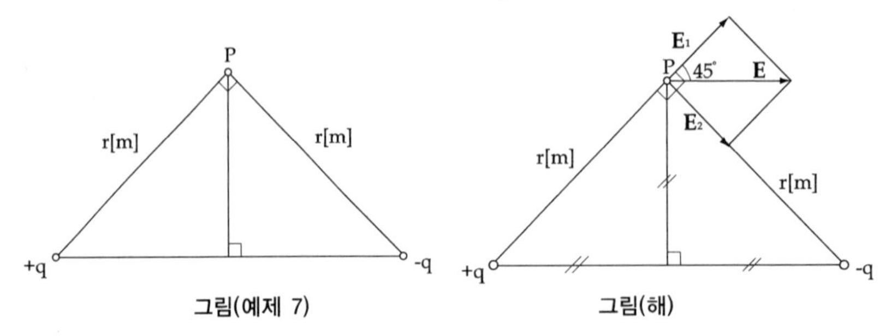

그림(예제 7) 그림(해)

예제 8

공기 중에 있는 반경 2[cm]의 구도체에 0.2[μC]의 전하를 대전시켰다. 이 구도체 표면에서의 전계의 세기를 구하시오.

풀이 구도체에 전하가 분포되어 있을 때, 구도체에 의한 전계의 세기는 전하가 구도체의 중심에 있는 것으로 가정하여 계산할 수 있다.

$$E = \frac{Q}{4\pi\epsilon_0\epsilon_r r^2}\mathbf{a}_r = 9\times10^9\times\frac{0.2\times10^{-6}}{1\times0.02^2} = 4.5\times10^6\mathbf{a}_r[V/m]$$

2.3.3. 전기력선(電氣力線 : lines of electric force)

전계의 모습은 전기력선을 이용하여 나타낼 수 있다. 경우에 따라 전계의 모습을 수식으로 이해하기에는 큰 어려움을 느낄 수 있다. 이러한 불편을 해결하기 위한 하나의 방법으로 전계의 모습을 선을 이용하여 표현함으로써 전계의 상태를 비교적 용이하게 이해할 수 있도록 하였다. 이때 그려지는 가상적인 선을 전기력선이라 하며, 전기력선의 성질은 다음과 같다.

(1) 전기력선은 (+)전하에서 (−)전하 방향으로 향한다.

(2) 임의의 점에 있어서 전기력선의 접선 방향은 그 점에 작용하는 전계의 방향을 나타낸다.

(3) 임의의 점에 있어서 전기력선의 밀도[lines/m^2]는 그 점에 작용하는 전계의 세기를 나타낸다.

즉 점전하 Q로부터 r[m] 떨어진 점에 있어서 전계의 세기는 $\mathbf{E}=\dfrac{Q}{4\pi\epsilon_0 r^2}\mathbf{a}_r$ 이며, 전기력선 밀도는 $\dfrac{Q}{4\pi\epsilon_0 r^2}$ [lines/m²]이다.

그림 2.9와 같이 반경이 r[m]인 구의 중심에 Q[C]의 전하가 있을 때 구 표면의 한 점 P에 대해 생각하기로 한다. 구의 표면적은 $4\pi r^2$[m²]이므로 구면 전체를 통하여 외부로 유출되는 전기력선은 Q/ϵ_0[lines]가 된다.

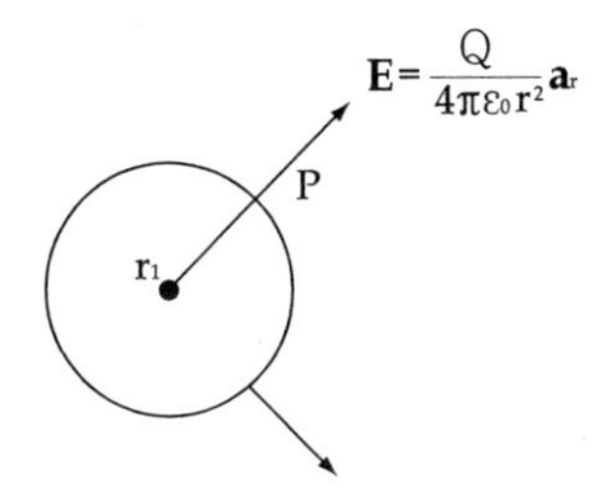

그림 2.9 점전하에 의한 구면상의 전계

또한 전기력선의 모습은 다음과 같은 실험을 통하여 확인될 수 있다.

즉, 그림 2.10과 같이 유리판 위에 얇은 원형 주석판 2장을 놓고, 전지를 이용하여 각각의 원형 주석을 (+)와 (−)로 대전시킨다. 그리고 이 유리판 위에 잘게 자른 모발을 살포하면 모발이 대전되어 그림과 같이 분포된다. 이때 모발의 분포는 일정한 모습을 나타내게 되는 데 이를 통하여 전기력의 작용을 간접적이나마 확인할 수 있게 된다.

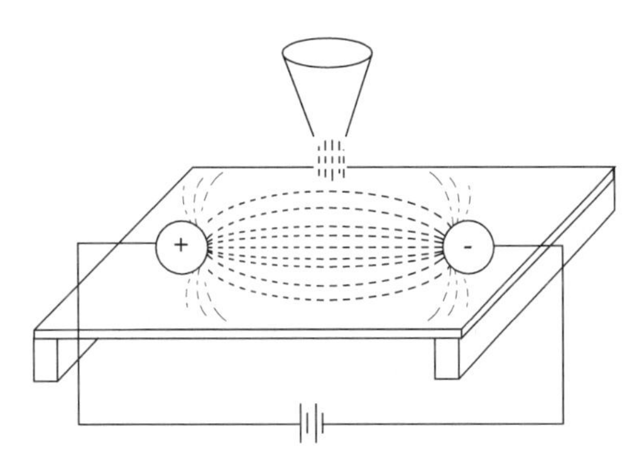

그림 2.10 전기력선의 분포

그림 2.11은 전기력선에 대한 여러 예를 나타낸다.

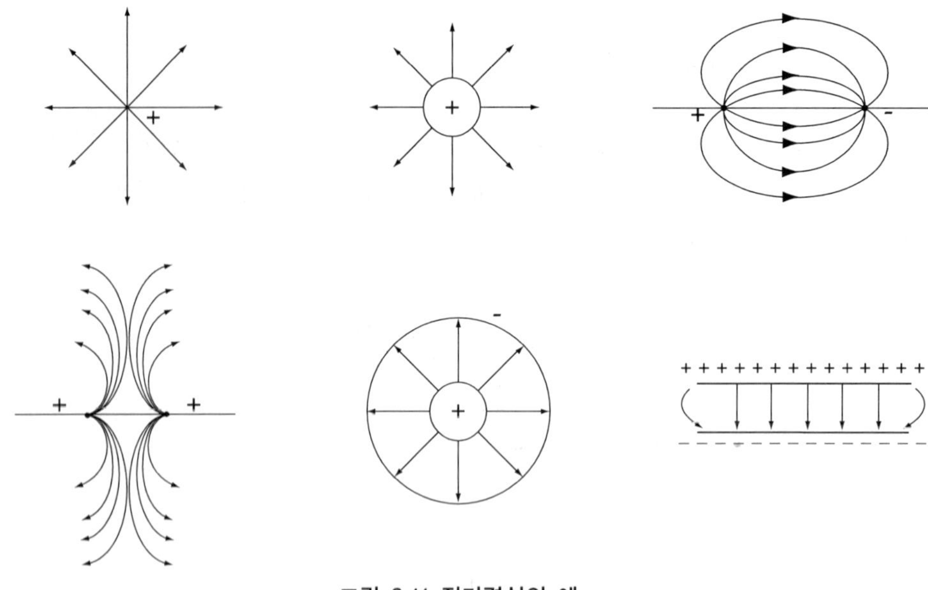

그림 2.11 전기력선의 예

예제 9

Q[C]의 전하를 갖는 대전체에서 유출되는 전기력선의 총수는?

그림에 나타낸 것과 같이 진공 중에 단독으로 있는 +Q[C]의 전하를 중심으로 반경 r[m]인 구면상에서 전계의 세기 **E**는 구면상의 모든 점에서 같게 된다. 여기서 구면상 전계의 세기가 **E**[V/m]라 하는 것은, 구면상 전기력선 밀도가 E[개/m^2]임을 의미한다. 반경이 r[m]인 구면위에서 어떠한 단위 면적을 취해도, E[개]의 전기력선이 통하는 것으로 생각할 수 있다. 따라서 Q[C]의 전하로부터 유출되는 전기력선의 수를 N[개]라 하면, 구의 표면적 $4\pi r^2$[m^2]과 E의 곱을 취함에 따라

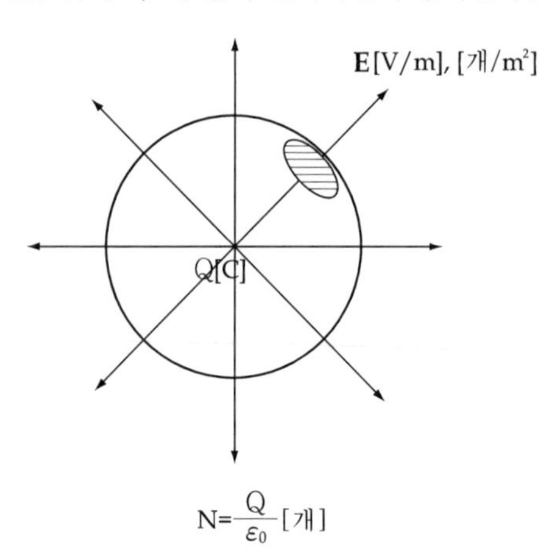

$$N = 4\pi r^2 \cdot \frac{Q}{4\pi\epsilon_0 r^2} = \frac{Q}{\epsilon_0}$$

$$\therefore \quad N = \frac{Q}{\epsilon_0} = \frac{Q}{8.85 \times 10^{-12}}$$

$$= 1.13 \times 10^{11}\, Q\,[\text{개}]$$

2.4 전위(電位: Electric potential)

2.4.1 전하가 받는 일과 전위차(電位差)

전계 중에 놓여진 전하는 전계방향으로 $\mathbf{F} = q\mathbf{E}$의 힘을 받게 되며 이 힘으로 인하여 전하 q는 일정 거리를 이동하게 된다. 이는 전계가 전하에 대해 일을 해 준 결과로 볼 수 있다. 지금 그림 2.12와 같이 일정한 전계 내에 놓여진 전하가 점 B에서 A까지 l 만큼의 거리를 이동하였다면 여기에 행해진 일은 식 (2.5)로 표현된다. 일의 단위는 줄[J]이다.

$$W = \mathbf{F} \cdot l = qE\,l\,[\mathrm{J}] \tag{2.5}$$

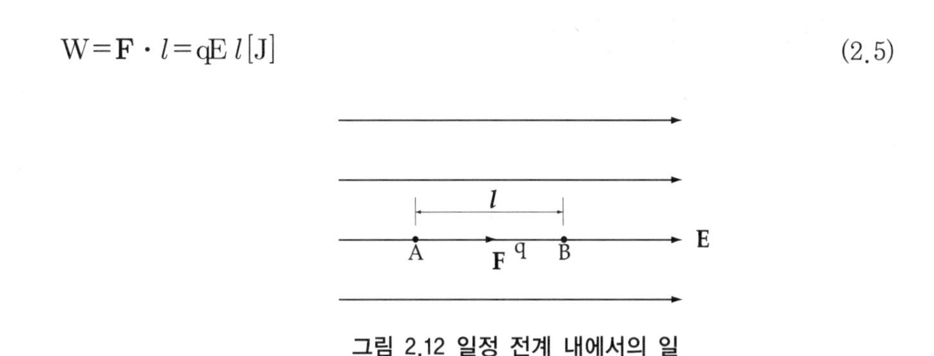

그림 2.12 일정 전계 내에서의 일

식 (2.5)로부터 단위 정전하에 대해 전계가 행한 일의 양은 $\mathbf{E} \cdot l$가 된다. 이와 같이 단위 정전하를 한 점에서 다른 한 점으로 이동시키는 데 필요로 되는 일의 양을 두 점 사이의 전위차(電位差, potential difference)라 한다. 단위는 [J/C]이지만 Volt[V]로 표시하며, 이는 전압(電壓)이라고도 불리는 스칼라량이다.

지금 미소 전하 dq가 점 A에서 점 B까지 이동하는 데 소요되는 일의 양을 dW라 하면 점 A, B사이의 전위차는 식 (2.6)으로 표현된다.

$$V = \frac{dW}{dq} = \mathbf{E} \cdot l\,[\mathrm{J/C}],\ [\mathrm{V}] \tag{2.6}$$

식 (2.6)은 전하의 이동 방향이 전계와 같은 경우이며, 만일 전하의 이동 방향이 전계의 방향과 같지 않은 경우, 즉 그림 2.13에 나타낸 바와 같이 전하의 이동 방향과 전계의 방향 사이의 각을 θ라 한다면, 전하에 작용하는 힘의 성분은 $F = qE\cos\theta$가 된다. 따라서 일정 전계 $\mathbf{E}$내에서 전하 q가 점 A에서 점 B까지 거리 l 를 이동하는 데 전하가 받는 일, 그리고 전위차는 식 (2.7), (2.8)로 표현된다.

$$W = \mathbf{F} \cdot l = qE\cos\theta \cdot l[J] \quad (2.7)$$

$$V = E\cos\theta \cdot l[V] \quad (2.8)$$

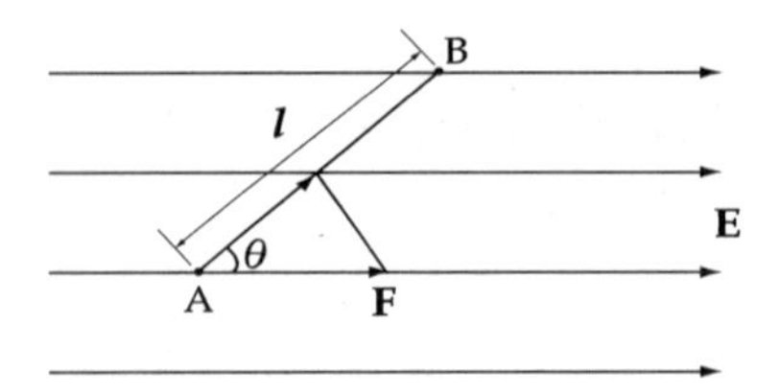

그림 2.13 전하의 이동방향과 전계의 방향이 서로 다른 경우

2.4.2 불평등 전계의 전위차

다음으로 전계가 일정하지 않고, 또한 전하의 이동 경로가 직선이 아닌 경우에 대해 생각하기로 한다.

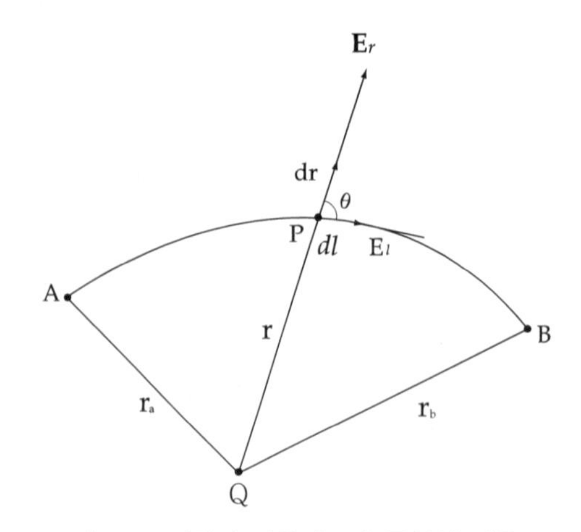

그림 2.14 전하의 이동경로가 곡선인 경우

그림 2.14의 점 P로부터 미소 거리 dl만큼 떨어진 점을 가정할 때 두 점 사이의 전위차는 식 (2.9)로 나타낼 수 있다.

$$dV = -\mathbf{E}\cos\theta \cdot dl = -E_l \cdot dl \quad (2.9)$$

여기서 E_l는 전계의 dl방향 성분을 나타낸다. 또한 여기서 dV에 (−)기호를 붙인 이유는 단위 정전하가 E_l과 반대 방향으로 이동하기 때문이다.

이와 같이 미소거리 사이의 전위차 dV를 점 A에서 점 B까지의 곡선을 따라 순차적으로 더함으로써 점 A, B사이의 전위차를 구할 수 있게 된다. 이는 결국 선적분으로 되며 식 (2.10)으로 표현된다.

$$V = \int dV = -\int_{A}^{B} \mathbf{E}_l \cdot dl \,[V] \qquad (2.10)$$

일예로 그림 2.14와 같이 점전하 Q에 의해 형성되는 전계내에서 두 점 A, B사이의 전위차를 구하기로 한다. 점전하 Q와 점 P사이의 거리를 r이라 할 때 점 P에서 전계의 세기는 $\mathbf{E}_r = \frac{Q}{4\pi\epsilon_0 r^2}\mathbf{a}_r = 9\times10^9\frac{Q}{r^2}\mathbf{a}_r$이며, $d\mathbf{r} = \cos\theta \cdot dl$이므로 두 점사이의 전위차 V는 다음과 같이 된다.

$$V_{AB} = -\int_{B}^{A} \mathbf{E}_l \cdot dl[V] = -\int_{B}^{A} \mathbf{E}_r \cos\theta \cdot dl = -\int_{r_B}^{r_A} E_r \, dr$$

$$= -\frac{Q}{4\pi\epsilon_0}\int_{r_B}^{r_A}\frac{dr}{r^2} = -\frac{Q}{4\pi\epsilon_0}\left[\frac{-1}{r}\right]_{r_B}^{r_A} = \frac{Q}{4\pi\epsilon_0}\left(\frac{1}{r_A} - \frac{1}{r_B}\right)[V]$$

여기서 점 A에 대한 점 B의 전위는 식 (2.11)과 같다.

$$V_{BA} = -V_{AB} = \frac{Q}{4\pi\epsilon_0}\left(\frac{1}{r_B} - \frac{1}{r_A}\right)[V] \qquad (2.11)$$

만약 점 B가 무한히 멀리 놓여져 있는 경우 점 B에 대한 점 A의 전위는 식 (2.12)로 된다.

$$V_A = -\int_{\infty}^{r_A} E_l dl = \frac{Q}{4\pi\epsilon_0 r_{A[V]}} \qquad (2.12)$$

이와 같이 무한대의 거리에 놓여진 단위 정전하를 임의의 점까지 이동시키는데 필요로 되는 일의 양을 그 점의 전위(electric potential)라 한다. 실제에 있어서는 대지에 대한 전위차로 표현하는 경우가 대부분이다.

예제 10

진공 중에서 $+4\times10^{-6}$[C]인 점전하로부터 2[m] 떨어진 점에서의 전위는?

풀이 $Q=4\times10^{-6}$[C], $r=2$[m]이므로

$$V=\frac{1}{4\pi\epsilon_0}\cdot\frac{Q}{r}=9\times10^9\times\frac{4\times10^{-6}}{2}=18\times10^3[V]=18[kV]$$

예제 11

평등 전계 내에서 +2[C]의 전하를 전계의 방향과 반대로 점 b에서 점 a까지 10[cm] 이동시키는 데 240[J]의 일이 필요로 되었다. 다음을 구하시오.
(1) a, b사이의 전위차를 구하라. 또 어느 쪽의 전위가 높은가?
(2) 전계의 세기는 얼마인가?

1[V]의 전위차라는 것은 +1[C]의 전하를 이동하는 데 필요로 되는 일의 양이 1[J]임을 의미한다. 따라서 +2[C]의 전하를 이동하는 데 필요로 되는 일이 240[J]이라면 전위차는 240/2=120[V]이며, 또 1[m]당 전위를 전계의 세기로 정의하므로, 전계의 세기는 $120/(10\times10^{-2})$로 계산된다.

(1) $Q=+2$[C], $l=10\times10^{-2}$[m], $W=240$[J]이므로, ab 사이의 전위차를 V_{ab}[V]라 하면,

$$V_{ab}=\frac{W}{Q}=\frac{240}{2}=120[V]$$

문제의 뜻에 따라 전위는 전계의 방향 a → b로 향하여 낮아지므로, 점 a의 전위가 점 b의 전위에 비해 120[V] 높게 된다.

(2) 전계의 세기를 E[V/m]라 하면,

$$E=\frac{V_{ab}}{l}=\frac{120}{10\times10^{-2}}=1200[V/m]=1.2[kV/m]$$

2.4.3 다수의 전하분포에 의한 전위

그림 2.15와 같이 2개의 점전하 Q_1, Q_2가 분포되어 있는 경우 점 P로부터 일정 거리 떨어져 있는 점 P'의 전계 **E**는 그림과 같이 Q_1, Q_2 각각에 의한 전계 $\mathbf{E}_1$, $\mathbf{E}_2$의 벡터합으로 된다. 여기서 점 P의 전위는 식 (2.13)과 같다.

$$V = -\int_{\infty}^{P} \mathbf{E}_l \cdot dl = -\int_{\infty}^{P} (\mathbf{E}_{1l} + \mathbf{E}_{2l}) \cdot dl = -\left(\int_{\infty}^{P} \mathbf{E}_{1l} \cdot dl + \int_{\infty}^{P} \mathbf{E}_{2l} \cdot dl\right)$$

$$= \frac{Q_1}{4\pi\epsilon_0 r_1} + \frac{Q_2}{4\pi\epsilon_0 r_2} = V_1 + V_2 \, [V] \tag{2.13}$$

위의 식 (2.13)으로부터 Q_1, Q_2에 의해 형성되는 전위는 Q_1, Q_2가 단독으로 존재할 때의 전위 V_1, V_2의 합과 같게 됨을 알 수 있다.

따라서 전하가 여러 개 존재하는 경우 전위는 식 (2.14)로 나타낼 수 있다.

$$V = \sum V_i = \frac{1}{4\pi\epsilon_0} \sum \frac{Q_i}{r_i} \, [V] \tag{2.14}$$

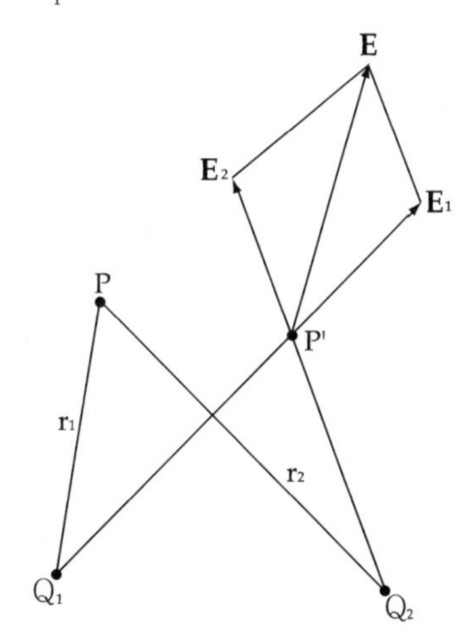

그림 2.15 다수의 전하에 의한 전위

예제 12

그림과 같이 공기 중에 두 개의 점전하 +4[μC], −9[μC]이 있다. 이들 전하로부터 각각 20[cm], 30[cm] 떨어진 점 A의 전위는 얼마나 되는가?

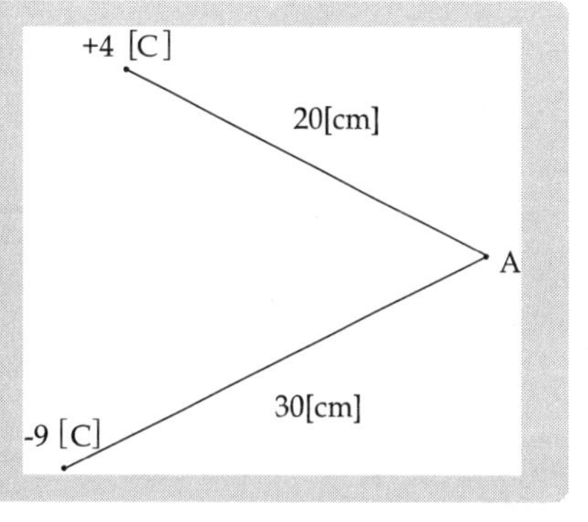

풀이 각각의 전하가 단독으로 존재하는 경우에 대해 점 A의 전위를 구하고, 이를 대수적(전하의 ±를 고려)으로 가산하면 된다. 즉

$$V = 9\times10^9\times\frac{4\times10^{-6}}{0.2} + 9\times10^9\times\frac{-9\times10^{-6}}{0.3}$$
$$= 9\times10^9\times10^{-6}\times\left(\frac{4}{0.2}+\frac{-9}{0.3}\right) = -90\times10^3[V]$$

2.4.4 원형도선 중심 축상의 전위

그림 2.16과 같이 반경 a[m]인 원형도선에 전하 Q[C]이 일정하게 분포되어 있는 경우 중심축상에서 x[m]거리에 있는 점 P의 전위를 구하기로 한다. 그림 2.16의 원형상에서 미소부분 dl에 분포되어 있는 전하량을 dq라 하면 $dq = \frac{Q}{2\pi a}dl$이며, 이로부터 미소전하량 dq에 의한 점 P의 전위는 다음의 식으로 표현된다.

$$dV = \frac{dq}{4\pi\epsilon_0 r} = \frac{1}{4\pi\epsilon_0}\frac{1}{\sqrt{x^2+a^2}}\frac{Q}{2\pi a}dl$$
$$= \frac{Q}{8\pi^2\epsilon_0 a\sqrt{x^2+a^2}}dl$$

따라서 점 P의 전위는 식 (2.15)와 같이 dV를 적분함으로써 구할 수 있다.

$$V = \int_0^{2\pi a}\frac{Q}{8\pi^2\epsilon_0 a\sqrt{x^2+a^2}}dl = \frac{Q}{8\pi^2\epsilon_0 a\sqrt{x^2+a^2}}\int_0^{2\pi a}dl$$
$$= \frac{Q}{8\pi^2\epsilon_0 a\sqrt{x^2+a^2}}\cdot 2\pi a = \frac{Q}{4\pi\epsilon_0\sqrt{x^2+a^2}}[V] \qquad (2.15)$$

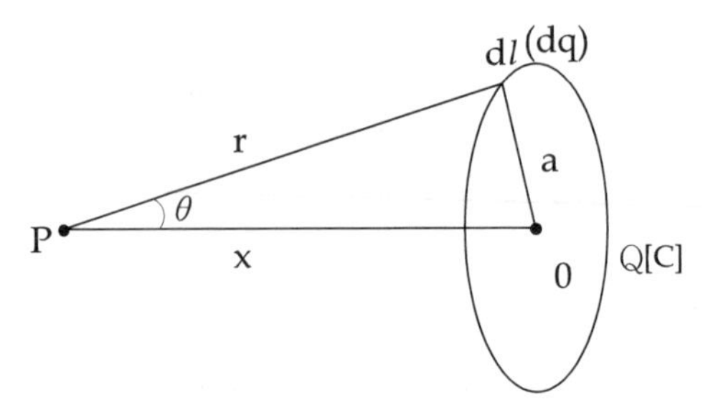

그림 2.16 원형도선에 전하가 분포되는 경우

2.4.5 전위와 전계

지금까지 설명한 바와 같이 전위 혹은 전위차는 두점사이의 전계를 적분함으로써 구할 수 있다. 이와는 반대로 전계의 세기는 전위를 거리로 미분함으로써 구할 수 있다. 일예로 점전하 Q로부터 r[m] 떨어진 점의 전위는 $Q/4\pi\epsilon_0 r$이므로 이를 미분하면 식 (2.16)과 같이 된다.

$$\frac{dV}{dr}=\frac{d}{dr}\frac{Q}{4\pi\epsilon_0 r}=-\frac{Q}{4\pi\epsilon_0 r^2}=-E_r[V/m],\ [N/C] \tag{2.16}$$

여기서 dV/dr은 r방향에 대한 전위의 경도를 나타내며, 그 방향의 전계성분 E_r에 (−)부호를 붙인 것과 같다. 3차원인 경우 전계 방향으로 이루어진 각을 θ, 거리를 l이라 하면 전위 경도는

$$\frac{dV}{dl}=-E\cos\theta=-E_l$$

가 된다.

즉 x, y, z의 방향에 대해 편미분함에 따라 식 (2.17)로 된다.

$$E_x=-\frac{\partial V}{\partial x},\ E_y=-\frac{\partial V}{\partial y},\ E_z=-\frac{\partial V}{\partial z} \tag{2.17}$$

2.4.6 원형도선 중심 축상에서의 전계

앞에서와 같이 그림 2.17과 같은 반경 a[m]의 원형도선에 전하 Q[C]이 일정하게 분포하고 있을 때, 중심축으로부터 x[m]의 거리에 있는 점의 전계를 구해 본다. 즉 중심축으로부터 x[m]떨어진 점의 전위는 $V=\frac{Q}{4\pi\epsilon_0\sqrt{x^2+a^2}}$[V]이므로, 이를 거리 x로 미분하면 x축 성분의 전계의 세기는 식 (2.18)로 된다.

$$E_x=-\frac{\partial V}{\partial x}=-\frac{Q}{4\pi\epsilon_0}\frac{\partial}{\partial x}\left(\frac{1}{\sqrt{x^2+a^2}}\right)\mathbf{a}_r$$

$$= \frac{x\,Q}{4\pi\epsilon_0 (x^2+a^2)^{3/2}} \mathbf{a_r} \qquad (2.18)$$

이 경우 전계 E_x는 전하 Q를 이용하여 직접 구할 수도 있다. 즉 그림 2.17에서 x방향의 전계는 $d\mathbf{E}_x = dE_l \cos\theta$가 되며 $dq = \frac{Q}{2\pi a} dl$ 의 관계를 이용함으로써

$$d\mathbf{E}_x = d\mathbf{E}_l \cos\theta = \frac{dq}{4\pi\epsilon_0 r^2} \frac{x}{r} \mathbf{a}_x$$

$$= \frac{x \cdot dq}{4\pi\epsilon_0 r^2} = \frac{x\,Q}{8\pi^2 \epsilon_0\, a r^3} d_l\, \mathbf{a}_x$$

로 된다. 따라서 전계 $\mathbf{E}_x$는

$$\mathbf{E}_x = \int_0^{2\pi a} d\mathbf{E}_x = \int_0^{2\pi a} \frac{x \cdot Q}{8\pi^2 \epsilon_0\, a(x^2+a^2)^{3/2}} dl\, \mathbf{a}_x$$

$$= \frac{x \cdot Q}{4\pi\epsilon_0 (x^2+a^2)^{3/2}} \mathbf{a}_x$$

가 되어 앞에서 구한 결과와 같게 됨을 알 수 있다.

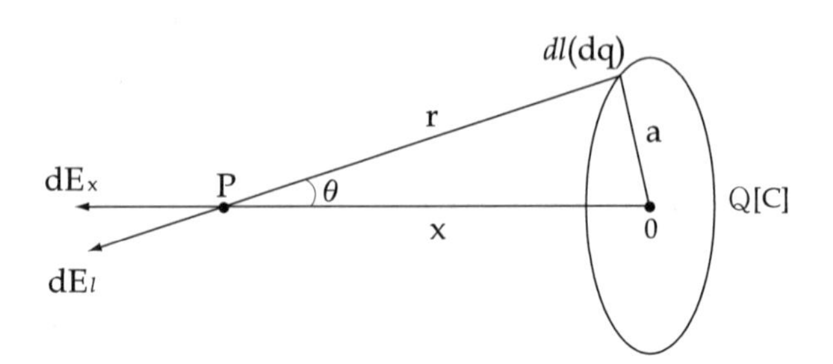

그림 2.17 원형도선에 분포된 전하에 의한 전계

참고

$$\frac{\partial}{\partial x}\left(\frac{1}{\sqrt{x^2+a^2}}\right) = \frac{\partial}{\partial x}(x^2+a^2)^{-1/2}$$

$$= -\frac{1}{2}(x^2+a^2)^{-3/2} \cdot 2x = -\frac{x}{(x^2+a^2)^{3/2}}$$

2.5 가우스의 법칙(Gauss's Law)

가우스(Carl Friedlich Gauss, 1777~1855)는 위대한 수학자였으며 또 천문학자이기도 했다. 1830년경부터 전기 및 자기에 관한 연구에 관여하였으며, 1832년 현재의 CGS(길이 cm, 질량 g, 시간 s)단위에 의한 지자기(地磁氣)의 세기 측정을 하고, 전자기학에서 최초로 정량(定量)측정의 길을 열었다. 그리고 1833년에는 독일의 괴팅겐에 철을 사용하지 않은 최초의 자기관측소를 만들어 국제적인 활동을 하였다. 그 사이에 전자기에 관한 이론적인 검토를 진행하여, 1840년 다음과 같은 가우스의 법칙을 발표하였다.

2.5.1 가우스의 법칙

그림 2.18과 같이 점전하 Q를 중심으로 하는 반경 r인 구면을 생각한다. 구면상에서 전계의 세기를 $\mathbf{E}$ [V/m], 구의 면적을 $\mathbf{S}$ 라 하면, 구면을 통하여 유출되는 전기력선의 총수는 $\mathbf{E}\cdot\mathbf{S}$이며, 전하 Q[C]에서 유출되는 전기력선의 수는 앞에서 논의한 바와 같이 $\dfrac{Q}{\epsilon_0}$이므로, 식 (2.19)가 성립된다.

$$\mathbf{E}\cdot\mathbf{S}=\frac{Q}{\epsilon_0} \tag{2.19}$$

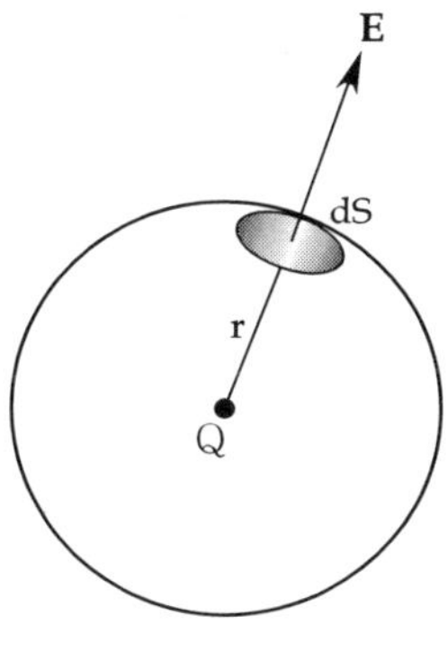

그림 2.18 구면상에서 유출되는 전기력선

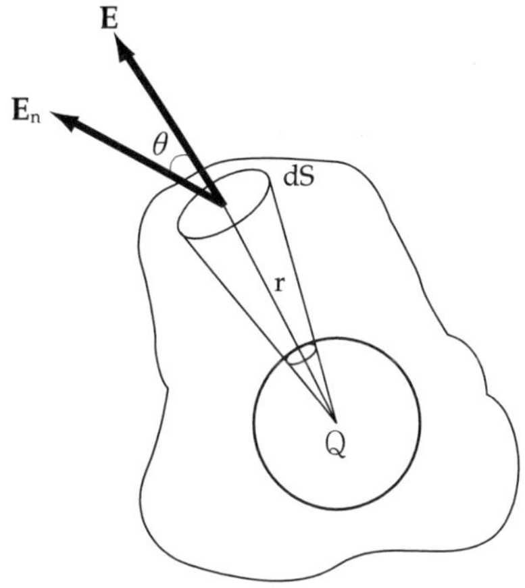

그림 2.19 가우스법칙

이를 그림 2.19와 같은 일반적인 폐곡면으로 확대하면, 이 폐곡면의 표면을 통해 외부로 유출되는 전기력선의 수는 식 (2.20)으로 나타낼 수 있다.

$$\int \mathbf{E}_n \cdot dS = \frac{Q}{\epsilon_0} \tag{2.20}$$

식 (2.20)을 가우스 법칙이라 하며, "임의의 폐곡면을 통과하는 전기력선의 총수는 이 폐곡면내에 있는 총 전하량을 ε_0로 나눈 것과 같다. 또는 임의의 폐곡면을 통과하는 전속의 총수는 이 폐곡면 내에 있는 총 전하량과 같다."는 것을 의미한다.

즉 전하 Q를 포함하는 폐곡면으로부터 외부로 유출되는 전기력선의 총수는 $\frac{Q}{\epsilon_0}$이며, 폐곡면내에 다수의 전하가 있을 때는 식(2.21)과 같이 $\frac{\Sigma Q_i}{\epsilon_0}$로 된다.

$$\int \mathbf{E}_n \cdot dS = \frac{1}{\epsilon_0}\Sigma Q_i \tag{2.21}$$

2.5.2 도체구의 전계와 전위(점대칭)

그림 2.20과 같이 반지름 a[m]인 도체구의 표면에 전하 Q[C]이 일정하게 분포되어 있는 경우, 도체구를 둘러싸고 있는 반지름 r[m]인 구의 표면 S에서의 전계에 대해서 생각하기로 한다.

구 표면상에서의 전계는 $\int \mathbf{E}_n \cdot dS = \int E_r\, dS = E_r \int dS = E_r\, 4\pi\, r^2$으로 된다.

또한 가우스 법칙으로부터 $E_r\, 4\pi r^2 = \frac{Q}{\epsilon_0}$이므로 반지름 r[m]인 구의 표면 S에서의 전계의 세기는 식 (2.22)과 같다.

$$\mathbf{E}_r = \frac{Q}{4\pi\epsilon_0 r^2}\mathbf{a}_r\ [V/m] \tag{2.22}$$

따라서 반지름 a[m]인 도체구 표면에서의 전계의 세기는 $\mathbf{E}_r = \frac{Q}{4\pi\,\epsilon_0\, a^2}\mathbf{a}_r\ [V/m]$으로 된

다. 또한 전위는 식 (2.12)로부터 $V = \frac{Q}{4\pi\epsilon_0 r}[V]$이므로 도체구 표면의 전위는 식(2.23)과 같이 표현된다.

$$V = \frac{Q}{4\pi\epsilon_0 a}[V] \tag{2.23}$$

이와 같이 도체구 외부에서의 전계와 전위는 점전하 Q가 구의 중심에 있는 경우와 같다. 또한 도체구 내부에 전하는 존재하지 않으므로 도체구 내부의 전계는 0이고, 전위는 $Q/4\pi\epsilon_0 a$로 유지된다.

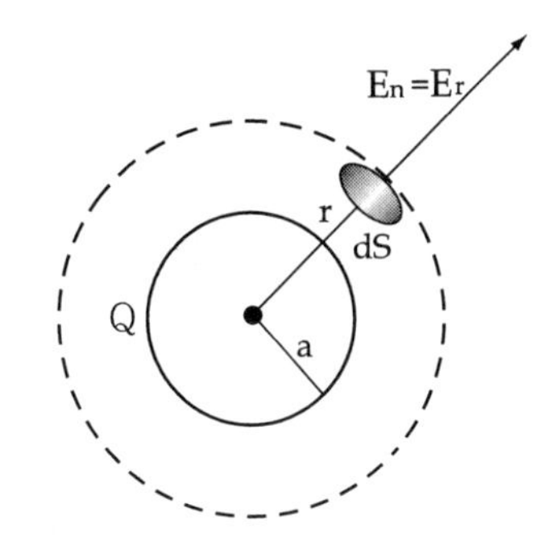

그림 2.20 도체구의 전계와 전위

2.5.3 긴 원통도체의 전계와 전위

그림 2.21과 같이 길이가 매우 길고, 반경이 a[m]인 원통표면에 단위길이당 q[C/m]의 전하가 일정하게 분포하고 있을 경우, 원통외부 즉 반경 r[m]인 점에서의 전계를 구해본다. 반경이 r[m]인 원통면 S상에서의 전계는 원통면의 어느 곳에서나 동일하므로 가우스의 법칙 $\int \mathbf{E}_n \cdot dS = E_r \int dS = \frac{Q}{\epsilon_0}$ 으로부터 $E_r \cdot 2\pi r l = \frac{ql}{\epsilon_0}$로 나타낼 수 있다. 따라서 반경 r[m]인 원통면상에서의 전계는 식 (2.24)로 나타낼 수 있다.

$$\mathbf{E}_r = \frac{q}{2\pi\epsilon_0 r}\mathbf{a}_r \ [V/m] \tag{2.24}$$

이로부터 원통의 중심으로부터의 거리가 각각 r_1, r_2인 두 점 사이의 전위차는 식 (2.25)와 같이 된다.

$$V = -\int_{r_2}^{r_1} E_r \cdot dr = -\int_{r_2}^{r_1} \frac{q}{2\pi\epsilon_0 r} a_r \cdot dr = -\frac{q}{2\pi\epsilon_0}\int_{r_2}^{r_1}\frac{dr}{r}$$

$$= \frac{q}{2\pi\epsilon_0}\log\frac{r_2}{r_1}[V] \qquad (2.25)$$

원통도체의 표면의 경우 $r_1 = a$가 된다.

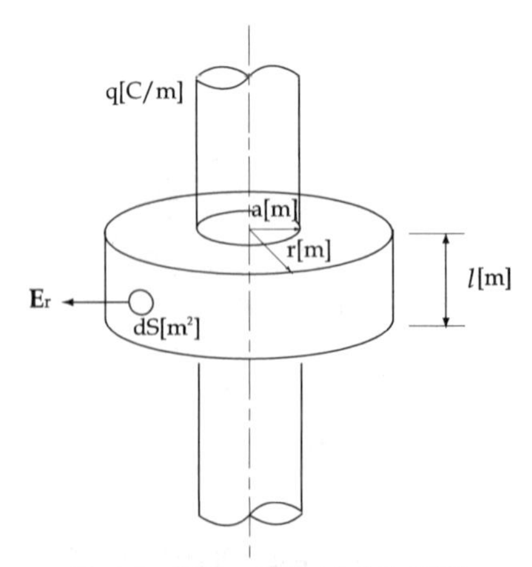

그림 2.21 원통도체의 전계와 전위

참고

$$\int_{x_2}^{x_1}\frac{1}{x}dx = [\log x]_{x_2}^{x_1} = \log x_1 - \log x_2 = -\log\frac{x_2}{x_1}$$

2.5.4 평면도체의 전계(면대칭)

그림 2.22와 같이 상당히 넓은 평면에 단위 면적당 $\sigma[C/m^2]$의 전하가 일정하게 분포되어 있는 경우 전계를 구하기로 한다. 이 경우 전계는 면의 좌우에 대해서 평등하며, 미소면적 dS에 대해 가우스의 법칙을 적용하면 $\int E_n \cdot dS = 2E_n dS$로부터 $2E_n dS = \frac{\sigma dS}{\epsilon_0}$이 되므로 전계의 세기는 식 (2.26)으로 나타낼 수 있으며 거리에 무관하게 됨을 알 수 있다.

$$\mathbf{E}_n = \frac{\sigma}{2\epsilon_0}\mathbf{a}_n\,[\mathrm{V/m}] \tag{2.26}$$

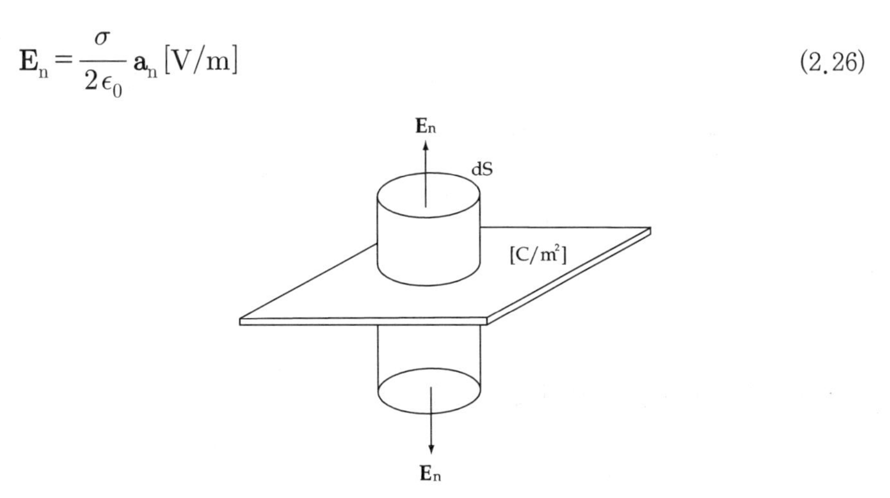

그림 2.22 평면도체의 전계

2.6 정전유도(靜電誘導)현상

일반적으로 금속도체는 표면에 (+)·(−)의 전하가 동시에 존재하지 못하므로 전기적으로 중성을 나타낸다. 그러나 이 도체를 그림 2.23과 같이 전계 내에 두면, 도체내의 자유전자는 전계의 영향을 받아 전계의 방향과 반대 방향으로 이동하게 된다. 그 결과 도체의 한쪽은 (−)전하로 대전되며, 다른 한쪽은 (+)전하로 대전된다. 이와 같은 현상을 정전유도(靜電誘導)라 한다. 이러한 현상이 발생됨에 따라 도체외부의 전계에도 변화가 발생한다. 즉 도체 표면에 분포된 전하의 양이나 전하 분포에 의해 외부 전계로부터 발생된 도체내의 전계는 소멸되며, 또한 도체 내부에는 전계가 존재하지 않으므로 전위차는 발생되지 않는다. 그 결과 도체의 표면은 항상 등전위(等電位, equipotential)로 된다.

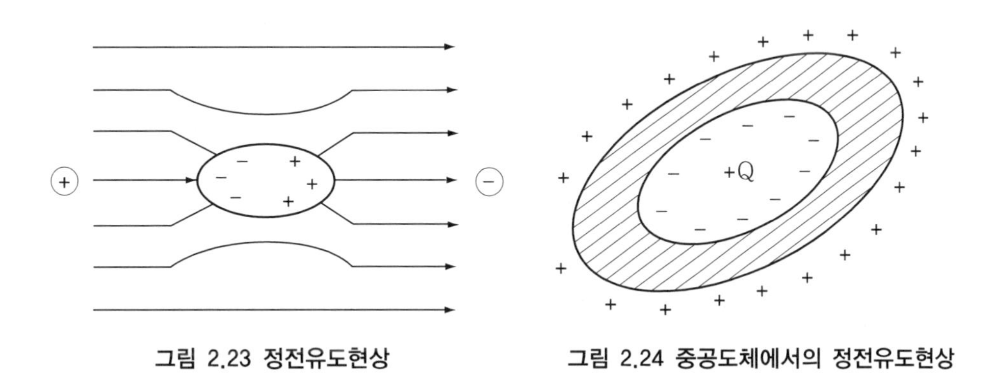

그림 2.23 정전유도현상

그림 2.24 중공도체에서의 정전유도현상

여기서 도체 내에 공동(空胴)이 있는 경우에 대해 생각하기로 한다. 공동내에 전하가 없는 중공(中空)상태에서는 공동내의 전계는 0이 된다. 이에 비하여 그림 2.24와 같이 공동내에 +Q의 전하가 존재하는 경우에 대해 생각한다. 이와 같이 되면 전하 +Q로 인한 전계의 방향에 따라 공동내부에는 정전 유도 작용에 의해 −Q의 전하가 유도된다. 또한 이 현상에 의해 공동 도체 외부에는 −Q와 크기가 같고 부호가 반대인 +Q의 전하가 정전 유도에 의해 생겨나게 된다.

2.6.1 동심구 도체의 전계와 전위

그림 2.25와 같은 동심 도체구에서 내부의 도체구 1에 Q[C]의 전하가 존재하는 경우 전계와 전위에 대해 고찰하기로 한다.

이 때 외부 도체구 2의 내면에는 −Q[C], 외면에는 +Q[C]의 전하가 유도된다. 먼저 외부 도체구의 외측에 대한 가우스의 법칙은 $\int \mathbf{E}_n \cdot d\mathbf{S} = \mathbf{E}_r \cdot 4\pi r^2 \mathbf{a}_r = \frac{Q}{\epsilon_0}$ 이므로 도체구 2에 대한 외부의 전계와 전위는

$$\mathbf{E}_2 = \frac{Q}{4\pi\epsilon_0 r^2}\mathbf{a}_r\ [\mathrm{V/m}],\quad V_2 = \frac{Q}{4\pi\epsilon_0 r}[\mathrm{V}]$$

로 되며 또한 도체구 2의 표면 전위는 $V_c = \frac{Q}{4\pi\epsilon_0 c}[\mathrm{V}]$가 된다.

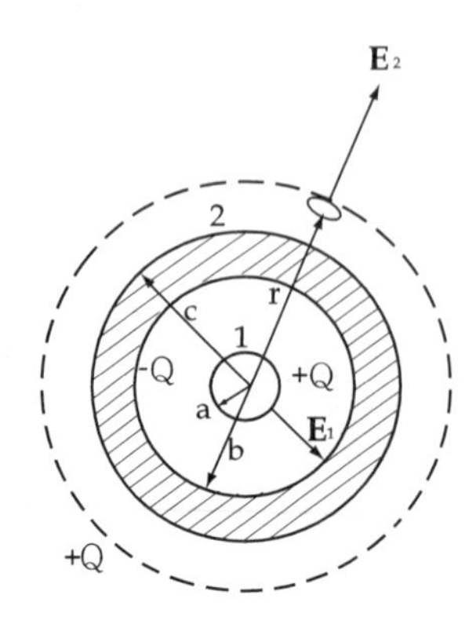

그림 2.25 동심 도체구의 전계와 전위

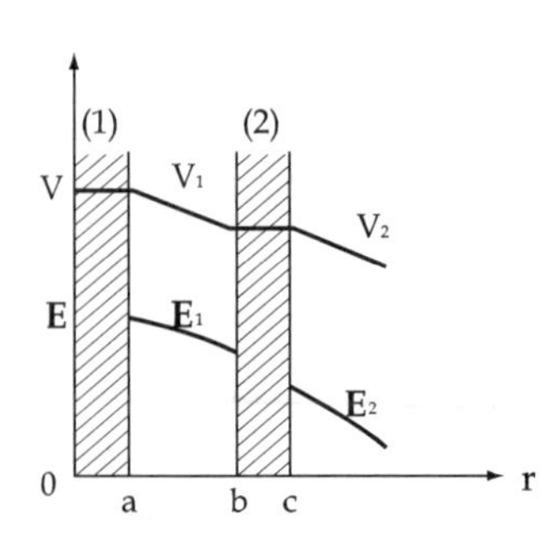

그림 2.26 동심도체구의 전계 및 전위분포

한편, 도체 내부에는 전계가 작용하지 않으므로 도체구 2의 내・외면의 전위는 $V_b = V_c$로 동일하게 된다. 또한 도체구 1・2 사이에 작용하는 전계는 가우스의 법칙에서 유도된 식 (2.22)에 의해 $\mathbf{E}_1 = \dfrac{Q}{4\pi\epsilon_0 r^2}\mathbf{a}_r$이 되며, 전위 V_1은

$$V_1 = -\int_{\infty}^{c} \mathbf{E}_r \cdot d\mathbf{r} + \left(-\int_{b}^{r} \mathbf{E}_1 \cdot d\mathbf{r}\right) = V_c + \frac{Q}{4\pi\epsilon_0}\left(\frac{1}{r} - \frac{1}{b}\right)$$

$$= \frac{Q}{4\pi\epsilon_0 c} + \frac{Q}{4\pi\epsilon_0 r} - \frac{Q}{4\pi\epsilon_0 b} = \frac{Q}{4\pi\epsilon_0}\left(\frac{1}{r} - \frac{1}{b} + \frac{1}{c}\right)[\mathrm{V}]$$

가 된다. 따라서 내부 도체구 1의 표면 전위 V_a는 식 (2.27)로 표현된다.

$$V_a = \frac{Q}{4\pi\epsilon_0}\left(\frac{1}{r} - \frac{1}{b} + \frac{1}{c}\right)[\mathrm{V}] \tag{2.27}$$

그림 2.26은 동심 도체구의 전계와 전위의 분포를 나타낸 것이다.

2.6.2 평행 도체판 사이의 전계와 전위

그림 2.27과 같이 얇은 도체판 두 장을 가까운 거리 a[m]만큼 평행하게 떨어뜨려 놓고, 양 도체판 A, B에 각각 +Q[C]와 −Q[C] 전하를 주어, 도체판 사이에 일정한 전계가 형성되도록 하는 경우 전계와 전위를 구하기로 한다.

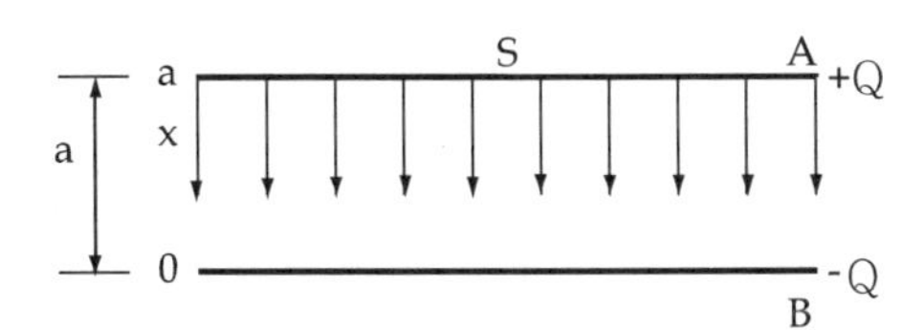

그림 2.27 평행도체판 사이의 전계와 전위

도체판의 면적을 S라 할 때 전계 $\mathbf{E}$는 식 (2.28)로 표현된다.

$$\mathbf{E} = \frac{Q}{\epsilon_0 S}\mathbf{a}_n \ [\mathrm{V/m}] \tag{2.28}$$

식 (2.28)로부터 전위는 식 (2.29)로 표현된다.

$$V = -\int_a^0 E \cdot dx = -\int_a^0 \frac{Q}{\epsilon_0 S} dx = \frac{aQ}{\epsilon_0 S} = aE\,[V] \tag{2.29}$$

2.6.3 점전하 가까이에 넓은 평면 도체가 있을 때 전계와 전위

점전하 Q[C] 가까이에 상당히 넓은 평면도체가 있을 때, 그 전계와 전위는 전기 영상법(electric image method)이라는 방법으로 구할 수 있다. 즉 평면도체 대신 −Q를 놓고, 양쪽의 합을 구함으로써 전위를 계산하게 된다. 또한 전계는 전위에 대한 미분을 함으로써 구해질 수 있다. 이 전기 영상법에 의한 계산 방법을 1845년 영국의 켈빈(Kelvin)에 의해 발표된 것으로 전해진다. 절대 온도 K의 단위에는 켈빈의 이름이 붙여져 있다.

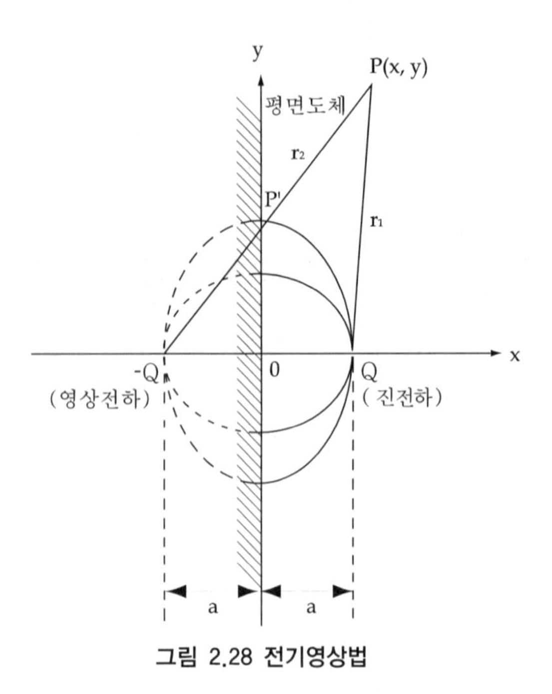

그림 2.28 전기영상법

그림 2.28에서 무한 평면도체를 매개로 전하 Q[C]의 반대위치에 영상에 의한 전하 −Q[C]를 가정하고, 무한 평면도체로부터 a만큼 떨어진 점 P(x, y)의 전위를 구한다.

전하 Q와 −Q가 놓여진 점과 점 P사이의 거리를 각각 r_1, r_2라 하면 식 (2.13)으로부터

$$V = \frac{Q}{4\pi\epsilon_0}\left(\frac{1}{r_1} - \frac{1}{r_2}\right)[V] \tag{2.30}$$

가 된다. 여기서 $r_1 = \sqrt{(x-a)^2+y^2}$, $r_2 = \sqrt{(x+a)^2+y^2}$ 이며 $r_1=r_2$인 평면도체에서는 전위가 0으로 된다. 또한 식 (2.30)을 각각 x와 y에 대해 편미분함으로써 식 (2.31)와 같이 x와 y방향의 전계 $\mathbf{E}_x$와 $\mathbf{E}_y$를 구할 수 있다.

$$\left.\begin{aligned} \mathbf{E}_x &= -\frac{\partial V}{\partial x} = \frac{Q}{4\pi\epsilon_0}\left(\frac{x-a}{r_1^3} - \frac{x+a}{r_2^3}\right)\mathbf{a}_x \ [\mathrm{V/m}] \\ \mathbf{E}_y &= -\frac{\partial V}{\partial y} = \frac{Q}{4\pi\epsilon_0}\left(\frac{y}{r_1^3} - \frac{y}{r_2^3}\right)\mathbf{a}_y \ [\mathrm{V/m}] \end{aligned}\right\} \qquad (2.31)$$

식 (2.31)로부터 $r_1 = r_2 = \sqrt{y^2+a^2}$ 인 평면 도체판 위에서 y방향의 전계는 0이 되며, x방향의 전계는

$$\mathbf{E}_x = \frac{Q}{4\pi\epsilon_0}\left(\frac{-a}{r_1^3} - \frac{a}{r_2^3}\right)\mathbf{a}_x = -\frac{aQ}{2\pi\epsilon_0(y^2+a^2)^{3/2}}\ \mathbf{a}_x \ [\mathrm{V/m}]$$

와 같이 분포됨을 알 수 있다. 이 경우 평면 도체는 점전하 Q에 대해 (−)로 대전되는 데, 쿨롱의 법칙과 마찬가지로 +Q, −Q의 전하에 의해

$$\mathbf{F} = -\frac{Q^2}{4\pi\epsilon_0(2a)^2}\ \mathbf{a}_x = -\frac{Q^2}{16\pi\epsilon_0 a^2}\ \mathbf{a}_x \ [\mathrm{N}]$$

의 흡인력을 받게 된다.

참고

$1/r_1$의 x방향에 대한 편미분

$$\frac{\partial}{\partial x}\frac{1}{r_1} = \frac{\partial}{\partial x}[(x-a)^2+y^2]^{-1/2} = -\frac{1}{2}[(x-a)^2+y^2]^{-3/2}\times 2(x-a)$$

$$= -r_1^{-3}(x-a) = -\frac{x-a}{r_1^3}$$

$1/r_1$의 y방향에 대한 편미분

$$\frac{\partial}{\partial y}\frac{1}{r_1} = \frac{\partial}{\partial y}[(x-a)^2+y^2]^{-1/2} = -\frac{1}{2}[(x-a)^2+y^2]^{-3/2}\times 2(y)$$

$$= -r_1^{-3}y = -\frac{y}{r_1^3}$$

2.7 정전기의 응용

여기서는 정전기에 관한 이해를 깊게 하기 위하여 몇 가지의 정전기 응용에 관해 소개하기로 한다.

2.7.1 전기집진(電氣集塵)

그림 2.29는 전기집진의 원리를 나타낸다.

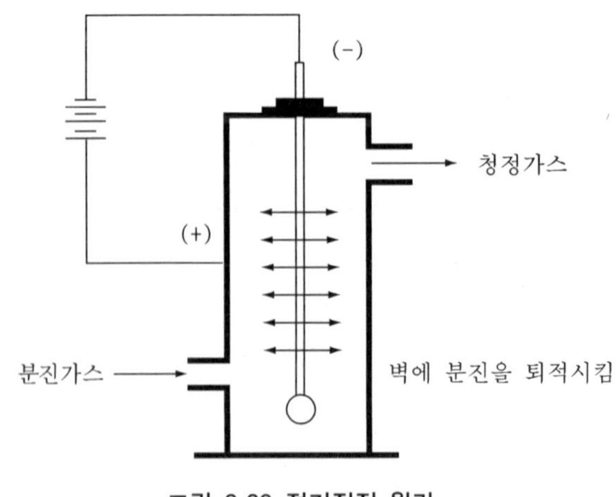

그림 2.29 전기집진 원리

두 전극의 한쪽에 (−)의 고전압을 인가해 두고 두 전극 사이에 분진(粉塵)을 함유한 가스를 유입하면, 분진입자는 전계의 영향을 받아 (−)로 대전되며, 쿨롱력에 의해 양극으로 흡인되어 퇴적한다. 이 퇴적물을 수집함으로써 집진을 행할 수 있게 된다. 1905년 캘리포니아 대학의 코트렐(Cottrell)에 의해 발명되어, 코트렐 집진기라고도 불리고 있으며 현재에도 산업계에서 널리 이용되고 있다.

2.7.2 정전도장(靜電塗裝)

그림 2.30은 정전도장의 원리를 나타낸다. 스프레이관의 맨 끝에 (−)의 고전압(50~90[V])을 인가함으로써 살포되어 나오기 시작하는 도료 입자는 대전된다. 도장될 물건은 접지되며, (+)로 대전된다. 이에 따라 쿨롱력에 의해 도료는 도장될 물건에 흡인되며 도장

이 완료된다.

도료의 낭비를 줄일 수 있으며, 도장물 내부까지 균등히 도포되므로 효율이 우수하며 균일한 도장이 가능하게 된다.

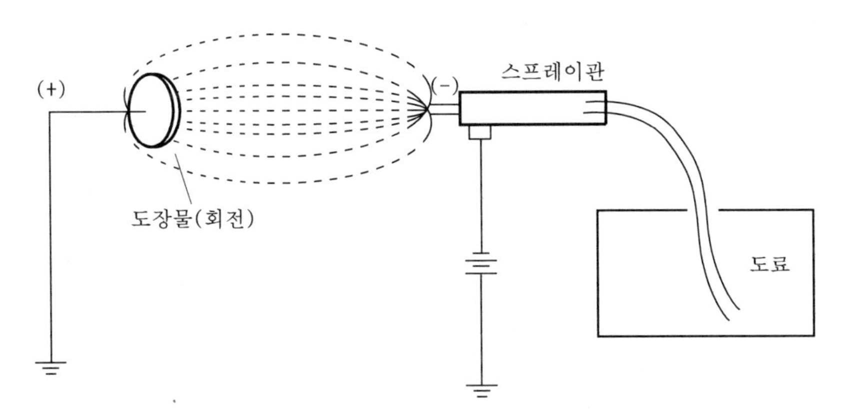

그림 2.30 정전도장의 원리

2.7.3 정전식모(靜電植毛)

그림 2.31은 정전식모의 원리를 나타낸다. 짧게 절단한 섬유를 롤러 등으로 대전시키고 대전된 섬유를 쿨롱력에 의해 접착제가 도포된 대상지로 흡인하여 식모한다. 이 방식은 식모를 일정하게 할 수 있으며, 밀집도가 좋고, 치밀 견고하므로 내마모성도 향상될 수 있다.

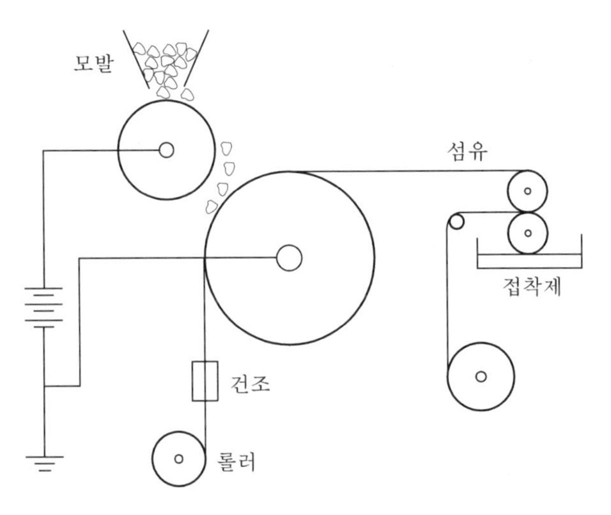

그림 2.31 정전식모의 원리

2.7.4 정전선별(靜電選別)

그림 2.32는 정전 선별의 원리를 나타낸다. 먼저 분체(粉體)등 선별하려고 하는 입자를 대전시키며, 그 결과 입자는 쿨롱력에 의해 롤 전극에 부착된다. 만약 그 입자가 금속과 같은 도전성일 경우에는 전극의 전하로 인하여 중화되거나 혹은 동일 전하가 되어 롤로부터 떨어지게 된다. 그러나 세라믹과 같이 절연성 입자인 경우에는 흡인력에 의해 롤에 부착되어 간다. 이와 같이 하여 도전성 입자와 절연성 입자의 선별이 이루어진다.

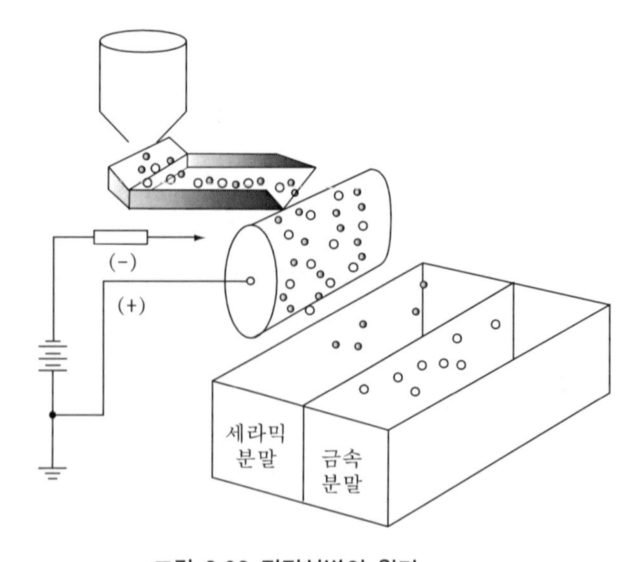

그림 2.32 정전선별의 원리

2.7.5 정전인쇄(靜電印刷)

정전기를 이용한 인쇄 기술은 1937년 미국의 Carlson에 의해 발명되었으며 일반적으로 제록스라 불리고 있다. 이 기술은 1947년에 현재의 Xerox사인 Haloid사가 기업화에 착수하여 현재에 이르고 있다.

Carlson법의 원리는 그림 2.33과 같다. 먼저 산화아연, 셀렌 유화칼슘등과 같은 감광층을 대전기에 의해 일정하게 대전시킨다. 그 다음 인쇄한 문자나 화상에 맞추어 빛에 노출시킴으로써 빛에 노출된 부분의 전하를 줄여 패턴을 만든다. 그 다음 대전된 입자(toner)를 쿨롱력에 의해 빛에 노출되지 않은 부분에 부착시킨다. 그리고, 이 감광 대상의 토너를 종이에 공급한 후, 종이 위의 토너를 열로 녹여서 종이에 고정시킴으로써 인쇄가 이루어진다.

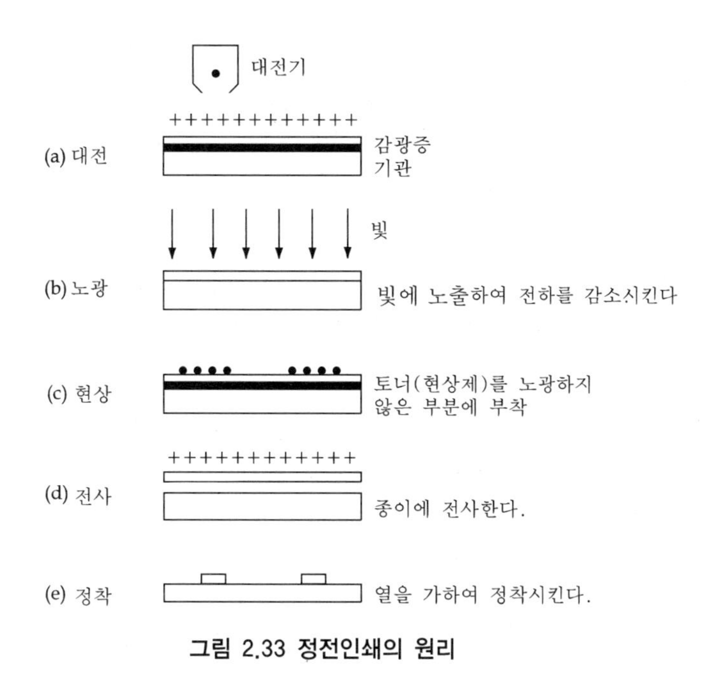

그림 2.33 정전인쇄의 원리

현재 널리 사용되고 있는 정전인쇄는 그림 2.34와 같은 구성으로 되어 있다. 토너를 운반하는 캐리어로써 산화철(페라이트)과 같은 자성체 분말을 이용하며, 캐리어와 토너를 혼합한 현상제를 자기롤에 부착시키게끔 되어 있고, 빛에 노출되지 않은 부분을 문지르면, 토너가 그 부위에 부착되어 붙어 현상이 이루어진다.

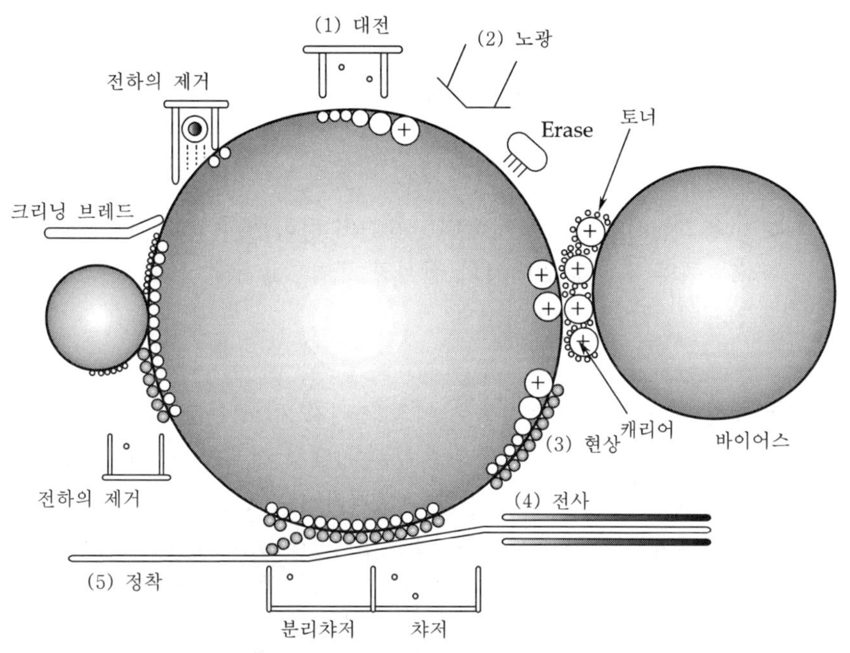

그림 2.34 정전인쇄기의 구성

제2장 연습문제

01 진공 속에서 -2×10^{-8}[C], 5×10^{-8}[C]의 점전하가 10[cm] 떨어져 놓여져 있을 때 전하 사이에 작용하는 쿨롱력을 구하시오.

02 일직선 상에서 거리 a[m]를 간격으로 q_1, q_2, q_3[C]인 세 개의 점전하가 있다.

(1) 각각의 전하에 작용하는 힘을 구하시오.

(2) 세전하가 평형으로 있기 위해서는 q_1, q_2, q_3의 크기를 얼마로 하여야 할까?

03 질량 m[kg], 전하량이 Q[C]인 두 개의 작은 구를 각각 길이 l[m]의 절연체로 동일점에서 늘어뜨리면, 실은 θ의 각도로 기울어지며 아래의 관계가 만족된다. 이를 증명하시오.

$$16\pi\epsilon_0 m g l^2 \sin^3\theta = Q^2\cos\theta$$

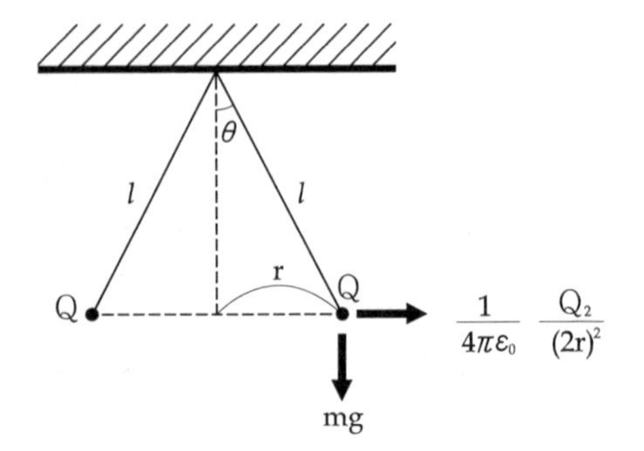

04 10^{-6}[C]의 점전하로부터 거리가 각각 5[cm], 20[cm], 6[m]인 점의 전계의 세기를 구하시오.

05 반경 5[cm]인 도체구에 2×10^{-8}[C]의 전하를 주었을 때, 구의 전위, 표면전하밀도, 구의 표면에 있어서의 전계의 세기, 및 구의 표면에서 12[cm] 떨어진 점의 전계의 세기를 계산하시오.

06 +q, −q[C]인 두 점전하 사이의 거리가 2l[m]이다. (1) 두전하를 연결하는 선분의 중점 0로부터 x[m]거리에 있는 점에서 전계의 세기와 방향을 구하고, x의 변화에 따른 전계 세기의 변화를 도시하시오. (2) 두전하를 연결하는 선분의 수직이등분면위에서 선분의 중점 0로부터 x[m]거리에 있는 점에서의 전계의 세기와 방향을 구하고, x의 변화에 따른 전계의 세기의 변화를 도시하시오.

07 전위차가 5000[V]인 공간 내에서 전자가 정전력에 의해 가속될 때 전자의 속도를 구하시오.

08 일정 폐곡면에서 유출되는 전기력선의 수가 2000개이고, 유입되는 전기력선의 수가 3000개일 때, 이 폐곡면 내에 존재하는 총 전하는 몇 [C]인가?

09 4.8×10^{-8}[C]으로 대전된 반지름 5[cm]의 도체구가 있다. 외부를 두께 0.3[cm], 내반경 6[cm]의 동심 도체구로 둘러싸면, 내구의 전위는 얼마로 될까? 또, 외구를 접지했을 때는 어떤가?

10 수평하게 놓여진 간격 5[mm]인 두 장의 평행 도체판이 있다. 도체 사이에 전자를 놓았을 때 전자가 중력에 의해 낙하하지 않고 정지하기 위해 양 도체 사이에 가해야 할 전압은 얼마인가?

11 내부 도체의 반지름이 a[m], 외부도체의 반지름이 b[m]인 동축원통도체가 있다. 양 도체 사이에 전압 V[V]를 가했을 때, 내부도체 표면의 전계를 구하시오.

12 반경 a인 구 내에 전하 Q가 일정한 밀도로 분포되어 있을 때, 그 내부의 전계를 구하시오.

13 반지름이 각각 r_1, r_2, r_3, $(r_1 < r_2 < r_3)$ 인 3중 동심 도체구 A, B, C에 각각 전하 Q_1, Q_2, Q_3를 주었을 때 각각의 구에 대한 전위를 계산하시오.

14 직경 15[cm]인 도체구에 5×10^{-7}[C]의 전하를 주었을 때, 다음 각각을 구하시오.

(1) 도체 표면의 전하밀도

(2) 도체 표면의 전계

(3) 도체의 전위

제3장

정전용량(靜電容量)

3.1 도체계(導體系)

3.1.1 전위계수, 용량계수와 유도계수

지금까지 독립된 도체 혹은 두 도체사이의 전계와 전위에 대해 논의하여 왔으나, 본 장에서는 다수의 도체가 있는 경우에 관해서 생각하기로 한다. 즉 반경이 a_1, a_2,…, a_n인 n개의 작은 구형 도체가 있다. 도체사이의 간격은 r_{12}, r_{23},…이며, 각각의 도체구에는 Q_1, Q_2, …, Q_n의 전하가 분포되어 있을 때 각 도체구의 전위는 식 (1.14)로부터 다음과 같이 된다.

$$V_1 = \frac{1}{4\pi\epsilon_0}\left(\frac{Q_1}{a_1} + \frac{Q_2}{r_{12}} + \cdots + \frac{Q_n}{r_{1n}}\right)$$

$$V_2 = \frac{1}{4\pi\epsilon_0}\left(\frac{Q_1}{r_{21}} + \frac{Q_2}{a_2} + \cdots + \frac{Q_n}{r_{2n}}\right)$$

$$\vdots$$

$$V_n = \frac{1}{4\pi\epsilon_0}\left(\frac{Q_1}{r_{n1}} + \frac{Q_2}{r_{n2}} + \cdots + \frac{Q_n}{a_n}\right)$$

이러한 관계를 n개의 도체로 구성된 계에 대해 적용함으로써 식 (3.1)과 같은 관계를 얻을 수 있다.

$$\left.\begin{aligned} V_1 &= p_{11}Q_1 + p_{12}Q_2 + \cdots + p_{1n}Q_n \\ V_2 &= p_{21}Q_1 + p_{22}Q_2 + \cdots + p_{2n}Q_n \\ &\vdots \\ V_n &= p_{n1}Q_1 + p_{n2}Q_2 + \cdots + p_{nn}Q_n \end{aligned}\right\} \tag{3.1}$$

지금 그림 3.1과 같은 도체계를 가정하고, 도체 1에 대해서만 전하 Q_1을 공급하는 경우 $Q_2 = Q_3 = \cdots = Q_n = 0$이며, 각 도체의 전위는

$$V_1 = p_{11}Q_1, V_2 = p_{21}Q_1, \quad \cdots, \quad V_n = p_{n1}Q_1$$

로 되어 각각 전하량 Q_1에 비례하게 된다.

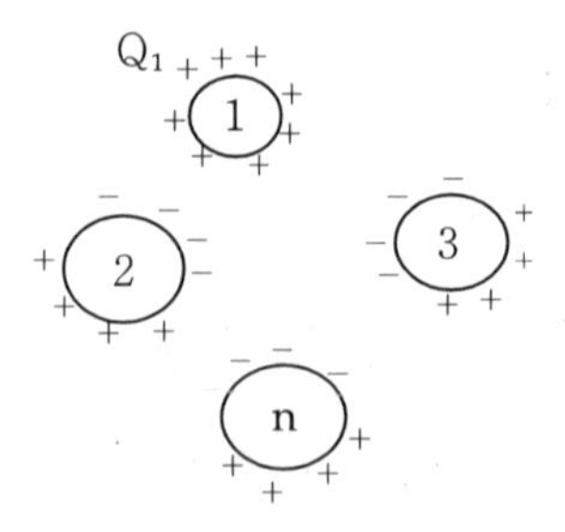

그림 3.1 다수의 도체로 구성된 도체계

만약 도체계를 구성하는 각 도체가 작은 구(球)인 경우 p_{11}, p_{21}, ⋯, p_{n1}은 아래와 같다.

$$p_{11} = \frac{1}{4\pi\epsilon_0 a}, \quad p_{21} = \frac{1}{4\pi\epsilon_0 r_{21}}, \cdots, \quad p_{n1} = \frac{1}{4\pi\epsilon_0 r_{n1}}$$

여기서 p_{11}, p_{21}, ⋯, p_{n1}을 전위계수(電位係數 : coefficient of potential)라 한다. 이 경우 p_{11}, p_{21}, ⋯, p_{n1} 등은 전부 (+)이며, $p_{12} = p_{21}$, $p_{13} = p_{31}$ ⋯으로 된다. 만약 도체 1과 2에 Q_1과 Q_2의 전하를 동시에 공급한다면 도체 1과 2의 전위 V_1, V_2는 식 (3.2)와 같이 된다.

$$V_1 = p_{11}Q_1 + p_{12}Q_2, \qquad V_2 = p_{21}Q_1 + p_{22}Q_2 \tag{3.2}$$

따라서 일반적으로 n개의 도체에 전하를 모두 공급하는 경우 각 도체의 전위는 식 (3.3)으로 나타낼 수 있게 된다.

$$V_i = \sum_{1}^{n} p_i k Q_k \qquad (i = 1, 2, \cdots, n) \tag{3.3}$$

이와 같이 전위계수는 도체계의 모습, 크기, 분포, 위치에 따라 정해지는 (+)의 값이며, 단위는 [V/C]가 된다.

다음, n개의 작은 도체가 분포되어 있으며 각 도체의 전위를 V_1, V_2, …, V_n이라 할 때 각 도체에 분포하는 전하에 대해서 생각해 본다. 이는 식 (3.1)을 식 (3.4)의 연립방정식으로 변환하고, 이 연립방정식의 해를 구함으로써 얻을 수 있다.

$$\left.\begin{aligned} Q_1 &= q_{11}V_1 + q_{12}V_2 + \cdots + q_{1n}V_n \\ Q_2 &= q_{21}V_1 + q_{22}V_2 + \cdots + q_{2n}V_n \\ &\vdots \\ Q_n &= q_{n1}V_1 + q_{n2}V_2 + \cdots + q_{nn}V_n \end{aligned}\right\} \tag{3.4}$$

여기서 q_{11}, q_{22}, …, q_{nn}을 용량계수(容量係數 : coefficient of capacity), q_{12}, q_{13}, … 등을 유도계수(誘導係數 : coefficient of induction)라 한다. 지금 두 도체의 전위를 각각 V_1, V_2, 각 도체에 분포된 전하를 Q_1, Q_2라 하면 Q_1, Q_2는 식 (3.5)로 표현된다.

$$Q_1 = q_{11}V_1 + q_{12}V_2, \qquad Q_2 = q_{21}V_1 + q_{22}V_2 \tag{3.5}$$

여기에 식 (3.2)의 관계를 적용하여 정리하면 식 (3.6)을 얻을 수 있다.

$$\left.\begin{aligned} q_{11} &= \frac{p_{22}}{p_{11}p_{22} - p_{12}^2} \\ q_{12} = q_{21} &= \frac{-p_{12}}{p_{11} - p_{22} - p_{12}^2} \\ q_{22} &= \frac{p_{11}}{p_{11}p_{21} - p_{12}^2} \end{aligned}\right\} \tag{3.6}$$

일반적으로 n개의 각 도체에 있어서 전하와 전위사이의 관계는 식 (3.7)로 표현된다.

$$Q_i = \sum_{1}^{n} q_{ik}V_k \qquad (i = 1, 2, \cdots, n) \tag{3.7}$$

이와 같이 용량계수와 유도계수는 도체계의 형태, 크기, 분포, 위치 등에 의해 정해지는 값이며, 단위는 [C/V]이다.

3.1.2 동심 도체구의 전위계수, 용량계수와 유도계수

예로서, 앞의 그림 1.25와 같이 반경 a인 도체구 1과 내경 b, 외경 c인 도체구 2로 이루어진 동심(同心)도체구에 대해 생각하기로 한다. 먼저 도체구 1에 전하 Q_1을 공급하는 경우 전위계수와 용량계수를 구해 본다.

도체구 1, 2의 전위는 각각 $V_1 = \frac{Q_1}{4\pi\epsilon_0}\left(\frac{1}{a} - \frac{1}{b} + \frac{1}{c}\right)$, $V_2 = \frac{Q_1}{4\pi\epsilon_0 c}$ 이므로

전위계수는 식 (3.8)로 된다.

$$p_{11} = \frac{1}{4\pi\epsilon_0}\left(\frac{1}{a} - \frac{1}{b} + \frac{1}{c}\right), \quad p_{12} = \frac{1}{4\pi\epsilon_0 c} \tag{3.8}$$

단지 도체구 2에만 전하 Q_2를 공급하는 경우, 도체구 1과 도체구 2의 전위는 같아지게 된다. 즉

$$V_1 = V_2 = \frac{Q_2}{4\pi\epsilon_0 c}$$

따라서 전위계수는 식 (3.9)로 된다.

$$p_{21} = \frac{1}{4\pi\epsilon_0 c}, \; p_{12} = \frac{1}{4\pi\epsilon_0 c} \tag{3.9}$$

이를 이용하여 용량계수와 유도계수를 구하면 식 (3.10)으로 된다.

$$\left.\begin{aligned} q_{11} &= 4\pi\epsilon_0 \frac{ab}{b-a} \\ q_{22} &= 4\pi\epsilon_0\left(c + \frac{ab}{b-c}\right) \\ q_{12} &= -4\pi\epsilon_0 \frac{ab}{b-a} \end{aligned}\right\} \tag{3.10}$$

3.2 도체의 정전 용량

3.2.1 두 도체사이의 정전 용량

그림 3.2와 같이 독립된 두 개의 도체에 각각 +Q[C], −Q[C]인 전하가 공급될 때 두 도체 사이의 전위차는 식 (3.2)로부터 $Q = Q_1 = -Q_2$, $p_{11} = p_{22}$, $p_{12} = p_{21}$이 되므로, $V = V_1 - V_2 = 2(p_{11} - p_{12})Q$가 된다.

따라서 V와 Q는 서로 비례하게 되며 이는 식 (3.11)로 표현된다.

$$\frac{Q}{V} = C\,[C/V],\ [F] \tag{3.11}$$

여기서, 비례계수 C를 정전용량(electric capacity) 또는 커패시턴스(capacitance)라 하며, 단위는 패럿(farad[F])이다. 정전용량의 값은 그 도체의 형태, 크기와 상대위치에 의해 정해지며, 전위 V나 전하량 Q의 값에 의해서는 변하지 않는다.

그러나, [F]의 단위는 실용상 지나치게 크기 때문에 마이크로 패럿(micro farad, $\mu F = 10^{-6}F$)또는 피코 패럿(pico farad, $pF = 10^{-12}F$)의 단위가 주로 사용된다.

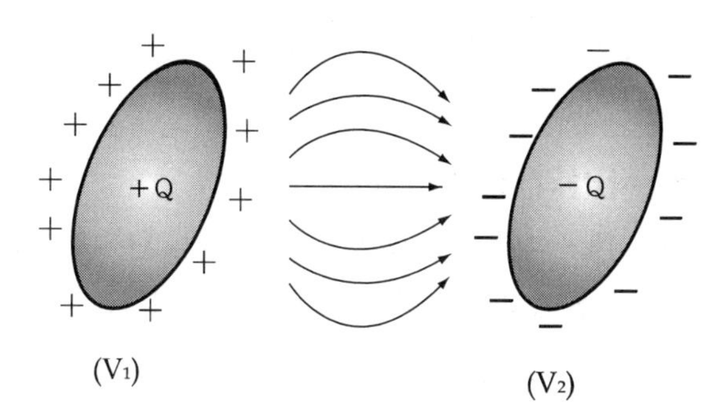

그림 3.2 두 도체사이의 정전용량

여기에서는 여러 형태로 구성된 두 도체 사이의 정전용량을 구하기로 한다.

1) 고립된 구도체의 정전용량

반경이 a[m]인 고립된 구도체에 있어서 표면의 전위는 $V = \dfrac{Q}{4\pi\epsilon_0 a}$이므로 고립된 구도체의 정전용량은 식 (3.12)로 표현된다.

$$C = \frac{Q}{V} = 4\pi\epsilon_0 a \, [F] \tag{3.12}$$

2) 2개의 평행 평면도체 사이의 정전용량

제 1장의 그림 1.27과 식 (1.29)에서 도체판의 면적을 S[m^2], 그 사이의 거리를 d[m]라 하면, 2개의 평행 평면 도체 사이의 정전용량은 식 (3.13)으로 된다.

$$C = \frac{Q}{V} = \frac{\epsilon_0 S}{d} \, [F] \tag{3.13}$$

3) 동심 도체구 사이의 정전용량

제 1장의 그림 1.25와 같이 내부 도체의 외경을 a[m], 외부 도체의 내경을 b[m]라 할 때 두 도체구 사이의 전위차는 식 (1.23) 또는 식 (1.27)으로부터 식 (3.14)로 표현된다.

$$V = V_1 + V_2 = \frac{Q}{4\pi\epsilon_0 c}\left(\frac{1}{a} - \frac{1}{b}\right) \tag{3.14}$$

따라서 두 도체구 사이의 정전용량은 식 (3.15)와 같다.

$$C = \frac{Q}{V} = 4\pi\epsilon_0 / \left(\frac{1}{a} - \frac{1}{b}\right) = 4\pi\epsilon_0 \frac{ab}{b-a} \, [F] \tag{3.15}$$

4) 동축(同軸)원통 사이의 정전용량

제 1장의 그림 1.21 즉, 내·외반경이 각각 a[m], b[m], 단위길이당 전하량이 q[C/m]이며 길이가 무한대인 동축 원통에서 내·외 원통사이의 전위차는 식 (1.25) 즉, 식 (3.16)으로 표현된다.

$$V = \frac{q}{2\pi\epsilon_0} \log\frac{b}{a} \, [V] \tag{3.16}$$

따라서 단위 길이당 정전용량은 식 (3.17)로 된다.

$$C = \frac{q}{V} = \frac{2\pi\epsilon_0}{\log\frac{b}{a}} \, [F/m] \tag{3.17}$$

5) 평행 도선 사이의 정전용량

반지름이 a[m]이고 길이가 무한대인 두 도선이 그림 3.3과 같이 l[m]의 간격으로 평행하게 놓여져 있을 때 두 도선 사이의 전위차는 식 (2.25)에서 $r_2 = l - a$의 관계를 이용하여 식 (3.18)과 같이 나타낼 수 있다.

$$V = V_1 - V_2 = \frac{q}{2\pi\epsilon_0} \times 2\log\frac{l-a}{a} = \frac{q}{\pi\epsilon_0}\log\frac{l-a}{a} \text{ [V]} \tag{3.18}$$

따라서 단위 길이당 정전용량은 식 (3.19)로 된다.

$$C = \frac{q}{V} = \frac{\pi\epsilon_0}{\log\frac{l-a}{a}} \text{ [F/m]} \tag{3.19}$$

만약 $l \gg a$가 만족된다면 식 (3.19)는 식 (3.20)으로 근사화될 수 있다.

$$C = \frac{\pi\epsilon_0}{\log\frac{l}{a}} \text{ [F/m]} \tag{3.20}$$

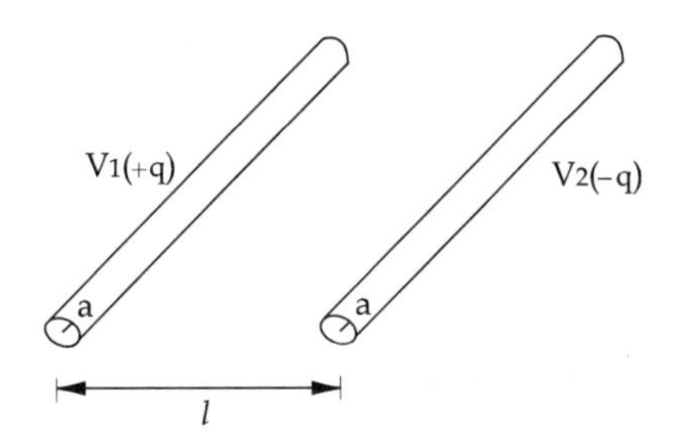

그림 3.3 평행도선 사이의 정전용량

3.3 실용 콘덴서

3.3.1 콘덴서의 기원

콘덴서는 1745년 독일의 목사 Ewald G. van Klist에 의해 고안되었던 것이 시초라고 알려져 있다. 그는 병속에 물과 바늘을 넣고 그 중앙으로부터 금속봉을 내어 병의 머리부분에 쇳조각을 감았다. 그리고 마찰 기전기(摩擦 起電機)로부터 금속봉에 전기를 보내는 순간 전기가 축적되었다. 그가 한 손으로 병 머리부분의 쇳조각, 다른 한 손으로 금속봉을 흔들었을 때 강한 쇼크를 느꼈다고 한다. 계속해서 1764년 네덜란드의 라이덴 대학 교수인 Peter Van Muschenbroek(1692~1761)가 독립적으로 똑같은 실험을 하였으며 그는 병의 안쪽에 금속(주석)박을 붙이고 병안에 금속 체인을 늘여 뜨려 그림 3.4와 같은 구조의 축전기를 개발하였다. 이 축전기는 그 지명을 따서 라이덴병이라고 이름 붙여졌다. 이에 따라 축전과 강한 불꽃방전(放電)을 얻는 것이 가능하게 되었다.

1775년에 이르러 이탈리아의 볼타(Alessandro Volta, 1745~1828)는 에보나이트로 둘러싼 금속판을 마찰하여 거기에 약간의 정전기를 축적하였으며 그 위에 도체로 된 널판지 뚜껑을 올려놓고, 널판지 뚜껑에 손가락을 접촉시킴으로써 윗면의 전하만을 이동시키는 방법을 고안하였다. 이러한 동작을 반복함에 따라, 다량의 전하를 이동시키는 것이 가능하게 되었다. 이를 전기분(電氣盆)이라 부르며, 이전까지의 마찰 기전기나 라이덴병을 대신하게 되었다고 전해진다.

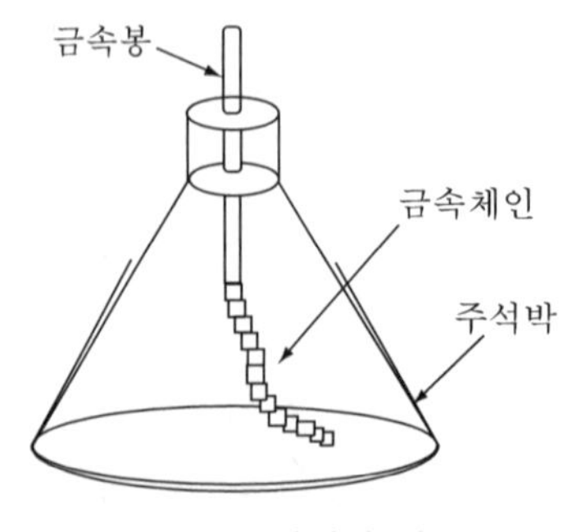

그림 3.4 라이덴 병

3.3.2 콘덴서의 작용과 종류

1) 콘덴서의 작용

콘덴서는 도체가 전하를 축적하는 성질을 이용한 부품으로, 다음 장에서 설명하겠지만 유전체를 전극 간에 삽입함으로써, 이전까지 알고 있었던 정전에너지의 이용에 관련되는 여러 가지 작용을 지닐 수 있게 되었다. 콘덴서의 중요한 작용을 들면 다음과 같다.

① 정전적(靜電的)인 작용

전하를 충전하고 일정 시간 후에 방전하여 큰 전류를 얻을 수 있으며, 또는 간헐적으로 방전하여 펄스를 얻는 용도로 응용이 되고 있다.

② 교류에 대한 작용

직류 전압은 차단하고, 교류성분만을 통과시키는 성질이 있다.

③ **인덕턴스와의 조합 작용**

뒤에 설명할 인덕턴스와 조합되어 교류 전류에 대한 공진 회로를 구성하고, 필터나 이상(移相)회로 등 각종 회로망에 사용되며, 전자 회로에 있어서 필수 불가결한 것이 되고 있다.

④ **복합 작용**

정전 유도에 의해 발생하는 힘, 위치, 유전율등과 같은 물리량의 변화를 이용하여 콘덴서형 마이크로폰, 수분계(水分計) 등에 대한 응용이 이루어지고 있다.

2) 콘덴서의 종류

콘덴서는 이와 같은 용도의 전기 부품으로써 표 3.1에 나타낸 것과 같이 여러 종류의 콘덴서가 만들어지고 있다. 주요 종류는 다음과 같다.

표 3.1 콘덴서의 종류

명칭		재료	특징	특징적인 용도
권취콘덴서	종이 콘덴서	종이, 알루미늄박, 파라핀 등의 유전체	가격이 저렴. 정전용량의 범위가 넓다.	광범위
	M.P 콘덴서	아크릴 수지 등을 도포. 금속 증착한 절연지	소형경량. 자기 회복작용 있음	상동
	플라스틱 콘덴서	폴리스테롤, 폴리에틸렌텔렙티드, 폴리에틸렌 등의 플라스틱과 알루미늄박 등의 전극재료	① 폴리스테롤 콘덴서 ; Q, 절연저항이 높으나. 내열성, 내약품성이 뒤짐. ② 폴리에스테르콘덴서(상품명, 마일러) ; 용량, 전압의 제작 범위가 넓으며, 저 전압인 것은 상당히 소형. 내 아크성이 뒤짐. ③ 폴리에틸렌 콘덴서 ; 내열, 내약품성이 우수하나. 온도 특성이 뒤짐.	스위칭 회로 (디지털 TV)
	테프론 콘덴서	상기 플라스틱 대신에 테프론을 사용	내열성과 절연성이 우수. 필림 가공이 어렵고 가격이 고가.	고온에서의 특수용도
자기콘덴서	자기 콘덴서	이산화티탄(TiO), HgO, CaO를 1200−1400℃에서 소성. 전극으로 은을 사용	온도 특성, 절연성이 우수.	코일의 온도보상, 공진 회로
	티탄산바륨계 자기콘덴서	티탄산 바륨, 그 밖은 상기와 동일	소형, 대용량	
마이커 콘덴서		mica(운모), 은전박(銀電箔)	절연성, 온도특성, Q 등이 가장 우수	군용통신기
유리 콘덴서		유리박, 알루미늄박	고온에서 특성이 안정(고온용)	우주개발기기 전용
전해콘덴서	알루미늄 콘덴서	표면에서 얇은 산화막을 생성한 알루미늄박	대용량, 가격이 고가.	전원 평활용 바이패스용
	탄탈전해 콘덴서	① 고체 탄탈 전해 콘덴서 ; 탄탈분말 ② 박형 탄탈 전해 콘덴서 ; 탄탈 박 ③ 소결형 습식 탄탈 전해콘덴서 ; 소결한 탄탈 펠리트	특성이 안정하며, 소형·대용량이나 가격이 고가	

① **권취(捲取: 감는) 콘덴서**

표에서 볼 수 있는 것과 같이 밴드 형태의 얇은 전극과 유전체를 원통형으로 감은 구조로 유전체로는 종이, 플라스틱막 등이 이용되고 있다.

② **자기(磁器) 콘덴서**

티탄산 바륨 등의 자기(磁器)를 유전체로써 이용하며, 원판위에 구성되어 있다. 소형으로 생산성이 좋고 응용 범위가 넓다. 마이카나 유리를 유전체로 이용하는 것도 있다.

③ **전해(電解) 콘덴서**

Al, Ta 등의 금속 표면에 얇은 산화막을 생성한 것을 유전체로써 이용하며, 일반적으로 원통형으로 구성되어 있다. 소형으로 대용량을 얻을 수 있다.

3.3.3 콘덴서의 접속

두 개의 도체 사이에 전하를 축적할 수 있도록 만든 장치를 콘덴서(condensor 혹은 capacitor)라 하며 전하를 축적할 수 있는 도체를 전극이라 한다. 콘덴서는 실용 부품으로 사용되는데, 전기회로에서는 그림 3.5와 같은 기호로 표시되며 그림 (b)는 가변용량(可變容量)을 나타낸다. 콘덴서의 접속에는 병렬과 직렬 방식이 있다.

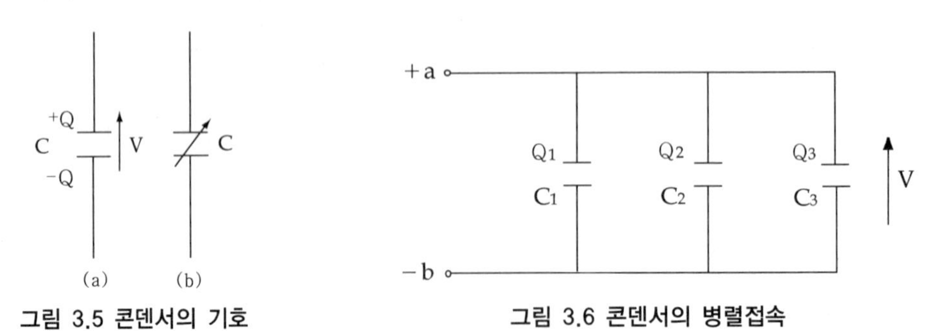

그림 3.5 콘덴서의 기호 **그림 3.6 콘덴서의 병렬접속**

1) 병렬접속

그림 3.6과 같이 2개 이상의 콘덴서 단자를 공통이 되도록 접속하는 경우를 병렬접속이라 한다. 이 경우, 단자 a, b사이의 전위차를 V[V], 각 콘덴서에 축적되는 전하를 Q_1, Q_2, Q_3라 하면 $Q_1 = C_1V$, $Q_2 = C_2V$, $Q_3 = C_3V$ [C]의 관계로 되며, 단자 a, b사이에 축적된 전하의 총량을 Q라 하면 $Q = Q_1 + Q_2 + Q_3$ [C]이므로 정전용량의 총량 C는 식 (3.21)로 표현된다. 병렬접속의 경우 각 콘덴서에 축적되는 전하량은 정

전용량에 비례하게 됨을 알 수 있다.

$$C = \frac{Q}{V} = \frac{Q_1 + Q_2 + Q_3}{V} = \frac{(C_1 + C_2 + C_3)V}{V}$$
$$= C_1 + C_2 + C_3 \ [F] \qquad (3.21)$$

또한 식 (3.21)은 다음과 같은 일반식으로 표현된다.

$$C = \sum C_i \qquad (3.22)$$

2) 직렬접속

그림 3.7과 같이 2개 이상의 콘덴서가 순차적으로 접속되는 경우를 직렬 접속이라 한다. 이 경우, 단자 a, b사이에 V[V]의 전위차가 인가되면 전하 Q는 그림과 같이 각 콘덴서에 차례로 축적되며 그 결과 각 콘덴서 양단의 전위차는 아래와 같이 된다.

$$V_1 = \frac{Q}{C_1}, \quad V_2 = \frac{Q}{C_2}, \quad V_3 = \frac{Q}{C_3}$$

또한 단자 a, b사이의 전위차는 $V = V_1 + V_2 + V_3 = \left(\frac{1}{C_1} + \frac{1}{C_2} + \frac{1}{C_3}\right)Q$로 된다. 따라서 정전용량의 총합은 식 (3.23)으로 표현된다.

$$\frac{1}{C} = \frac{V}{Q} = \frac{V_1 + V_2 + V_3}{Q} = \frac{1}{C_1} + \frac{1}{C_2} + \frac{1}{C_3} \qquad (3.23)$$

또한 식 (3.23)은 식 (3.24)와 같은 일반식으로 나타낼 수 있으며 각 콘덴서의 전위차는 각각의 정전용량에 반비례함을 알 수 있다.

$$\frac{1}{C} = \sum \frac{1}{C_i} \qquad (3.24)$$

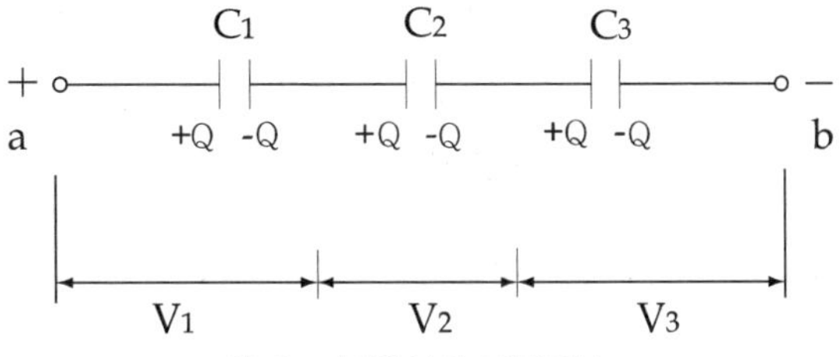

C1 C2 C3
+ a +Q -Q +Q -Q +Q -Q b −
V1 V2 V3

그림 3.7 콘덴서의 직렬접속

3.3.4 콘덴서에 축적되는 에너지

먼저 일반적인 경우로서 도체에 Q[C]의 전하를 대전시킬 때 필요로 되는 에너지에 관해서 생각한다. 이 에너지란 무한원점으로부터 그 도체까지 전하를 운반하는데 소요되는 일을 의미하는 데 먼저 그림 3.8과 같이 반지름 a[m]의 도체구를 생각하기로 한다. 이때 도체구에는 Q[C]의 전하가 대전되어 있으므로 도체구의 전위는 $V = \dfrac{Q}{4\pi\epsilon_0 a}$이 된다. 도체구를 대전시킨 전하이외에 추가로 전하를 공급하기 위해서는 외부에서 전하를 공급하여야 한다. 즉 dq[C]의 미소전하를 추가로 공급하기 위해 외부에서 해주어야 할 일은

$$dW = -dq\int_{\infty}^{a}\frac{Q}{4\pi\epsilon_0 r^2}dr = \frac{Q}{4\pi\epsilon_0 a}dq = V\,dq\ [J]$$

그러므로 Q[C]의 전하를 대전하기 위해 필요로 되는 일의 총량은

$$W = \int_0^Q V\,dq = \int_0^Q \frac{Q}{4\pi\epsilon_0 a}dq = \frac{1}{2}\frac{Q^2}{4\pi\epsilon_0 a} = \frac{1}{2}QV\ [J]$$

로 된다.

그림 3.8 도체구에 축적되는 에너지

또 $Q = CV$의 관계에 있으므로 도체구에 충전되는 에너지는 식 (3.25)로 표시된다.

$$W = \frac{1}{2}QV = \frac{1}{2}\frac{Q^2}{C} = \frac{1}{2}CV^2\ [J] \qquad (3.25)$$

두 개의 도체를 전극으로 하는 콘덴서의 경우 도체의 한쪽에서 다른 쪽으로 전하를 이동시키는 데 필요로 되는 일이 곧 콘덴서의 축적 에너지가 된다. 그림 3.9에서 미소전하 dq를 (−) 전극에서 (+)전극으로 이동시킴으로써 (+)전극은 +Q[C]의 전하로 대전되며, (−)전극은 −Q[C]의 전하로 대전되어, 두 전극 사이에 축적되는 에너지는 $dW = V\,dq = \dfrac{Q}{C}dq$의 관계로부터 식 (3.26)으로 표현된다.

$$W = \int dW = \frac{1}{C}\int_0^Q Q\,dq = \frac{1}{2}\frac{Q^2}{C} = \frac{1}{2}QV = \frac{1}{2}CV^2\ [J] \qquad (3.26)$$

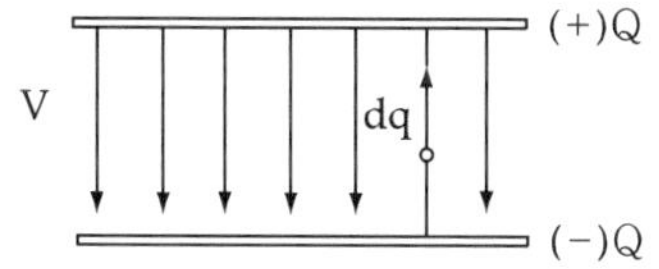

그림 3.9 콘덴서에 축적되는 에너지

3.3.5. 대전도체에 작용하는 힘

에너지가 축적된 콘덴서의 전극에는 각각 +Q[C]과 −Q[C]의 전하가 존재하므로 콘덴서의 두 전극은 당연히 쿨롱력에 의해 흡인된다. 그 흡인력에 관해서 고찰하기로 한다.

그림 3.10에서 전계 $\mathbf{E}(=V/x)$에 의해 극판에 힘이 작용하여 극판이 dx만큼 변위했다고 생각하자. (가상변위 : 假想變位)

극판의 전하를 Q[C]이라 하면, dx만큼의 변위로 인하여 정전용량이 변화하게 된다. 또한 콘덴서에 축적된 에너지가 dW만큼 변화(감소)한다고 하면 −dW = Fdx의 관계가 성립된다.

식 (3.13)과 식 (3.26)에서 $-dW = d\left(\frac{1}{2}\frac{Q^2}{C}\right) = d\left(\frac{Q^2}{2}\frac{x}{\epsilon_0 S}\right) = \frac{Q^2}{2\epsilon_0 S}dx$이므로, 위의 두 식에서 힘 **F**는 식 (3.27)과 같이 유도된다.

$$\mathbf{F} = \frac{Q^2}{2\epsilon_0 S}\mathbf{a}_x\ [N] \qquad (3.27)$$

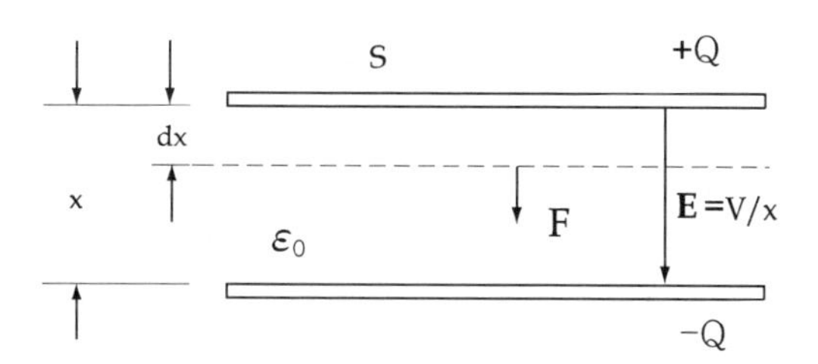

그림 3.10 도체판 사이에 작용하는 힘

지금까지는 극판 사이의 전계가 일정한 것으로 보고 생각했지만, 극판사이의 전위차가 일정한 것으로 보고 생각해도 동일한 결과를 얻을 수 있다. 그 경우 콘덴서에 축적된 에너지가 dW만큼 증가하는 방향으로 dx 만큼의 변위가 발생한다.

예제 1

어떤 구도체에 40[μC]의 전하를 주었더니, 구도체의 전위가 10[V]로 되었다. 구 도체의 정전용량은 몇 [F]인가, 또는 몇 [μF]인가?

풀이 $Q = 40 \times 10^{-6}[C]$, $V = 10[V]$이므로

$$C = \frac{Q}{V} = \frac{40 \times 10^{-6}}{10} = 4 \times 10^{-6}\,[F] = 4\,[\mu F]$$

예제 2

어느 두 도체 사이에 100[V]의 전위차를 주는 순간, 두 도체 사이에는 4[μC]의 전하가 축적되었다고 한다. 이 두 도체 사이의 정전용량[F]을 구하시오.

풀이 $Q = 4 \times 10^{-6}[C]$, $V = 100[V]$이므로

$$C = \frac{Q}{V} = \frac{4 \times 10^{-6}}{100} = 4 \times 10^{-8}\,[F] = 0.04\,[\mu F]$$

예제 3

공기 중에 고립되어 있는 반경 R[m]인 구도체의 정전용량 C[F]를 구하시오.

풀이 $C = 4\pi\epsilon_0 R = \dfrac{R}{9 \times 10^9}\,[F] = \dfrac{R}{9 \times 10^3}\,[\mu F]$

예제 4

진공 중에 정전용량이 1[μF]인 고립 구형도체가 있다. 구형도체의 반지름을 구하시오.

풀이 고립된 구형도체의 정전용량 C는 $C = \dfrac{Q}{V} = 4\pi\epsilon_0 R = \dfrac{R}{9 \times 10^9}\,[F]$로부터

$$\frac{R}{9 \times 10^9} = 10^{-6}$$

$$\therefore R = 9 \times 10^3\,[m] = 9\,[km]$$

고립 구형도체의 정전용량은 도체의 반지름에 비례하며, 1[μF]의 정전용량을 지닌 도체구의 반지름은 9[km]가 된다.

예제 5

지구의 반지름은 약 6370[km]라고 한다. 이것을 구도체라고 생각했을 때 지구의 정전용량은 몇 [μF]가 되는가?

풀이 여기서, 구의 주변은 공기이므로 비유전율은 $\epsilon_r = 1$이며, $C = 4\pi\epsilon_0 R[F]$이므로

$$C = 4 \times 3.14 \times 8.85 \times 10^{-12} \times 6370 \times 10^3 = 708.1 \times 10^{-6}\,[F] \fallingdotseq 708\,[\mu F]$$

예제 6

도체판의 면적이 20[cm^2], 도체판 사이의 거리가 5[mm]인 2장의 도체판 사이를 비유전율이 8인 운모로 가득 채우면, 이 평행판 콘덴서의 정전용량은 얼마가 되는가?

풀이 평행판 콘덴서의 정전용량은 $C = \epsilon_0 \epsilon_r A / l\,[F]$이므로

$$C = 8.85 \times 10^{-12} \times \frac{\epsilon_r A}{l} = 8.5 \times 10^{-12} \times \frac{8 \times 20 \times 10^{-4}}{5 \times 10^{-3}}$$

$$\fallingdotseq 28.3 \times 10^{-12}\ [F] = 28.3\ [pF]$$

예제 7

정전용량이 0.005[μF]인 공기 콘덴서를 비유전율 ε_r인 파라핀에 담구었더니 공기 콘덴서의 정전용량은 0.01[μF]로 되었다. 파라핀의 비유전율 ε_r의 값을 구하시오.

풀이 처음상태의 경우 $\dfrac{\epsilon_0 A}{l} = 0.005 \times 10^{-6}$

파라핀을 넣었을 때 $= 0.01 \times 10^{-6} \dfrac{\epsilon_0 \epsilon_r A}{l} = 0.005 \times 10^{-6} \times \epsilon_r$

$$\therefore \epsilon_r = \frac{0.01 \times 10^{-6}}{0.005 \times 10^{-6}} = 2$$

예제 8

평행판 공기 콘덴서에 전하 Q[C]을 충전하고, Q를 일정히 유지한 상태에서 전극 간격을 2배로 하면 전극 사이의 전위차는 어떻게 되는가?

풀이 평행판 콘덴서에서 전극 사이의 전계의 세기는 $E = Q / \epsilon_0 \epsilon_r A\,[V/m]$으로 표시되기 때문에 극판사이의 거리 l과는 무관하다. 다음, 전극 사이의 전위차는 $V = El\,[V]$로 되므로 거리 l에 비례한다. 이로부터 전극 간격 l을 2배로 하면 전위차 V도 2배로 된다.

예제 9

평행판 공기 콘덴서가 있다. 이 전극 사이에 비유전율 2.3인 폴리에틸렌 절연물을 삽입했을 경우, 다음 각각의 값은 전극 사이를 공기로 채운 경우에 비해 몇 배로 변화하는지 답하시오. 단 극판사이의 간격은 l[m], 극판의 면적은 A[m^2]이다.

(1) 정전용량 (2) 축적된 전하 (3) 전속밀도

(1) 전극판의 면적을 A[m^2], 전극 사이의 간격을 l[m]이므로, 정전용량은 $C=\varepsilon_0\varepsilon_r A/l$ [F]가 되며, 정전용량 C는 비유전율 ε_r에 비례한다. 공기의 유전율은 약 1, 폴리에틸렌의 비유전율 ε_r은 2.3이기 때문에, 정전용량은 2.3배가 된다.

(2) 전극 사이의 전압을 V[V]라 하면, 축적된 전하 Q는 $Q = VC = V\frac{\epsilon_0 \epsilon_r A}{l}$ [C]가 되며, Q는 εr에 비례한다. 따라서, 축적된 전하는 2.3배가 된다.

(3) Q[C]의 전하에서 Q개의 전속에 나오기 때문에, 전극의 면적을 A[m^2]이라고 하면, 전속밀도 D는 $D = \frac{Q}{A} = \frac{1}{A} \cdot V \cdot \frac{\epsilon_0 \epsilon_r A}{l} = \frac{V \epsilon_0 \epsilon_r}{l}$가 되며, D는 ε_r에 비례한다. 따라서 전속밀도는 2.3배가 된다.

예제 10

다음의 값을 구하시오(그림 참조)

(1) C_1에 축적된 전하 Q_1

(2) C_1 및 C_2에 축적된 전하의 합 Q_0

(3) C_1 및 C_2의 합성 정전용량 C_0

(1) $Q_1 = C_1V = 20 \times 10^{-6} \times 12 = 240 \times 10^{-6}$ [C]

(2) $Q_0 = C_1V + C_2V = 20 \times 10^{-6} \times 12 + 30 \times 10^{-6} \times 12 = 600 \times 10^{-6}$ [C]

(3) $C_0 = C_1 + C_2 = 20 \times 10^{-6} + 30 \times 10^{-6} = 50 \times 10^{-6}$ [F]

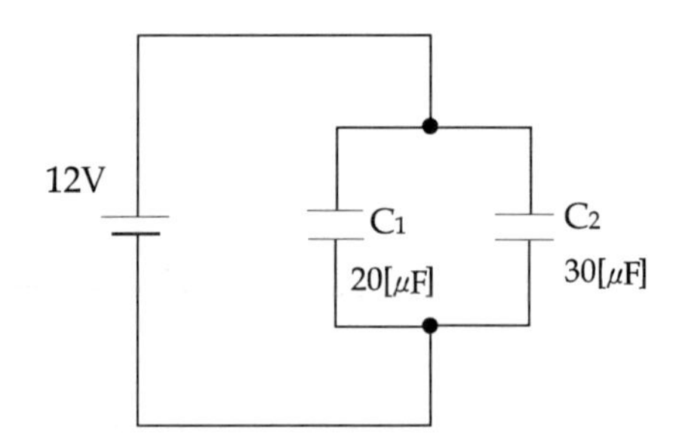

예제 11

정전용량이 2[μF], 4[μF], 8[μF]인 3개의 콘덴서를 병렬로 접속했을 때 합성 정전용량은 얼마가 되는가?

풀이 합성 정정용량 $C_0 = C_1 + C_2 + C_3 = 2 + 4 + 8 = 14$ [μF]

예제 12

그림의 회로에서, 처음에 S를 A측으로 하여 80[μF]의 콘덴서를 충전한 후, S를 B측으로 절환하면 콘덴서 C의 단자전압은 75[V]가 된다고 한다. 콘덴서의 정전용량 C의 값은 얼마인가?

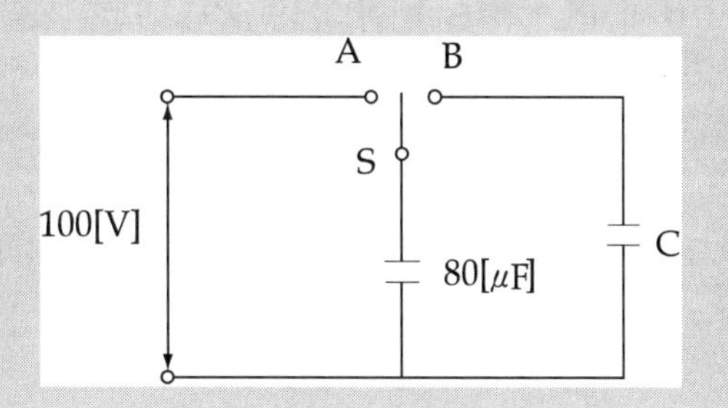

풀이 먼저 S를 A측으로 접촉하였을 때 80[μF]의 콘덴서에 축적된 전하 Q_A를 구한다. 그 다음에, S를 B측으로 접속하면 콘덴서 C의 단자전압이 75[V]가 되며, 동시에 80[μF]콘덴서의 단자전압도 75[V]가 됨을 알 수 있다. 이 시점에서 80[μF]에 축적되는 전하 Q_B를 구할 수 있다. 따라서 Q_A와 Q_B의 차는 콘덴서 C로 이동하게 되므로, 단자전압 75[V]와 $(Q_A - Q_B)$를 이용하여 C의 값을 계산할 수 있다.

① S를 A측으로 접촉하였을 때 80[μF]에 축적된 전하 QA

$$Q_A = CV = 80 \times 10^{-6} \times 10^2 = 80 \times 10^{-4} \text{ [C]}$$

② S를 A측으로 접촉하였을 때 80[μF]에 남아 있는 전하 QB

$$Q_B = CV = 80 \times 10^{-6} \times 75 = 60 \times 10^{-4} \text{ [C]}$$

③ $Q = Q_A - Q_B = 80 \times 10^{-4} - 60 \times 10^{-4} = 20 \times 10^{-4}$ [C] → C로 이동한 전하

④ $\therefore C = \dfrac{Q}{V} = \dfrac{20 \times 10^{-4}}{75} = 0.267 \times 10^{-4} = 26.7 \times 10^{-6}\text{[F]} = 26.7\text{[μF]}$

예제 13

정전용량이 C_1[F]인 콘덴서를 전압 E_0[V]로 충전하였다. 여기에 정전용량이 C_2[F]인 무(無)충전 콘덴서를 병렬로 접속하는 경우, C_1, C_2 양단에 걸리는 전압은 얼마인가?

풀이 C에 충전되어 있는 전하 Q는 $Q=C_1 E_0$이다. C_1과 C_2를 병렬로 했을 때 합성 정전용량은 $C=C_1+C_2$가 되므로, 공통으로 가해지는 전압 V는

$$V=\frac{Q}{C}=\frac{C_1E_0}{C_1+C_2}[V]$$

예제 14

$C_1=2$[μF], $C_2=4$[μF], $C_3=5$[μF]인 3개의 커패시터가 직렬로 접속되어 있는 양 끝에 단자전압 V=100[V]를 인가하는 경우 회로에 축적되는 전 전하 Q 및 각각의 콘덴서에 축적되는 전하 Q_1, Q_2, Q_3 각 콘덴서의 단자전압 V_1, V_2, V_3를 구하시오.

풀이 회로에 축적된 전전하 Q는 $Q=Q_1=Q_2=Q_3=CV$로 된다. 여기서 C는 합성 정전용이다. 이하, V_1, V_2, V_3는 각각 Q/C_1, Q/C_2, Q/C로서 계산된다.

$$C=\frac{1}{\frac{1}{C_1}+\frac{1}{C_2}+\frac{1}{C_3}}=\frac{1}{\frac{1}{2}+\frac{1}{4}+\frac{1}{5}}\fallingdotseq 1.05[\mu F]$$

따라서 $Q=Q_1=Q_2=Q3=CV=1.05\times 100=105[\mu C]$

$$V_1=\frac{Q}{C_1}=\frac{105\times 10^{-6}}{2\times 10^{-6}}=52.5[V]$$

$$V_2=\frac{Q}{C_2}=\frac{105\times 10^{-6}}{4\times 10^{-6}}=26.3[V]$$

$$V_3=\frac{Q}{C_3}=\frac{105\times 10^{-6}}{5\times 10^{-6}}=21.0[V]$$

예제 15

2개의 커패시터 C_1 = 2[μF], C_2 = 6[μF]를 직렬로 연결하고 양쪽 단자 a, b사이에 10[V]의 전압을 인가하는 경우 다음을 구하시오.

(1) 합성 정전용량
(2) ab 사이에 축적된 전하량
(3) C_1 양단의 전압
(4) C_2 양단의 전압

풀이 (1) $C_0=\frac{C_1\times C_2}{C_1+C_2}=\frac{(2\times 10^{-6})\times(6\times 10^{-6})}{(2\times 10^{-6})+(6\times 10^{-6})}=1.5\times 10^{-6}[F]$

(2) $Q = C_0 V = 1.5 \times 10^{-6} \times 10 = 15 \times 10^{-6}[C] = 15\ [\mu C]$

(3) $V_1 = \frac{Q}{C_1} = \frac{15 \times 10^{-6}}{2 \times 10^{-6}} = 7.5[V]$

(4) $V_2 = \frac{Q}{C_2} = \frac{15 \times 10^{-6}}{6 \times 10^{-6}} = 2.5[V]$

예제 16

두 개의 콘덴서를 직렬로 연결했을 때 합성 정전용량이 3.6[μF], 병렬로 접속했을 때 15[μF]였다. 각 콘덴서의 정전용량을 구하시오.

풀이 주어진 조건에서

$$C_1 = 6[\mu F] \text{일 때 } C_2 = 15 - 6 = 9[\mu F]$$
$$C_1 = 9[\mu F] \text{일 때 } C_2 = 15 - 9 = 6[\mu F]$$

따라서, 두 콘덴서의 정전용량은 6[μF]와 9[μF]이다.

예제 17

1[μF]의 콘덴서를 그림과 같이 접속하여 ab 사이에 110[V]의 전압을 인가하면, 각 콘덴서에 걸리는 전압은 얼마가 되는가?

a c d b

풀이 그림에서 ac, cd, db의 용량은 각각 1, 3, 2[μF]이므로 합성용량은 1/(1/1+1/3+1/2) =6/11[μF]가 된다. 따라서, 축적된 전하는 $Q = CV = 6/11 \times 10^{-6} \times 110 = 60 \times 10^{-6}[C]$이 된다. 즉, ac, cd, db 사이에 전하가 축적되어 있는 것이다. 이로부터 각각의 콘덴서에 걸리는 전압은 V = Q /C를 이용하여 계산할 수 있다.

$$V_{ac} = \frac{60 \times 10^{-6}}{1 \times 10^{-6}} = 60\ [V]$$

$$V_{cd} = \frac{60 \times 10^{-6}}{3 \times 10^{-6}} = 20\ [V]$$

$$V_{db} = \frac{60 \times 10^{-6}}{2 \times 10^{-6}} = 30\ [V]$$

예제 18

그림의 회로에서 콘덴서의 단자 ab간에 100[V]의 전압을 가하는 순간, ab사이에 250[μC]의 전하가 축적되었다. 회로 속의 콘덴서 C에 대해 다음을 구하여라.

(1) 양단의 전압 V_c (2) 정전용량 C (3) 전하 Q_c

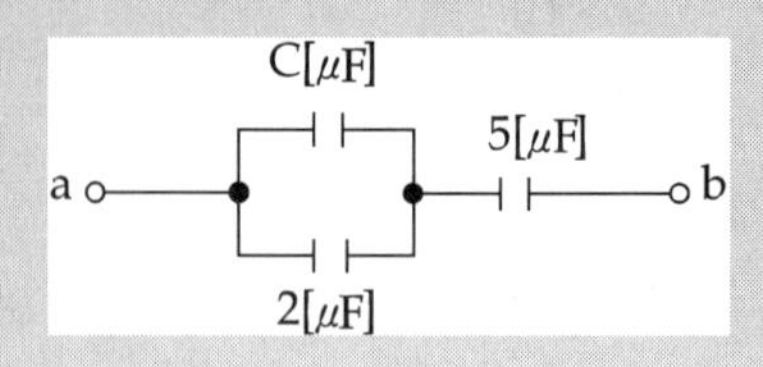

(1) 5[μF] 콘덴서의 양단 전압 V_5는 $V_5 = 250 \times 10/(5 \times 10) = 50[V]$가 된다. 따라서, 콘덴서 C의 양단 전압 V_c는 $V_c = 100 - 50 = 50\,[V]$가 된다.

(2) $\dfrac{5(2+C)}{5+(2+C)} = \dfrac{250}{100} = 2.5[\mu F]$

(3) $Q_c = CV_c = 3 \times 10^{-6} \times 50 = 150 \times 10^{-6}[C] = 150[\mu C]$

예제 19

그림과 같이 정전용량이 C인 콘덴서를 5개 직렬로 접속하고 AD단자 사이에 일정한 전위차를 가해 AB간의 전위차를 60[V]로 하였다. 다음 AB사이에 정전용량 C_0를 갖는 콘덴서를 병렬로 접속한 결과, AB간의 전위차는 30[V]로 강하되었다. 이때 C_0의 크기는 C에 비해 어떻게 되는가?

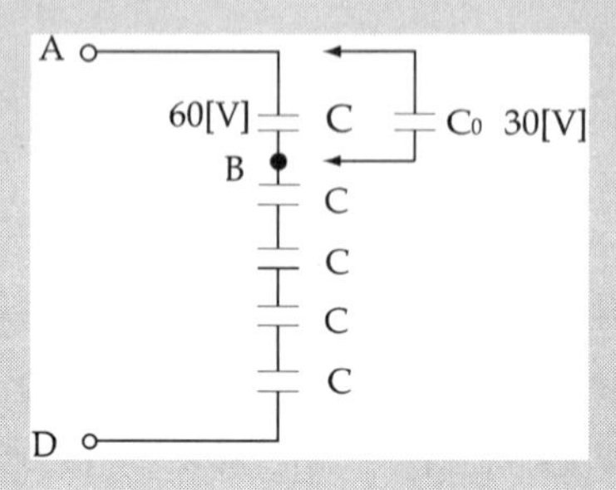

풀이

AB사이의 전하량은 C_0의 연결 전・후에 동일하다. C_0를 C에 병렬 연결했을 때, AB사이의 전위차는 30[V]이기 때문에, AB사이의 전하 Q는 Q=30(C+C0) … ①. 한편 AD사이의 합성 정전용량은 C_0를 연결함에 따라 식 ②로 된다.

$$\frac{1}{\dfrac{4}{C} + \dfrac{1}{C+C_0}} = \frac{C(C+C_0)}{4(C+C_0)+C} \quad \cdots ②$$

따라서 AD 사이에 전위 60×5=300[V]를 인가하면 Q를 구할 수 있다. 결국, ①=②×300

$$30(C+C_0) = 300 \times \frac{C(C+C_0)}{4(C+C_0)+C}$$

따라서 $\frac{C}{C_0} = \frac{4}{5}$ $\quad \therefore C_0 = \frac{5}{4}C$

예제 20

정전용량 C[F]와 전하 Q[C]이 주어졌을 때, 축적된 에너지 W[J]의 식을 구하시오.

풀이 $W = \frac{1}{2}CV^2 = \frac{1}{2} \cdot \frac{C^2V^2}{C} = \frac{1}{2} \cdot \frac{Q^2}{C} = \frac{Q^2}{2C}$

예제 21

정전용량 10[㎌]의 콘덴서에 100[V]의 전압을 인가했을 때, 콘덴서에 축적된 에너지를 구하시오.

풀이 $W = \frac{1}{2}CV^2 = \frac{1}{2} \times 10 \times 10^{-6} \times 100^2 = 0.5 \times 10^{-1}[J]$

예제 22

어떤 콘덴서를 100[V]로 충전하는데, 2[J]의 에너지를 필요로 한다. 이 콘덴서의 정전용량은 얼마인가?

풀이 $C = \frac{2W}{V^2} = 4 \times 10^{-4} = 400 \times 10^{-6}[F] = 400[\mu F]$

제3장 연습문제

01 도체계의 각 도체를 모두 얇은 도선으로 접속하여 동일 전위로 할 때, 합성 도체의 정전용량을 용량계수 및 유도계수로 나타내시오.

02 지구를 반경 6.38×10^6 [m]의 구로 보고, 그 정전용량을 계산하시오.

03 동심 구도체의 내구에 Q_1, 외구에 Q_2의 전하를 주면, 외구의 전위는 얼마로 될까? 단, 외구의 대지 정전용량을 C라고 한다.

04 면적이 100[cm^2], 간격이 1[cm]인 평행 도체의 정전용량을 구하시오.

05 그림의 (a), (b), (c)에 대해 각각의 합성 정전용량을 구하시오.

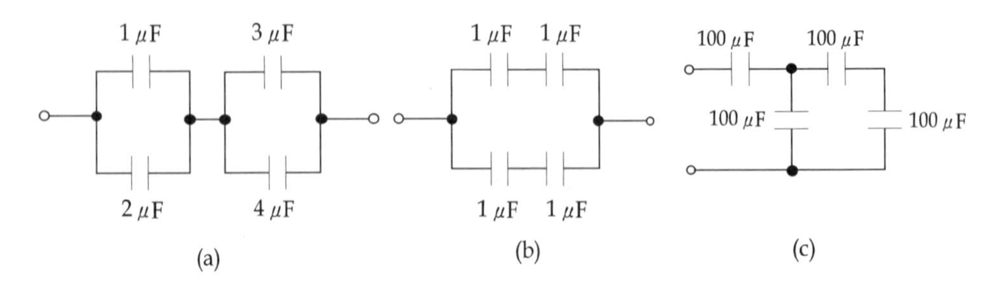

06 그림과 같이 5개의 콘덴서가 접속되어 있다. 단자 ab사이에 100[V]의 전압을 가했을 때, 단자 dc간의 전위차 V를 구하시오. 단, 단자 a는 단자 b보다 고전위라고 한다. 또, 단자 ab간의 합성 정전용량을 구하시오.

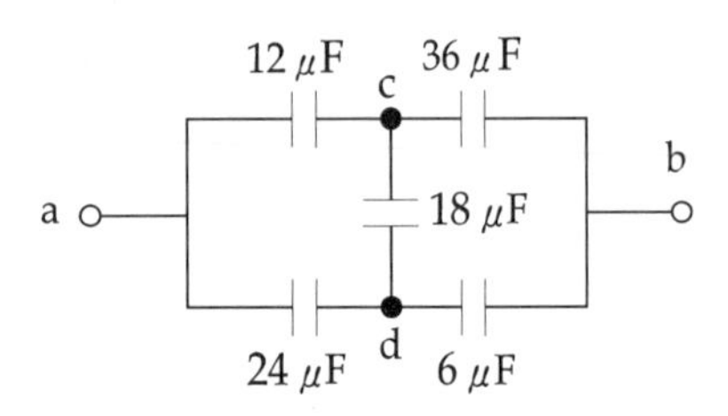

07 반경 4[cm], 길이 10[m]인 두 도선이 간격 60[cm]를 사이에 두고 평행하게 놓여져 있다. 양 도선 사이의 정전용량을 구하시오.

08 반경이 4[cm], 판 간격이 1.2[mm]인 반원 형태의 알루미늄판을 여러 장 겹쳐 만든 가변 콘덴서에서 최대 정전용량을 5×10^{-10}[F]로 하기 위해 필요로 되는 매수는 얼마인가?

09 그림과 같이 전위차가 1000[V]인 도선 A, B사이에 정전용량이 각각 0.3, 0.5 [μF]인 콘덴서 C_1, C_2가 직렬로 접속되어 있다. C_1과 병렬로 콘덴서 C_3를 접속하여, C_2양단의 전위차를 980[V]로 하기 위해서는 C_3의 정전용량은 얼마로 하여야 하나?

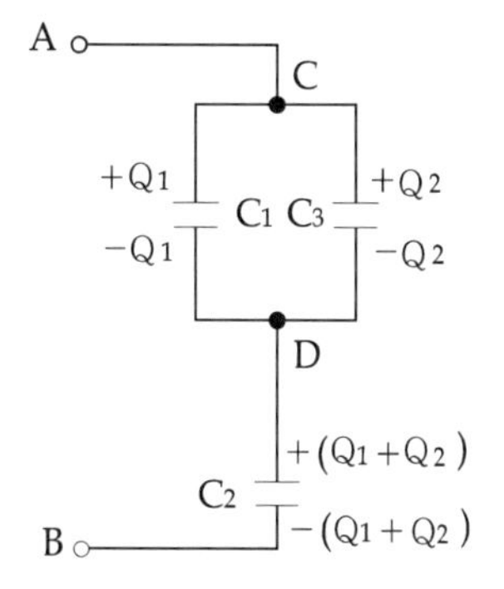

10 동심 원통형 콘덴서가 있다. 내 원통의 반지름을 a[m], 외 원통의 반지름을 b[m]라 하자. a, b가 아래와 같을 경우 동심원통형 콘덴서의 단위길이당 정전용량을 구하시오.

(1) a=10[cm], b=20[cm]

(2) a=5[cm], b=15[cm]

11 1[μF]의 콘덴서를 100[V]로 충전했을 때, 이 콘덴서에 충전되는 에너지를 구하시오.

12 정전용량이 각각 C_1, C_2인 두 개의 콘덴서 A, B가 있다. 우선 A를 전위 V로 충전하고, 여기에 B를 직렬로 접속하면, 콘덴서 A가 잃게 되는 전계 에너지는?

13 면적이 S인 두 장의 평행 금속판이 질량 m인 분동(分棟)을 윗판에 얹고 간격 d를 유지하고 있다. (그림 참고) 분동을 치우면 윗판이 스프링의 복원력에 의해 올라

가는 데, 두 판 사이에 전위차 V를 가하면 본래의 간격으로 되돌릴 수가 있다고 한다. 이때 가해 주어야 할 전위차 V를 구하시오.

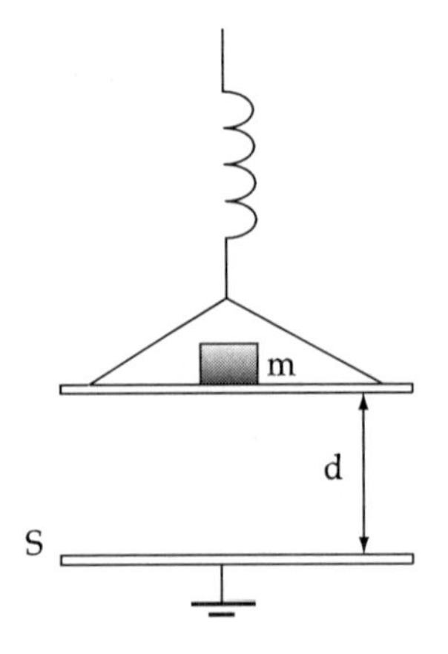

14 간격이 1[cm]인 평행 도체판에 1000[V]의 전위차를 가했을 때 도체판에 작용하는 단위 면적당 힘을 구하시오.

유전체(誘電體)

4.1 유전현상

지금까지 정전계의 경우 주위 매질을 모두 진공인 상태로 생각하고 취급하여 왔다. 그러나 주위 매질이 진공이 아닌 경우, 즉 일반적으로 절연체인 경우가 대부분으로, 이 때 전계의 상태는 변하게 된다. 물질은 그 전기적 성질 즉 도전율에 의해 도체와 부도체로 구분되는 데 좀더 구체적으로 표현한다면 금속과 절연체(유전체)로 구분된다고 할 수 있다. 부도체는 보통 절연체 또는 유전체라 한다. 도체와 유전체의 주된 차이는 원자의 최외각 전자를 얼마만큼 전류로 흐를 수 있게 만드는가에 달려 있다. 도체와 달리 유전체내의 전하는 자유로이 움직일 수는 없으나 외력이 가해지는 경우 그 위치에 변화가 생기는 것으로 볼 수 있다. 이와 같이 유전체내 전하의 위치이동에 의해 쌍극자가 형성되는 데 이때 유전체는 분극되었다라고 한다. 여기서 절연체라는 의미는 그 물질에 전계를 인가한다 하여도 전류가 흐르지 않는다는 면을 강조한 것이며, 반면에 유전체라는 의미는 그 물질에 전계를 인가하면 전기분극이 유도된다는 면을 강조한 것이다.

4.1.1 비(比)유전율

그림 4.1과 같이 평행판 콘덴서의 전극 사이를 종이나 세라믹과 같은 절연체로 가득 채우면, 정전용량 C는 진공 일 때의 정전용량 C_0에 비해 증가하며, 식 (4.1)과 같은 관계로 된다.

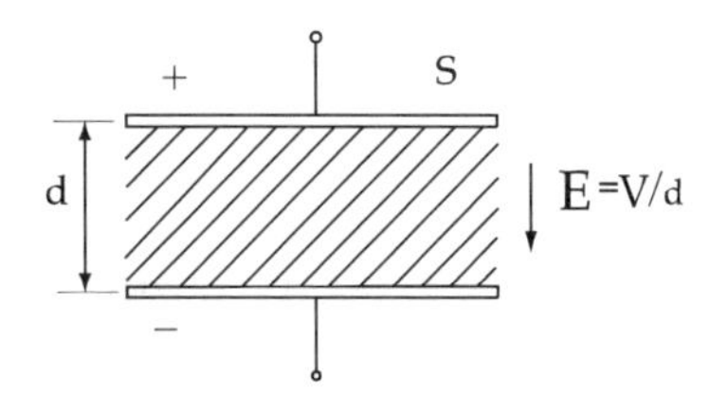

그림 4.1 평행판 콘덴서

$$\frac{C}{C_0} = \epsilon_r \tag{4.1}$$

여기서 ϵ_r은 유전체의 유전율과 진공에 대한 유전율의 비를 나타내므로 이를 비(比)유전율 혹은 상대유전율(relative permittivity)이라 한다. 여러 종류의 절연체에 대한 비유전율을 표 4.1에 나타내었다. 공기의 경우 진공과 거의 같음을 알 수 있다. 이와 같이 절연체가 전계 중에서 작용할 때 절연체를 유전체(dieldctric substance)라고도 부른다.

그림 4.1과 같이 면적 S[m^2], 판 간격 d[m]인 평행판 콘덴서의 정전용량 C는 식 (4.2)로 정의된다.

$$C = \frac{\epsilon S}{d} \tag{4.2}$$

여기서

$$\epsilon = \epsilon_0 \epsilon_r \tag{4.3}$$

가 되며, 이 ϵ을 유전체의 유전율(permittivity, dielectic constant)이라 한다.

표 4.1 여러 절연체의 비유전율

상태	물 질	비유전율	상태	물 질	비유전율
고 체	운모	4~8	액 체	물	81
	하프핀	2~2.5		에틸알콜	24
	목재	2.5~7		파라핀유	4.5
	유리	4~16		사염화 질소	2.5
	도자기	5~6.5	기 체	공기	1.00059
	폴리에틸렌	2.5		산소	1.00055
	폴리스티롤	2.5		질소	1.00061
	폴리염화 비닐	3.5		탄산가스	1.00096
				수소	1.00026

4.1.2 분극(分極)

유전체에 전계가 가해지지 않을 경우 유전체를 구성하고 있는 원자 혹은 분자의 영역은 외부로 전하를 나타내지 않지만 외부로부터 전계가 가해지면 내부의 전하는 전계에 의한 힘을 받게 되므로 (+)전하는 전계 방향으로, (−)전하는 전계와 반대 방향으로 이동하게 된다. 이에 따라 유전체 표면 양단에는 (+)·(−)의 전하가 나타나데 되는데 이 현상을 분극(分極 : polarization)이라 부른다. 이러한 상황은 그림 4.2로 설명될 수 있다.

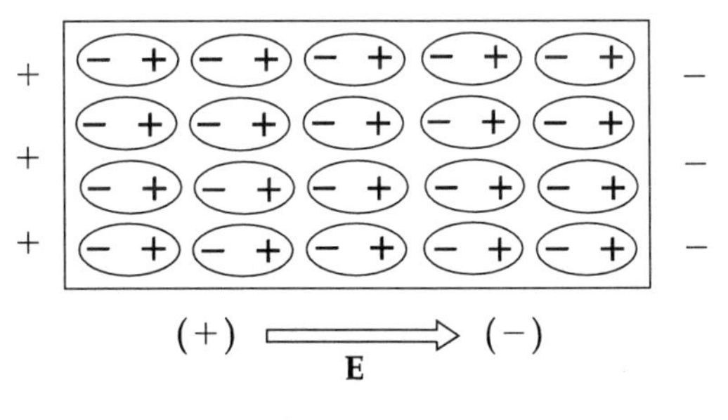

그림 4.2 분 극

이와 같은 분극현상에 의해 유전체 내에는 내부 전계 $\mathbf{E}_i$가 발생되며, 이 내부 전계는 유전체 내에 작용하는 외부 전계 **E**를 약화시키게 된다.

그림 4.3과 같이 현재 유전체가 채워진 평행판 콘덴서에 전계 **E**를 가했을 때 그 표면에 나타나는 전하밀도를 σ, −σ라고 하면, 콘덴서 내부의 전계는 식(4.4)로 나타낼 수 있다.

$$\mathbf{E} = \frac{\sigma}{\epsilon}\mathbf{a}_n \text{ [V/m]} \qquad (4.4)$$

이 때 분극에 의해 유전체 표면에 나타나는 표면 전하밀도를 $-\sigma_p$, $+\sigma_p$라고 하면 콘덴서 내부의 전계는 식(4.5)로 된다.

$$\mathbf{E} = \frac{\sigma - \sigma_p}{\epsilon_0}\mathbf{a}_n \text{ [V/m]} \qquad (4.5)$$

따라서 전위차 V가 일정할 경우 극판사이를 진공으로 하는 경우에 비해 극판사이를 유전체로 채우는 경우 콘덴서 내부의 전계 세기는 감소하게 된다.

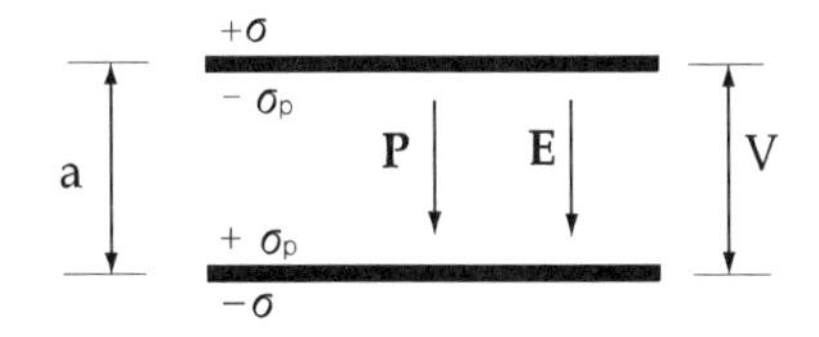

그림 4.3 평행판 콘덴서의 전계

4.1.3 전기변위(電氣變位)

유전체에 전계 E가 인가될 때, 유전체 중의 전하는 위치에 변화를 일으키게 되며, 전기력선에 의한 전속은 식 (4.6)으로 표현된다.

$$\mathbf{D} = \epsilon\,\mathbf{E}\,[\mathrm{C/m^2}] \tag{4.6}$$

여기서 D를 전기변위(電氣變位 : electric displacement) 또는 전속밀도(電束密度 : electric flux density)라 부른다. 전속밀도는 면전하밀도 σ의 크기와 같다. 또한 전속밀도는 식 (4.7)로 표현될 수 있다.

$$\mathbf{D} = \epsilon_0\mathbf{E} + \mathbf{P}\,[\mathrm{C/m^2}] \tag{4.7}$$

식 (4.7)로부터

$$\mathbf{P} = \epsilon_0(\epsilon_r - 1)\mathbf{E} = \chi_e\,\epsilon_0\mathbf{E}\,[\mathrm{C/m^2}] \tag{4.8}$$

$$\epsilon_r = \frac{\epsilon}{\epsilon_0} = \frac{\mathbf{D}}{\epsilon_0\mathbf{E}} = \left(1 + \frac{\mathbf{P}}{\epsilon_0\mathbf{E}}\right) = 1 + \chi_e \tag{4.9}$$

와 같이 된다. 여기서 P를 분극의 세기(intensity of polarization)라 하며, χ_e를 분극율(分極率)이라 한다.

유전체 중에서 전하에 의한 쿨롱력과 전계에 대해 다시 생각하면, 진공 중의 유전율 ϵ_0는 유전체 속에서는 ϵ으로 바뀌게 되므로 쿨롱력과 전계는 각각 식 (4.10)과 식 (4.11)로 된다.

$$\mathbf{F} = \frac{Q_1 Q_2}{4\pi\epsilon r^2}\mathbf{a}_r\ [\mathrm{N}] \tag{4.10}$$

$$\mathbf{E} = \frac{Q}{4\pi\epsilon r^2}\mathbf{a}_r\ [\mathrm{V/m}] \tag{4.11}$$

예제 1

비유전율이 2.5인 절연유속에 5[μC]의 점전하가 있다. 이 점전하로부터 10[cm]떨어진 곳의 전속밀도 D와 전계의 세기 E를 구하시오.

풀이 점전하가 놓여진 점을 중심으로 하는 반경 10[cm]인 구의 표면적은 $4\pi r^2 = 0.125[m^2]$ 또, 5[μC]의 점전하로부터 유출되는 전속은 5×10^{-6}개 이므로, 전속밀도 D는

$$D = \frac{5\times10^{-6}}{0.125} = 4.0\times10^{-5}\mathbf{a}_r\ [C/m^2]$$

또, 전계의 세기 E는 $E = \dfrac{D}{\epsilon_0\epsilon_r} = 1.81\times10^6\mathbf{a}_r\ [V/m]$

4.1.4 두 종류의 유전체를 삽입한 평행판 도체

그림 4.4와 같이 평행판 도체 사이에 유전율이 ϵ_1, ϵ_2인 두 종류의 유전체를 삽입하는 경우 정전용량을 계산한다.

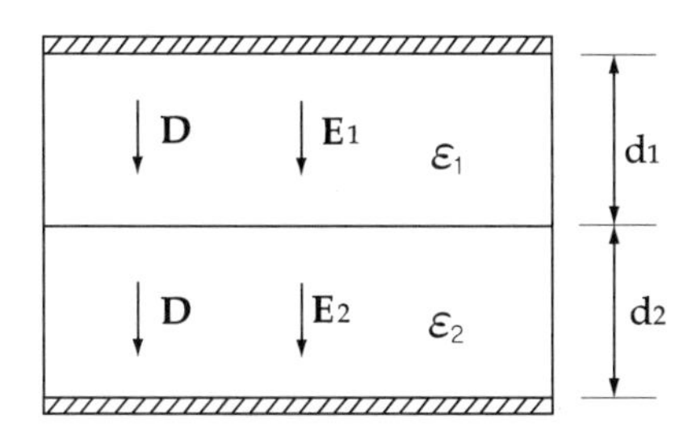

그림 4.4 두 종류의 유전체를 삽입한 평행판 도체

각각의 유전체 중에서 전계 $\mathbf{E}_1$, $\mathbf{E}_2$는 다음과 같다.

$$\mathbf{E}_1 = \frac{D}{\epsilon_1} = \frac{Q}{\epsilon_1 S}a_n,\quad \mathbf{E}_2 = \frac{D}{\epsilon_2} = \frac{Q}{\epsilon_2 S}a_n$$

여기서 Q는 도체판에 충전된 전하이며, S는 도체판의 면적이다. 이 때 두 도체 사이의 전위차 V는 $V = \mathbf{E}_1\cdot\mathbf{d}_1 + \mathbf{E}_2\cdot\mathbf{d}_2 = \dfrac{Q}{S}\left(\dfrac{d_1}{\epsilon_1} + \dfrac{d_1}{\epsilon_2}\right)$가 되므로 평행판 도체의 정전용량은 식 (4.12)로 표현된다.

$$C = \frac{Q}{V} = \frac{S}{\dfrac{d_1}{\epsilon_1} + \dfrac{d_1}{\epsilon_2}} \tag{4.12}$$

또, 그림 4.5와 같이 평행판 도체 사이에 유전율 ϵ_1, ϵ_2인 두 종류의 유전체가 균등하게 삽입되어 있는 경우 각 부분에 대한 정전용량을 C_1, C_2라 하면

$$C_1 = \frac{\epsilon_1 S}{2d}, \quad C_2 = \frac{\epsilon_2 S}{2d}$$

가 되므로, 평행판 도체에 대한 전체의 정전용량은 식 (4.13)으로 된다.

$$C = C_1 + C_2 = \frac{\epsilon_1 S}{2d} + \frac{\epsilon_2 S}{2d} = \frac{S}{2d}(\epsilon_1 + \epsilon_2) \tag{4.13}$$

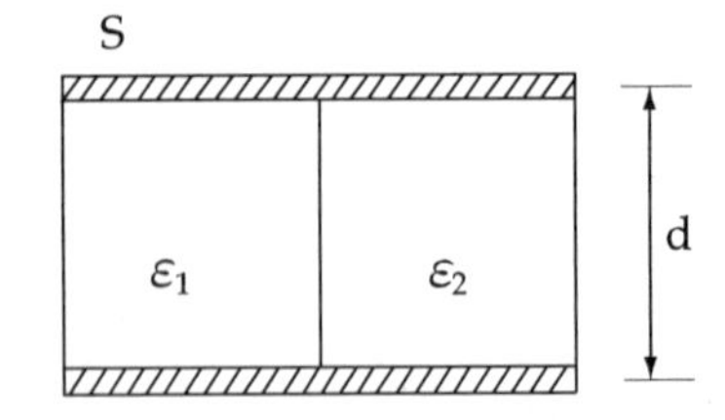

그림 4.5 두 종류의 유전체를 나란히 삽입한 평행판 도체

4.2 유전체중의 가우스 법칙

4.2.1 전속에 관한 가우스의 법칙

그림 4.6에 나타낸 바와 같이 바닥 면적이 dS인 원주면을 생각하기로 하자. 원주면으로부터 유출되는 전기력선의 수는 표면에 나타나는 전하 σ와 분극 전하 σ_p에 의해

$$\mathbf{E} \cdot d\mathbf{S} = \frac{\sigma - \sigma_p}{\epsilon_0} \mathbf{a}_n \cdot d\mathbf{S}$$

로 된다. 여기서 전 전하를 Q, 전 분극 전하를 $-Q_p$라 하면 유전체 중에서의 전계는 가우스 법칙으로부터 $\int E_n \cdot dS = \frac{1}{\epsilon_0}(Q - Q_p)$의 관계에 있게 된다.

또한 전속밀도 D_n은 $D_n \cdot dS = \sigma\, dS$의 관계에 있으므로 식 (4.14)이 성립되며, 식 (4.14)를 전속에 관한 가우스의 법칙이라 한다.

$$\int D_n \cdot dS = Q \tag{4.14}$$

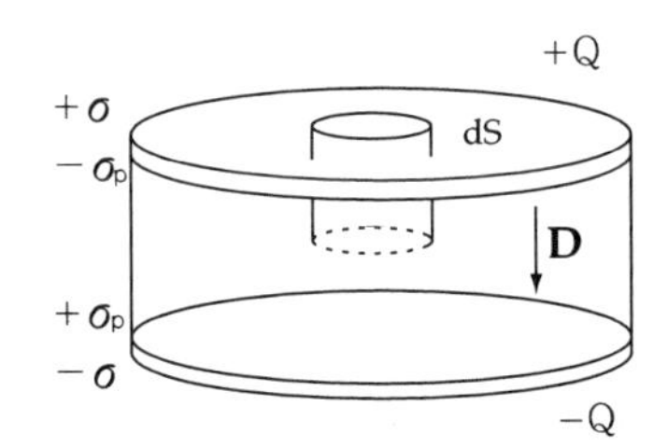

그림 4.6 전속에 관한 가우스의 법칙

4.2.2 유전체중 도체구의 전계와 전위

예로서, 유전체 중에 있는 도체구의 전계와 전위를 구하기로 한다. 유전체의 유전율을 ϵ, 도체구의 반경을 a[m], 도체구에 분포된 전하를 Q[C]이라 하면 도체구의 중심으로부터 거리 r[m]인 점에서 아래의 식이 성립된다.

$$\int D_n \cdot dS = 4\pi r^2 D$$

또한 전속에 관한 가우스의 법칙 $\int D_n \cdot dS = Q$로부터 전속밀도는 식 (4.15)로 된다.

$$D = \frac{Q}{4\pi r^2} \mathbf{a}_r \ [C/m^2] \tag{4.15}$$

이로부터 전계의 세기는 식 (4.16)으로 표현되며

$$E = \frac{D}{\epsilon} = \frac{Q}{4\pi\epsilon r^2} \mathbf{a}_r \ [V/m] \tag{4.16}$$

전위는 식 (4.16)에 대해 적분을 취함으로써 식 (4.17)로 된다.

$$V_a = \frac{Q}{4\pi\epsilon r} \ [V] \tag{4.17}$$

또한 유전체와 도체구의 경계면(r = a)에 존재하는 분극전하의 면전하밀도는 식 (4.18)로 된다.

$$-\sigma_p = -\mathbf{P} = -\epsilon_0(\epsilon_r - 1)\mathbf{E} = -\epsilon_0(\epsilon_r - 1)\frac{Q}{4\pi\epsilon_0 a^2}\mathbf{a}_r$$

$$= \frac{Q}{4\pi a^2}(\epsilon_r - 1)\mathbf{a}_r \ [C/m^2] \quad (4.18)$$

4.3 유전체의 경계조건

4.3.1 전계와 전속밀도의 경계 조건

서로 다른 유전율을 지닌 유전체가 서로 접하여 경계면을 형성하고 있을 때, 이 경계면에서 전기력선과 전속은 굴절한다. 그 굴절 조건에 대해 살펴보기로 한다.

그림 4.7에서 유전율 ϵ_1, ϵ_2인 두 유전체가 이루는 경계면상에서 미소 면적 dS를 생각한다. 경계면상에 전하가 분포하지 않을 경우 전속밀도의 법선 성분은 경계면의 양측에서 연속적이며, 또한 가우스 법칙으로부터 경계면 양측에서 서로 같아지게 되므로 식 (4.19)가 성립된다.

$$D_{1n} = D_{2n} \quad (4.19)$$

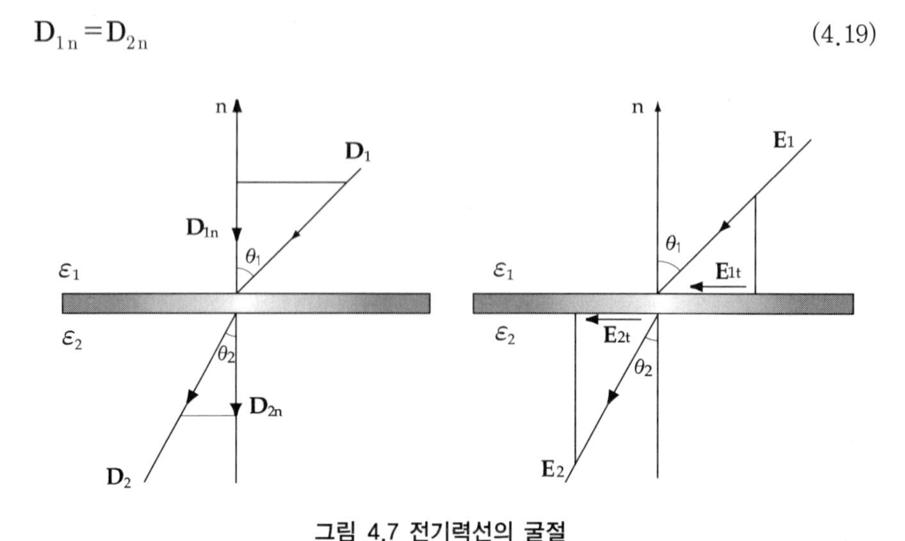

그림 4.7 전기력선의 굴절

또한 전계 세기의 접선 성분은 경계면에서 연속이 되어 식 (4.20)으로 된다.

$$\mathbf{E}_{1t} = \mathbf{E}_{2t} \quad (4.20)$$

이로부터 θ_1, θ_2를 각각 전속밀도와 전계의 입사각 및 굴절각이라 하면 식 (4.19), (4.20)은 식 (4.21)로 표현된다.

$$\left.\begin{aligned} \mathbf{D}_1 \cos\theta_1 = \mathbf{D}_2 \cos\theta_2 \\ \mathbf{E}_1 \sin\theta_1 = \mathbf{E}_2 \sin\theta_2 \end{aligned}\right\} \qquad (4.21)$$

또한 $\mathbf{D}_1 = \epsilon_1 \mathbf{E}_1$, $\mathbf{D}_2 = \epsilon_2 \mathbf{E}_2$이므로

$$\frac{\tan\theta_1}{\tan\theta_2} = \frac{\mathbf{E}_2/\mathbf{D}_2}{\mathbf{E}_1/\mathbf{D}_1} = \frac{\epsilon_1}{\epsilon_2} \qquad (4.22)$$

로 된다. 여기서 식 (4.19), (4.20), (4.22)를 유전체에 관한 경계면 조건이라 한다.

즉 1) 전계세기의 접선성분은 경계면 양측에서 서로 같다.

2) 전속밀도의 법선성분은 경계면 양측에서 서로 같다.

그림 4.8은 유전율 ϵ_1인 물체로 채워진 평등한 전계 속에 유전율 ϵ_2인 구형 유전체가 놓여 있을 때 전속의 모습을 도식적으로 나타낸 것이다.

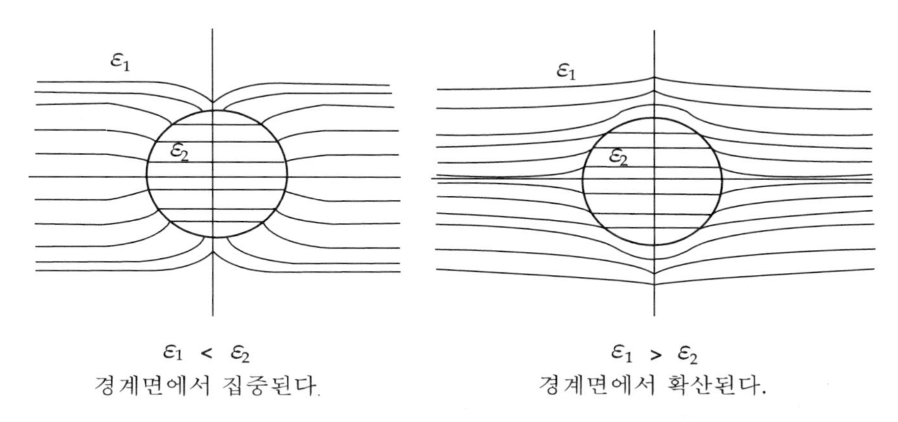

그림 4.8 평등 전계속의 구형 유전체

4.3.2 유전체에 축적된 전계에너지

여기에서는 유전체에 축적된 전계 에너지에 대해서 생각하기로 한다. 일반적으로 진공 중 정전계의 경우 계에 축적되는 에너지는 식 (2.25)으로부터 알 수 있는 바와 같이

$$W=\frac{1}{2}QV=\frac{1}{2}\frac{Q^2}{C}=\frac{1}{2}CV^2\ [J]$$

로 되며, 전하 Q에서 유출되는 전속과 그 전위의 곱에 대해 1/2이 축적에너지로 된다. 반경 r인 도체구와 r+dr인 동심 도체구를 예로 하여 이를 설명하기로 한다. $dV=-\mathbf{E}\cdot d\mathbf{r}$로부터 두 동심 도체구사이의 전위차는 $dV=\frac{Q}{4\pi\epsilon r^2}dr\ [V]$이 된다. 이로부터 두 동심구사이에 축적되는 에너지는 $dW=\frac{1}{2}\frac{Q^2}{4\pi\epsilon r^2}dr\ [J]$이며, 또한 이를 $4\pi r^2 dr$로 나눔으로써 단위 체적당 에너지를 다음과 같이 나타낼 수 있다.

$$w=\frac{1}{2}\frac{Q^2}{4\pi\epsilon r^2}dr\times\frac{1}{4\pi r^2 dr}=\frac{1}{2}\epsilon\left(\frac{Q}{4\pi\epsilon r^2}\right)^2\ [J/m^3]$$

또한 이 점에 있어서 전계의 세기는 $\mathbf{E}=\frac{Q}{4\pi\epsilon r^2}\mathbf{a}_r\ [V/m]$이므로, 일반적으로 단위 체적당 에너지는 식 (4.23)으로 된다.

$$w=\frac{1}{2}\epsilon\mathbf{E}^2=\frac{1}{2}\mathbf{E}\cdot\mathbf{D}=\frac{1}{2}\frac{\mathbf{D}^2}{\epsilon}\ [J/m^3] \tag{4.23}$$

이러한 관계를 전극의 면적 $S[m^2]$, 전극간의 거리 a[m]인 콘덴서에 적용하면 단위체적당 에너지는 $w=\frac{W}{\mathbf{S}\cdot\mathbf{a}}=\frac{1}{2}\frac{CV^2}{Sa}\ [J/m^3]$으로 나타낼 수 있다.

여기서 콘덴서의 정전용량은 $C=\varepsilon(S/a)$, 전극 사이의 전위차는 $V=\mathbf{E}\cdot\mathbf{a}$이므로 이를 윗식에 대입함으로써 다음의 식을 유도할 수 있으며 이로부터 위와 동일한 결과가 구해짐을 알 수 있다.

$$w=\frac{1}{2}\epsilon\frac{\mathbf{S}}{\mathbf{a}}\cdot\frac{(\mathbf{E}\cdot\mathbf{a})^2}{\mathbf{S}\cdot\mathbf{a}}=\frac{1}{2}\epsilon\mathbf{E}^2\ [J/m^3]$$

4.3.3 경계면에 작용하는 힘

유전체에 작용하는 힘에 관해서 생각하기로 한다. 지금 그림 4.9와 같이 유전체내에서 도체면이 dx만큼 변위되었다고 가정한다. 이 때 에너지의 변화는 $dW = f dx = \frac{1}{2}\mathbf{E} \cdot \mathbf{D} dx$ 가 되므로 단위 면적당 작용하는 힘은 식 (4.24)로 표현된다.

$$f = \frac{dW}{dx} = \frac{1}{2}\mathbf{E} \cdot \mathbf{D} = \frac{D^2}{2\epsilon} \ [\mathrm{N/m^2}] \qquad (4.24)$$

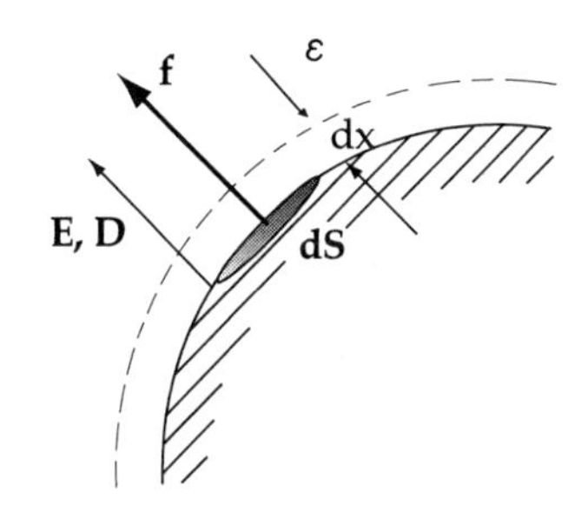

그림 4.9 경계면에 작용하는 힘

또한, 두 개의 유전체가 접해 있을 경우 경계면에 작용하는 힘을 구할 수 있다. 전계가 경계면에 수직인 경우 양쪽 유전체의 전속밀도는 연속이며 또한 서로 같아지게 되므로 단위 면적당 작용하는 힘은 식 (4.25)로 표현된다.

$$f = \frac{1}{2}(\mathbf{E}_2 - \mathbf{E}_1) \cdot \mathbf{D} = \frac{1}{2}\left(\frac{1}{\epsilon_1} - \frac{1}{\epsilon_2}\right)\mathbf{D}^2 \ [\mathrm{N/m^2}] \qquad (4.25)$$

또한 유전율이 큰 쪽에서 작은 쪽으로 힘이 작용하게 된다. 전계가 경계면에 평행한 경우 전계가 연속이며 또한 같아지므로 단위 면적당 작용하는 힘은 식 (4.26)로 표현된다.

$$f = \frac{1}{2}\mathbf{E} \cdot (\mathbf{D}_1 - \mathbf{D}_2) = \frac{1}{2}(\epsilon_1 - \epsilon_2)\mathbf{E}^2 \ [\mathrm{N/m^2}] \qquad (4.26)$$

위에서와 마찬가지로 유전율이 큰 쪽에서 작은 쪽으로 힘이 작용하게 된다.

4.4 강유전체(强誘電體)

4.4.1 강유전체의 특성

일반적인 유전체에서는 전계의 세기 E와 분극의 세기 P는 서로 비례하지만, 티탄산 바륨 등과 같이 양자의 관계가 비선형으로, 전계를 제거한 후에도 분극이 남게 되며 그림 4.10과 같은 이력을 그리는 유전체가 있다. 이와 같은 현상은 일반적으로 유전율이 큰 물질에 나타나며, 이를 히스테리시스 현상이라고 한다.

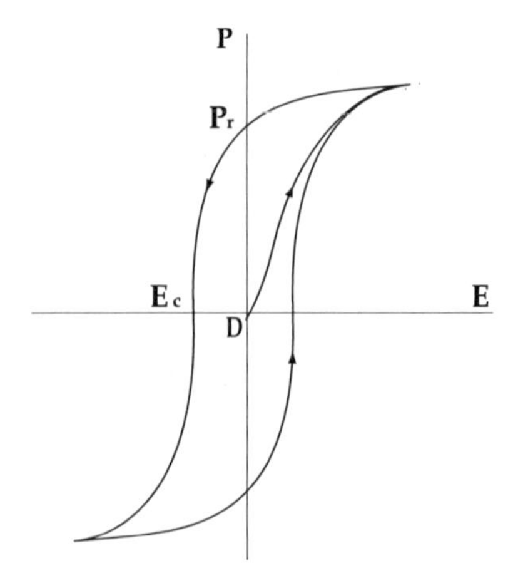

그림 4.10 히스테리시스 곡선

또한 이러한 성질을 강유전성(ferroelectricity)이라 부르며, 이와 같은 특성을 나타내는 물질을 강유전체(ferroelectric material)라 부른다. 이에 비해 전계를 제거한 후에도 분극이 남지 않는 성질을 상(常)유전성(paraelectricity)이라 하며 이러한 특성을 나타내는 물질을 상유전체(paraelectric mateial)라 부른다.

그림에서 P_r은 잔류분극(remanent polarization), E_c는 항전계(抗電界 : coercive field)라 한다. 이와 같은 성질은 강유전체가 그림 4.11과 같이 자발적으로 분극한 다수의 영역으로 구성되어 있기 때문이다.

이 영역을 자구(磁區 : domain)라 부르는 데 각 자구의 방향은 90°(위) 혹은 180°(아래)의 각도를 이루게 되며 전체적으로 볼 때 분극이 외부에 나타나지 않게 된다.

그러나 여기에 전계가 가해지면 자구의 방향은 차례로 배열되고, 이윽고 전체가 하나의 방향을 향하게 되며 단일 분극이 되어 포화된다. 이와 반대로 전계를 줄이면 전계의 세기에 대해 분극의 세기는 이전과 같이 되지 않고 히스테리시스를 그리게 된다. 이와 같이 전계와 분극의 관계는 비선형성을 띠게 되므로 비유전율 ϵ_r과 전계의 관계도 비선형성이 되며 식 (4.27)의 관계로 된다.

$$\epsilon' = 1 + \frac{1}{\epsilon_0}\frac{dP}{dE} \tag{4.27}$$

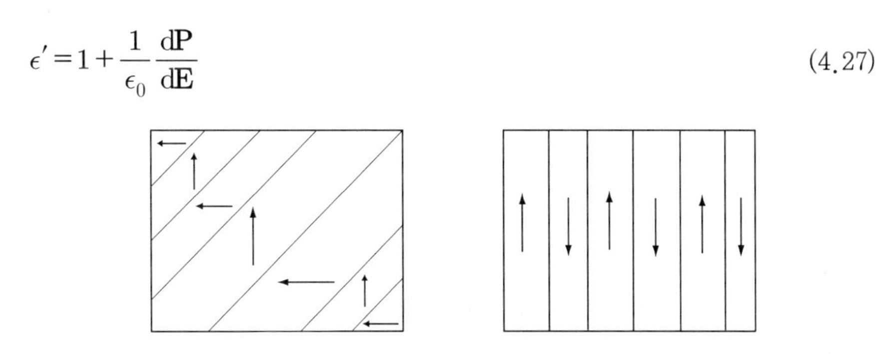

그림 4.11 강유전체의 자구

이 경우 ϵ'을 미분(微分)유전율이라고 부른다. 또 교번 전계가 가해지는 경우 매 주기 식 (4.28)으로 표현되는, 즉 히스테리시스 곡선의 면적에 상당하는 에너지손실을 발생시키게 된다.

$$W_h = \int \mathbf{E} \cdot d\mathbf{P}\ [J/m^3] \tag{4.28}$$

일반적인 교번 전계에서는 이 외에 전도나 분극에 수반되는 손실이 부가되어 전체적인 손실은 식 (4.29)로 표현된다.

$$W_e = \omega\epsilon''\mathbf{E}^2 = \omega\epsilon'\tan\delta\,\mathbf{E}^2\ [J] \tag{4.29}$$

여기서 $\omega(=2\pi f)$는 각주파수(角周波數), ϵ''를 유전손실율, $\tan\delta$를 유전정접(誘電正接), δ를 유전손실각(誘電損失角)이라 한다.

표 4.2는 대표적인 강유전체와 각각의 비유전율을 나타낸다.

표 4.2 대표적인 강유전체와 그 성질

강유전체	비유전율,	밀도
수정	4.5,	2.67
NH_2, H_2PO_4	15.3,	1.80
$LiNbO_3$	29,	4.7
$LiTaO_3$	43,	5.3
ZnO	8.8,	5.68
CdS	10.3,	4.82
$BaTiO_3$	1700,	5.7
$Pb(Zr, Ti)O_3$, (PZT)	1500,	7.5
$PbTiO_3$	190,	–

강유전체는 온도의 상승에 따라 그림 4.12와 같이 분극의 세기가 감소하며, 어느 일정 온도(T_c)에서 상유전체로 된다. 이 현상은 큐리(Pierre Curie, 1859~1906)에 의해 발견되었으며, 일반적으로 이러한 전이(轉移)온도 이상에서는 상유전성의 비유전율과 절대온도 T [°k]사이에는 식 (4.30)의 관계가 성립된다.

$$\epsilon_r = \frac{C}{T - T_c} \tag{4.30}$$

이를 유전체에 있어서 Curie · Weis의 법칙이라 한다. 여기서 C는 큐리정수이며 물질에 의해 정해진다. 또 T_c는 물질 고유의 값으로 이를 큐리온도라 한다.

큐리온도에서 강유전체는 상유전체로 된다.

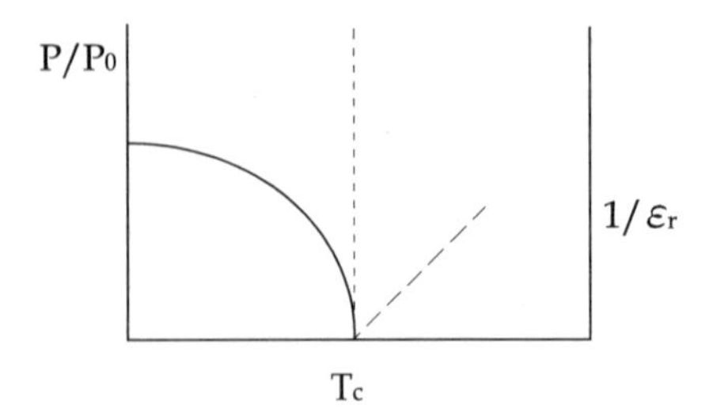

그림 4.12 큐리-와이스의 법칙

4.4.2 압전(壓電)현상

강유전체에 전계를 가하면 분극이 발생되는 데, 이에 따라 대부분의 물질에서 미소한 변화가 일어난다. 이 현상을 전기 변형(electrostriction)이라 한다. 또 힘을 가하면 물질에는 전하가 유기되며 이에 따라 전계가 발생한다. 이러한 현상을 압전현상(piezoelectricity)이라 한다.

그림 4.13과 같이 압전 결정체의 양 전극사이에 기계적 응력 **X**를 가할 때 전극사이의 간격에 대해 $\Delta h / h = \chi_e$의 변형이 발생된다면 기계적 응력 **X**, 전속밀도 **D** 및 χ_e 사이에는 식 (4.31)의 관계가 성립한다.

$$\left.\begin{aligned} D &= aX + \epsilon E \\ \chi_e &= C_M X + aE \end{aligned}\right\} \tag{4.31}$$

여기서 a는 압전율, ϵ은 유전율, C_M은 재료에 따라 결정되는 상수를 나타내며, 또한 식 (4.31)을 압전방정식이라고 한다.

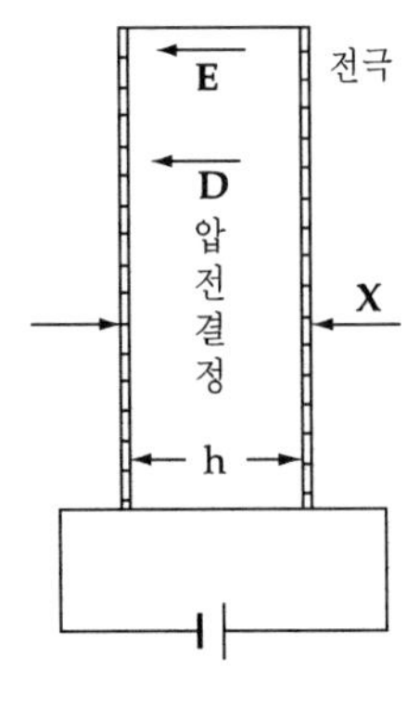

그림 4.13 압전 결정체

4.4.3 압전재료와 그 응용

수정은 압전성을 나타내는 재료로서 큐리시대부터 알려져 있었지만, 현재에 이르러 인공적인 SiO_2의 단결정이 만들어지게 되었으며, 그 결과 안정된 공진주파수를 얻을 수 있게 되었다. 그리고 시계의 발진자로써 널리 사용되고 있다. 이 외에 산화아연(ZnO)이나 앞의 표 4.2에 나타낸 것과 같은 산화물 세라믹이 압전 재료로서 알려져 있다. 이들 중 티탄산 바륨($BaTiO_3$)은 1946년경 높은 압전 특성을 나타내는 최초의 재료로서 등장하였으며 또한 일본에서는 티탄산 연($PbTiO_3$)와 지루콘산 연($PbZrO_3$)의 거의 중간 조성인 티탄산 지루콘 [$Pb(Zr,Ti)O_3$, (PZT)로 약칭]이 등장하여 현재까지 압전 세라믹의 주류를 점하게 되었다.

이 재료의 응용에는 다음의 것이 있다.

1. 기계적 에너지 → 전기적 에너지로의 변환 ; 전축용 픽업, 혈전계, 가속도계(그림 4.14), 압전 발화소자(그림 4.15), 초음파 마이크로폰
2. 전기적 에너지 → 전기적 에너지로의 변환 ; 미소변위계기, 어군탐지용 및 세정용 가습기(그림 4.16) 등의 초음파 진동자, 전압 부저, 전압 스피커
3. 전기적 에너지 → 기계적 에너지 → 전기적 에너지로의 변환 ; 전기 필터(그림 4.17), 초음파 지연선, 오일 센서, 압력 센서
4. 열 에너지 → 전기적 에너지로의 변환 ; 적외선 감지기 (초전소자 : 焦電素子)

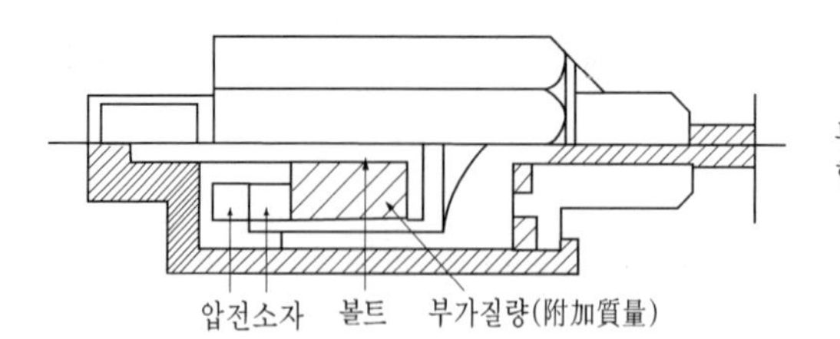

부가질량의 관성에 의해 압전소자에 힘을 가하여 가속도를 감지한다.

그림 4.14 가속도계의 노킹 센서

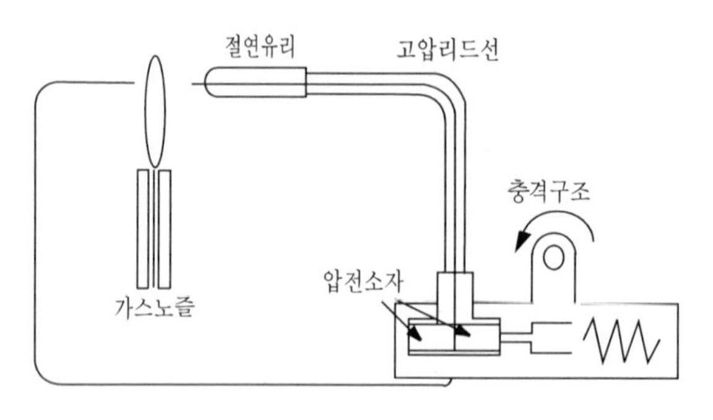

압전소자에 충격을 가함으로써 전압을 유기하며 불꽃을 발생

그림 4.15 임팩트식 압전 점화시스템

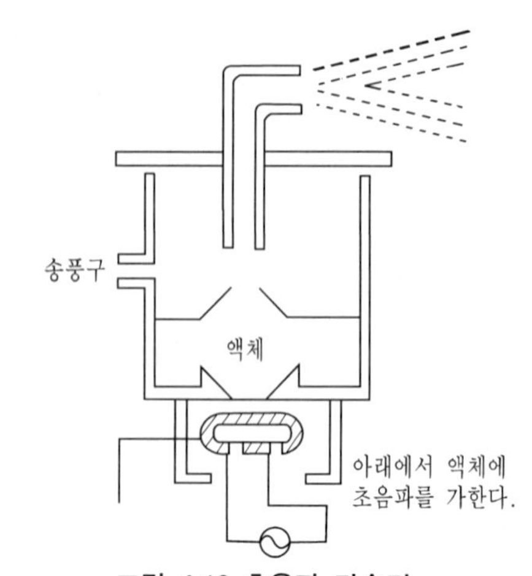

그림 4.16 초음파 가습기

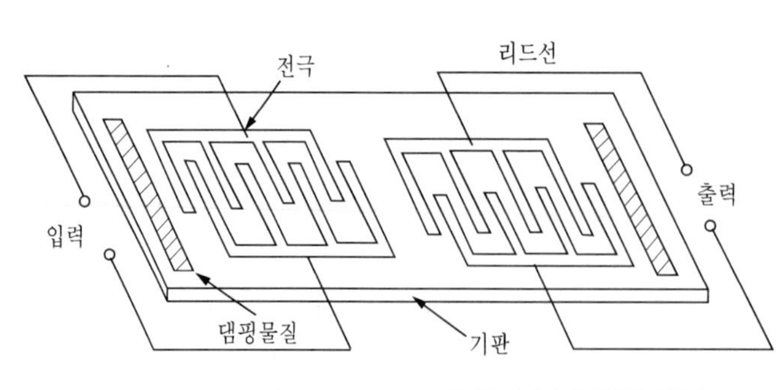

입력파를 초음파로 변환하고, 공진된 초음파를 다른 쪽에서 다시 전압으로 변환함으로써 특정파를 출력한다.

그림 4.17 표면파 필터

제4장 연습문제

01 비유전율이 ϵ_r 인 유전체 속에 점전하 Q_1[C]과 Q_2[C]이 서로 r[m] 떨어져 놓여 있을 때, 양 전하 사이에 작용하는 쿨롱력을 구하시오.

02 직경 10[cm], 간격이 1[mm]인 원형 평행판 전극 사이에 두께가 1[mm]이며 직경이 같은 유전체 원판을 넣었을 경우와 넣지 않았을 경우 정전용량의 차가 125[pF]였다. 삽입한 유전체의 비유전율은 얼마인가?

03 반지름 r_1인 도체구를 반지름 r_2의 얇은 도체구로 포장하고 그 사이에 유전율이 ϵ_1 인 매질을 채웠으며, 외부 도체구의 외부는 유전율 ϵ_2 인 유전매질로 가득 채워져 있다. 내구 및 외구에 각각 전하 Q_1, Q_2를 줄 때, 각 도체구의 전위를 구하시오.

04 정전용량이 0.05[pF]인 공기 콘덴서가 있다. 그 극판 사이에 평행하게 극판 간격의 1/2 두께인 유리판을 삽입한다면 정전용량은 얼마로 될까. 단, 유리의 비유전율은 7이라고 한다.

05 간격 d[m], 면적 S[m^2]인 평행판 콘덴서가 있다. 극판의 면적이 2등분 되도록 유전율 ϵ_1, ϵ_2[F/m]인 유전체로 극판 사이를 가득 채웠을 때 정전용량을 구하시오.

06 일정한 전계 E_0 속에 유전율이 ϵ 인 무한히 넓은 일정 두께의 유전체 평판을 법선이 전계와 θ_0의 각을 이루도록 넣었을 때, 유전체 속의 전계 세기 E를 구하시오.

07 극판 간격 d인 평행판 콘덴서의 극판 사이에 윗 극판으로부터 x의 거리까지는 유전율이 ϵ_1 인 유전체를 채우고, d−x 부분에는 유전율이 ϵ_2 인 유전체를 채웠을 때, 이 콘덴서의 단위 면적당 정전용량을 구하시오.

08 한 변의 길이가 a, 간격이 t인 평행판 콘덴서의 도체판 사이에 길이가 a, 두께가 t'이며, 유전율이 ϵ인 정방형 유전체를 삽입하고 이를 그림과 같이 a−x만큼 밖으로 끌어냈을 때, 이 유전체를 원래의 위치로 하기 위해서는 얼마의 힘이 필요

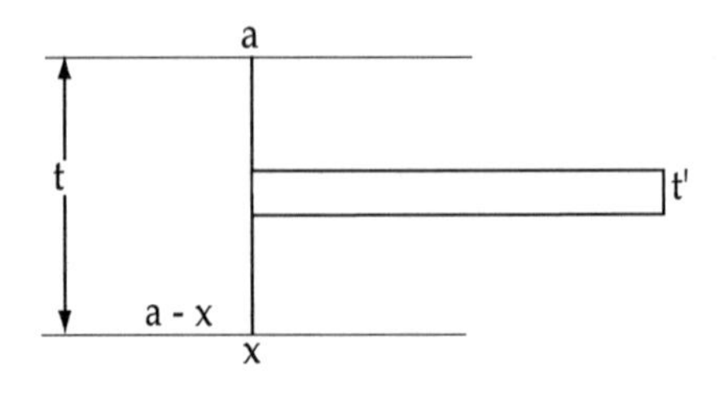

09 비유전율이 2인 유전체를 전극판 사이에 두께 2[mm]로 삽입하고, 전극 사이에 100[V]의 전압을 인가했을 때, 유전체 속의 에너지 밀도 및 유전체가 받는 힘을 구하시오.

제5장 정상전류(定常電流)

5.1 전원(電源)

이탈리아의 볼타(Alessandro Volta, 1745~1827)는 정(靜)전기로부터 동(動)전기로의 막을 열었다. 볼타는 처음에는 문학에 뜻이 있었다고 알려졌지만 물리, 화학 분야로 관심을 바꾸어 1783년 파비아 대학의 교수가 되었다. 그는 초기에 전기분(盆)을 발명하는 등 정전기에 대한 연구를 하고 있었는데, 볼로니아 대학의 갈바니(Luigi Galvani, 1737~1798, 이탈리아)가 개구리를 대상으로 한 동물 전기 실험에 관해 관심을 갖게 되었다. 즉, 이중금속의 접촉에 의해 발생하는 "동물 전기" 실험에 자극을 받고 수많은 추가 시험을 한 결과 1793년에 금속 조합의 종류에 따라 전기의 양이 바뀐다는 사실과 동물이 아니더라도 젖은 물체가 있으면 전기가 발생한다는 것을 확인했다. 그 후 동과 아연의 조합과 황산에 흠뻑 적신 종이를 사용함으로써 효과적으로 전기를 얻을 수 있다는 것을 발견하였다. 이것으로 정전기와 같이 한번으로 사라져 버린다는 전기의 성질이 개선되게 되었으며 1800년 볼타전지가 발명되었다.

5.1.1 전지(電池)

회로에 전류가 흐를 수 있도록 외부에서 전계를 가하는 장치를 전원(電源 : power source)이라 한다. 전원의 기원이 되었던 것이 전지(electric cell)와 열전대(thermocouple)이다. 볼타에 이어 본격적인 전지의 발명은 1836년 다니엘(John F.Daniel, 1789~1845, 영국)에 의해 행해졌다.

그림 5.1에서 보는 바와 같이 도자기 용기에 묽은 황산을 가득 채운 원통형 그릇을 놓고, 그 안에 동(銅)으로 된 전극을 설치한다. 이에 따라 화학 반응이 진행하여 동판은 (+), 아연은 (−)로 대전된다. 다음으로 르클랑셰 전지라고 불리는 것이 발명되었으며, 이는 현재 일반적으로 널리 사용되고 있는 망간 건전지의 원형이 되고 있다. 망간건전지의 구조는 그림

5.2와 같으며 현재 사용되고 있는 전지의 종류로는 표 5.1과 같은 것이 있다.

예를 들면 그림 5.1에서 용액에 담겨진 금속의 전위 변화에 대해 생각하기로 하자. 황산 용액에서는 Zn^{+2} 이온이 용해되며, 그 때문에 Zn은 (−)로 대전되고 전위차가 V_1으로 일정하게 될 때 평형이 된다. 또, 황산·동 용액속에서 Cu^{+2} 이온은 Cu의 표면으로 이동하여 Cu는 (+)로 대전되며, 동일하게 일정한 전위차 V_2인 곳에서 평형에 달한다.

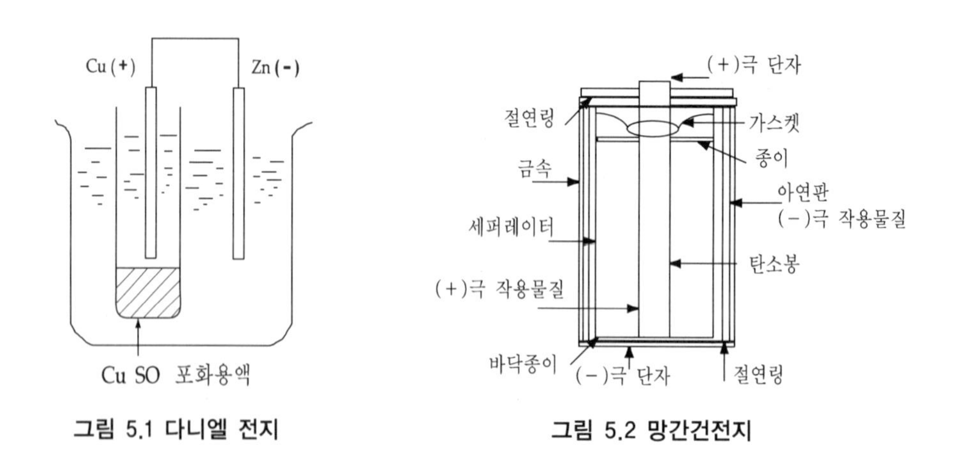

그림 5.1 다니엘 전지 **그림 5.2 망간건전지**

표 5.1 주요 전지의 종류

종 류	(+)극 물질	(−)극 물질	전해액	공칭전압[V]
1차 전지				
망간건전지	MnO_2	Zn	$ZnCl_2$, NH_4Cl	1.5
알칼리망간전지	MnO_2	Zn	KOH	1.5
수은 전지	HgO	Zn	KOH 또는 NaOH	1.35
산화은 전지	Ag_2O_3	Zn	KOH 또는 NaOH	1.55
공기 전지	O_2	Zn	NH_4Cl 또는 KOH	1.4
염화은 전지	AgCl	Mg	해수(海水)	1.8
니켈아연전지	NiOH	Zn	KOH	1.6
리듐전지	MnO_2	Li	탄산프로필렌+$LiClO_4$	3
리듐전지	(CF)n	Li	탄산프로필렌+$LiBF_4$ 등	3
2차 전지				
납축전지	PbO_2	Pb	H_2SO_4	2.0
알칼리축전지 (니켈카드늄전지)	NiOH	Cd	KOH	1.2

이에 대해, 충전해도 본래대로 되돌아가지 않는 전지를 1차 전지라고 부른다. 이 외에도 최근에는 빛에 의해 기전력을 얻는 반도체 광(光)전지나 연료전지가 주목 받고 있다.

5.1.2 열전대(熱電帶)

그림 5.4와 같이 두 종류의 서로 다른 금속 A, B를 양 끝에서 접속하여 폐회로를 만들고, 그 접합점을 서로 다른 온도 T_1, T_2로 유지하면 두 접합점 사이에 전위차가 생긴다. 이 때 발생된 전위차를 열기전력(熱起電力 : thermoelectromotive force)이라 한다.

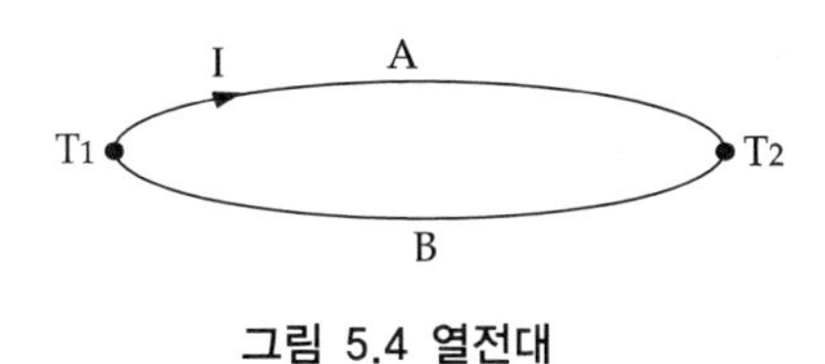

그림 5.4 열전대

발생한 열기전력을 ΔV, 양 접속점의 온도차를 ΔT라 하면

$$\frac{\Delta V}{\Delta T} = \eta \tag{5.1}$$

$$\eta = a + bT \tag{5.2}$$

의 관계가 성립한다. 여기서 η를 열전능(熱轉能 : thermoelectric power)이라 하며 a, b는 모두 정수이다. 이러한 현상은 1822년 제벡(Thomas J. Seebeck, 1770~1831,독일)에 의해 발견되었기 때문에 제벡효과라 부른다.

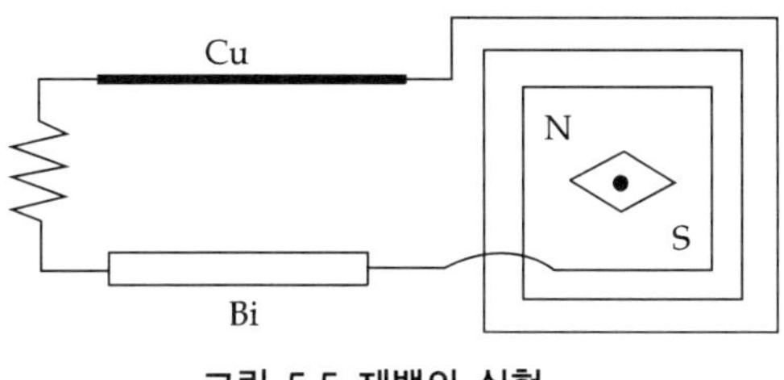

그림 5.5 제백의 실험

또한 열기전력에는 다음과 같은 성질이 있다.

(1) 이종(異鍾)금속의 한쪽 중간에 다른 제3의 도체를 접속하여도 그 양단의 온도차가 같다면 전체의 열기전력은 변하지 않는다.

(2) 접속점의 온도가 T_2, T_1과 T_1, T_0인 두 개의 열전대가 있을 때 그 기전력의 합은 접속점의 온도가 T_2, T_0인 열전대의 기전력과 같다.

열전대는 현재 온도의 측정에 널리 이용되고 있다. 표 5.2는 열전대의 종류를 나타낸다.

표 5. 2 열전대의 종류와 특성

명 칭(JIS)	선성분		사용온도 범위
	+극	-극	
K(CA)	크로멜(니켈, 크롬)	아르멜(니켈, 알루미늄)	-200～+1000℃(+1200℃)
I(CRC)	크로멜(니켈, 크롬)	콘스탄탄(니켈, 동)	-200～+700℃(+800℃)
E(IC)	철	콘스탄탄(니켈, 동)	-200～+600℃(+800℃)
T(CC)	동	콘스탄탄(니켈. 동)	-200～+300℃(+350℃)
R(PR)	백금・로듐 13% 백금・로듐 12.8%	백금	0～+1400℃(+1600℃)
S(-)	백금・로듐 10%	백금	
텅스텐・레늄51, 텅스텐・레늄26	텅스텐・레늄 5%	텅스텐・레늄 26%	0～+2400℃(+3000℃)

5.1.3 펠티어효과(Peltier Effect)

제백효과와는 반대로 두 종류의 금속 접합점에 전류를 흘리면 열의 발생이나 흡수가 이루어지는 경우가 있다. 이러한 현상을 펠티어 효과라 하는 데 제백효과가 발견된 이후인 1834년 펠티어(J. C. A. Peltier,1785～1845, 프랑스)에 의해 발견되었다. 즉 두 종류의 금속 양끝을 접속하고 접합점에 전류를 흘릴 때 시간 dt[s]사이에 접합점에서 발생하는 열량을 dW[J]이라 하면, 열량 dW와 전류 i사이에는 식 (5.3)의 관계가 성립된다.

$$dW = P_{AB}\, i\, dt[J] \tag{5.3}$$

여기서 P_{AB}를 펠티어계수라 한다.

만약 외부에서 두 종류의 금속 접합점에 기전력을 가하여 전류 i를 흐르도록 하면, 금속 A와 B사이에는 $dW_A = P_A\, i\, dt[J]$, $dW_B = P_B\, i\, dt[J]$과 같은 열의 흐름이 생기게 되므로 열전대의 접합점에서는 $dW_A - dW_B = (P_A - P_B)\, i\, dt[J]$의 관계가 성립된다. 따라서 접합점의 한쪽에서$(P_A - P_B)i$의 열이 발생하면 다른 쪽에서는 같은 양의 열 흡수가 일어난다. 이종 금속(A, B)사이의 열전능과 펠티어계수는 식 (5.4)의 관계를 지닌다.

$$\eta_{AB} = \frac{P_{AB}}{i} \tag{5.4}$$

5.2 전류와 저항

5.2.1 전류

전류는 일정 시간동안 도체의 단면적을 통과하는 전하량의 비 즉, 식 (5.5)로 정의되며, (+)전하의 이동방향을 전류의 기준방향으로 한다.

$$i = \frac{dQ}{dt}\,[A] \tag{5.5}$$

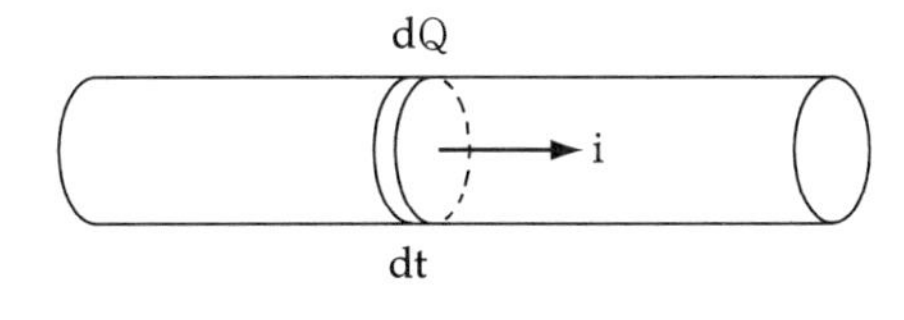

그림 5.6 전류

실제에 있어서 금속 도체의 경우 전류는 (−)전하 즉 전자의 이동에 의해 이루어지지만 관례에 의해 전류의 방향을 전자의 이동 방향과 반대로 하여 해석한다.

일반적으로 전류의 방향과 수직인 단면적 dS를 통과하는 전류를 di라 할 때 식 (5.6)으로 정의되는 **J**를 전류밀도(current density)라 하며, 이는 단위 면적을 통과하여 흐르는 전류로 정의된다.

$$\mathbf{J} = \frac{di}{dS}\,[A/m^2] \tag{5.6}$$

지금 금속 도체 중에서 Q[C]으로 대전된 단위 체적당 n개의 입자가 전계에 의해 **v**[m/s]의 속도로 이동하고 있을 때 전류밀도 **J**는 식 (5.7)로 정의된다.

$$\mathbf{J} = nq\mathbf{v}\,[A/m^2] \tag{5.7}$$

또한 속도 **v**는 전계 **E**에 비례하며 식 (5.8)로 표현된다.

$$\mathbf{v} = \mu\mathbf{E}\,[m/s] \tag{5.8}$$

여기서 μ는 입자의 이동도(mobility)이다. 따라서 전류밀도 **J**는 전계 **E**에 비례하며 식 (5.9)로 나타낼 수 있다.

$$\mathbf{J} = \mathrm{n}\,\mathrm{q}\mu\mathbf{E} = \sigma\mathbf{E}\,[\mathrm{A/m^2}] \tag{5.9}$$

여기서 σ를 도전율(conductivity)이라 한다.

5.2.2 옴의 법칙(Ohm's Law)

도선의 두 점 사이에 전압을 인가할 때, 도선을 흐르는 전류 i[A]는 인가전압 V[V]에 비례하므로 전류와 전압은 식 (5.10)의 관계로 된다.

$$\mathrm{i} = \frac{\mathrm{V}}{\mathrm{R}}\,[\mathrm{A}] \tag{5.10}$$

여기서 R을 전기저항(electrical resistance)이라 한다. 저항의 단위는 옴[Ω]을 사용하며 식 (5.10)의 관계를 옴의 법칙이라 한다. 일반적으로 금속 도체의 경우 이 관계가 성립하지만, 금속이외의 물질이라 할 수 있는 반도체의 경우 항상 성립하는 것은 아니다. 또, 여기서 도선의 길이를 l, 단면적을 S라 하면,

$$\mathrm{V} = \mathrm{i}\,\mathrm{R} = \mathrm{i}\cdot\rho\frac{l}{\mathrm{S}}\,[\mathrm{V}] \tag{5.11}$$

여기서 ρ는 저항률(resistivity)이며, 식 (5.12)로 정의된다.

$$\rho = \frac{1}{\sigma}[\Omega/\mathrm{m}] \tag{5.12}$$

또한 저항의 역수 G를 콘덕턴스라고 부르며, 단위는 지멘스[S]이다.

$$\mathrm{G} = \frac{1}{\mathrm{R}}\,[\mathrm{s}] = [1/\Omega] \tag{5.13}$$

옴의 법칙은 1826년 옴(Georg Simon Ohm, 1789~1854)에 의해 최초로 명확하게 밝혀졌다. 도선의 길이와 전류의 크기는 반비례하는 것이 아닐까 하는 생각은 이전부터 있었으

며, 몇몇 사람은 전지에 도선을 연결하여 실험을 하여 그러한 관계를 설명하려고 시도했지만 성공하지 못했다. 예를 들면, 선의 길이가 긴 경우에는 추정한 사실과 일치하였으나, 굵고 짧은 선의 경우 전혀 일치하지 않았다. 또한 전지를 여러 개 접속하여 전압을 높였으나 전류는 전지의 수에 비례하여 증가하지 않았다. 이러한 때, 옴은 친구의 조언으로 제벡이 발견한 열기전력을 실험에 이용하는 방법을 생각해 냈다. 그리고 그림 5.7과 같이 동판에 비스무스(Bi)를 연결하여 그 접합부의 한쪽 끝을 0℃의 냉수로 냉각하고, 다른 한쪽 끝을 열탕으로 가열하는 장치를 만들어, 열기전력에 의해 흐르는 전류를 자침(磁針)의 흔들림을 이용하여 측정했다.

그 결과 자침의 흔들림 x에 대해, $x = a/(b+x)$의 관계를 구할 수 있었다. 여기서 a는 열기전력이며, $(b+x)$는 전(全)저항, b는 내부 저항에 해당된다. 전지를 사용하여 실험할 때 그 내부 저항의 존재를 고려하지 않았던 것이다. 여기서 x는 후술하는 바와 같이 전류의 크기에 비례하므로 $i=V/R$과 같은 옴의 법칙을 도출(導出)하게 되었다.

또, 일반적으로 전원을 포함한 회로의 경우에는 외부 저항 R 외에 내부저항 r을 고려하여야 하므로 기전력과 전류와의 관계는 식 (5.14)로 표시된다.

$$V=i(R+r) \tag{5.14}$$

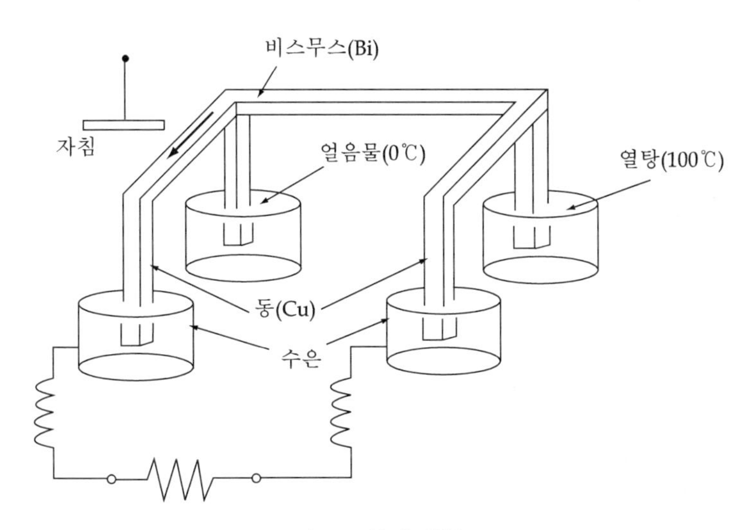

그림 5.7 옴의 실험

5.2.3 온도에 의한 저항의 변화

도체의 저항은 주위온도에 따라 변화한다. 즉 금속 도체의 저항은 일반적으로 온도의 상승과 함께 증가하며, 온도 t_1, t_2일 때의 저항율을 각각 ρ_1, ρ_2 또한 t를 t_2-t_1이라 하면, $\rho_2=\rho_1(1+\alpha t+\beta t^2+\cdots)$로 표시되며 일반적으로 상온부근에서는 $\alpha \gg \beta$이므로 $\rho_2 \fallingdotseq \rho_1(1+\alpha t)$의 형태로 표시된다. 또 저항 R은 식 (5.15)의 형태로 표현된다.

$$R=R_1(1+\alpha t) \tag{5.15}$$

여기서 α를 저항의 온도계수(temperature coefficient)라 하며 식 (5.16)으로 된다.

$$\alpha=\frac{\rho_2-\rho_1}{\rho_1(t_2-t_1)}=\frac{R-R_1}{R_1(t_2-t_1)} \tag{5.16}$$

일반적인 동선의 경우 주위온도 20℃, 밀도 8.89, 저항률 1.72[μΩ/cm]에 대해 온도계수는 $\alpha \fallingdotseq 3.93\times10^{-3}$가 된다.

표 5.3은 주위 온도 20℃에서 주요 금속의 저항율과 저항의 온도계수를 나타낸다.

표 5.3 주요 금속의 밀도, 저항율과 저항의 온도계수

금 속	밀 도	저항율 [μΩ/㎝]	온도계수	금 속	밀 도	저항율 [μΩ/㎝]	온도계수
Ag	10.53	1.62	3.8×10^{-3}	Fe	7.86	9.8	5.0
Cu	8.93	1.72	3.93	Pt	21.4	10.6	3.0
Au	19.3	2.4	3.4	Sn	7.29	11.4	4.2
Al	2.70	2.75	3.9	Cr	7.14	17.0	–
W	19.3	5.32	4.5	Pb	11.34	21.0	3.9
Mo	10.2	5.6	3.3	Hg	13.55	95.8	0.89
Ni	8.9	7.21	6.0	Bi	9.8	120	4.0

5.2.4 쥬울의 법칙(Joule's Law)

저항 R[Ω]의 양단에 전압 V[V]가 인가되어 전류 i[A]가 흐를 때, 전하가 이동함에 따라 전기적인 일이 행해진다. 지금 미소량의 전하를 dq라 하면 행하여진 일은 dW=Vdq[J]로 되므로 식 (5.17)의 관계가 성립한다.

$$\frac{dW}{dt} = V\frac{dq}{dt} = Vi = P_w \text{ [J/s], [W]} \tag{5.17}$$

여기서 P_w는 소비 전력 (elecetric power)이며, 단위를 와트[W]로 나타낸다. 또한 P_w는 식 (5.18)로 된다.

$$P_w = Vi = Ri^2 = \frac{V^2}{R} \text{ [W]} \tag{5.18}$$

이 관계는 1840년에 쥬울(J. P.Joule, 1818~1889, 영국)에 의해 실험적으로 발견되어, 이를 쥬울의 법칙이라 부르고 있다.

저항 R[Ω]에 i[A]의 전류가 t초간 흘렀을 때 발생하는 열량은 식 (5.19)로 표현된다.

$$W = i^2 R t \text{ [J]} \tag{5.19}$$

식 (5.19)로 표현되는 W를 전력량이라 하며 단위는 줄[J]이다. 그러나, 일반적으로 전력에 시간을 붙여 [W·h] 혹은 [kW·h]와 같은 단위가 주로 사용되고 있다.

5.3 저항의 접속

5.3.1 직렬접속과 병렬접속

어떤 지정된 전기저항치를 갖도록 만들어진 재료 혹은 부품을 저항체 혹은 저항기라 하는데, 일반적으로 전기회로는 이와 더불어 무엇인가의 저항을 갖고 있다. 이들 저항이 전기회로에 사용되는 경우 그림 5.8과 같은 기호로 표시된다. 저항의 접속에는 직렬 접속과 병렬 접속이 있다.

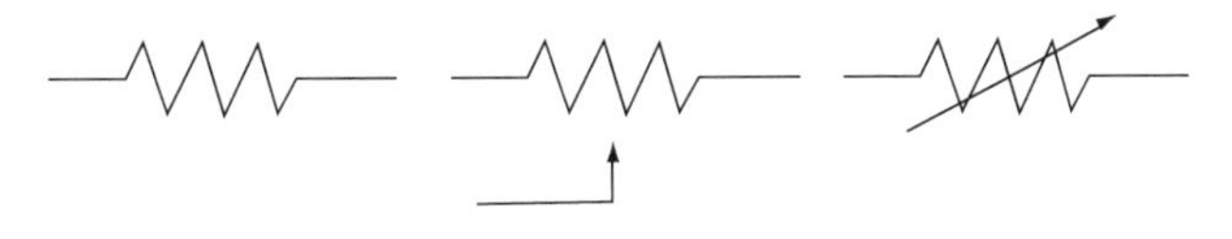

그림 5.8 저항의 기호

1) 직렬접속

그림 5.9와 같이 몇 개의 저항이 세로로 접속되어 같은 크기의 전류가 흐르도록 접속한 경우를 직렬접속이라 한다. 이때 각각의 저항 양단의 전위차는 옴의 법칙으로부터 다음과 같이 된다.

$$V_1 = iR_1,\ V_2 = iR_2,\ V_3 = iR_3\ [V]$$

이로부터 단자 a, b사이의 전위차는

$$V = V_1 + V_2 + V_3 = i(R_1 + R_2 + R_3)[V]$$

로 된다. 따라서 전체저항 R은 식 (5.20)으로 된다.

$$R = R_1 + R_2 + R_3\ [\Omega] \tag{5.20}$$

또한 식 (5.20)은 일반적으로 식 (5.21)로 표시된다.

$$R = \sum R_i \tag{5.21}$$

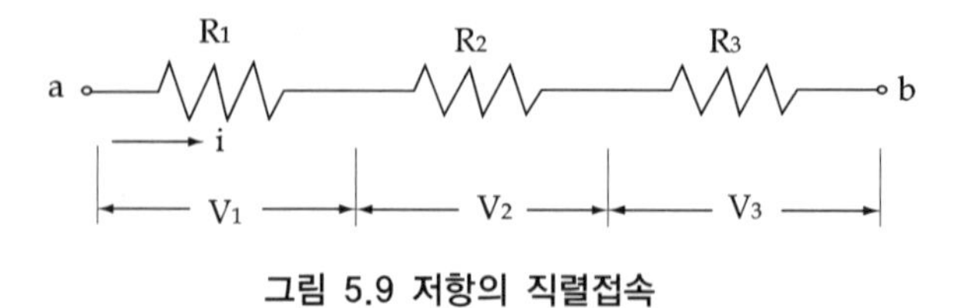

그림 5.9 저항의 직렬접속

2) 병렬접속

그림 5.10과 같이 각 저항 양단의 전위차가 공통이 되도록 몇 개의 저항을 접속하는 경우 이러한 접속 방법을 병렬접속이라 한다. 이 경우 각각의 저항을 흐르는 전류는 옴의 법칙으로부터 다음과 같이 된다.

$$i_1 = \frac{V}{R_1},\ i_2 = \frac{V}{R_2},\ i_3 = \frac{V}{R_3}\ [A]$$

여기에서 단자 a, b사이에 흐르는 전류는

$$i = i_1 + i_2 + i_3 = V\left(\frac{1}{R_1} + \frac{1}{R_2} + \frac{1}{R_3}\right)[A]$$

이다. 이로부터 전체 저항 R은 식 (5.22)로 된다.

$$\frac{1}{R}=\frac{1}{R_1}+\frac{1}{R_2}+\frac{1}{R_3}\ [1/\Omega] \tag{5.22}$$

일반적으로 병렬접속의 경우 합성저항은 식 (5.23)으로 표시된다.

$$\frac{1}{R}=\Sigma\frac{1}{R_i}\ [1/\Omega] \tag{5.23}$$

이를 컨덕턴스 G로 나타내면 식 (5.24)로 된다.

$$G=\Sigma G_i\ [S] \tag{5.24}$$

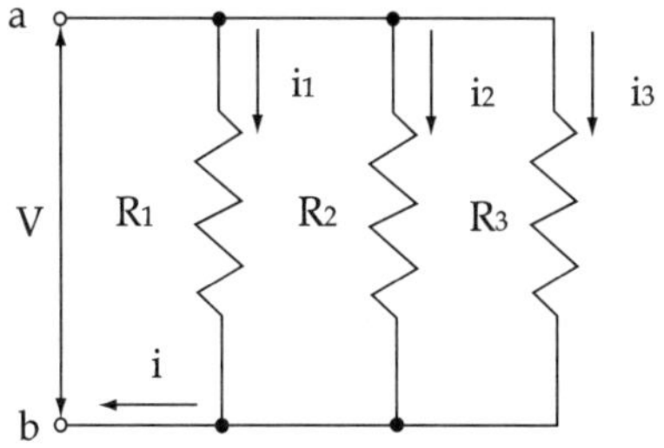

그림 5.10 저항의 병렬접속

5.3.2 키르히호프의 법칙(Kirchhoff's Law)

1) 키르히호프 제 1법칙

여러 개의 전원이 도선에 연결된 전기회로에서 임의의 접속점으로 유입되는 전류의 총합과 이 접속점으로부터 유출되는 전류의 총합은 항상 같다. 이것은 옴의 법칙의 확장이며, 이를 키르히호프(Kirchhoff)의 제 1법칙이라 한다.

그림 5.11의 회로에 있어서 점 A를 향하여 i_1, i_2, i_3의 전류가 유입되고 또한 점 A로부터 i_4, i_5의 전류가 유출된다고 하면 $i_1+i_2+i_3-i_4-i_5=0$의 관계가 성립되며, 이는 식 (5.25)로 일반화시킬 수 있다.

$$\Sigma\, i_i=0 \tag{5.25}$$

또, 그림 5.12의 회로에서 R_1, R_2, R_3의 저항에 각각 화살표 방향의 전류 i_1, i_2, i_3가

흐르고 있을 때 R_a, R_b, R_c의 저항에는 각각 i_1+i_3, i_1-i_2, i_2+i_3의 전류가 흐르게 된다.

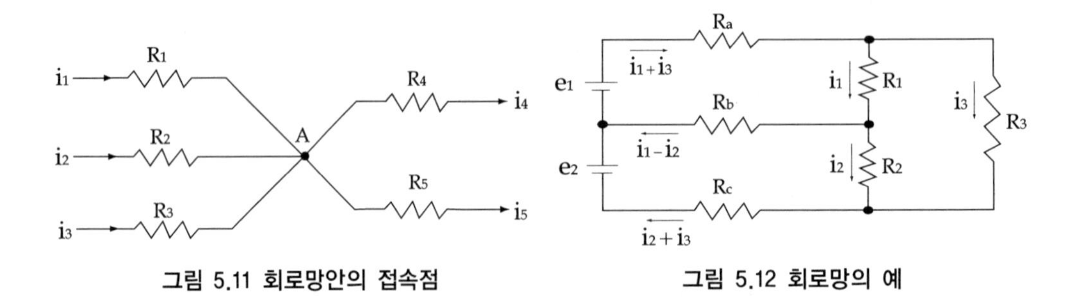

그림 5.11 회로망안의 접속점　　　　그림 5.12 회로망의 예

2) 키르히호프 제 2법칙

전기회로망 중 임의의 루프에서 그 루프에 포함된 기전력의 총합은, 그 루프의 저항과 전류의 곱과 같다. 이것도 옴의 법칙의 확장이며, 이를 키르히호프의 제 2법칙이라고 부른다. 즉, $e=(R_1+R_2+\ldots+R_n)i$의 형태가 되며, 일반적으로 식 (5.26)으로 표시된다.

$$\sum e_i=\sum R_i\, i_i \tag{5.26}$$

예를 들면, 그림 5.12의 회로에서 e_1, e_2, e_3는 각각 아래와 같다.

$$e_1=R_a(i_1+i_3)+R_1\, i_1+R_b(i_1-i_2)$$
$$e_2=R_b(i_1-i_2)+R_2\, i_2+R_c(i_2+i_3)$$
$$e_3=e_1+e_2=R_a(i_1+i_3)+R_3\, i_3+R_c(i_2+i_3)$$

기전력 e_1, e_2가 주어졌을 때, 이 회로에 흐르는 전류는 이 연립방정식으로부터 구할 수 있다.

5.3.3 전기회로의 계산

여기서 전기회로의 계산에 기초가 되는 두 가지 전기회로에 관해 알아보기로 한다.

1) 사다리형 회로

그림 5.13과 같은 사다리형 회로를 생각한다. 키로히호프 법칙에 의해 다음과 같이 표현된

$$\left.\begin{aligned} &V = R_a i_1 + V_1, \quad V_1 = R_b i_2 + V_2 \\ &V_2 = R_c i_3 + V_3, \quad V_3 = R_d i_4 + V_4 \\ &i_1 = i_2 + \frac{1}{R_1} V_1, \quad i_2 = i_3 + \frac{1}{R_2} V_2 \\ &i_3 = i_4 + \frac{1}{R_3} V_3, \quad i_4 = i + \frac{1}{R_4} V_4 \end{aligned}\right\}$$

연립방정식의 해를 구함으로써, 각각의 저항에 대한 전류, 전압의 값을 구할 수 있다.

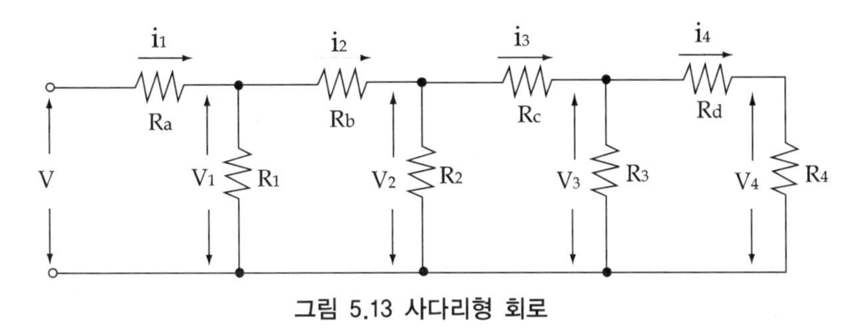

그림 5.13 사다리형 회로

구체적으로는 그림 5.13의 회로에 대해 우측끝으로부터 좌측으로 차례로 합성저항을 구해감으로써 i_1, V_1는 식 (5.27), (5.28)과 같이 구할 수 있게 된다.

$$i_1 = \cfrac{1}{R_a + \cfrac{1}{\cfrac{1}{R_1} + \cfrac{1}{R_b + \cfrac{1}{\cfrac{1}{R_2} + \cfrac{1}{R_c + \cfrac{1}{\cfrac{1}{R_3} + \cfrac{1}{R_d + R_4}}}}}}} \tag{5.27}$$

$$V_1 = V \times \frac{1/R_a}{\frac{1}{R_a} + \frac{1}{R_1} + \frac{1}{R_b} + \frac{1}{\frac{1}{R_2} + \frac{1}{\frac{1}{R_c} + \frac{1}{\frac{1}{R_3} + \frac{1}{R_d + R_4}}}}} \tag{5.28}$$

그리고 차례로 i_2, i_3, i_4 및 V_2, V_3, V_4의 값을 구할 수 있다.

2) 휘이트스톤(Wheatstone)브리지

그림 5.14와 같이 4개의 접속점 a, b, c, d가 있다. 서로 마주 보는 점 c, d는 서로 연결되어 있다. 점 c와 d사이를 흐르는 전류가 0이 되도록 전기저항 R_1~R_4의 조건을 구하는 회로가 휘이트스톤(Charles Wheatstone, 1802~1875)에 의해 고안되었으며, 이 회로를 휘이트스톤 브리지라 부른다.

도선 c~d 사이의 전류 i_5가 0이 되는 경우 a~c와 a~d 사이, 또 c~b와 d~b사이의 전위차는 서로 같아지게 되므로

$$R_1 i_1 = R_3 i_3 \,[\mathrm{V}],\ R_2 i_2 = R_4 i_4 \,[\mathrm{V}]$$

가 되며 이로부터 식 (5.29)와 같은 평형 상태를 유지하게 된다.

$$\frac{R_1}{R_2} = \frac{R_3}{R_4},\ \frac{R_1}{R_3} = \frac{R_2}{R_4} \tag{5.29}$$

이에 따라 4개의 저항 중 3개의 크기를 알고 있다면 다른 1개의 저항값을 구할 수 있게 된다. 또한 두 저항 사이의 비(比)나 곱이 주어진다면 다른 두 저항의 비나 곱을 구할 수 있다. 이 외에 휘이트스톤 브리지는 자동 평형기기의 밸런스 회로로써 이용되는 등 공학상의 응용이 매우 광범위하다.

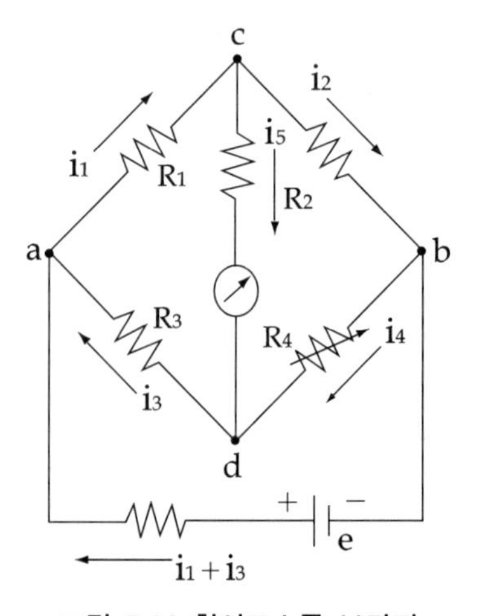

그림 5.14 휘이트스톤 브리지

5.4 실용 저항체

5.4.1 저항기

여기서는 저항의 실제 응용에 관해서 간단하게 소개하기로 한다. 현재 전자회로를 구성하는 기본 소자 중 하나로 수많은 저항기가 사용되고 있는데 전자회로에서 사용되는 저항기의 작용은 전기적인 진동을 억제하거나 혹은 부하의 에너지를 흡수하는 작용과 회로 중에서 일정한 전위차를 유지시켜 주는 작용으로 크게 나누어 볼 수 있다. 저항기는 일반적으로 저항치를 지니는 저항체와, 그것을 지지하는 지지체, 단자 및 보호를 위한 외장으로 이루어져 있다. 가변저항기의 경우에는 다시 가변 기구(機構)가 부착된다. 저항체는 온도, 습도, 전계 등에 대해 전기적인 특성이 안정되어야 하며 특히 자기발열(自己發熱)에 대해 견딜 수 있는 강도가 필요로 된다. 저항체의 종류와 대표적인 용도등을 표 5.4에 나타낸다.

5.4.2 저항재료

전기기기에 사용되는 저항체에는 표 5.5와 같이 각종의 저항 재료가 사용되고 있다. 이 중 첫 번째로는 표준 측정과 같은 계측용으로 사용되는 정밀저항 재료로서 이에 대한 필요조건은 전기저항의 온도계수나 경년(經年)의 변화가 작아야 하며, 열기전력이 작을 것, 부식에 강해야 하며, 납땜이 용이하고 가공이 용이하여야 한다. 두 번째로는 줄열을 이용한 가열용으로 사용되는 것으로 일반적으로 니크롬 혹은 철・크롬으로 알려진 재료로서 고온에서 산화가 적고, 고온에서의 강도가 강해야 할 뿐 아니라 주위 공기나 전기로의 재료에 반응하지 않아야 하며, 전기저항이 높은 것이 요구되고 있다.

세 번째로는 계측 센서와 같은 특수용도로, 이는 기계적인 변형이나 온도, 습도, 자기(磁氣) 등에 대한 전기저항의 변화를 이용한 것으로 그림 5.15는 금속 저항을 이용한 변형센서의 예를 나타내고 있다. 여기에는 플라스틱 필름이나 종이를 베이스로 하여 가는 금속선을 붙이거나 혹은, 금박을 붙인 것이 있는데, 재료로는 Cu−Ni나 Ni−Cr합금이 사용되고 있다.

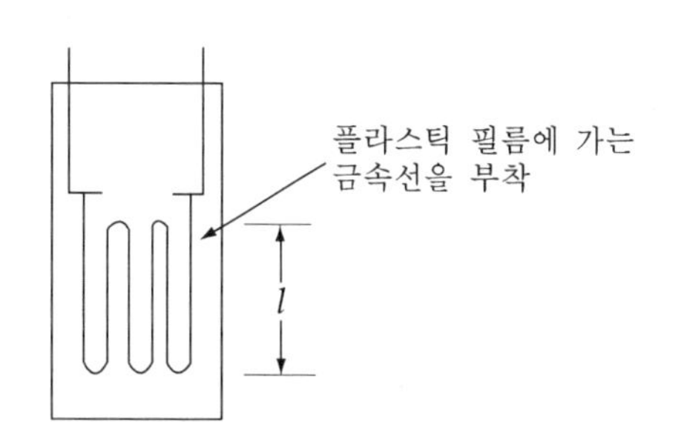

그림 5.15 변형센서

지금 힘이 길이(l)방향으로 가해짐에 따라, 길이가 Δl 만큼 증가 할 때 단면적이 ΔA만큼 감소한다면, 저항 R은 ΔR만큼 변화하며 그 변화율은

$$\frac{\Delta R}{R} = \frac{\Delta l}{l} - \frac{\Delta A}{A} \fallingdotseq \frac{\Delta l}{l} + 2\delta\frac{\Delta l}{l} = (1+2\delta)\frac{\Delta l}{l}$$

이 된다. 여기서 δ는 포아슨 비(比)이며 $\dfrac{\Delta l/l}{\Delta R/R}$를 게이지 펙터라 부른다.

표 5.4 저항체의 종류

명 칭		재료	특징	특징적인 용도
고정저항기	탄소피막 저항기	탄소-수소 화합물을 자기에 밀착	값이 저렴. 가장 일반적임	광범위하게 사용.
고정저항기	금속피막 저항기	Ni-Cr합금을 자기에 진공증착, 이외에 음극 스패타법, 금속환원법	정밀도와 온도계수. 안정성 양호, 가격이 다소 고가.	특히 온도 안정성이 요구되는 회로에 이용.
고정저항기	고체저항기 (솔리드저항기)	탄소분말, 수지, 내열 충전재	생산성이 높고, 가격이 저렴. 전압계수, 납땜성, 내습성, 잡음 및 경시(經時) 변화면에서 뒤떨어진다.	일반적
고정저항기	코일저항기	니크롬선과 자기	고정밀 온도계(정밀형) 고전압 (전력형)	계기, 부하저항
가변저항기	탄소계 가변저항기	탄소분말, 페놀수지판	수동잡음이 많다. 가격이 저렴	TV, 라디오 등 다방면
가변저항기	솔리드형 가변저항기	고정형과 같다.	대전력용, 대수형 변화특성 제작 가능	전력용
가변저항기	금속피막 가변저항기	고정저항인 경우와 같다.	허용전력이 크고 수동잡음이 적다. 고저항치의 제작 곤란	상동(고급품)
가변저항기	코일가변 저항기	(전력형)니크롬선, 자기권심	고전력, 고온용	부하저항
가변저항기	코일가변 저항기	(정밀형)니크롬선 또는 망가닌선과 수지적층판권심	고정도, 안정	포텐셔 미터

표 5.5 주요 저항 재료의 종류와 특징

재 료	주요 성분	특 징
(정밀 저항 재료)		
Cu-Mn(Ni)합금	12 Mu-Cu	저 온도계수, 저 열기전력
Cu-Ni 합금	45 Ni-Cu	고 전기저항, 저 온도계수
Ni-Cr-Al합금	20 Cr-3Al-Ni+α	고 전기저항, 내열내식
(전열용 저항 재료)		
Ni-Cr 합금	80 Ni-20Cr	내산화내고온 강도(〈 1100℃)
Fe-Cr 합금	25 Cr-4 Al-Fe	내고온 강도(〈 1250℃)
비금속 재료	SiC(63Si-27C-4O)	내고온 강도(〈 11700℃)
(특수 용도용)		
변형 저항 재료	Cu-Ni, Ni-Cr 등	큰 변형 감도
온도 측정용	Pt, Ni, Cu 등	온도에 의한 저항 변화
자기(磁氣)감지용	Bi, InSb 등	자성에 의한 저항 변화

제5장 연습문제

01 어느 도선에 1[A]의 전류가 흐르고 있을 때, 0.1초 동안 그 도선의 단면을 통과하는 전자의 수를 구하시오.

02 1초 동안에 100개의 비율로, 아래 그림과 같은 형태의 전류가 흐르는 회로가 있다. 1초 동안에 몇 [C]의 전하를 이동시킬 수 있게 되는가.

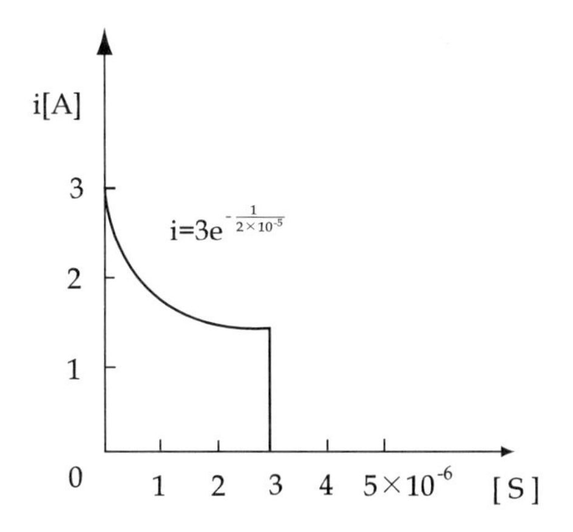

03 길이 1[km], 무게 0.1[kg]인 도선의 저항이 1540[Ω]이라면, 길이 2[km], 중량 12[kg]인 같은 재료의 동선 저항은 얼마인가?

04 기전력 e[V], 내부저항 r[Ω]인 전원에 저항이 R[Ω]인 부하가 접속된다. 부하에 공급하는 전력이 최대로 되는 부하저항 R의 값과 그 때의 최대전력을 구하시오.

05 그림과 같이 저항 R_1, R_2, R_3, R_4로 이루어진 회로에 전지 E_0 및 저항 R을 연결할 때, 저항 R에 흐르는 전류를 계산하시오.

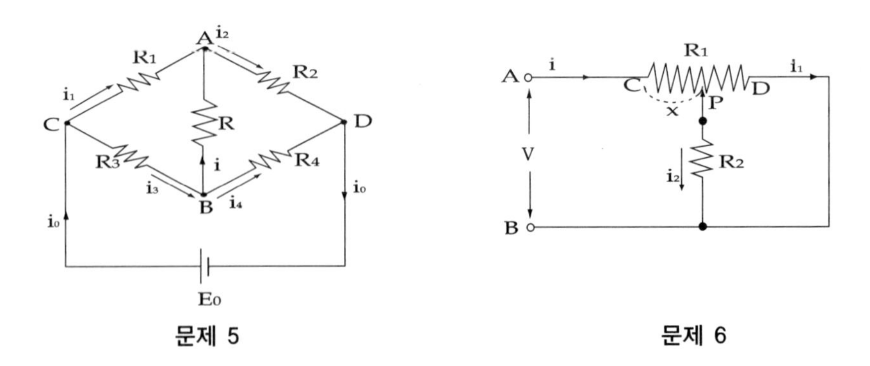

문제 5　　문제 6

06 그림과 같은 회로에서 P점을 이동하는 전류 i_1가 최소로 될 때 점 C−P사이와 P−D 사이의 저항은 같게 된다. 이를 증명하시오.

07 온도 0[℃]에서 저항이 20[Ω]인 동선 코일이 있다. 온도 30[℃]에서 코일의 저항은 몇[Ω]이 되는가? 단, 0[℃]에 있어서 동선저항의 온도계수는 3.4×10^{-3}[1/℃]이다.

08 저항이 R이고 굵기가 일정한 12줄의 도선으로 만들어진 그림과 같은 회로에서 A−B사이의 합성저항을 구하시오.

09 그림과 같이 저항 R_1, R_2인 도선을 직렬로 접속하여 A−B사이에 전압 300[V]를 인가했을 때 저항 R_2와 병렬로 저항 R_3를 넣는 경우와 넣지 않을 경우, C−D 사이의 전압은 각각 몇 [V]가 되는가? 단, $R_1=R_2=200[\Omega]$, $R_3=50[\Omega]$이라고 한다.

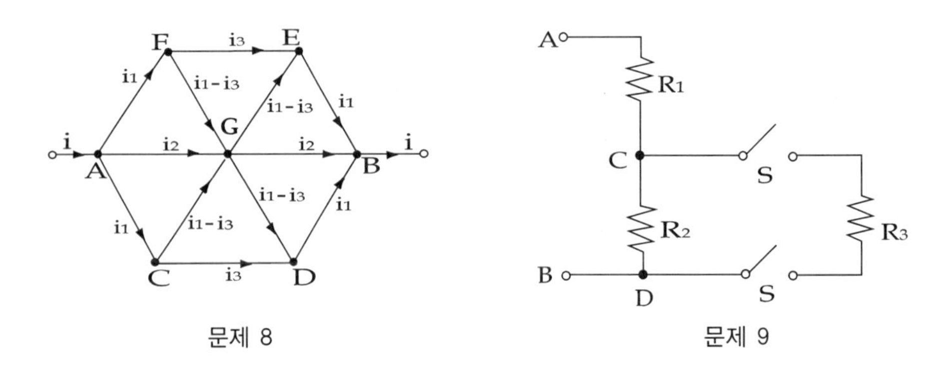

문제 8　　문제 9

제6장 정자계(靜磁界)

6.1 자계(磁界)

6.1.1 자기와 자석

1800년 볼타전지의 발명으로 전기를 얻을 수 있게 되었으나, 1820년 전류에 의한 자기작용(磁器作用)이 발견될 때까지 전기와 자기 사이에는 전혀 관계가 없는 것으로 여겨지고 있었다. 천연으로 생산되는 자철광이 철을 끌어당긴다는 사실은 상당히 오래 전부터 알려져 있었으며, 자석(magnet)의 어원은 그 자철광이 소아시아의 마그네시아지방에서 많이 생산되었던 것으로부터 유래되고 있다.

또한 자철광은 중국의 하북성 남단에 위치한 자주(玆洲)라는 지방에서 많이 생산되었으며, 또 물체를 끌어당긴다는 사실로부터 유래되어 자애의 돌, 즉 자석이라고 불리어졌던 것이 자석의 어원이라고 전해지고 있다.

11세기 종교시대에는 자석이 지구의 남북을 향한다는 내용의 기술이 있었으며, 또 12세기 초에는 자석이 나침반으로 이용되었다는 내용의 기술도 있다. 이러한 것들이 서양에 전해지게 되었으며 또 서양인들은 이것들을 항해에 이용한 것으로 알려져 있다.

최초의 과학적인 연구는 정전기와 같이 1600년경 길버트에 의해 이루어졌다. 그는 지자기(地磁氣)나 나침반등의 작용에 대한 설명 이외에도 자기유도(磁氣誘導) 등에 관해 여러 가지 성질을 조사하였다.

영구자석(永久磁石:permanent magnet)은 양끝에 자극(magnetic pole)을 지니며, 그 극성은 항상 반대로 되어 있다. 지구의 북쪽을 가리키는 극을 (+)극 또는 N극(north pole), 남쪽을 가리키는 극을 (−)극 또는 S극(south pole)이라 부른다. 같은 극성의 극은 서로 반발하고, 서로 다른 극성의 극은 서로 흡인하게 되는데 이와 같은 성질은 정전기의 경우와 같다. 자극 가까이에 쇠조각을 가져오면 쇠조각은 자화(magnetize)되어 자석에 흡인되는데 이와 같은 현상도 정전기의 경우와 유사하며, 이러한 현상을 자기유도(磁氣誘導 : magnetic induction)현상이라 한다.

그러나, 자기의 경우 정전기의 경우와는 달리 (+)·(−)의 양극이 항상 동시에 존재하며 하나의 극만이 단독으로 존재하는 일은 없다. 이는 후에 설명하는 바와 같이 자석이 자발자화(自發磁化:spontaneous magnetization)된 자구(magnetic domain)라 불리는 소영역의 집합으로 구성되어 있기 때문이며, 따라서 자석은 미세하게 분해해도 항상 양단에 (+)·(−)의 자극을 갖고 있다. 자극은 정전기의 전하에 해당하는 자하(磁荷:magnetic charge)를 지니며, 전계 대신 자계(magnetic field), 전기력선 대신 자기력선(磁氣力線: lines of magnetic force)의 개념을 도입하여 생각할 수 있다.

전계의 세기 및 전위에 대응하는 것을, 각각 자계의 세기(intensity of magnetic field) 및 자위(磁位:magnetic potential) 라 부른다.

자력선의 형태는 그림 6.1과 같이 영구자석 위에 적당히 종이를 놓고 그위에 철분말을 뿌림으로써 관찰할 수 있다. 이 때 철분말은 일정한 모습을 띠며 분포하게 되는 데 이로부터 자력선의 방향은 N극에서 S극으로 향하는 것으로 정의된다. 그림 6.2는 평등한 자계 중에 강자성체가 놓여졌을 때 자력선의 모습을 나타낸다. 자기유도현상에 의해 강자성체가 자화되면 강자성체 내부에는 이와 같이 외부 자계와 반대 방향의 자계가 발생되며, 그 결과 외부 자력선의 분포가 바뀌게 된다.

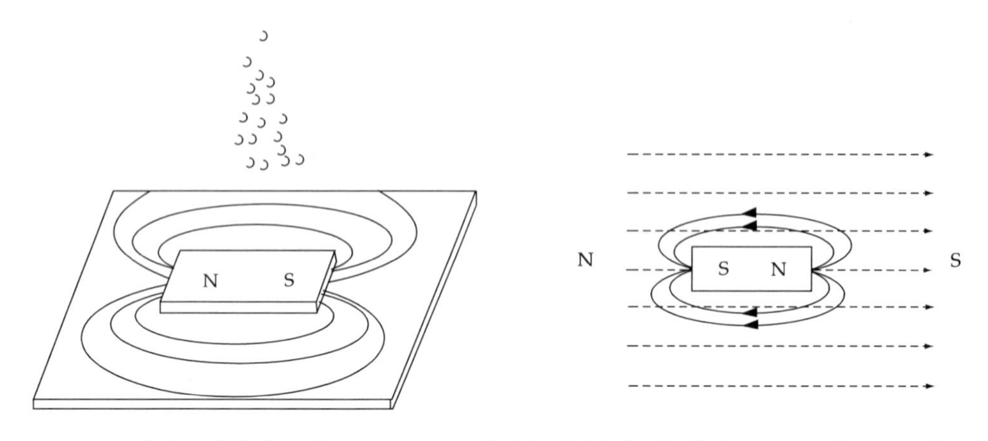

그림 6.1 자력선의 분포　　그림 6.2 자계속에 강자성체를 놓는 경우 자력선의 분포

6.1.2 자기에 관한 쿨롱의 법칙

정전기에서와 마찬가지로 자기에 있어서도 두 개의 자하 m_1, m사이에는 쿨롱의 법칙이 성립된다. 두 개의 자하 사이에 작용하는 힘은 두 자하가 동일 극성이면 반발력, 서로 다른 극성이면 흡인력이 작용하게 되며 그 힘은 두 자하 크기의 곱에 비례하고, 거리 r의 제곱에 반비례한다. 즉

$$F = k\frac{m_1 \cdot m_2}{r^2}\ [N]$$

여기서 k는 비례정수이며, 국제 단위(SI단위)에서 $k = 1/(4\pi\mu_0)$로 설정되므로 쿨롱의 법칙은 식 (6.1)로 정의된다.

$$\mathbf{F} = \frac{1}{4\pi\mu_0}\frac{m_1 m_2}{r^2}\mathbf{a}_r\ [N] \tag{6.1}$$

힘의 단위는 뉴톤[N], 자하의 단위는 웨버 [Wb]이다. 또한 μ_0는 진공의 투자율로 단위는 [H/m]로 나타내며 크기는 식 (6.2)와 같다.

$$\mu_0 = 4\pi \times 10^{-7} \fallingdotseq 1.2566 \times 10^{-6} [H/m] \tag{6.2}$$

예제 1

크기가 4×10^{-4}[Wb]와 6×10^{-5}[Wb]인 점자극을 공기 중에서 3[cm] 떨어뜨려 놓았을 때, 자극 사이에 작용하는 힘을 구하시오.

풀이

$$F = 6.33 \times 10^4 \times \frac{3 \times 10^{-4} \times 6 \times 10^{-5}}{(3 \times 10^{-2})^2}\mathbf{a}_r = 1.69\mathbf{a}_r\ [N]$$

예제 2

3×10^{-6}[Wb]인 N극과 7×10^{-6}[Wb]인 S극의 자극을 공기중에서 4[cm]떨어뜨려 놓았을 때 그 사이에 작용하는 힘의 크기와 방향을 구하시오

풀이 자극은 N극과 S극이기 때문에 흡인력이 작용하고, 방향은 양 자극을 연결하는 직선상에 있다.

$$F = 6.33 \times 10^4 \times \frac{3 \times 10^{-6} \times 7 \times 10^{-6}}{(4 \times 10^{-2})^2} = 8.31 \times 10^{-4}\ [N]$$

예제 3

공기 중에 50[cm] 떨어져 놓여진 두 개의 자극이 있다. 자극의 세기가 모두 같을 때 이들 자극 사이에 작용하는 힘이 6.33×10^4 [N]이라면 자극의 세기는 얼마인가?

풀이 $F = 6.33 \times 10^4 [N], \; r = 50 \times 10^{-2} [m], \; m_1 = m_2 = m$

$$\therefore m = \sqrt{\frac{F r^2}{6.33 \times 10^4}} = \sqrt{\frac{6.33 \times 10^4 \times (50 \times 10^{-2})^2}{6.33 \times 10^4}} = 50 \times 10^{-2} [Wb]$$

예제 4

4×10^4[Wb]의 자극으로부터 10[cm] 떨어진 곳에 다른 자극 m'이 있다. 자극 m'에 2×10^{-4}[N]의 반발력이 작용했다고 하면, 자극 m'의 세기는 몇[Wb]인가?

풀이 $$m' = \frac{4\pi \times 4\pi \times 10^{-7} \times 0.1^2 \times 2 \times 10^{-4}}{4 \times 10^{-4}} = 8\pi^2 \times 10^{-9} = 7.89 \times 10^{-6} [Wb]$$

6.1.3 자계(磁界)

자극이 있으면 그 주위에는 자계가 형성된다. 자기에 관한 쿨롱의 법칙은 아래와 같이 변형하여 표현할 수 있다.

$$\mathbf{F} = m \frac{m_1}{4\pi \mu_0 r^2} \mathbf{a}_r \; [N]$$

또한 (+)자하 m_1에 의해 형성된 자계내에 그림 6.3과 같이 또 다른 하나의 (+)자하 m을 놓았다고 가정하자. 이 때 m_1이 만드는 자계는 식 (6.3)으로 되며, 방향은 (+)자하에서 (−)자하로 향하는 방향이 된다.

$$\mathbf{H} = \frac{m_1}{4\pi \mu_0 r^2} \mathbf{a}_r \; [N/Wb], \; [AT/m] \tag{6.3}$$

또한 자하 m이 받는 힘은 식 (6.4)로 되며 방향은 자계의 방향과 동일하다.

$$\mathbf{F} = m\mathbf{H} \; [N] \tag{6.4}$$

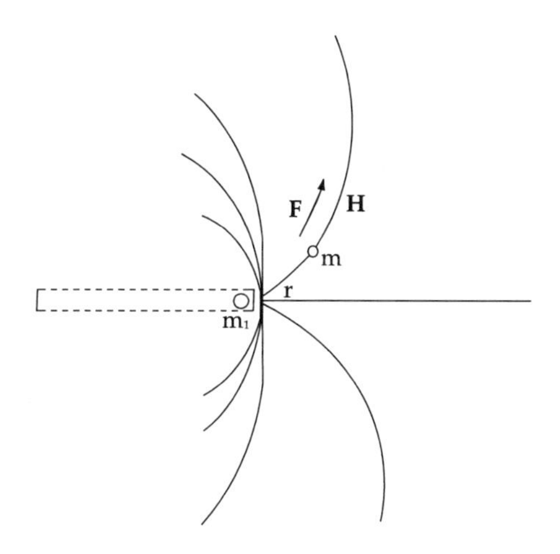

그림 6.3 자계내의 자하에 작용하는 힘

예제 5

공기 중에 놓여진 6×10^{-6} [Wb]의 점자극으로부터 2[cm] 떨어진 점의 자계의 세기를 구하시오.

풀이

$$H = \frac{m}{4\pi\mu_0 r^2}\mathbf{a}_r = \frac{6\times10^{-6}}{4\pi\times4\pi\times10^{-7}\times(2\times10^{-2})^2}\mathbf{a}_r \fallingdotseq 950\mathbf{a}_r\,[A/m]$$

예제 6

자계 속에 놓여진 3×10^{-3}[Wb]의 자극에 2.1[N]의 힘을 가해질 때 그 점에서의 자계의 세기[A/m]를 구하시오.

풀이

$$H = \frac{F}{m} = \frac{2.1}{3\times10^{-3}}\mathbf{a}_r = 700\mathbf{a}_r\,[A/m]$$

예제 7

그림과 같이, 자극의 자하량이 0.2[Wb]인 N극과 S극이 50[cm] 떨어져서 공기 중에 놓여져 있다. N극에서 10[cm] 떨어진 점 P에서 자계의 세기는 얼마가 되는가?

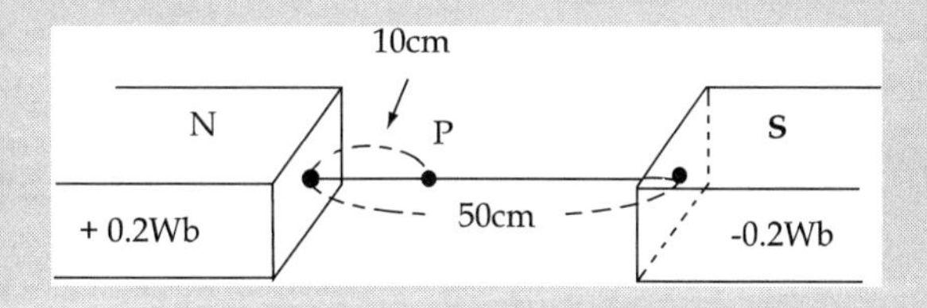

N극에 의해 발생되는 자계의 세기를 H_n, S극에 의해 발생되는 자계의 세기를 H_s 라 하고, P점에서 이들 양자의 합성자계를 생각하여야 한다. 점 P에 +1[Wb]를 놓으면 N극에 의해 반발되며, S극에 의해 흡인하도록 작용한다. 문제에서는 두 개의 자극이 일직선상에 분포되므로 H_n, H_s 의 산술적인 합에 의해 합성자계가 구해진다.

$$H_n = 6.33 \times 10^4 \times 0.2 \times \frac{1}{0.1^2} = 12.6 \times 10^5\ [\text{A/m}]$$

$$H_s = 6.33 \times 10^4 \times 0.2 \times \frac{1}{0.4^2} = 0.79 \times 10^5\ [\text{A/m}]$$

따라서 점 P의 자계의 세기 H는

$$H = H_n + H_s = 13.39 \times 10^5\ [\text{A/m}]$$

예제 8

그림과 같이 공기 중에 자극의 자하량이 ±2.0[Wb]인 막대자석이 있다. 막대자석의 중심에서 위 방향으로 수직거리 5[cm]인 점 P의 자계의 세기와 방향을 구하시오.

풀이 $H_n = 6.33 \times 10^4 \times \frac{2.0}{(5\sqrt{2} \times 10^{-2})^2} = 25.32 \times 10^6 [\text{A/m}]$

H_s 도 마찬가지로

$$H_s = H_n = 25.32 \times 10^6\ [\text{A/m}]$$

따라서 아래그림으로부터 H_n과 H_s 의 합성 자계 H는

$$H = 2H_n \cos 45^\circ = 2 \times 25.32 \times 10^6 \times \frac{1}{\sqrt{2}} = 35.8 \times 10^6\ [\text{A/m}]$$

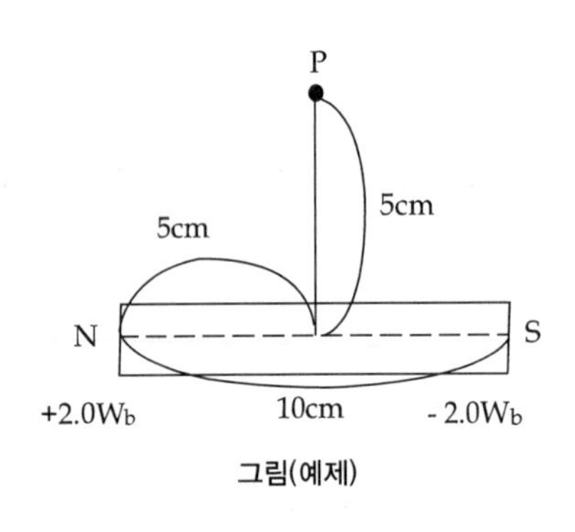

그림(예제)

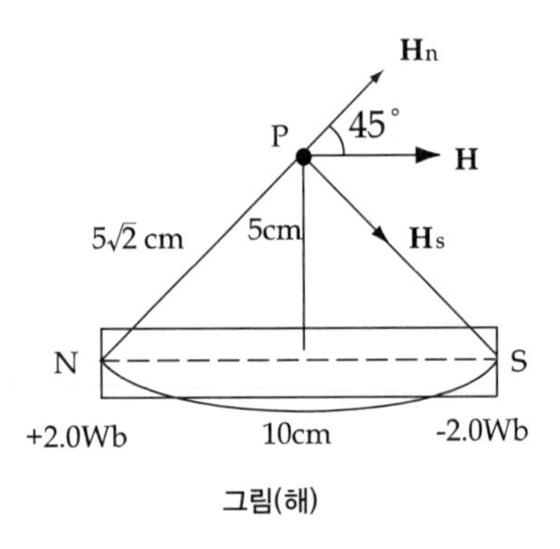

그림(해)

6.1.4 자위(磁位)

자계 중에서 점자하 m을 자계의 방향과 반대 방향으로 점 B에서 점 A까지 운반하는 경우에 대해 생각하기로 한다. 그림 6.4에서 자계의 세기가 H인 자계 속에서 자하를 H_s 방향으로 dl만큼 움직였을 때의 일 dW는 $dW = -mH_s \cdot dl = -mH\cos\theta\, ds$[J]로 표현된다. 따라서 A에서 B까지 운반하는 경우에는

$$W = -m\int_A^B H_s dl[J] \tag{6.5}$$

의 일을 하게 된다. 만약 m이 단위 자하 (1Wb)인 경우, 점 B에서 점 A까지 단위 자하를 움직이는데 필요로 되는 일을 두 점 사이의 자위차(磁位差: magnetic potential difference)라 하며 식 (6.6)으로 표현할 수 있다. 단위는 암페어·턴 (AT)으로 된다. (국제단위로는 암페어로 되었지만, 전류와 구별하기 위해 특별히 암페어·턴이라고 한다.)

$$U_{AB} = -\int_A^B H_s dl[A/T] \tag{6.6}$$

그리고 점 B가 무한원점에 있을 때의 자위차 U_A를 자위(magnetic potential)라 한다.

그림 6.5에서 r을 점자하에서 점 A까지의 거리라 하면 자위 U_A는 정전기의 경우와 마찬가지로 식 (6.7)로 된다.

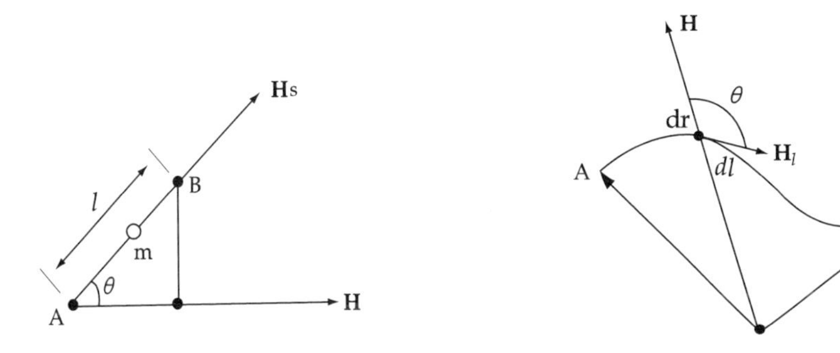

그림 6.4 자계내에서 자하를 이동하는 데 필요로 되는 일

그림 6.5 두점사이의 자위차

$$U_A = -\int_\infty^A H_s dl = -\int_\infty^A H\cos\theta dl = -\int_\infty^r H dr = -\frac{m}{4\pi\mu_0}\int_\infty^r \frac{dr}{r^2}$$

$$= \frac{1}{4\pi\mu_0}\frac{m}{r}\ [AT] \tag{6.7}$$

여기서 두 개의 점자하가 있을 경우, 임의의 점 P의 자위는 양자의 합이 되므로, 일반적으로 여러 개의 자하가 분포되어 있는 경우 식 (6.8)로 나타낼 수 있다.

$$U = \sum_i U_i = \frac{1}{4\pi\mu_0} \sum_i \frac{m_i}{r_i} \text{ [AT]} \tag{6.8}$$

6.1.5 자기 모멘트

자석 m은 항상 (+)·(−)의 자극을 동시에 갖고 있다. 지금 그림 6.6과 같이 평등한 자계속에 자하의 크기가 m, −m이며 또 m과 −m사이의 거리가 l인 자석이 놓여진 경우에 대해 생각하기로 한다. 이 경우 m은 자계 방향으로, −m은 자계와 반대 방향의 힘을 받게 되며 그 결과 식 (6.9)로 표현되는 회전력(Torque)이 발생된다.

$$T_\theta = mlH\sin\theta = M_m H\sin\theta \tag{6.9}$$

여기서 $M_m = ml$을 자기 모멘트(magnetic moment)라 부른다.

따라서 식 (6.9)로부터 회전력은 $\theta = \pi/2$일 때 최대이며, $\theta = 0$일 때 0이 된다.

지금 자석이 평등자계속에서 자유 진동하는 경우에 대해 생각하기로 한다. 자석의 진동폭이 작을 때에는 $\sin\theta \fallingdotseq \theta$로 볼 수 있으며, 자침의 관성 모멘트를 I_m이라 하면 다음과 같은 운동방정식이 성립된다.

$$I_m \frac{d^2\theta}{dt^2} = M_m \cdot H \cdot \theta$$

여기서 t=0, $\theta = \theta_0$라 하면 $\theta = \theta_0 \cos\sqrt{\frac{M_m H}{I_m}} \cdot t$가 되며, 식 (6.10)과 같이 자유 진동 주기 T를 얻을 수 있다.

$$T = 2\pi\sqrt{\frac{I_m}{m_m H}} \text{ [s]} \tag{6.10}$$

따라서 식 (6.10)으로부터 I_m과 M_m을 알고 있는 자석을 천장에 실로 매달고, T를 측정함으로써 지구의 자계를 측정할 수 있다.

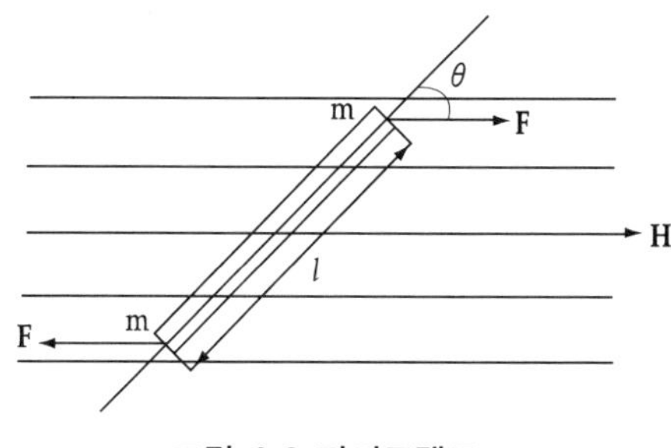

그림 6.6 자기모멘트

예제 9

그림과 같이 남북 방향을 향한 자침과, 동서방향을 향하고 있는 막대자석이 동일 평면상에 있다. 막대자석의 길이는 10[cm]이며, S극과 자침사이의 거리는 15[cm]이다. 막대자석 자극의 크기를 8×10^{-6}[Wb], 지구 자계의 세기를 25[A/m]라 할 때 자침의 기울어진 각도를 구하여라.

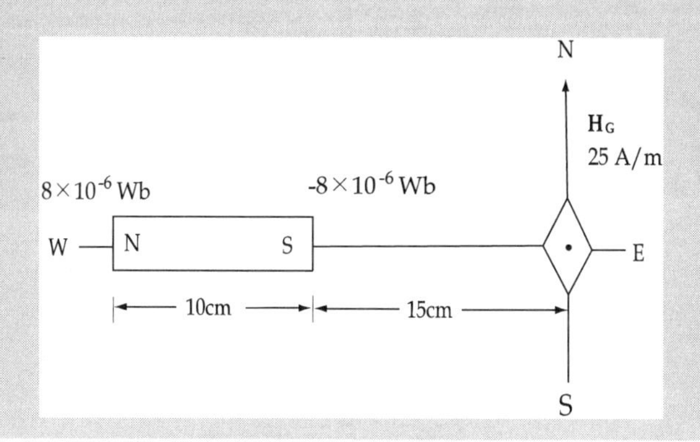

풀이 자계내에 놓여진 자침은 자계의 영향을 받아 각도를 바꾸게 되며 그 편각을 구하는 문제이다. 자침이 받는 자계의 세기를 벡터 합성을 의해 구함으로써 편각을 구할 수 있다.

우선, 막대자석에 의한 자계의 세기 H를 구한다. 아래 그림에 나타낸 바와 같이

$$H = H_s - H_n = \frac{8 \times 10^{-6}}{4\pi \times 4\pi \times 10^{-7}}\left(\frac{1}{0.15^2} - \frac{1}{0.25^2}\right) = 14.4\ [\mathrm{A/m}]$$

다음, 지구 자계 $\mathbf{H}_G$와 막대자석의 자계 H의 합성자계 $\mathbf{H}_0$를 구한다.

$$H_0 = \sqrt{H_G^2 + H^2} = \sqrt{25^2 + 14.4^2} = 28.8$$

따라서 $\mathbf{H}_0$와 $\mathbf{H}_G$가 이루는 각 θ는

$$\theta = \sin^{-1}\frac{H}{H_0} = \sin^{-1}\frac{14.4}{28.8} = \sin^{-1}\frac{1}{2} = 30°$$

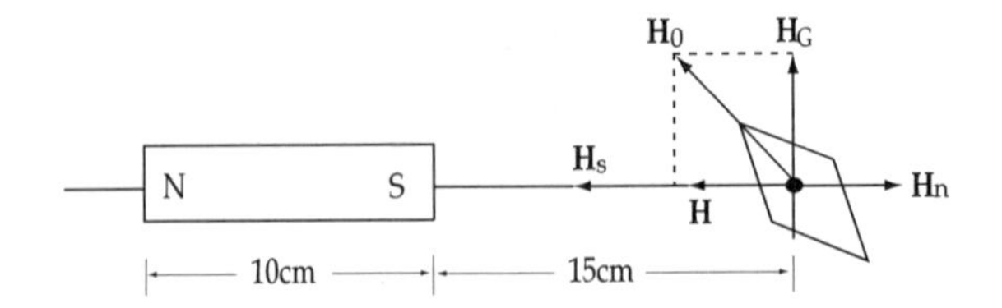

예제 10

그림과 같이 자계의 세기가 $H = 12 \times 10^3$[A/m]인 자계 중에 자기모멘트가 10^{-4}[Wb · m]인 막대자석을 놓았더니, 0.6[N · m]의 토크가 발생했다. 막대자석의 편각을 구하여라.

풀이 $H = 12 \times 10^3$[A/m], $ml = 10^{-4}$ [Wb · m], $\tau = 0.6$[N · m]

$$\sin\theta = \frac{\tau}{mlH} = \frac{0.6}{12 \times 10^3 \times 10^{-4}} = \frac{0.6}{1.2} = \frac{1}{2}$$

$$\therefore \theta = \sin^{-1}\frac{1}{2} = 30°$$

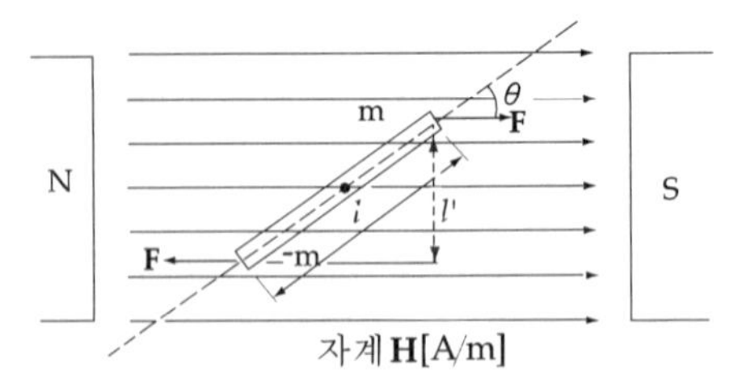

6.1.6 자기 쌍극자(磁氣雙極子)

자극의 자하가 m 및 −m이고, 그 사이의 길이 l이 지극히 짧은 경우, 이것을 자기 쌍극자(magnetic dipole)라 한다. 자기 쌍극자가 자계내에 놓여져 있을 때 자기 쌍극자의 중심으로부터 거리가 r인 점 P에 있어서 에너지에 대해 생각해 본다. 그림 6.7과 같이 자하 m이 놓여진 점을 A, −m이 놓여진 점을 B라 하면, 점 P에서 자기 쌍극자에 대한 일은 다음의 식으로 표현된다.

$$W = -\int_A^P m\mathbf{H} \cdot dl + \left(-\int_B^P -m\mathbf{H} \cdot dl\right) = m(U_A - U_B)\ [\mathrm{J}]$$

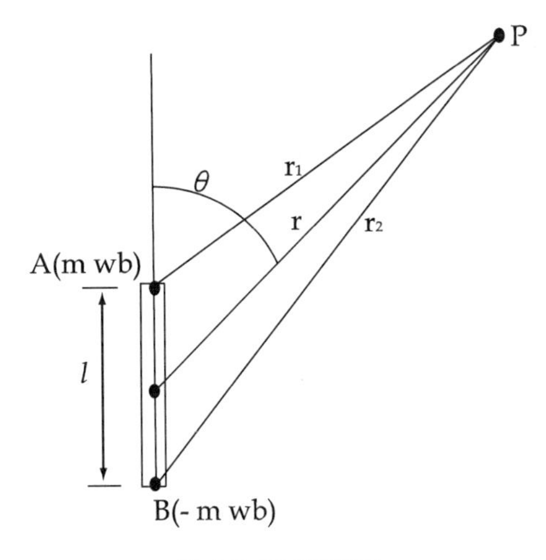

그림 6.7 자기쌍극자

여기서 U_A, U_B는 각각 점 A 및 점 B의 자위이며, 점 A와 점 B로부터 점 P까지의 거리를 r_1 및 r_2라 하면 두 점사이의 자위차는 식 (6.11)로 정의될 수 있다.

$$U = U_A - U_B = \frac{m}{4\pi\mu_0}\left(\frac{1}{r_1} - \frac{1}{r_2}\right)[AT] \tag{6.11}$$

여기서 $l \ll r$이므로 $r_1 \fallingdotseq r - \frac{l}{2}\cos\theta$, $r_2 \fallingdotseq r + \frac{l}{2}\cos\theta$로 근사화될 수 있다. 따라서 점 A 및 점 B의 자위차는 식 (6.12)로 된다.

$$U = \frac{ml}{4\pi\mu_0}\frac{\cos\theta}{r^2} = M_m \frac{l}{4\pi\mu_0 r^2}\cos\theta\ [AT] \tag{6.12}$$

또한 에너지 W는

$$W = -m\,U = -M_m \frac{m}{4\pi\mu_0 r^2}\cos\theta = -M_m\, H\cos\theta\ [J]$$

가 된다. 그러므로 자기 쌍극자에 가해진 힘은

$$\mathbf{F}_r = -\frac{\partial W}{\partial r} = \frac{\partial}{\partial r}(M_m H\cos\theta)\,\mathbf{a}_r = M_m\cos\theta\frac{\partial H}{\partial r}\mathbf{a}_r\ [N]$$

이다. 그런데 균일 자계속에서는 $(\partial H/\partial l)=0$이 되므로 쌍극자는 회전력만을 받게 된다. 지금 그림 6.8과 같이 (+)자하 m에 의한 자계 내에서 m과 자기 쌍극자사이의 거리가 r이라면 작용하는 힘 $\mathbf{F}_r$은 식 (6.13)으로 된다.

$$\mathbf{F}_r = M_m \cos\theta \frac{\partial}{\partial l}\left(\frac{m}{4\pi\mu_0 r^2}\right)\mathbf{a}_r = M_m \cos\theta \cdot \frac{-2m}{4\pi\mu_0 r^3}\boldsymbol{a}_r$$

$$= -2\frac{H M_m \cos\theta}{r}\boldsymbol{a}_r \ [N] \tag{6.13}$$

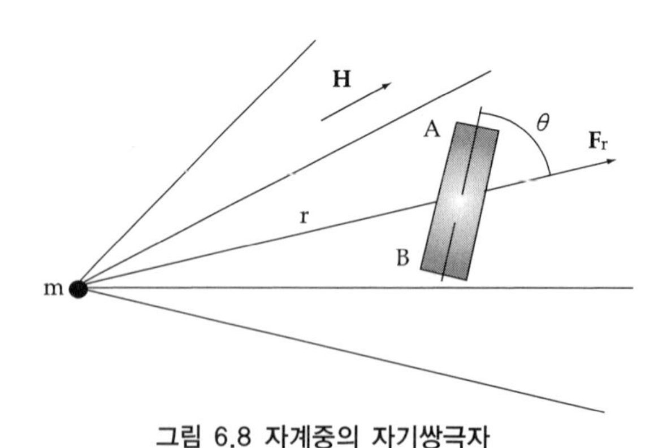

그림 6.8 자계중의 자기쌍극자

여기서 0〈θ〈π/2이므로, F_r은 (−)이며 이것은 흡인력이 된다. 또, 자기 쌍극자에 의한 자계는 (−)자위경도(磁位傾度)로부터 구할 수 있으며, 자계의 r방향 성분을 H_r, H_r과 직각으로 θ가 증가하는 방향의 성분을 H_θ라 하면 H_r과 H_θ는 식 (6.14)로 유도된다.

$$\left.\begin{aligned} H_r &= -\frac{\partial U}{\partial r} = \frac{M_m}{2\pi\mu_0 r^3}\cos\theta \ [AT/m] \\ H_\theta &= -\frac{1}{r}\frac{\partial U}{\partial \theta} = \frac{M_m}{4\pi\mu_0 r^3}\sin\theta \ [AT/m] \end{aligned}\right\} \tag{6.14}$$

6.2 전류에 의한 자계

1920년 에르스테드(Hans Christian Oersted)는 전류에 대한 실험을 하고 있던 중 도선 가까이 놓여진 자석의 방향이 바뀐다는 것과 전류가 지침을 흔들리게 하는 것을 발견했다. 이 발견으로 전 유럽에는 전류와 자기의 연구에 대한 선풍이 일어나게 되었으며, 이로부터 전기와 자기에 대한 상호 연관성이 알려지게 되었다. 이러한 사실은 볼타 전지의 발명 이후 20년 동안 어느 누구도 인식하지 못했던 것으로 세밀한 관찰력의 성과라고 말할 수 있다.

또 에르스테드의 논문이 9月 10日에 파리에 도착했을 때, 암페어(Andre Marie Ampere)는 곧 바로 추가 실험을 행하여, 1주일 후에 전류와 자석 뿐 아니라 두 개의 전류 사이에는 서로 힘이 작용한다는 것을 발견했다. 그 후 계속적인 실험을 통하여 암페어의 법칙을 발견하게 되었다.

6.2.1 암페어의 오른 나사의 법칙

도선에 전류가 흐르면 그림 6.9와 같이 도선 둘레에 동심원의 형태로 자계가 발생된다. 여기서 전류의 진행 방향을 오른 나사의 진행 방향이라 하면, 자계의 방향은 나사의 회전 방향과 일치하게 된다.

이러한 관계를 암페어의 오른 나사의 법칙이라 한다. 그림 6.9의 오른쪽 그림에서 ◉는 전류가 지면에서 위로 향하는 방향을 나타내며, 그 경우 자계의 방향은 시계 방향과는 반대가 된다. ⊗는 전류가 지면에서 아래로 향하는 방향을 나타내며, 그 경우 자계는 시계 방향으로 된다.

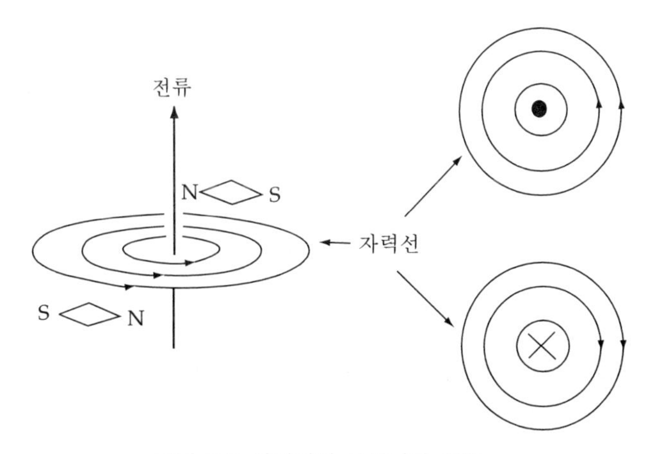

그림 6.9 암페어의 오른나사 법칙

암페어의 오른 나사의 법칙에서 원형 코일에 의한 자계의 방향은 그림 6.10과 같게 되며 이를 자석의 자극으로 치환하면, 그림의 (N)·(S)로 표현된다. 이것은 전류에 대하여 ⓝ이 되는 것이 N극, ⓢ로 되는 것을 S극이라 하면 이해하기 쉽다.

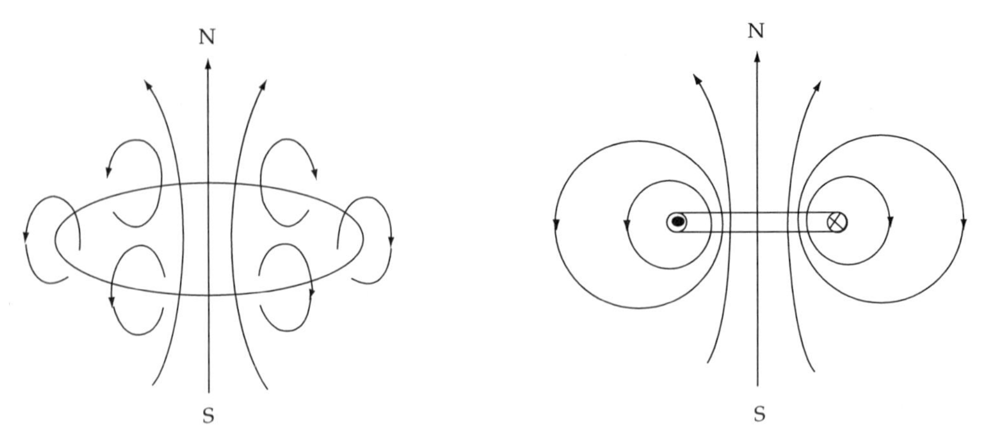

그림 6.10 원형루프 전류

예제 11

그림의 (a), (b)는 철심에 코일을 감은 것을 나타낸다. 그림과 같이 전지를 접속했을 때, 각각의 코일에서 발생하는 자계의 방향은 어떻게 되는가?

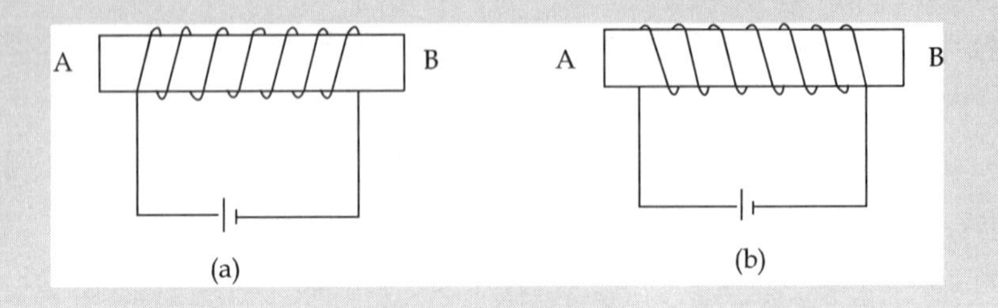

풀이 그림 (a), (b)에 각각 암페어의 오른 나사의 법칙을 적용시켜서 생각한다.

(a) 자계의 방향은 B → A

(b) 자계의 방향은 A → B

예제 12

그림과 같이 직선도체 A (단면)에 전류 5[A]가 흐르고 있다. 도체에서 7[cm] 거리에 있는 점 P에 생긴 자계의 방향은 그림의 화살표 방향이다. 다음을 구하시오.

(1) 도체에 흐르고 있는 전류의 방향

(2) 점 P의 자계의 세기

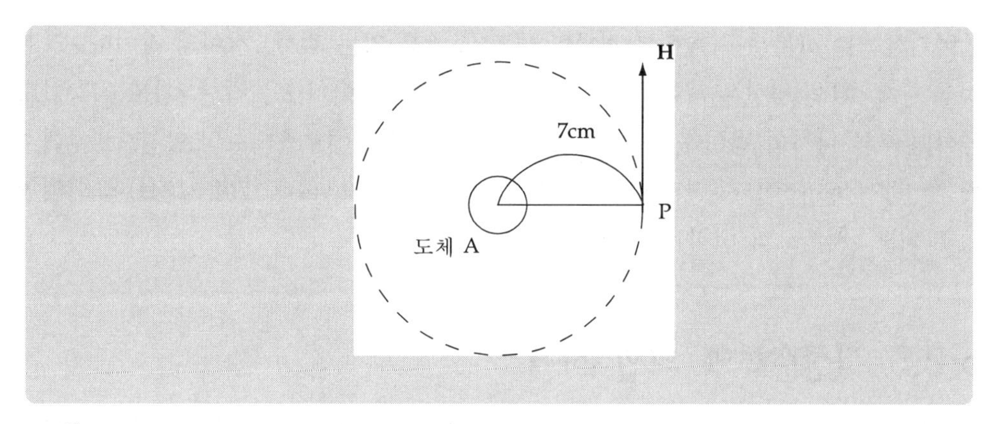

풀이 (1) 도체에 흐르고 있는 전류의 방향은 암페어의 오른 나사의 법칙을 적용하면 알 수 있게 된다. 반시계 방향으로 자속이 발생되므로 전류의 방향은 나사가 되돌아오는 방향, 즉 지면의 뒤에서 앞으로 향하는 방향이다. 즉 지면의 뒤에서 앞으로 향하는 방향이다. 기호로 나타내면, ⊙와 같이 도트 표시가 된다.

(2) $H \cdot 2\pi r = I$로부터 $H = \frac{I}{2\pi r} = \frac{5}{2 \times 3.14 \times 0.07} = 11.37$[A/m]

6.2.2 비오 · 사바르의 법칙(Biot-Savart's law)

그림 6.11과 같이 도선에 전류 i[A]가 흐르고 있을 때, 도선의 미소 부분 dl[m]로부터 r[m]의 거리에 있는 점 P에 발생되는 자계의 세기 d**H**는 식 (6.15)와 같다.

$$d\mathbf{H} = \frac{i \sin\theta dl}{4\pi r^2} \mathbf{a}_r \text{[AT/m]} \tag{6.15}$$

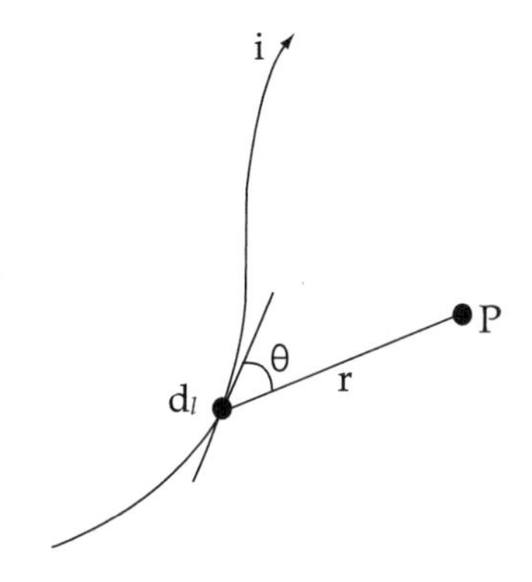

그림 6.11 비오 · 사바르의 법칙

여기서 θ는 dl부분을 흐르는 전류와 dl과 점 P를 잇는 직선 r사이의 각이다. 그리고 이 경우 자계 dH의 방향은 dl부분을 흐르는 전류 i와 직각이며 또, 직선 r과도 직각이므로 암페어의 오른 나사의 법칙에 따른 방향이 된다. 이 식은 에르스테드의 발견으로부터 약 1개월 후 비오(Jean B.Biot, 1774~1862)와 사바르(Felix Savart, 1791~1841)에 의해 발표된 이후 비오·사바르의 법칙이라 부르고 있다.

6.2.3 직선전류에 의한 자계

비오·사바르의 법칙을 이용하여 전류에 의한 자계의 세기에 관해 2~3개의 계산을 해보기로 한다.

먼저 그림 6.12와 같은 직선 전류인 경우 전류의 크기를 i[A]라 하면 이 직선 전류로부터 a[m]거리에 있는 점의 자계는 직선전류의 미소 부분 dx에 대해 $d\mathbf{H}=\dfrac{i\sin\theta\, dx}{4\pi r^2}\mathbf{a}_n$ 이므로 이를 $-l_2$에서 l_1까지 적분함으로써 아래와 같이 구할 수 있다.

$$\mathbf{H}=\int_{-l_2}^{l_1} d\mathbf{H}=\frac{i}{4\pi}\int_{-l_2}^{l_1}\frac{\sin\theta}{r^2}dx\,\mathbf{a}_n$$

여기서 $\sin\theta=\sin(\pi-\theta)=\dfrac{r}{a}=\dfrac{a}{(a^2+x^2)^{1/2}}$, $r^2=a^2+x^2$이므로 전 도선에 흐르는 전류에 의해 점 P에 발생된 자계의 세기는 식 (6.16)으로 된다.

$$\begin{aligned}\mathbf{H}&=\frac{i}{4\pi}\int_{-l_2}^{l_1}\frac{a}{(a^2+x^2)^{3/2}}dx=\frac{i\,a}{4\pi}\left[\frac{x}{a^2(a^2+x^2)^{1/2}}\right]\mathbf{a}_n\\&=\frac{i}{4\pi a}\left[\frac{l_1}{(a^2+l_1^2)^{1/2}}+\frac{l_2}{(a^2+x^2)^{1/2}}\right]\mathbf{a}_n\end{aligned}\tag{6.16}$$

만약 도선의 길이가 상당히 긴 경우, 즉 l_1, $l_2\rightarrow\infty$가 됨에 따라

$$\mathbf{H}=\frac{i}{2\pi a}\mathbf{a}_n\,[\text{AT/m}]\tag{6.17}$$

가 된다.

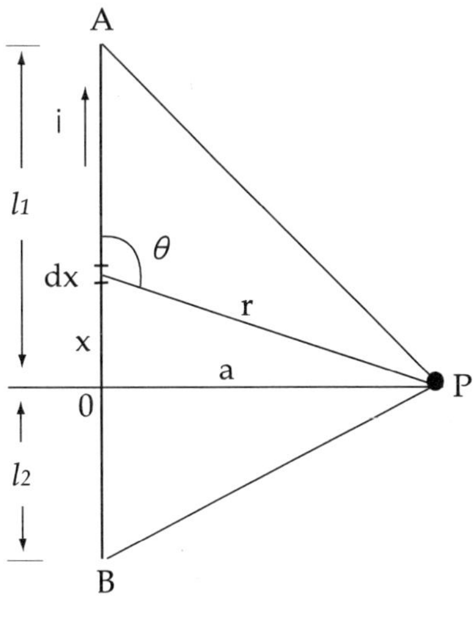

그림 6.12 직선전류

예제 13

상당히 긴 직선도체에 15[A]의 전류가 흐르고 있다. 도체에서 10[cm]거리에 있는 점에서 자계의 세기를 구하시오.

암페어 주회적분의 법칙에 의해

$\sum H \cdot \Delta l = Hl = H \cdot 2\pi r = I$

$\therefore H = I / 2\pi r \, \mathbf{a}_{\varnothing}$ A/m]

$$H = \frac{15}{2 \times 3.14 \times 0.1} \mathbf{a}_{\varnothing} = 23.88 \, \mathbf{a}_{\varnothing} \, [A/m]$$

예제 14

그림과 같이 20[A]의 전류가 흐르는 2개의 직선도체가 30[cm] 간격으로 수평하게 놓여 있다. 두 전선 사이의 중간점 O에서 자계의 세기를 구하시오. 단 전류의 방향은 도시한 것과 같다.

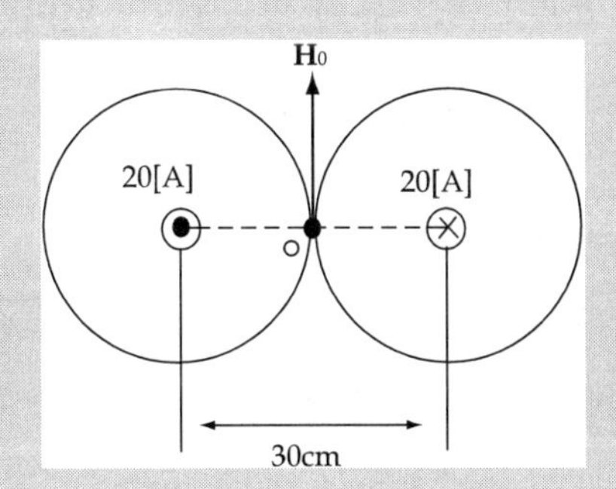

전류의 방향은 한쪽이 ⊙(지면의 뒤에서 앞으로), 한쪽이 ⊗(지면의 앞에서 뒤로)이기 때문에 중간점 O에서 자계의 세기는 한쪽 자계의 세기의 2배가 된다.

$$H = \frac{I}{2\pi r} = \frac{30}{2 \times 3.14 \times 0.15} = 21.2 \ [A/m]$$

$$\therefore H_O = 2H = 2 \times 21.2 = 42.4 \ [A/m]$$

6.2.4 원형코일 전류에 의한 자계

그림 6.13과 같이 반지름 a[m]인 원형 코일에 전류 i[A]가 흐르고 있는 경우, 그 중심 축에서 자계의 세기를 구한다.

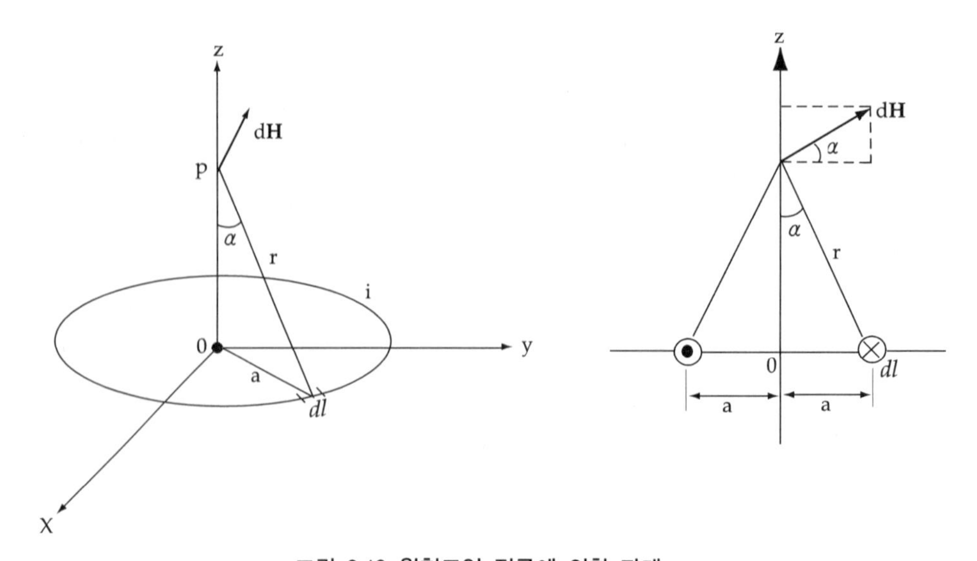

그림 6.13 원형코일 전류에 의한 자계

중심축 상의 점 P와 원주상의 미소 부분 dl사이의 거리는$r = (a^2 + z^2)^{1/2}$이며, r과 dl이 이루는 각은 직각이므로 dl부분의 전류에 의해 r만큼 떨어진 점의 자계의 세기 $d\mathbf{H}$는 아래의 식으로 된다.

$$d\mathbf{H} = \frac{i\,dl}{4\pi r^2}\mathbf{a}_r = \frac{i\,dl}{4\pi(a^2 + z^2)}\mathbf{a}_r$$

따라서 z축 방향에 대한 자계의 세기 $\mathbf{H}$는 식 (6.18)로 유도된다.

$$\mathbf{H} = \int_0^{2\pi a} d\mathbf{H}\sin\alpha\,\mathbf{a}_z = \int_0^{2\pi a} \frac{ia}{4\pi r^3} dl\,\mathbf{a}_z = \frac{ia}{4\pi r^3} IN dl\,\mathbf{a}_z$$

$$= \frac{ia^2}{2r^3}\mathbf{a}_z = \frac{ia^2}{2(a^2+z^2)^{2/3}}\mathbf{a}_z\ [AT/m] \qquad (6.18)$$

원형 코일의 중심 0에서는, z=0이므로 식 (6.19)로 된다.

$$\mathbf{H} = \frac{i}{2a}\mathbf{a}_z [AT/m] \qquad (6.19)$$

예제 15

평균 반지름 10[cm]인 환상 철심에 380회의 코일을 감고, 여기에 3[A]의 전류를 흐르게 했을 때, 철심 내에서 자계의 세기는 얼마나 되는가?

풀이 $\mathbf{H} = \frac{380 \times 3}{2 \times 3.14 \times 0.1}\mathbf{a}_\varnothing = 1815\,\mathbf{a}_\varnothing\ [A/m]$

예제 16

평균 반지름 15[cm], 턴수 N=40회인 코일에 어떤 크기의 전류를 흘렸을 때, 그 중심에서 자계의 세기는 100[A/m]였다. 이 때 흘린 전류의 크기는 얼마인가?

풀이 $I = \frac{2rH}{N} = \frac{2 \times 0.15 \times 100}{40} = 0.75\ [A]$

예제 17

턴수 N=50회, 평균반지름이 10[cm]인 코일이 있다. 이 코일에 15[A]의 전류를 흐르게 했을 때, 중심에서 자계의 세기는 얼마나 되는가?

풀이 원형 코일의 중심에서 자계의 세기는 $H = NI/2r$이므로

$$H = \frac{NI}{2r} = \frac{50 \times 15}{2 \times 0.1} = 3750\ [A/m]$$

예제 18

그림과 같이 동일방향으로 감겨진 2개의 원형 코일 A, B가 있다. 코일 A는 턴수 10, 반경 0.5[m]이며, B는 턴수 30, 반경 1.5[m]이다. 두 코일의 중심을 겹쳐서 동일 평면상에 두고, 각 코일에 같은 방향의 직류 전류를 흐르게 한다. 중심에서의 자계의 세기가 같아지기 위해서는 전류의 비(I_A / I_B)를 어떻게 해야 하는가?

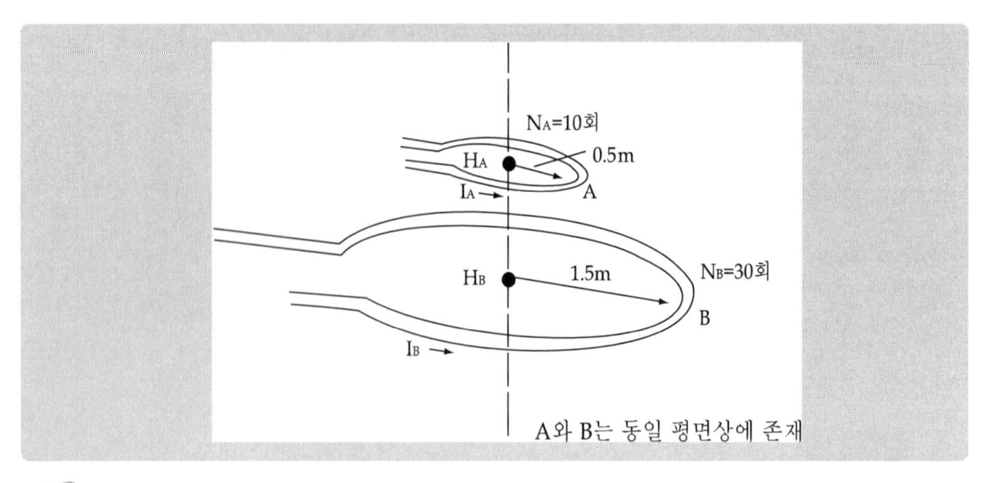

풀이 반경 r[m], N턴의 원형 코일에 전류 I[A]를 흘리면, 코일 중심에 생기는 자계의 세기는 H=NI/2r[A/m]로 된다. A코일에 전류 I_A가 흐름으로 인하여 발생된 자계의 세기를 H_A, B코일에 흐르는 전류 I_B로 인하여 생긴 자계의 세기를 H_B라 하면 (그림참조)

$$H_A = \frac{N_A I_A}{2r_A} = \frac{10I_A}{2\times 0.5} = 10I_A \text{ [A/m]}$$

$$H_B = \frac{N_B I_B}{2r_B} = \frac{30I_B}{2\times 1.5} = 10I_B \text{ [A/m]}$$

A, B코일의 합성 자계의 세기는 코일 하나에 의해 발생된 자계의 2배이므로

$H_A + H_B = 2H_A$ $\qquad$ $10I_A + 10I_B = 2\times 10I_A$

$\therefore I_A = I_B$ $\qquad$ $\therefore I_A/I_B = 1$

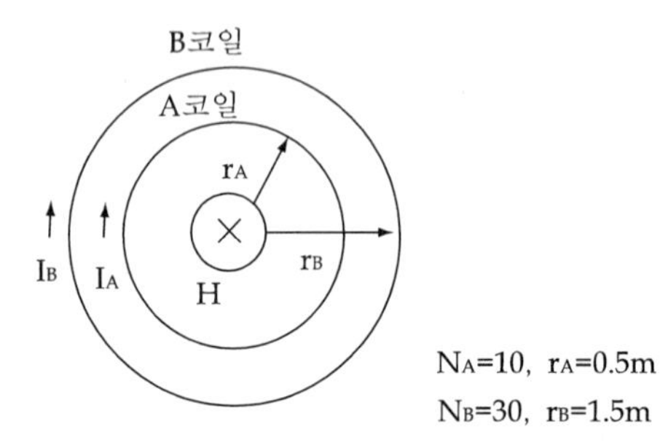

예제 19

그림과 같이 반경 6[cm], 턴수가 40인 원형 코일에 2.5[A]의 전류가 흐르고 있을 때, 코일 중심으로부터 8[cm]인 점의 자계의 세기는 얼마인가?

풀이 I [A]의 전류가 흐르는 턴수가 N, 반지름이 r[m]인 원형 코일의 중심으로부터 l [m] 떨어진 점 P에서 자계의 세기는 $H = \dfrac{NIr^2}{2(r^2 + l^2)^{3/2}}$ 이므로

$$H = \frac{40 \times 2.5 \times 0.08^2}{2(0.06^2 + 0.08^2)^{3/2}} = \frac{0.36}{0.002} = 180 \ [A/m]$$

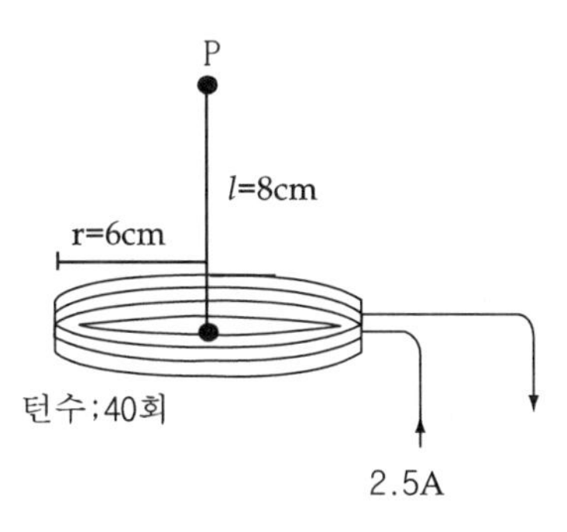

예제 20

그림과 같은 반지름 6[cm]인 원형 코일이 있다. 지금, 이 코일에 5[A]의 전류를 흐르게 하였더니, 코일 중심축 상의 점 P에서 자계의 세기가 720[A/m]로 되었다. 코일 중심에서 점 P까지의 거리가 8[cm]일 때 이 코일의 턴수는 얼마인가?

풀이 코일의 중심에서 축상 l [m]인 거리에 있는 점의 자계의 세기는

$$H = \frac{NIr^2}{2(r^2 + l^2)^{3/2}} \ [A/m]$$

턴수 N은 $N = \dfrac{2H(r^2 + l^2)^{3/2}}{Ir^2}$

$$N = \frac{2H(r^2 + l^2)^{3/2}}{Ir^2} = \frac{2 \times 720 \times (0.06^2 + 0.08^2)^{3/2}}{5 \times 0.06^2}$$

$$= \frac{1440 \times 0.01^{3/2}}{0.018} = \frac{1440 \times (\sqrt{0.01})^3}{0.018} = 80[\text{턴}]$$

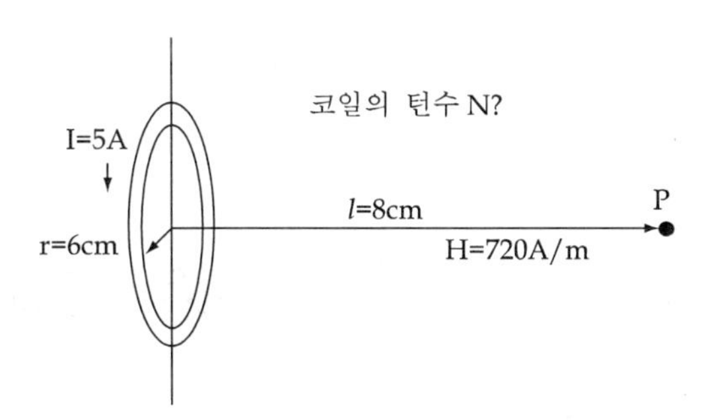

6.2.5 단상 솔레노이드 축상의 자계

코일이 나란히 감겨져 있는 그림 6.14와 같은 단상 솔레노이드에 대해 생각하기로 한다.

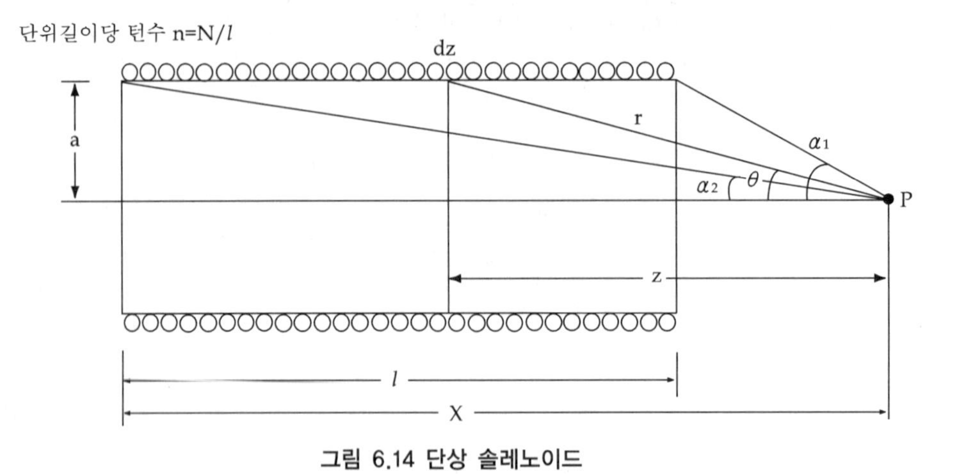

그림 6.14 단상 솔레노이드

하나의 원형 코일에 의한 중심축상의 자계의 세기 **H**는 앞에서 설명한 바와 같이 아래의 식으로 나타낼 수 있다.

$$\mathbf{H} = \frac{i a^2}{2(a^2+z^2)^{3/2}} \mathbf{a}_x$$

또한 그림 6.14로부터 r, θ는 $r=(a^2+z^2)^{1/2}$, $a^2/(a^2+z^2)=\sin^2\theta$이므로 위식은 $\mathbf{H} = \frac{i\sin^2\theta}{2r}\mathbf{a}_x$으로 나타낼 수 있다.

단위 길이당 턴수를 $N/l=n$이라 하면, 미소 부분 dz에 흐르는 전류는 $ni\,dz$이므로 위의 식에서 i 대신 $ni\,dz$를 대입하여 다시 정리하면 점 P의 자계의 세기 d**H**는 아래의 식으로 나타낼 수 있다.

$$d\mathbf{H} = \frac{ni\sin^2\theta}{2r} dz\, \mathbf{a}_x$$

여기서, $z = a\cot\theta$이기 때문에 $dz = -\frac{a}{\sin^2\theta}d\theta = -\frac{r}{\sin\theta}d\theta$

이로부터 $d\mathbf{H} = -\frac{ni}{2}\sin\theta\, d\theta\, \mathbf{a}_x$

따라서 그림과 같이 점 P와 솔레노이드 양끝을 연결하는 선분이 z축과 이루는 각을 각각 α_1, α_2라 할 때 솔레노이드 전체에 의한 자계의 세기 **H**의 방향은 z축 방향이 되며 크기는 다음과 같이 나타낼 수 있다.

$$\mathbf{H} = -\frac{ni}{2}\int_{\alpha_1}^{\alpha_2} \sin\theta \, d\theta \, \mathbf{a}_z = \frac{ni}{2}(\cos\alpha_2 - \cos\alpha_1)\mathbf{a}_x$$

또한 $\cos\alpha_1 = \frac{x-l}{\sqrt{a^2+(x-l)^2}}$, $\cos\alpha_2 = \frac{x}{\sqrt{a^2+x^2}}$ 이므로 위식은 식 (6.20)으로 나타낼 수 있다.

$$\mathbf{H} = \frac{ni}{2}\left[\frac{x}{\sqrt{a^2+x^2}} + \frac{l-x}{\sqrt{a^2+(x-l)^2}}\right]\mathbf{a}_x \qquad (6.20)$$

여기서 솔레노이드의 길이가 매우 길다면 $\cos a_2 = -\cos a_1 = 1$이 되므로 솔레노이드 중심에서의 자계는 식 (6.21)로 표현된다.

$$\mathbf{H} = \mathbf{n}\,\mathrm{i}\mathbf{a}_x \ [\mathrm{AT/m}] \qquad (6.21)$$

솔레노이드 양단의 경우 자계의 세기는 식 (6.22)로 표현된다.

$$\mathbf{H} = \frac{ni}{2}\mathbf{a}_x \ [\mathrm{AT/m}] \qquad (6.22)$$

예제 21

가느다란 코일에 2.1[A]의 전류를 흐르게 했을 때, 코일 내부의 자계의 세기가 420[A/m]가 되었다. 코일의 턴수는 1[m]당 몇 회인가?

풀이 가늘고 긴 코일 내에 발생되는 자계의 세기는 $H = N_0 I$ [AT/m]이며 N_0는 1[m] 당 턴수를 나타낸다.

$$N_0 = \frac{420}{2.1} = 200 \ [\text{회}/\mathrm{m}]$$

6.2.6 암페어 주회적분의 법칙

상당히 긴 직선 전류에 의해 발생되는 자계는 그림 6.15와 같이 원주 방향으로 되며 그 세기는 식 (6.17)로부터 $\mathbf{H} = \frac{i}{2\pi r}\mathbf{a}_r$ [AT/m]로 된다.

현재, 전류 i[A]가 흐르는 도선으로부터 r[m] 떨어진 점에 미소 길이 dl을 가정하고 여기에 작용하는 자계의 세기를 $\mathbf{H}$라 할 때 도선으로부터 일정한 거리에 있는 점의 자계의 세기는 동일하게 되므로 이를 반지름 r인 원주에 대해 일주(周)적분하면 식 (6.23)을 얻을 수 있다.

$$\oint \mathrm{H} \cdot dl = \frac{i}{2\pi r}\oint_0^{2\pi r} dl = \frac{i}{2\pi r} \cdot 2\pi r = i \tag{6.23}$$

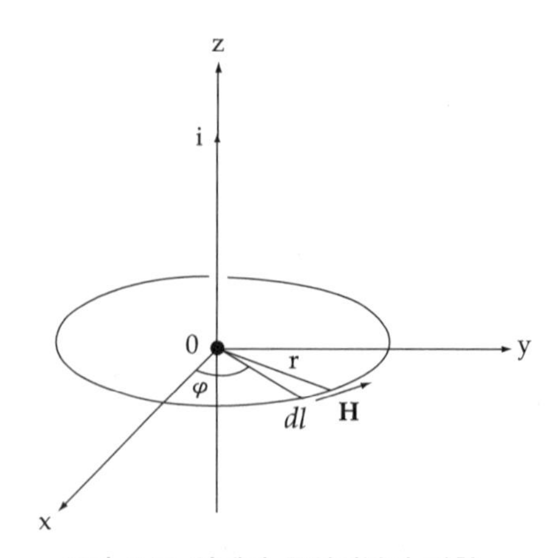

그림 6.15 암페어 주회적분의 법칙

이는 일주적분이 반지름 r에 무관하다는 것을 의미한다. 또한 이 관계는 적분 경로가 원이 아닌 임의의 폐곡선에 대해서도 그림 6.16 (a)와 같이 전류의 통로와 자계의 적분 경로가 쇄교하는 경우 모두 성립되며, 이를 암페어의 주회적분의 법칙(周回積分의 法則)이라 한다.

그리고, 적분 경로와 쇄교하는 전류가 다수일 때에는 일반적으로 식 (6.24)로 표시된다.

$$\oint \mathrm{H} \cdot dl = \sum i_n \,[\mathrm{AT}] \tag{6.24}$$

아래에서 이에 대한 몇 가지 예를 들어 보기로 한다.

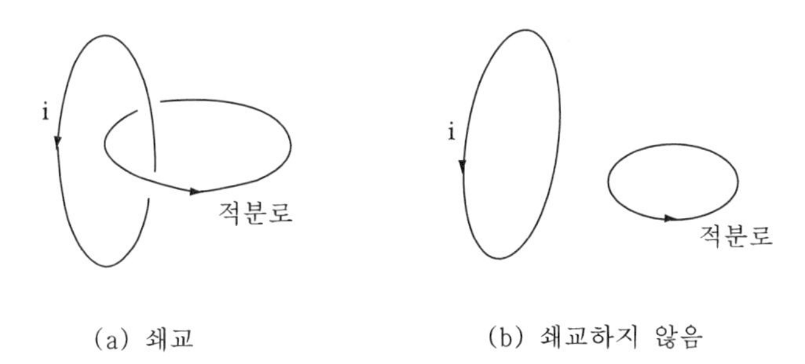

(a) 쇄교　　　(b) 쇄교하지 않음

그림 6.16 전류와 적분경로의 쇄교

6.2.7 암페어 주회적분 법칙의 응용

1) 원주 내를 흐르는 전류에 의한 자계

그림 6.17과 같이 반지름 a[m]인 상당히 긴 원주도체 내를 일정 크기의 전류 i[A]가 흐르고 있을 경우에 대해 생각한다. 반지름 r인 원주상에서 자계의 세기를 **H**라 하면

$$\oint \mathbf{H} \cdot dl = H \oint dl = H \cdot 2\pi r$$

한편 암페어의 법칙으로부터 원주와 쇄교하는 전류는 i[A]이므로 $H \cdot 2\pi r = i$ 이며 따라서 자계의 세기는 식 (6.25)로 된다.

$$\mathbf{H} = \frac{i}{2\pi r}\mathbf{a}_r \ [\mathrm{AT/m}] \quad (6.25)$$

식 (6.25)는 식 (6.17)의 직선 전류인 경우와 같다. 또한 원주 내부의 경우 쇄교하는 전류는 반지름 r에 대해 $\frac{\pi r^2}{\pi a^2} i = \frac{r^2}{a^2} i$ [A]의 식으로 표현된다.

따라서 암페어의 법칙은 $H \cdot 2\pi r = \frac{r^2}{a^2} i$으로 된다. 이로부터 자계의 세기는 식 (6.26)으로 표현되며, 그림 6.18과 같은 자계 분포를 얻을 수 있게 된다.

$$\mathbf{H} = \frac{ri}{2\pi a^2}\mathbf{a}_r \ [\mathrm{AT/m}] \quad (6.26)$$

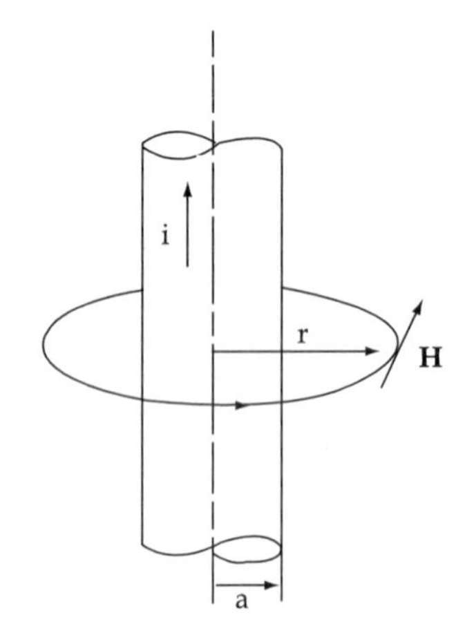

그림 6.17 원주전류와 자계

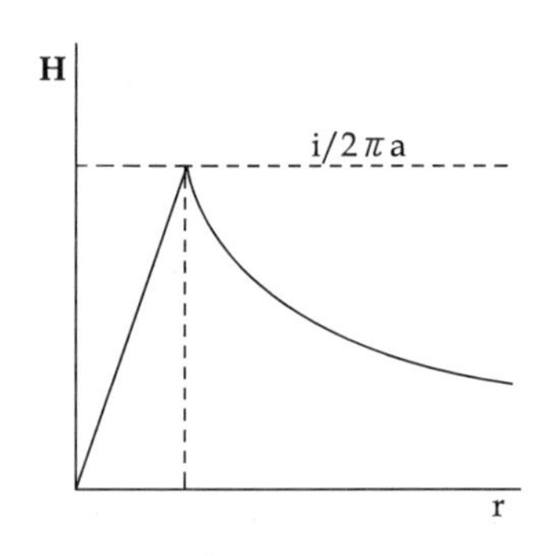

그림 6.18 원주전류에 의한 자계

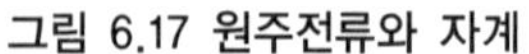

2) 평판 도체속의 전류에 의한 자계

그림 6.19와 같이 두께가 a[m]인 큰 평판에서, 전류밀도 **J**[A/m²]인 전류가 z축 방향으로 흐르는 경우에 대해 생각한다. 이때 y축을 경계로 하여 오른쪽은 위쪽을, 왼쪽은 아래쪽을 향하는 자계가 발생된다. 이 자계의 세기가 **H**이며 y축 방향의 길이가 상당히 긴 경우라 한다면 주회적분은 $\oint \mathbf{H} \cdot dl = 2\mathrm{H}l$으로 표현된다.

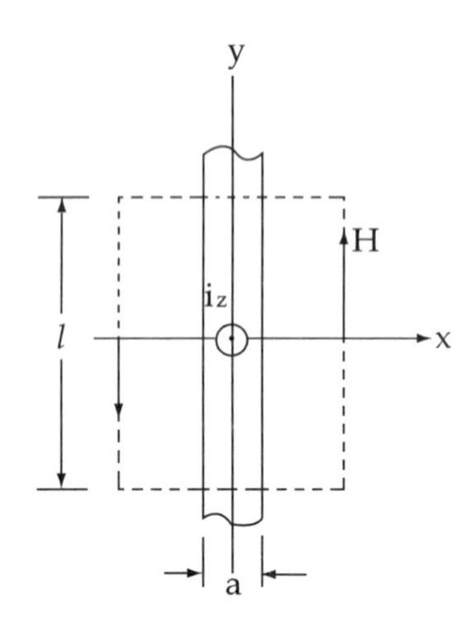

그림 6.19 평판전류에 의한 자계

또 적분경로와 쇄교하는 전류는 $\mathbf{J}\,a\,l$ [A]이므로 $2\,\mathrm{H}l = \mathrm{J}\,a\,l$의 관계로부터 자계의 세기는 식 (6.27)로 된다.

$$\mathbf{H} = \frac{aJ}{2}\mathbf{a}_n \text{ [AT/m]} \tag{6.27}$$

폭이 넓지 않은 실제의 경우에는 판의 중심선 부근에서는 거의 평행한 자계가 되지만, 단부(端部)에서는 원주 전류와 같이 동심원의 형태로 된다

3) 환상 솔레노이드내의 자계

그림 6.20과 같이 링에 도선을 일정하게 감은 환상(環狀)솔레노이드 코일에 i[A]의 전류가 흐르고 있는 경우를 생각한다. 코일의 평균 반지름을 r[m]라 하고, 이에 따라 주회 적분하면

$\oint \mathbf{H} \cdot dl = \mathbf{H} \cdot 2\pi r$로 된다. 코일의 턴수가 N이면 $\mathbf{H} \cdot 2\pi r = Ni$이며, 자기회로의 평균길이를 l 이라 하면 자계의 세기는 식 (6.28)로 된다.

$$\mathbf{H} = \frac{Ni}{2\pi r}\mathbf{a}_r = \frac{Ni}{l}\mathbf{a}_r \text{ [AT/m]} \tag{6.28}$$

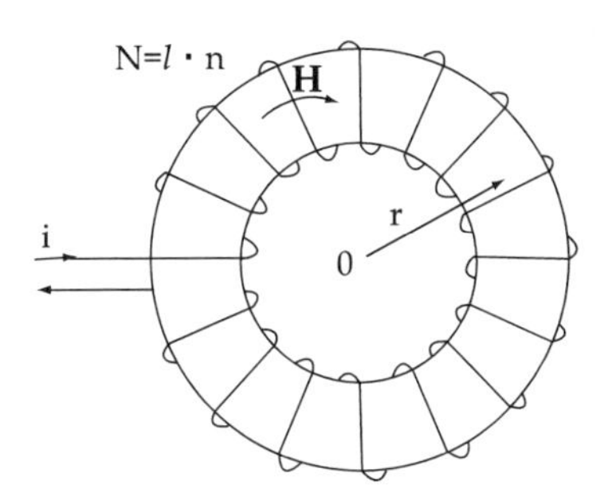

그림 6.20 환상 솔레노이드

4) 가늘고 긴 솔레노이드내의 자계

그림 6.21과 같이 가늘고 긴 솔레노이드의 자계에 대해 생각한다. 솔레노이드의 단위길이당 턴수를 n이라 하고, 전류와 쇄교하는 폐곡선 c에 대해 주회적분을 취하면 내부만의 자계에 의해 $\oint \mathbf{H} \cdot dl = \mathbf{H}l$로 되므로 $\mathbf{H} = \frac{nl\,i}{l} = ni$ [AT/m]이 된다. 이 결과는 식 (6.21)과 같으며, 만일 코일이 충분히 길어지면 자계의 세기는 코일의 반지름과는 무관하게 된다.

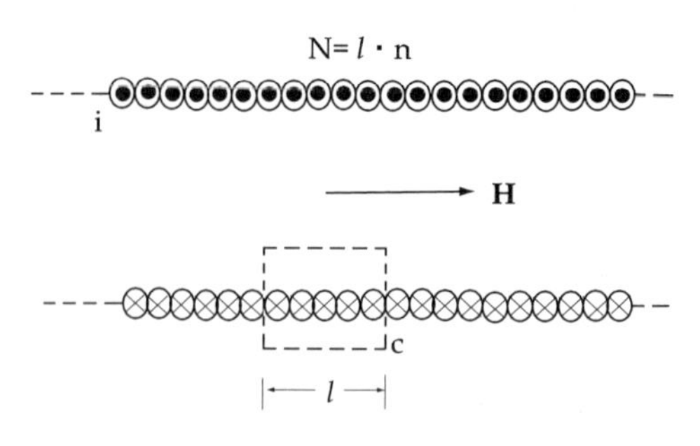

그림 6.21 가늘고 긴 솔레노이드

예제 22

무한길이 솔레노이드의 1[m]당 턴수를 3000회로 하고, 여기에 3[A]의 전류를 흘릴 때, 솔레노이드 내부 자계의 세기는 얼마가 되는가?

풀이 $H = N_0 I$로부터 $H = 3000 \times 3 = 9000$ [A/m]

6.3 전자력(電磁力)

6.3.1 전류사이에 작용하는 힘

평행한 두 도선에 전류가 흐를 때 도선 사이에 힘이 작용한다는 사실은 암페어에 의해 발견되었으며, 그림 6.22와 같이 전류의 방향이 같다면 도선 사이에는 서로 흡인력이 작용하며, 전류의 방향이 반대라면 서로 반발력이 작용한다.

현재, 평행 도선 중심 사이의 거리를 r[m], 각 도선에 흐르는 전류를 i_1[A], i_2[A]라 하면, 도선의 길이 l[m]에 작용하는 힘의 크기 F[N]는, 도선의 굵기가 거리 r에 비해 충분히 작은 경우 전류 i_1, i_2 및 도선의 길이 l에 비례하고 거리 r에 반비례하므로 식 (6.29)로 표시된다.

$$F = k\frac{i_1 i_2}{r} l \text{ [N]} \tag{6.29}$$

여기서 k는 비례정수로 $k = \frac{\mu_0}{2\pi} = 2 \times 10^{-7}$이며 방향을 고려하면 식 (6.29)는 식 (6.30)으로 된다.

$$\mathbf{F} = \frac{\mu_0}{2\pi}\frac{i_1 i_2}{r} l\, \mathbf{a}_n \text{ [N]} \tag{6.30}$$

또한 도선의 단위 길이당 작용하는 힘은 식 (6.31)과 같이 된다.

$$\mathbf{F}' = \frac{\mu_0}{2\pi}\frac{i_1 i_2}{r} \mathbf{a}_n \text{ [N/m]} \tag{6.31}$$

전류의 단위, 즉 암페어[A]는 이러한 관계를 기본으로 정해진다.

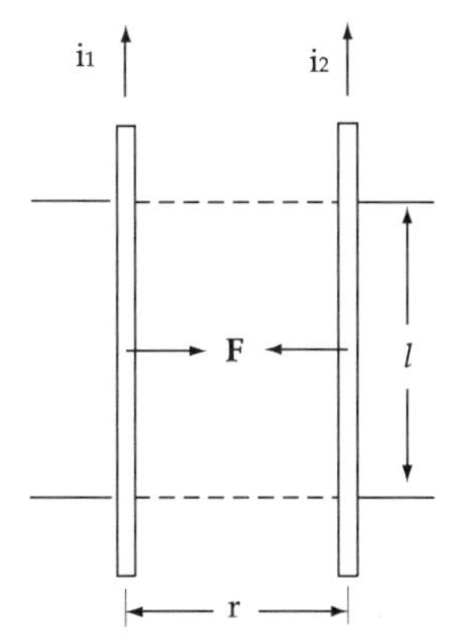

그림 6.22 평행 도선 사이에 작용하는 힘

예제 23

평행 도선 사이의 간격이 20[cm]이고, 각 도선에 100[A]의 전류가 흐를 때 각 도선의 단위 길이당 작용하는 힘을 구하시오.

풀이 $F = \frac{2I_1 I_2}{r} \times 10^{-7} = \frac{2 \times 100 \times 100}{0.2} \times 10^{-7} = 0.01 \text{ [N/m]}$

예제 24

두줄의 평행도선이 있다. 그 간격이 50[cm]이고, 한줄의 전선에는 5[A], 다른 전선에는 15[A]의 전류가 흐르고 있을 때 전선 1[m]당 작용하는 힘을 구하시오.

풀이 $F = \frac{2I_1 I_2}{r} \times 10^{-7} = \frac{2 \times 5 \times 15}{0.5} \times 10^{-7} = 3 \times 10^{-5} \text{ [N/m]}$

예제 25

공기중에 한변의 길이가 20[cm]인 정삼각형의 각 정점에 3줄의 평행 도선이 위치하고 각 도선에 100[A]의 직류 전류가 동일 방향으로 흐를 때, 각 도선에 작용하는 힘의 크기 [N/m]를 구하시오.

풀이 도선 A, B사이에 작용하는 힘 F_{AB}는

$$F_{AB}=\frac{2I_1 I_2}{r}\times 10^{-7}=\frac{2\times 100\times 100}{0.2}\times 10^{-7}=10^{-2}\ [N/m]$$

도선 A, C사이에 작용하는 힘 $F_{AC}=10^{-2}\ [N/m]$

따라서, 도체 A에 작용하는 힘 F_A 는

$$FAF_A=2\times F_{AB}\times \cos\frac{\pi}{6}=2\times 10^{-2}\times\frac{\sqrt{3}}{2}=1.73\times 10^{-2}\ [N/m]$$

도체 B, C에 대해서도 1.73×10^{-2}[N/m]의 힘이 작용하게 된다.

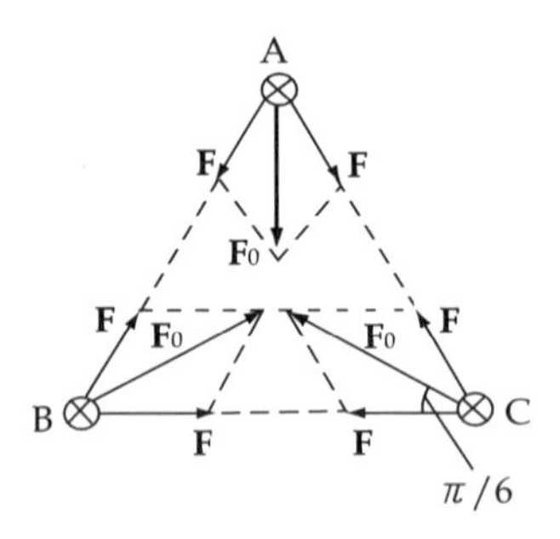

예제 26

그림과 같이 간격이 8[cm]인 두 줄의 평행 도체에서 부하 R에 전력을 공급하고 있다. 이 도체는 1[m]당 5×10^5[N]의 힘이 작용하고 있다. 전원 전압이 100[V]일 때 부하의 저항치를 구하여라.

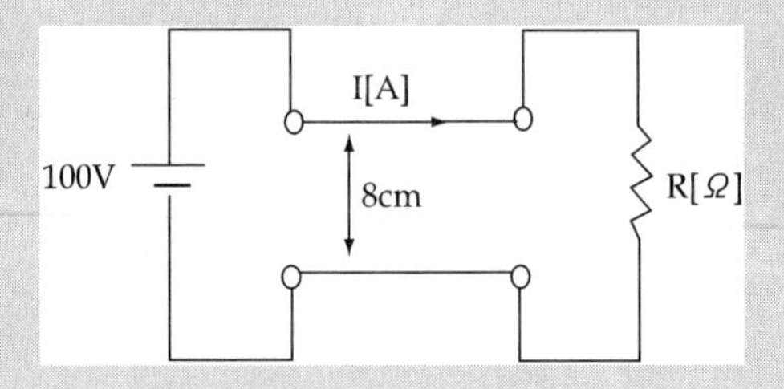

풀이 문제에서 도체에 흐르는 전류는 같은 크기이므로, $I_1=I_2=I[A]$라 하면

$$F = \frac{2 I_1 I_2}{r} \times 10^{-7} = \frac{2I_2}{r} \times 10^{-7} \text{로부터 } I = \sqrt{\frac{Fr}{2} \times 10^{-7}}$$

$$\therefore\ I = \sqrt{\frac{5\times10^{-5}\times8\times10^{-2}}{2} \times 10^{7}} = \sqrt{20} = 4.47[A]$$

그런데 전원 전압은 100[V]이므로, 부하저항 R은

$$R = \frac{100}{\sqrt{20}} = 22.4[\Omega]$$

6.3.2 자계속의 전류에 작용하는 전자력(電磁力)

그림 6.23과 같이 전류 밀도 J[A/㎡]인 전류가 흐르는 도선이 자계의 세기가 **H**인 자계 내에 놓여져 있다. 자계와 전류의 미소 부분 dl[m]사이의 각이 θ일 때, dl부분에 작용하는 전자력(電磁力) d**F**는 식 (6.32)로 표현된다.

$$d\mathbf{F} = \mu_0 H\, J \sin\theta\, dl\, \mathbf{a}_n \ [N] \tag{6.32}$$

여기서 전자력의 방향은 자계 및 전류에 대해 직각이며, 기본적으로 **J** → **H** → **F**는 오른 나사의 관계에 있다. 일반적으로 전류 $i = JS$가 흐르고 있을 때 길이 l인 직선 전류에 작용하는 힘은 식 (6.33)으로 표현된다.

$$\mathbf{F} = \mu_0 H\, i\, l \sin\theta\, \boldsymbol{a}_n \ [N] \tag{6.33}$$

그리고 이들 사이의 방향 관계는 왼손의 엄지, 집게손가락, 중지를 그림 6.24와 같이 서로 직각으로 펼쳤을 때, 중지의 방향을 전류, 집게손가락 방향을 자계, 엄지의 방향을 전자력으로 한다. 이 관계는 플레밍(John A. Flming)에 의해 1885년에 제창되었으며 이를 플레밍의 왼손 법칙이라 부른다. 여기서 자계 **H**는 식 (6.25)로부터 $\mathbf{H} = \frac{i}{2\pi r}\mathbf{a}_r$ [AT/m]와 같다. 또한 자계 **H**는 식 (6.34)와 같이 치환할 수 있다.

$$\mathbf{B} = \mu_0 \mathbf{H} \ [T] \tag{6.34}$$

여기서 **B**를 자계 **H**에 있어서의 자속밀도(磁束密度)라 한다. 자속밀도의 단위는 테스라[T]이며 식 (6.33)의 전자력은 자속밀도를 이용하여 다음과 같이 표현될 수 있다.

$$\mathbf{F} = \mathrm{B}il\sin\theta\,\mathbf{a}_n\,[\mathrm{N}] \tag{6.35}$$

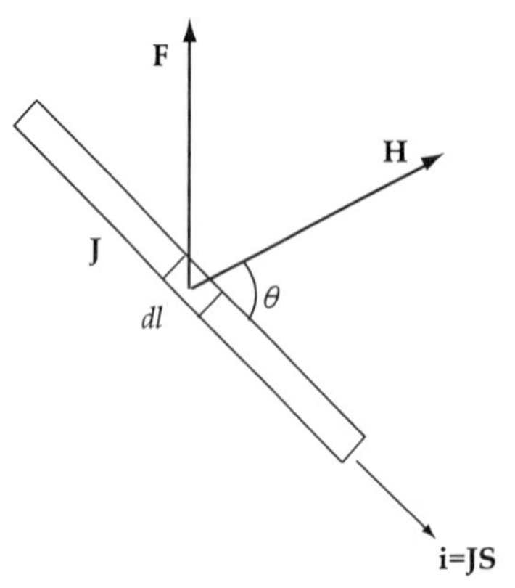

그림 6.23 전류가 흐르는 도선이 자계 내에서 받는 힘

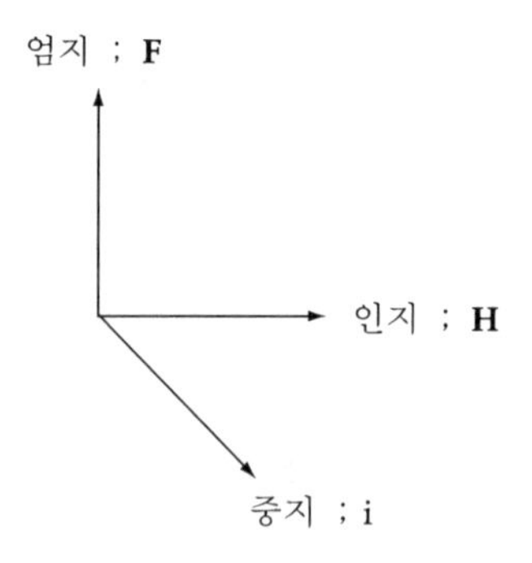

그림 6.24 플레밍의 왼손법칙

예제 27

자속밀도가 0.4[T]인 일정한 자계 내에 길이 1.2[m]인 전선을 자계의 방향과 60˚의 각도로 놓고, 8[A]의 전류가 흘렀다. 이 때, 전선에 작용하는 힘은 얼마나 되는가?

풀이 자속밀도가 B[T]인 자계와 θ인 각도를 이루며 i[A]의 전류가 흐를 때 작용하는 힘 **F**는 $\mathrm{F} = \mathrm{B}il\sin\theta\,[\mathrm{N}]$이므로 $\mathrm{F} = \mathrm{B}il\sin\theta = 0.4\times8\times1.2\times\frac{\sqrt{3}}{2} = 3.33\,[\mathrm{N}]$

예제 28

자계의 세기가 4×10^5[A/m]인 일정한 자계 속에 길이 3[m]인 도체를 자계와 30˚의 각도로 놓고 여기에 5[A]의 전류를 흐르게 했을 때, 도체에 작용하는 힘을 구하시오.

풀이 $\mathrm{F} = \mu_0\,\mathrm{H}\,il\sin\theta$

$= 4\pi\times10^{-7}\times4\times10^5\times5\times3\sin30^\circ = 3.76\ [\mathrm{N}]$

예제 29

공기 중에서 자속밀도가 12[T]인 평등자계 속에 길이 l[m]인 도체를 자계에 대해서 30˚의 각을 갖는 위치에 놓았을 때 도체는 36[N]의 힘을 받았다. 도체를 흐르는 전류의 크기는 얼마인가? 또, 이 도체를 자계와 60˚의 각을 갖는 위치에 놓으면, 도체가 받는 힘은 몇 배로 되는가. 단, 전류는 동일하다고 한다.

풀이 $F = Bil\sin\theta$로부터 30°의 각을 갖는 위치에서

$$i = \frac{F}{Bl\sin\theta} = \frac{36}{12 \times 1 \times \sin 30^\circ} = \frac{36}{12 \times 1 \times 0.5} = 6\,[A]$$

따라서 60°의 각을 갖는 위치에서는 $F = 12 \times 6 \times 1 \times \sin 60^\circ = 36\sqrt{3}\,[N]$
즉, $\sqrt{3}$ 배가 된다.

6.3.3 환상전류에 작용하는 힘

그림 6.25와 같이 일정한 자계 $\mathbf{H}$ 속에 서로 마주 보는 두변의 길이가 각각 a[m], b[m]인 사각 코일에 환상 전류가 흐를 때, 그 전류에 작용하는 힘을 생각하기로 한다. 변 a의 중점을 통과하는 축을 회전축으로 하며 이 회전축이 자계의 방향과 직각을 이루고 있다면 변 b에는 $\mathbf{F} = \mu_0 Hib\mathbf{a}_n$의 힘이 작용하게 된다.

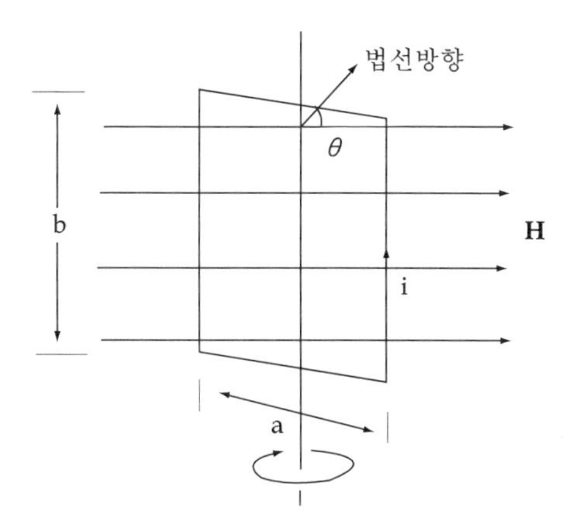

그림 6.25 환상전류에 작용하는 힘

a변의 법선 방향이 자계와 이루는 각을 θ, 코일 면적을 $S = ab$라 할 때, 코일이 받는 토크는 식 (6.36)으로 나타낼 수 있다.

$$\begin{aligned}\mathbf{T} &= 2 \cdot F\frac{a}{2}\sin\theta\,\mathbf{a}_n = \mu_0 HiS\sin\theta\,\mathbf{a}_n \\ &= BiS\sin\theta\,\mathbf{a}_n \end{aligned} \tag{6.36}$$

회전 방향은 오른쪽 방향으로 되며 이 관계는 코일이 사각형인 경우 뿐 아니라, 단면이 대칭성을 지니고 있는 임의의 형상의 코일에 대해서도 성립한다. 여기서 $M_m = \mu_0 iS$로 치

환하면 식 (6.36)은 식 (6.37)로 나타낼 수 있다.

$$\mathbf{T} = M_m H \sin\theta \mathbf{a}_n \tag{6.37}$$

이는 앞의 식 (6.9)와 같은 결과가 된다. 즉 이는 자하량이 m, 길이 l 인 자기 쌍극자와 등가임을 의미한다.

예제 30

그림과 같이 자속밀도가 0.5[T]인 자계 속에 l=6[cm], d=4[cm], 턴수 N=30회인 코일이 놓여 있다. 이 코일에 0.1[A]의 전류가 흐르는 경우
(1) ab변 (=l [m])에 작용하는 힘
(2) 코일 면이 자계 방향과 일치해 있을 때
(3) 코일 면이 자계 향과 60°의 각을 이루고 있을 때 코일에 작용하는 토크

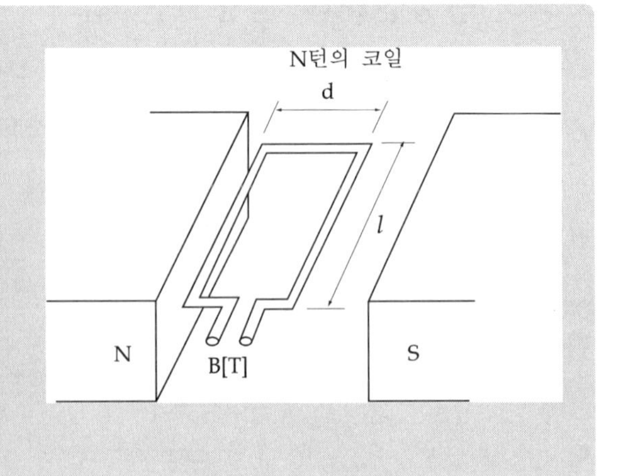

(1) $F = NBil\sin 90°$로 계산.

(2) 자계의 방향과 일치해 있을 때, $\theta = 0°$이므로 토크 T_{90}은

$$T_{90} = Fd = 9.0 \times 10^{-2} \times 4 \times 10^{-2} = 36.0 \times 10^{-4} [N \cdot m]$$

(3) $T_{60} = T_{90} \times \cos 60° = 36.0 \times 10^{-4} \times 0.5 = 18.0 \times 10^{-4} [N \cdot m]$

예제 31

길이 30[cm], 폭 20[cm], 턴수 10인 사각형 코일에 4[A]의 전류가 흐르고 있다. 이 코일이 그림과 같이 자속밀도가 0.5[T]인 평등자계 내에서 자계의 방향과 30°기울어져 놓여 있다. 이 코일의 한변 A에 작용하는 전자력은 얼마인가. 또, 그 때 코일에 작용하는 토크는 얼마인가?

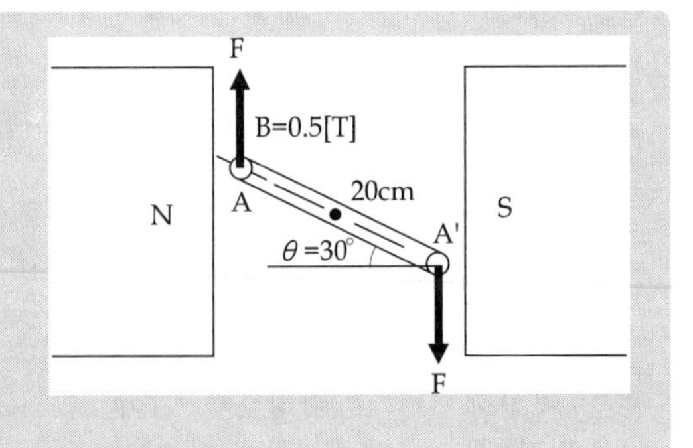

코일의 한변 A에 작용하는 전자력 F는 $F = NBil\sin\theta$[N], 문제에서 코일의 A부분의 길이 방향과 자계의 방향은 서로 직각이므로, $\sin\theta = \sin 90^\circ = 1$, 따라서

$$F = 10 \times 0.5 \times 4 \times 0.3 \times 1 = 6\ [N]$$

$$T = Fd\cos\theta = 6 \times 0.2 \times \sqrt{3}/2 = 1.04\,[N \cdot m]$$

예제 32

그림과 같이 자속밀도가 1.2[T]인 평등자계 속에, 턴수가 20회인 사각형 코일을 놓고 여기에 3[A]의 전류를 흘렸다. 코일이 자속의 방향에 대해 30˚로 놓여 졌을 때, 각 변에 작용하는 전자력 및 토크를 구하시오.

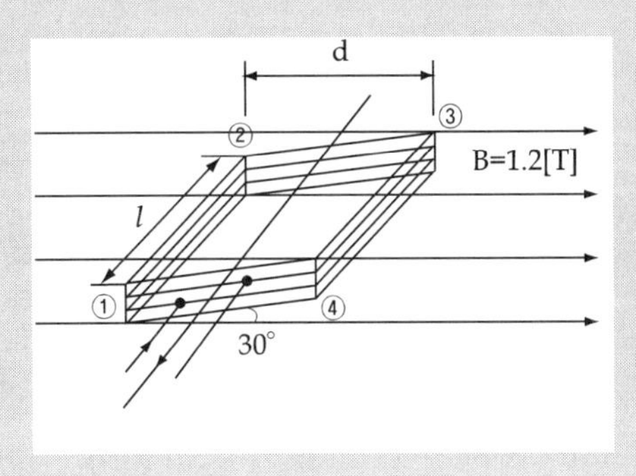

풀이 사각형 코일의 변 ①-②, ③-④에는 같은 크기의 전자력 $F_1 = BilN$[N]이 작용한다. 또, 사각형 코일의 변 ②-③, ④-①에서는 자속과 전류가 30˚의 각도로 교차하며, 변의 길이를 d[m]라 하면 작용하는 전자력은 $F_2 = Bi\,dN\sin 30^\circ$[N]가 된다.

①-② 및 ③-④변에 작용하는 전자력 F_1에 의해 발생되는 코일의 토크는 플레밍의 왼손 법칙에 의해 ①-②변에서는 위쪽 방향으로, 또 ③-④변에서는 아래쪽 방향으로 작용하며 그 결과 회전력이 된다.(그림 1 참조)

이 때의 토크 T_1은 힘이 작용하는 팔의 길이가 $d\cos 30^\circ$이므로 $T_1 = F_1\, d\cos 30^\circ$으로 계산할 수 있다. ②-③ 및 ④-①의 각변에 작용하는 전자력 F_2는 코일과 같은 평면으로 되며, 각각이 역방향으로 작용하기 때문에 회전력으로 되지 않는다. 따라서 F_2에 의한 토크 T_2는 0[N·m]이다.(그림 2 참조)

따라서 변 ①-②, ③-④에 작용하는 전자력

$$F_1 = BilN = 1.2 \times 3 \times 25 \times 10^{-3} \times 20 = 1.8[N]$$

변 ②-③, ④-①에 작용하는 전자력

$$F_2 = BiN\,d\sin 30^\circ = 1.2 \times 3 \times 20 \times 20 \times 10^{-3} \times 0.5 = 0.72\,[N]$$

F_1에 의한 토크

$$T_1 = F_1 d\cos 30^\circ = 1.8 \times 20 \times 10^{-3} \times \sqrt{3}/2 = 0.0312 \text{ [N} \cdot \text{m]}$$

F_2에 의한 토크 $T_2 = 0[\text{N} \cdot \text{m}]$

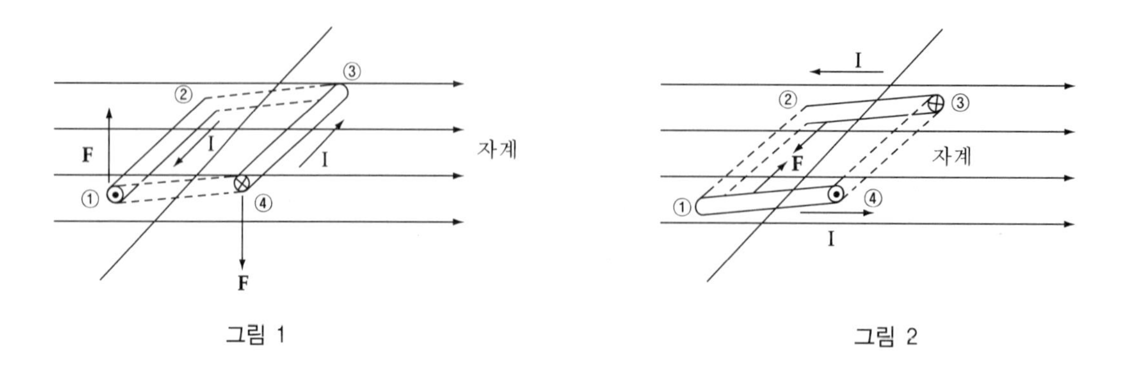

그림 1 그림 2

6.3.4 가동코일형계기의 코일에 작용하는 힘

전류계는 그림 6.26과 같이 영구 자석 사이에 원통 형태의 철심이 있으며, 공극에서 균일한 자계를 얻을 수 있는 구조로 되어 있다. 또한 사각형의 코일이 축의 둘레를 회전하도록 되어 있다. 이 경우 자계와 a변의 법선 방향은 항상 직각($\sin\theta = 1$)이 되므로 식 (6.36)의 토크는 식 (6.38)로 표현된다.

$$\mathbf{T} = \mu_0 \mathrm{Hi}l\mathbf{a}_n = \mathrm{Bi}l\mathbf{a}_n \tag{6.38}$$

이는 그림에서 알 수 있는 바와 같이 $\theta < \pm\pi/2$를 만족할 수 있음을 의미한다.

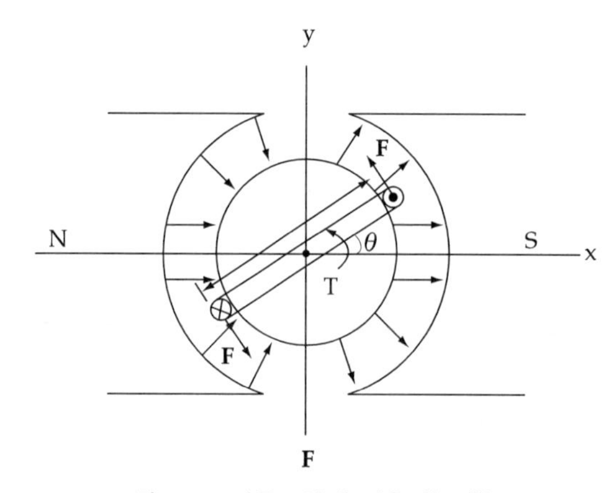

그림 6.26 가동코일에 작용하는 힘

예제 33

아래 그림 1은 가동 코일형 계기의 동작 원리도이다. 그림에 표시된 방향으로 전류가 흐를 때, 코일의 회전방향은 어떻게 되는가?

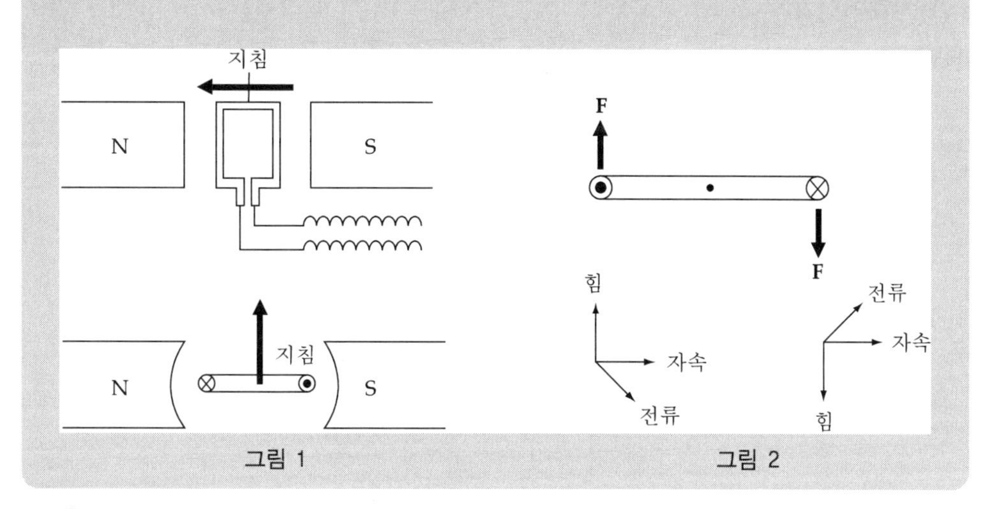

그림 1 그림 2

풀이 왼손 법칙을 그림 2에 나타낸 것과 같이 각 도체에 적용한다.
즉, 왼쪽 코일은 위쪽으로, 오른쪽 코일은 아래쪽으로 움직이게 되므로, 코일은 시계방향으로 회전하고 지침은 오른쪽으로 흔들린다.

6.4 대전입자(帶電粒子)의 운동

6.4.1 로렌츠의 힘

지금까지 전계속에 놓여진 대전된 물체, 혹은 전류가 흐르는 코일이 자계속에 놓여질 때 코일에 작용하는 힘에 대해 고찰하였으나 여기서는 간단하게 전계와 자계속에서 대전된 입자가 운동할 때 입자에 작용하는 힘에 관해서 살펴보기로 한다.

1) 전계 중에 놓여진 대전입자에 작용하는 힘

그림 6.27과 같이 전계 $\mathbf{E}$ 가 작용하는 공간에 질량이 m, 전하량이 Q인 대전입자가 놓여지면, 대전입자는 전계로부터 $\mathbf{F} = Q\mathbf{E}$ 의 힘을 받게 되며 대전입자는 이로 인하여 가속된다. 이 때 대전입자의 속도를 $\mathbf{v}$ 라 하면 대전입자가 받는 힘과 대전입자의 속도는 식 (6.39)의 관계에 있게 된다.

$$m\frac{d\mathbf{v}}{dt} = Q\mathbf{E}[\mathrm{N}] \tag{6.39}$$

만일 대전입자가 전자인 경우에는 $m_e \fallingdotseq 9.11 \times 10^{-31}$[kg], $Q = e \fallingdotseq -1.60 \times 10^{-19}$[C] 이므로, 전자는 전계 $\mathbf{E}$ 와 반대 방향으로 아래의 식으로 표시되는 가속도를 지니게 된다.

$$\mathbf{a} = \frac{d\mathbf{v}}{dt} = \frac{e}{m_e}\mathbf{E} = 1.76 \times 10^{11}\mathbf{E}\ \ [\mathrm{N/kg}]$$

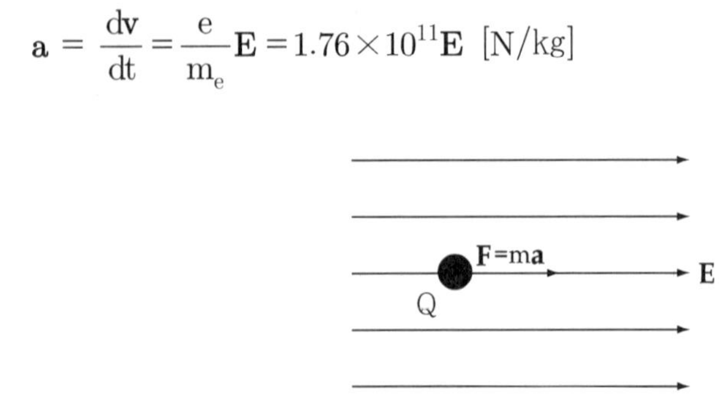

그림 6.27 대전입자와 전계

2) 자계속의 대전입자에 작용하는 힘

그림 6.28과 같이 자속밀도가 $\mathbf{B}$인 자계속에서 질량 m인 대전입자가 이동하는 경우에 대해 고려하기로 한다. 대전입자의 이동은 일종의 전류로 생각할 수 있으므로 플레밍의 법칙으로 표현되는 힘이 작용하게 되며 그 결과 입자는 자계와 직각 방향의 힘을 받으며 이동하게 된다. 이 때 입자의 속도를 $\mathbf{v}$, 전류를 i라 하면 $\mathbf{i} = Q\mathbf{v}$가 되므로 자계 내에서 이동 중인 대전입자에 작용하는 힘은 $\mathbf{F} = Q(\mu_0 \mathbf{H} \times \mathbf{v}) = Q(\mathbf{B} \times \mathbf{v})$로 나타낼 수 있다. 그 결과 대전입자의 가속도는 식 (6.40)으로 나타낼 수 있다.

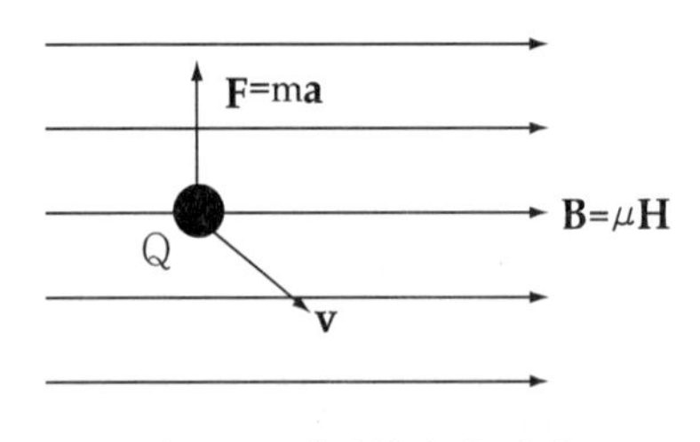

그림 6.28 대전입자와 자계

$$m\frac{d\mathbf{v}}{dt} = Q(\mathbf{B} \times \mathbf{v}) \tag{6.40}$$

대전입자가 전자인 경우에는 그림의 방향과는 반대로

$\frac{d\mathbf{v}}{dt} = \frac{e}{m_e}(\mathbf{v} \times \mathbf{B}) = 1.76 \times 10^{11}(\mathbf{v} \times \mathbf{B})$ [N/kg]의 가속도를 지니게 된다.

따라서 전계와 자계가 함께 존재할 때, 대전입자에 작용하는 힘은 식 (6.41)로 표현된다.

$$m\frac{d\mathbf{v}}{dt} = Q(\mathbf{E} + \mathbf{v} \times \mathbf{B}) \text{ [N]} \tag{6.41}$$

이를 로렌츠의 힘(Lorentz force)이라 부른다. 대전입자가 전자인 경우 가속도는 $\frac{d\mathbf{v}}{dt} = \frac{e}{m_e}(\mathbf{E} + \mathbf{v} \times \mathbf{B}) = 1.76 \times 10^{11}(\mathbf{E} + \mathbf{v} \times \mathbf{B})$ [N/kg]가 된다.

지금까지는 그림 6.28에서와 같이 대전입자가 자계 방향과 직각으로 이동하는 경우에 대해 다루었으나, 이제부터는 전자가 자계와 임의의 각을 갖고 자계내로 유입되는 경우에 대해 생각하기로 한다.

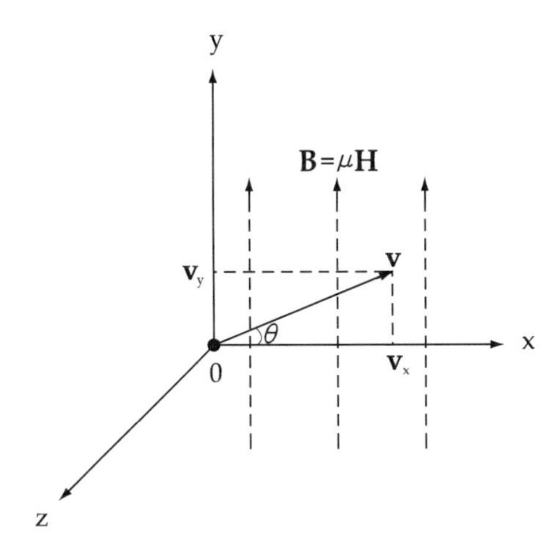

그림 6.29 자계 내에 임의의 각도로 전자가 유입되는 경우

그림 6.29에서 원점 O로부터 전자가 $\mathbf{v}$의 속도로 자계에 입사될 때 자계와 직각방향 및 평행방향의 속도성분을 각각 $\mathbf{v}_x$ 및 $\mathbf{v}_y$ 라 하면 $\mathbf{v}_x$ 만이 (−) z축 방향으로 가속도를 받게 되어 그림 6.30과 같은 나선형 운동을 하게 된다. 이 때 원의 반지름을 r, 전자의 질량을 m이라 하면 전자가 x방향으로 받는 힘은 Bev_x이며 이 힘은 원심력과 같으므로

$Bev_x = \frac{mv_x^2}{r}$의 식이 성립된다.

따라서 원의 궤도 반지름은 식 (6.42)로 나타낼 수 있다.

$$r = \frac{m}{e}\frac{v_x}{B}[m] \tag{6.42}$$

또한 전자가 1회전 하는데 필요로 되는 시간은 식 (6.43)으로 되며

$$t = \frac{2\pi r}{v_x} = 2\pi\frac{m}{e}\frac{1}{B}\ [s] \tag{6.43}$$

전자가 1회전할 때 y축 방향으로 진행되는 거리는 식 (6.44)로 표현된다.

$$p = v_y t = 2\pi\frac{m}{e}\frac{v_y}{B}\ [m] \tag{6.44}$$

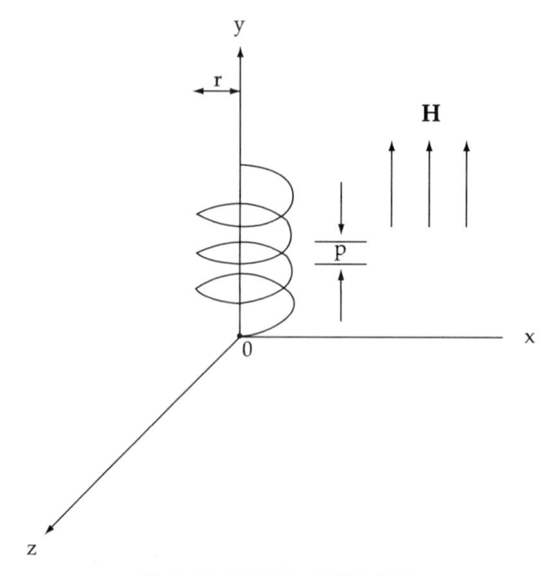

그림 6.30 전자의 나선형 운동

6.4.2 편향(偏向) 브라운관

1) 정전편향(靜電偏向)

그림 6.31은 편향 브라운관의 원리를 나타내고 있다. 음극이 과열됨에 따라 방출된 전자는 양극에 의해 직선으로 가속되며, 초기속도 $\mathbf{v}_0$로 편향판 전극 속에 입사된다. 편향판 사이에 평등한 전계 E_y가 인가되어 있으면 전자의 이동 방향은 편향되며 이러

한 과정은 아래의 식으로 표현된다.

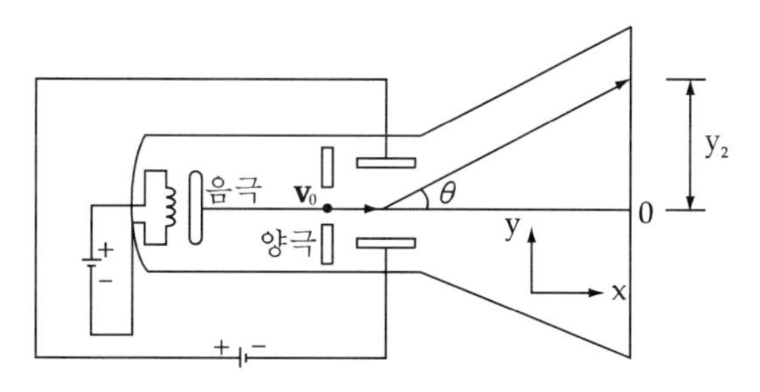

그림 6.31 편향 브라운관의 원리

$$m\frac{d\mathbf{v}_y}{dt} = e\mathbf{E}_{y,} \ \ m\frac{d\mathbf{v}_x}{dt} = m\frac{d\mathbf{v}_z}{dt} = 0 \ [N]$$

그리고 편향판을 통과하는 시간을 t라 하면, 속도는 식 (6.45)로 된다.

$$\mathbf{v}_y = \frac{e}{m}\mathbf{E}_y t, \ \ \mathbf{v}_x = v_0 \ [s] \qquad (6.45)$$

그러므로 편향판의 길이를 l이라 할 때 식 (6.45)에서 시간 t는 $t = l / v_0$이므로 편향 거리 y_1은 위의 식을 적분함으로써 식 (6.46)으로 표현된다.

$$y_1 = \frac{1}{2}\frac{e}{m}E_y \ t^2 = \frac{el^2}{2mv_{0E_y}^2} \qquad (6.46)$$

그리고 그 점에서 궤도의 경사(기울기)는 식 (6.47)과 같다.

$$\tan\theta_1 = \frac{v_y}{v_x} = \frac{e}{m}\frac{E_y l}{v_0^2} \qquad (6.47)$$

그러므로 형광면과 편향판 사이의 거리를 L이라 하면 형광면에서의 편향 y_2는 식 (6.48)과 같이 구할 수 있다.

$$y_2 = y_1 + L\tan\theta = \frac{el}{mv_0^2}\left(L + \frac{1}{2}\right)\mathbf{E}_y \qquad (6.48)$$

2) 자계 편향(磁界 偏向)

그림 6.31에서 편향판 대신 자속밀도 $\mathbf{B}=\mu_0\mathbf{H}$인 평등한 자계가 인가된다면 전자는 x, y의 양쪽과 직각인 z축 방향으로 편향하게 되며, 그 관계는 아래와 같게 된다.

$$m\frac{dv_z}{dt}=e\,v_0\,B_y\,,\quad m\frac{dv_x}{dt}=m\frac{dv_y}{dt}=0\ [N]$$

그러므로 자계사이를 통과하는 시간을 t라 하면 속도는 식 (6.49)로 된다.

$$v_z=\frac{e}{m}v_0\,B_y\,t,\quad v_x=v_0\ [s] \tag{6.49}$$

또한 자계의 폭을 l이라 하면, 시간은 $t=l/v_0$이 되며 식 (6.49)를 적분함에 따라 그 사이의 편향 거리는 식 (6.50)으로 표현된다.

$$z_1=\frac{1}{2}\frac{e}{m}\frac{B_y}{v_0}t^2 \tag{6.50}$$

그리고 그 점에서의 궤도의 기울기(경사)는 식 (6.51)로 된다.

$$\tan\theta_2=\frac{v_z}{v_x}=\frac{e\,B_y l}{m\,v_0} \tag{6.51}$$

그러므로 형광면에 있어서의 편향 z_2는 식 (6.52)와 같이 구할 수 있다.

$$z_2=z_1+L\tan\theta_2=\frac{el}{m\,v_0}\left(L+\frac{l}{2}\right)B_y \tag{6.52}$$

6.4.3 미소전기량의 측정

지금까지 서술했던 미소전기량에 관해 간단히 정리해 보기로 한다. 1833년 패러데이(Michael Faraday, 1791~1867, 英)에 의해 전기분해의 법칙이 발견되었는데, 일정한 용액에 의해 전극에 석출(析出)되는 물질의 양은 흐르는 전류의 총량과 비례하며, 또 원자가(原子價)에 비례한다는 실험 결과로부터, "전기에는 최소 단위가 되는 소량(素量)이 있다."라는 개념이 생겨나게 되었다.

1874년에 이르러 스토니(George J. Stony, 1826~1911, 英)는 전기화학적인 입장에서 전기는 더 이상 분할할 수 없는 소량으로 구성된다는 것을 제창하였으며 최소 단위의 전기량에 electron이라는 이름이 붙여지게 되었다. 한편, 1876년 크룩스(Sir William Crooks. 1832~1919, 英)에 의해 고 진공의 방전관 실험이 행하여졌으며 이 실험으로부터 음극에서 나온 방사선에 의해 물체의 그림자가 생긴다는 것, 또 작은 날개바퀴를 방사선의 진행로에 놓으면 회전하는 것 등이 발견되었다. 또 음극선이 자계의 영향을 받는다는 것도 확인되었다. 이에 따라 음극선은 하전(荷電)입자라는 것과 전기의 정체는 입자라는 것을 알게 되었다. 그리고 1844년 슈스터(Arthur Schuster, 1851~1934, 英)는 음극선이 자계의 영향을 받아 휘어지는 것을 보고 전자의 비 전하(比 電荷, e/m)의 유도방법을 제안하였다.

이상과 같은 과정속에서 1897년 톰슨(Joseph John Thomson)은 음극선에 전계와 자계를 동시에 인가하여 그 양자에 의한 편향을 측정함에 따라 전자의 비전하 e/m의 값을 구하였으며 그 결과는 1.17×10^8 쿨롱/그램(C/g)이었다. 이에 관해 현대적인 감각으로 재현해 보기로 한다.

편향브라운관의 원리를 나타내는 그림 6.31에서 전계에 의한 궤도의 경사각을 나타내는 식 (6.47), 즉 $\tan\theta = \frac{v_y}{v_x} = \frac{e}{m}\left(\frac{El}{v_0^2}\right)$에서 전자의 비전하 e/m는 식 (6.53)으로 유도된다.

$$\frac{e}{m} = \frac{v_0^2}{E\,l}\tan\theta \fallingdotseq \frac{v_0^2}{El}\frac{y_2}{L} \tag{6.53}$$

식 (6.53)으로부터 v_0를 구하면 e / m을 얻을 수 있게 된다.

전계 **E**에 의한 전자의 속도는 식 (6.45)에서 $v_y = (e/m)E\,t$ 가 되며, 자계 **H**에 의한 전자의 속도는 식 (6.49)로부터 $v_z = (e/m)v_0 B\,t$ 가 되므로 전계와 자계를 각각 직각 방향으로 인가하여, 양자가 균형($v_y = v_z$)을 이루도록 하면 $\frac{e}{m}E\,t = \frac{e}{m}v_0 B\,t$이므로 $\mathbf{v_0} = \frac{\mathbf{E}}{\mathbf{B}}$의 결

과를 얻을 수 있게 된다. 이와 같이 하여 e / m의 값을 구할 수 있다.

그 후, 1911년 밀리컨(Robert A. Millikan)은 윌슨의 안개상자를 사용하여 전자의 전기량에 대한 정밀한 값을 구할 수 있었다. 이것에 관해서도 현대적인 감각으로 재현해 보자.

그림 6.32와 같은 안개상자의 위 아래로 전극을 배치한다. 그 위쪽으로부터 기름방울(직경 1/1000mm)을 분무하고 측면에서 X선을 비추어 공기를 이온화하여 전자를 기름방울에 부착시킨다. 그리고 기름방울의 이동 상황을 확대경으로 관찰한다. 기름방울은 중력에 의해 자유 낙하하지만, 전계 **E**를 가하면 위쪽으로 향하는 힘이 작용하게 된다.

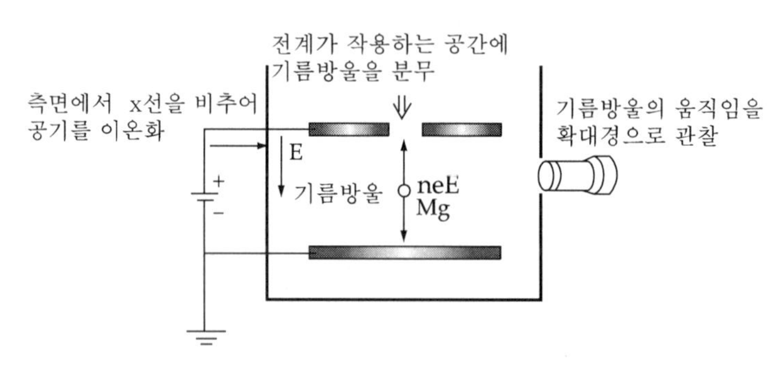

그림 6.32 밀리컨의 기름방울 실험

이 때 기름방울의 속도는 전자의 부착수가 적은 만큼 늦어지게 된다. (그림 6.33 (a))

기름방울의 중량을 M_0, 거기에 가해질 힘을 **F**, 이동속도를 **v**라 하면 아래의 식을 유도할 수 있다.

$$\mathbf{F} = e\mathbf{E} - M_0\mathbf{g}, \quad \mathbf{F} = M_0\frac{d\mathbf{v}}{dt}$$

위의 두식으로부터 $e = \dfrac{M_0\left(\dfrac{d\mathbf{v}}{dt} + \mathbf{g}\right)}{\mathbf{E}}$로 된다.

여기서 전계 **E**를 변화시키면서 기름방울이 정확히 중간에 균형을 이룬 상태를 관찰하면 어떻게 될 것인가. 전자의 부착수에 따라 단계적으로 균형 상태가 발생하고 (그림 6.33 (b)), 가장 근접한 균형이 이루어졌을 때의 전계가 전자 1개에 의한 차이가 된다고 생각하였기 때문에 $\mathbf{E}_n$과 $\mathbf{E}_{n+1}$ 양자를 측정함에 따라 $ne\mathbf{E} = (n+1)e\mathbf{E}_{n+1} = ne\mathbf{E}_{n+1} + e\mathbf{E}_{n+1}$으로 되며 이로부터 $n = \dfrac{\mathbf{E}_{n+1}}{\mathbf{E}_n - \mathbf{E}_{n+1}}$이 유도되므로 $\mathbf{F} = ne\mathbf{E} = M_0\mathbf{g}$이 된다. 그리고 이동 속도가 가

장 느린 기름방울의 경우 n=1이 되므로 $e = \frac{M_0 g}{E}$의 식으로부터 전자의 전하량을 구할 수 있다. 그리고 이미 구한 e/m과 구해진 e의 값으로부터 전자의 질량 m을 구할 수 있게 된다.

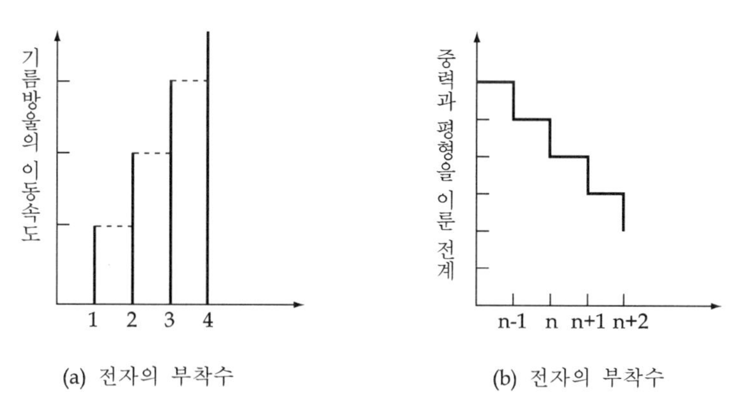

(a) 전자의 부착수　　(b) 전자의 부착수

그림 6.33 전자의 부착수 및 이동상황

제6장 연습문제

01 두 개의 미소자석 A, B가 있다. 자극의 세기는 동일하며 길이는 1 : 2이다. 그림과 같이 양자석을 일직선상에 놓고 A, B의 중심으로부터 r_1, r_2 거리에 있는 점 P에 자침을 놓았을 때, 자침이 자석의 영향을 받지 않았다고 하면 $r_1 : r_2$는 얼마인가?

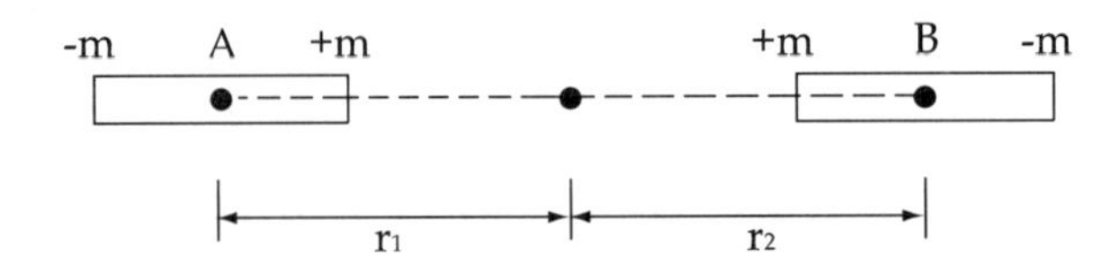

02 상당히 긴 직선도선에 3[A]의 전류가 흐를 때, 도선에서 20[cm]인 점에 생기는 자계의 세기를 구하시오.

03 무한히 긴 직선 도선에 전류 i[A]가 흐르고 있다. 도선을 포함한 평면 내에 도선과 평행하게 d[m] 떨어진 거리에서 두변이 a[m], b[m]인 사각형 부분을 통과하는 자속을 구하시오.

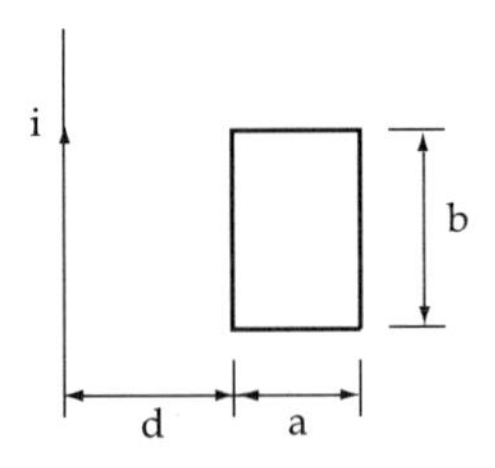

04 그림과 같은 반지름 a[m]인 반원과 그 지름의 연장선 위에 있는 두 개의 반 무한장 직선으로 이루어진 회로를 따라 전류 i[A]가 흐를 때 반원의 중심 O에 생기는 자계의 세기를 구하시오.

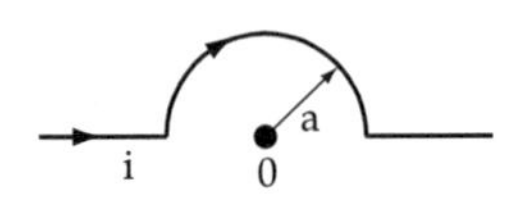

05 반지름 a[m]인 원형 코일을 수직으로 세우고 코일을 포함한 면을 남북으로 향하게 하여, 자침을 코일 중심에 놓는다. 이 코일에 i[A]의 전류를 흘렸을 때, 자침의 흔들림 각 θ를 구하시오. 단, 지구 자계의 수평 성분인 자속밀도를 B_0 [Wb/m^2], 코일의 턴수를 N이라 한다.

06 한 변이 a[m]인 정사각형 코일에 i[A]의 전류가 흐를 때, 코일 중심의 자속밀도를 구하시오.

07 그림과 같이 내반지름 a[m], 외반지름 b[m]인 무한 길이의 중공 도체에 i[A]의 전류가 흐르고 있을 때, (1) 중공부, (2) 도체부 및 (3) 도체 외부의 자속밀도를 구하시오.

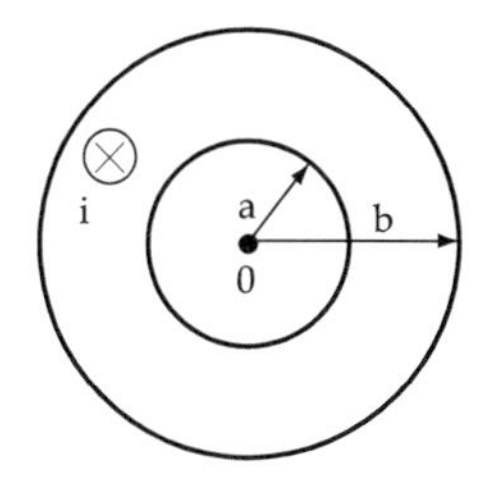

08 그림과 같이 반지름 r_2[m]인 원통도체 내에 그 중심축으로부터의 간격이 a[m] 떨어진 거리에 직선 y를 중심축으로 하는 반지름 r_1[m]인 원통형 공간이 있다. 일정한 밀도 J[A/m^2]로 흐르는 전류에 의해 공동(空胴) 내에 발생하는 자계의 세기를 구하시오.

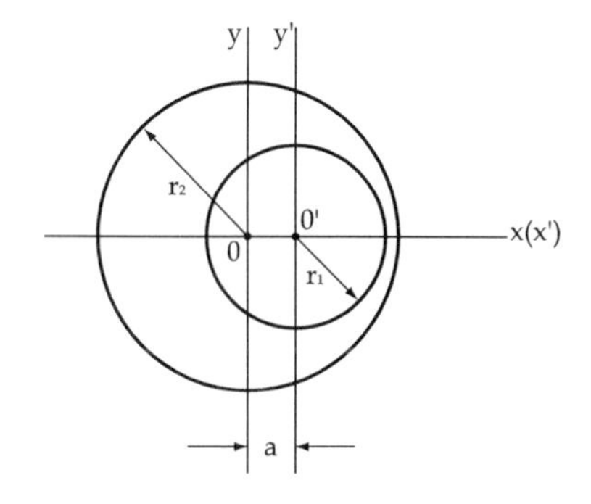

09 자속밀도가 10^4[T]인 일정한 자계 속으로 10^5[m/s]의 속도로 전자가 자계에 수직으로 입사했을 때, 전자에 작용하는 힘을 구하시오. 또 이때 자계 속에서 전자는 원운동을 하게 되는데 원 운동의 반지름은 얼마인가?

10 v의 속도로 운동하는 하전 입자가 진행 방향에 대해 수직 길이 l인 평등 자계속을 통과할 때, 출구에서 처음 진행 방향에 대한 흔들림을 구하시오. 단, 이 흔들림은 궤도의 곡률 반지름에 비해 충분히 작다고 한다.

11 반지름 20[cm]인 10턴의 원형 코일이 자속밀도가 0.1[T]인 일정한 자계 속에서 자유로이 회전할 수 있도록 되어 있다. 코일에 2[A]의 전류를 흐르게 했을 때 코일에 작용하는 토크의 최대치는 얼마인가?

제 7 장

자성체(磁性體)

1.1 자화현상(磁化現象)

7.1.1 자성체의 종류

여러 가지 물질 중 철이 자석에 붙는다는 사실은 옛날부터 알려져 있었다. 이와 같이 자계에 의해 철이 강하게 끌어당겨지는 성질을 강자성(强磁性 : ferromagnetism)이라 부른다. 이에 비해, 동이나 알루미늄과 같이 자계에 의해 강하게 끌어 당겨지지 않은 성질을 비자성(非磁性 : non－magnetism)이라 부른다. 그러나 엄밀하게 판단한다면 대부분의 물질은 강한 자계아래에서는 다소 약하기는 해도 흡인되거나 혹은 반발하는 성질을 지니고 있다. 이중, 알루미늄이나 티탄과 같이 자계방향으로 약하게 끌어 당겨지는 성질을 약자성(弱磁性:weak－magnetism)이라 부르며 이와는 반대로 동, 비스무스, 은 등과 같이 자계에 대해 반발되는 성질을 반자성(反磁性:diamagnetism)이라고 부른다. 물질의 자성을 현상론으로 분류하면 이와 같이 될 수 있지만, 자기적인 구조에 따라 분류하면 표 7.1과 같게 된다.

표 7. 1 자성의 분류

분류	물질의 예
1. 강자성	
(a) 페로자성(ferromagnetism)	Fe, Ni, Co
(b) 페리자성(ferrimagnetism)	Fe_2O_4 , $M_OFe_2O_4$
2. 반강자성(anti－magnetism)	MnO, Cr
3. 상자성(paramagnetism)	Pt, Al, Mn,
4. 반자성(diamagnetism)	Bi, C, Si, Ag, Cu
5. 비자성(non－magnetism)	진공

이와 같은 분류는 그림 7.1과 같이 원자의 자기모멘트 배열 방식의 차이에 따라 이루어지게 된다. 즉 그림 7.1에서 보는 바와 같이 페로자성은 스핀(spin)이라 불리는 원자의 자기

모멘트가 결정(結晶)영역속에서 모두 같은 방향으로 나열되어 있다. 페리자성은 자기모멘트가 서로 인접하여 있으나 서로 반대 방향으로 나열되어 있으며 그 중 한쪽이 약하기 때문에 두 모멘트의 차이만큼의 자성이 나타나게 된다. 이에 비해 반강자성은 같은 세기의 자기모멘트가 서로 반대방향으로 나열되어 있기 때문에 자성이 외부로 나타나지 않는다. 상자성(常磁性)에서는 자기모멘트가 각각 불규칙하게 배열되므로 전체적으로는 밖으로 자성이 나타나지 않게 된다.

반자성(反磁性)에는 자기모멘트가 없다. 그런데 반자성체가 자계에서 반발하게 되는 이유는 원자 주위를 돌고 있는 전자의 운동이 변화하기 때문인 것으로 알려져 있다. 강자성체의 경우 자기모멘트는 열진동(熱振動)의 영향을 받기 때문에 온도가 상승하면 그 배열이 흐트러지게 된다. 그리고 강유전체(强誘電體)에서 본 바와 같이 재료에 따라 정해진 일정 온도이상에서는 강자성을 잃고 상자성체로 된다.이와 같은 성질은 후에 설명할 자화율(磁化率) x와 온도사이에 아래와 같은 관계가 있음을 의미한다. 여기서 이러한 관계를 자성체에 관한 큐리·와이스의 법칙이라 한다.

$$x = \frac{C}{T - T_c}$$

여기서 T는 절대온도이며, T_c는 강자성체의 큐리온도, C는 정수이다.

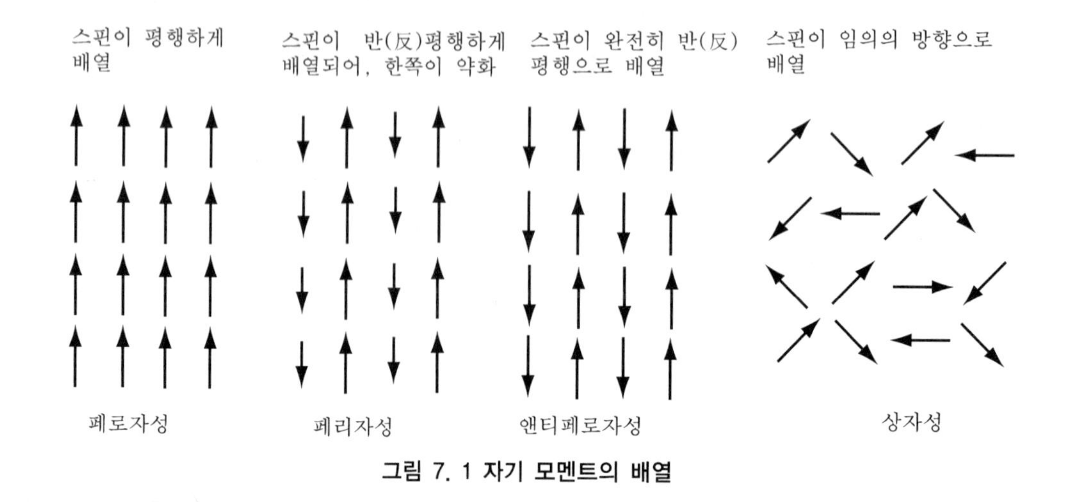

그림 7. 1 자기 모멘트의 배열

7.1.2 강자성체의 자화

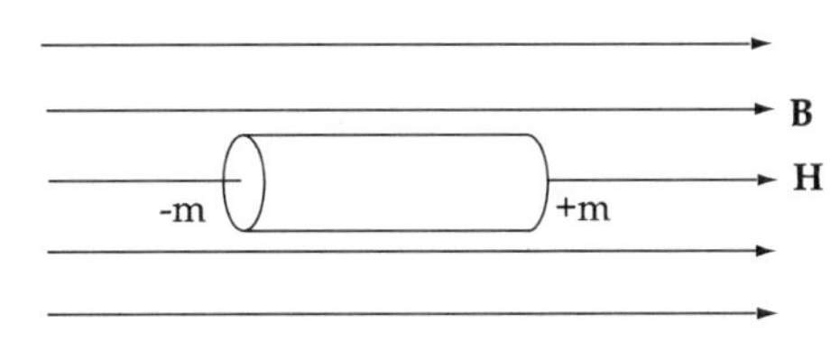

그림 7.2 강자성체의 자화

그림 7.2와 같이 일정한 자계 H속에 강자성 물체를 놓는 경우 물체는 자기유도(magnetic induction)작용에 의해 자성을 띠게 되는 데 이러한 현상을 자화현상(磁化 : magnetizing)이라 한다. 자계 H속에 놓여진 강자성체가 자화되는 경우 그 자속밀도 B는 식 (7.1)로 나타낼 수 있다.

$$\mathbf{B} = \mu_0 \mathbf{H} + \mathbf{J} \ [\mathrm{T}] \tag{7.1}$$

여기서 $\mu_0 \mathbf{H}$는 자계에 의해 발생된 자속밀도이며, J는 강자성체의 자속밀도로 이를 자화(磁化)의 세기(intensity of magnetization)라 부른다. 또한 크기는 단위체적당 자기 모멘트와 같으며 식 (7.2)로 표현된다.

$$\mathbf{J} = \frac{dM_m}{dV} = \frac{dm}{dS} \ [\mathrm{Wb/m^2}] \tag{7.2}$$

따라서, 자속밀도와 자계의 관계는 식 (7.3)으로 나타낼 수 있다.

$$\mathbf{B} = \mu \mathbf{H} [\mathrm{T}] \tag{7.3}$$

여기서 μ를 투자율(透磁率 : permeability)이라고 부른다. 또

$$\mathbf{J} = \chi \mathbf{H} \tag{7.4}$$

라 놓을 수 있으며, 여기서 χ를 자화율(磁化率: susceptibility)이라 부른다.

따라서 $\mu \mathbf{H} = \mu_0 \mathbf{H} + \chi \mathbf{H}$의 관계가 성립되므로 식 (7.5)가 만족된다.

$$\mu = \mu_0 + \chi \tag{7.5}$$

여기서 $\mu_r = \frac{\mu}{\mu_0} = 1 + \frac{\chi}{\mu_0}$ 를 비(比)투자율 $\chi_r = \frac{\chi}{\mu_0}$ 를 비(比)자화율이라 부른다.

예제 1

그림과 같이 면적이 $1[m^2]$인 자극면에 $m[Wb]$의 자기량이 분포하여 평등자계를 발생시키고 있다. 이 평등자계의 자속밀도 B는 다음의 식으로 표현된다는 것을 증명하시오.

$$B = \mu_0 H[Wb/m^2]$$

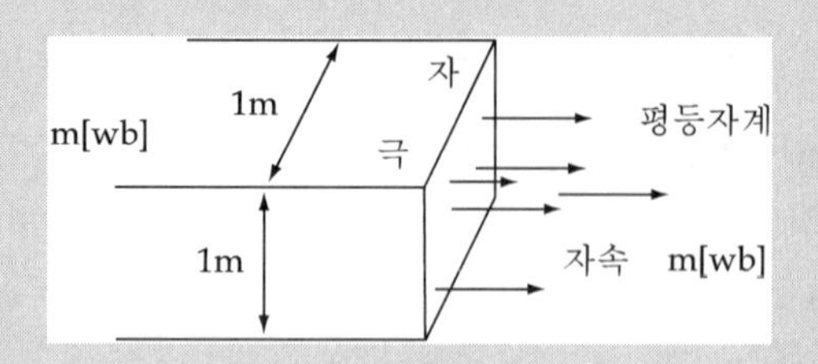

풀이 $1[m^2]$에 분포하고 있는 $m[Wb]$의 자극에서 유출되는 자력선의 총 수는 m/μ_0[개]이다. 그런데 이 평등자계에서 자계의 세기는 $H = m/\mu_0[A/m]$이 된다.

$m = \mu_0 H$ …① 여기서, $m[Wb]$의 자극에서는 m[개]의 자속이 나오고, 자석의 단면적은 $1[m^2]$이므로, 식 ①에서 m은 평등자계에서의 자속밀도를 나타내고 있다고 말할 수 있다. 그러므로 식 ①을 고쳐 쓰면, 다음 식을 얻을 수 있다.

$$B = \mu_0 H$$

예제 2

공기 중 임의의 점에서 자계의 세기가 $18[A/m]$일 때, 그 점의 자속밀도는?

풀이 $B = \mu_o \mu_r H = 4\pi \times 10^{-7} \times 18 = 2.26 \times 10^{-5}[T]$

예제 3

비투자율 $\mu_r = 150$인 환상철심속의 자계의 세기 H가 $200[A/m]$라면, 철심속의 자속밀도 B는 얼마로 되는가?

풀이 $B = \mu_0 \mu_r H = 4\pi \times 10^{-7} \times 150 \times 200 = 3.77 \times 10^{-2}[T]$

7.1.3 자화곡선(磁化曲線)

그림 7.3은 강자성체의 자화에 따른 자속밀도의 변화를 나타낸다. 가로축은 자계의 세기 H, 세로축은 자속밀도 B를 나타낸다. 강자성체가 초기에 전혀 자화되지 않은 상태에서 자계를 가하면 자속밀도는 0−a−b−c와 같이 증가해 가지만 결국에는 자계를 더욱 증가시켜도 자화의 세기 $\mathbf{J}=\mathbf{B}-\mu_0\mathbf{H}$는 더 이상 증가하지 않는 상태(c)에 도달하게 된다.

이와 같은 상태를 자기포화(saturation)라 한다. 또한 시작점으로부터 c점까지의 곡선을 자화곡선(magnetization curve)이라 한다. 자기포화된 후 자계를 점차 감소시키면 이번에는 자화곡선의 궤적을 통과하지 않고 c−d의 궤적을 그리게 된다. 따라서 역방향으로 자계를 인가하면 d−e−f와 같이 (−)영역에서 포화하게 된다.

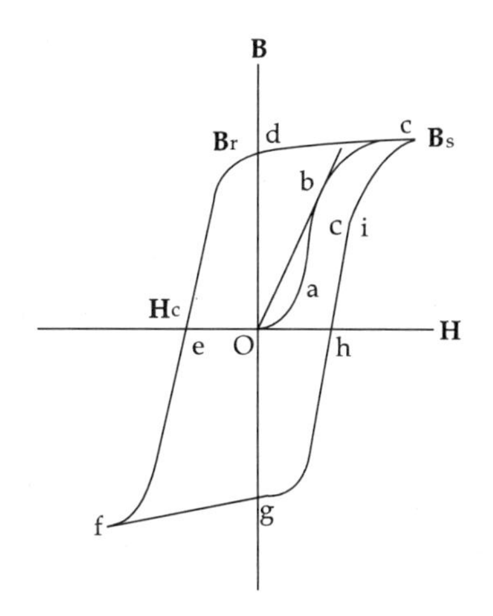

그림 7.3 자화 및 히스테리시스 곡선

또한 자계를 점차 감소시켜 0으로 하고, 다시 0에서(+)방향으로 자계를 증가시키면 f−g−h−i의 곡선으로 된다. 여기서 c−d−e−f−g−h−c로 이루어진 곡선을 히스테리시스곡선(hysteresis curve)이라 한다. 또한 히스테리시스곡선 상의 점 c에서의 자속밀도 B_s를 포화자속밀도(saturation flux density)라 부르며 자계의 세기가 0이 되는 점d의 자속밀도 B_r을 잔류자속밀도(residual flux density), 또는 잔류자기(殘留磁氣: residual induction)라 부른다. 또 자속밀도가 0이 되는 점 e의 자계의 세기 H_c를 보자력(保磁力: coercive force)이라 한다. 잔류자속밀도에서의 자화의 세기를 $\mathbf{J}_r$이라 하면 $\mathbf{J}_r=\mathbf{B}_r$이 된다. 그림의 b점 부근에서 투자율 $\mu=\mathbf{B}/\mathbf{H}$가 최대로 되는 경우가 있으며 그 때의 투자율을 최대투자율(μ_m)이라 한다. 한편 히스테리시스곡선 중 그림의 i점에서 또 하나의 작은 히스테리시스곡선이 그려지는 경우가 있는 데 이는 작은 자계의 변화가 발생하게 됨을 의미하며 이때 B/H 변화의 비를 μ_{rev}라고 하며 이를 가역(可逆)투자율이라 한다. 투자율과 자계 사이의 관계는 일반적으로 그림 7.4와 같이 된다. 자계의 세기가 0에 가깝게 될 때의 투자율을 특히 초기(初期)투자율(μ_i)이라 한다.

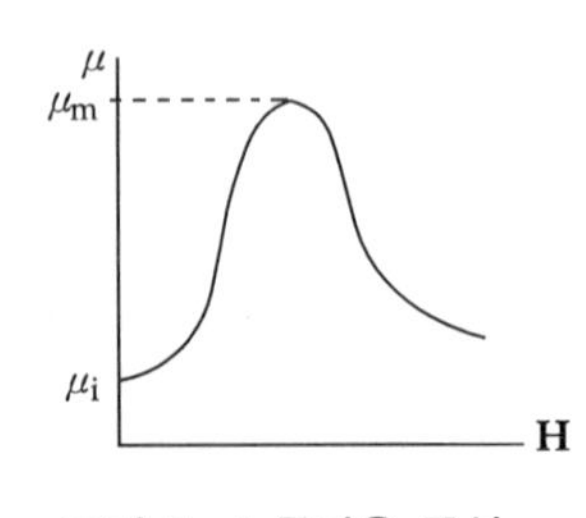

그림 7. 4 투자율 곡선

자화곡선 및 히스테리시스 곡선의 모습이 급한 경사를 이루고 또한 투자율이 높은 재료를 연질(軟質)자성 재료라 하며 이러한 재료는 변압기 및 전동기의 철심에 사용된다. 반대로 자화는 매우 곤란하지만 일단 자화되면 감자(減磁)가 곤란하며 또 보자력이 높은 재료를 경질 (硬質)자성 재료라 한다. 이는 주로 영구 자석의 재료로 사용된다. 강자성체의 자화가 히스테리시스곡선을 그리는 이유는 강자성체는 원자의 자기모멘트가 정렬된 상태 즉 스핀이라고 불리는 상태로 이루어져 있으며, 이에 따라 강자성체는 외부자계가 인가되지 않아도 강자성체 내부에서 자발적으로 자화가 일어나는 영역 즉 자발자화(自發磁化 : spontaneous magnetization)된 많은 영역으로 구성되어 있기 때문이다. 이 영역을 자구(磁區 : magnetic domain)라 부르며, 자구와 자구사이의 경계를 자벽(磁壁 : magnetic wall)이라 한다. 자벽에는 자구가 서로 90˚로 교차하는 60˚ 자벽과 180˚로 교차하는 180˚ 자벽이 있다.

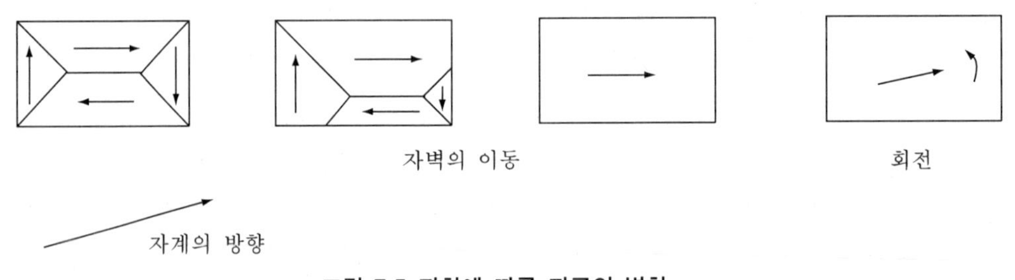

그림 7.5 자화에 따른 자구의 변화

그림 7.5는 자계를 왼쪽에서 오른쪽 방향으로 인가하고 세기를 증가시킴에 따라 자계의 방향에 가까운 영역의 자구가 증가하게 되어 왼쪽으로부터 자벽이 차례로 이동을 일으키고

최후에는 자화방향의 회전에 의해 포화에 이르는 과정을 모델로 나타내고 있다. 이와 같은 과정을 통하여 자화가 이루어진다.

7.1.4 자기감자(自己減磁)

자계의 세기가 **H**인 자계 중에 막대 모양의 강자성체를 놓으면 그 양단에 외부자계와 반대방향인 자극이 발생된다. 즉 자극은 그림 7.6과 같이 되어 강자성체 속에는 외부자계와 반대방향의 자계 H_d가 발생된다. 이를 자기감자(自己減磁 : self demagnetizing) 혹은 반자계라 부른다. 자기감자의 세기는 자화의 세기 **J**에 비례하며 일반적으로 식 (7.6)과 같이 나타낼 수 있다.

$$H_d = -\frac{N}{\mu_0} J \, [AT/m] \tag{7.6}$$

여기서 N을 자기감자계수(demagnetizing factor)라 부르며, 아래에서 N에 대한 몇 개의 예를 들어보기로 한다.

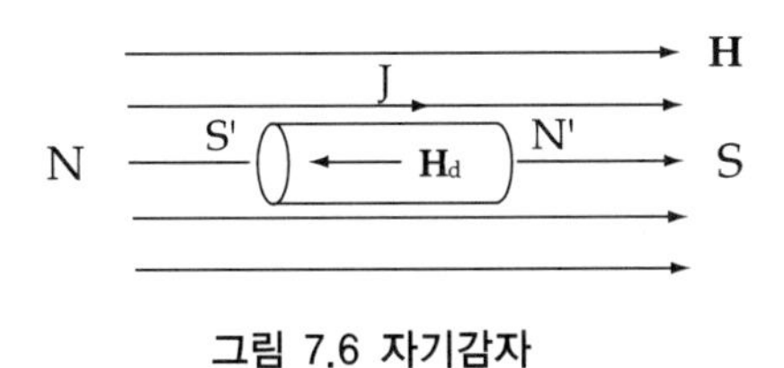

그림 7.6 자기감자

1) 가늘고 긴 강자성체

철사와 같이 가늘고 긴 형태의 강자성체를 길이 방향으로 자화시킬 경우 자극은 멀리 떨어져 발생된다. 그런데 자극에 의해 발생되는 자계는 거리의 제곱에 비례하여 감소하기 때문에 자성체의 중앙부에서 자기감자는 사실상 0으로 되며 그 결과 자기감자계수는 식 (7.7)과 같이 표현된다.

$$N = 0 \tag{7.7}$$

2) 넓은 평면 강자성체

그림 7.7과 같이 상당히 넓고 얇은 판자형태의 강자성체를 직각방향으로 자화했을

경우 강자성체 외부의 자계를 H_{ex}, 내부의 자계를 H_{in}이라 하면 강자성체의 자속밀도는 내・외에서 연속이므로 아래와 같이 표현된다.

$$B_{in}=B_{ex},\ \mu_0 H_{in}+J=\mu_0 H_{ex}$$

여기서 $H_{in}=H_{ex}+H_d=H_{ex}-NJ/\mu_0$의 관계에 따라 식 (7.8)이 성립된다.

$$\left.\begin{aligned}&\mu_0(\mathbf{H}_{ex}-N\mathbf{J}/\mu_0)+\mathbf{J}=\mu_0\mathbf{H}_{ex}\\&\mu_0\mathbf{H}_{ex}+\mathbf{J}(1-N)=\mu_0\mathbf{H}_{ex}\\&N=1\end{aligned}\right\}\qquad(7.8)$$

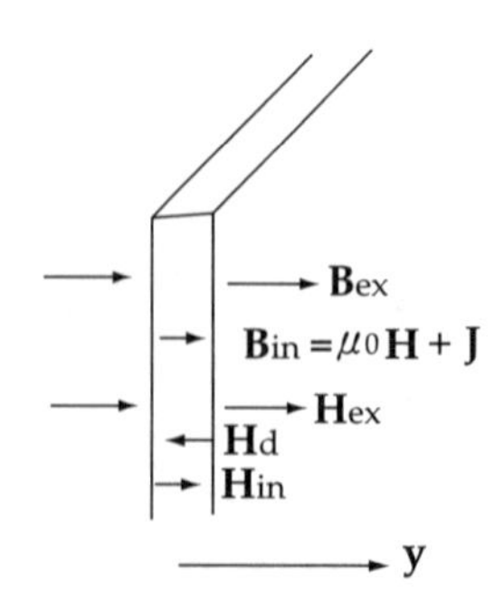

그림 7.7 상당히 넓은 강자성체의 반 자계

3) 구형(球形) 자성체

그림 7.8과 같이 구형인 강자성체를 y축 방향으로 자화했을 경우에 대해 생각하기로 한다. 구면상의 한 점 P에서 자극 밀도는 $m=J\cos\theta$이며, 점 P에 있어서 y축 방향의 자계는 식 (6.3)으로부터

$$\mathbf{H}=\frac{m}{4\pi\mu_0 r^2}\cos\theta\mathbf{a}_r$$

가 된다. 점 P를 포함한 미소부분 $r\cdot d\theta$를 원주전체에 대해 적분하면

$$dH_y=\frac{m\cos\theta}{4\pi\mu_0 r^2}r\,d\theta\cdot 2\pi r\sin\theta$$

따라서 반(半)구의 경우

$$H_y = \int_0^{\pi} \frac{J\cos\theta \cdot 2\pi r\sin\theta \cdot \cos\theta \cdot r\,d\theta}{4\pi\mu_0 r^2}$$

$$= \frac{J}{2\mu_0}\int_0^{\pi}\cos^2\theta\ \sin\theta \cdot j\,d\theta = \frac{J}{2\mu_0}\frac{-1}{3}[\cos^3\theta]$$

$$= \frac{J}{2\mu_0}\frac{2}{3} = \frac{1}{3}\frac{J}{\mu_0}$$

그러므로 반 자계 계수 N은 식 (7.9)로 된다.

$$N = \frac{1}{3} \tag{7.9}$$

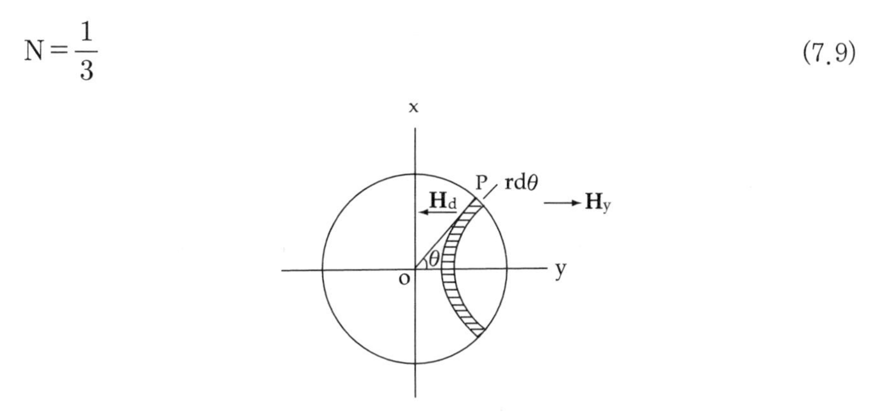

그림 7.8 구형 강자성체의 반 자계

일반적으로 오래 전부터 막대 모양의 강자체성의 경우에는 실험적으로 N의 값을 구하고 있다. 즉 측정에 의해 히스테리스곡선을 구할 때 반 자계 계수가 0인 재료인 경우 외부 자계가 그대로 가로 축 즉, 자계의 세기가 되지만 반 자계가 0이 아닌 경우에는 항상 보정을 필요로 한다. 역으로 말하면 엄밀한 히스테리시스곡선을 구하기 위해서는 재료의 반 자계가 0인 상태에서 측정하여야 한다.

7.1.5 감자곡선(減磁曲線)

그림 7.3의 히스테리시스곡선에서 제 2상한의 d−e부분을 특히 감자곡선(demagnetization curve)이라 부르는 데 이 곡선은 영구 자석의 특성을 나타내는 데 이용되고 있다. 그림 7.9는 이를 확대한 것으로 영구 자석이 일단 자화되고 외부자계가 제거되었다면 잔류자기는 B_r이 된다. 그러나 자화에 의해 생기는 반 자계 H_d로 인하여 그림에서 보는 바

와 같이 잔류자기는 감자곡선을 따라 점 P에 상당하는 B_d로 된다.

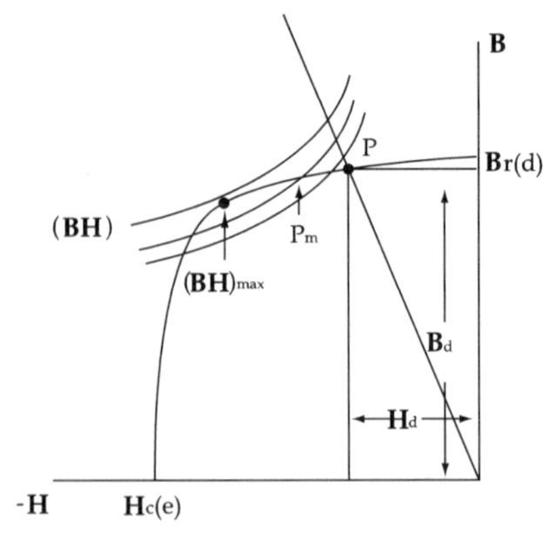

그림 7.9 감지곡선

지금 직경이 d, 길이가 l인 둥근 막대모양의 영구 자석에 대해 l/d와 자속밀도 B_d사이의 관계를 조사하면 그림 7.10과 같이 l/d의 비가 증가됨에 따라 반 자계가 감소하여 B_d가 증가하며, 그 결과 자석의 길이당 B_d의 크기가 최대로 되는 점 P_m이 존재하게 됨을 알 수 있다. 이것은 바꿔 말하면 영구 자석의 단위체적당 최대 자속밀도를 구할 수 있음을 의미하게 되며, 점 P_m은 그림 7.9에서 (BH)의 값이 최대로 되는 점에 대응하고 있다. 이것을 최대 에너지 곱(maximum energy product: $(BH)_{max}$)이라 부르며 영구자석의 우열을 나타내기 위해 가장 널리 이용되는 값이다. 또 여기서 $P = B_d/H_d$를 퍼미언스 계수라 부른다.

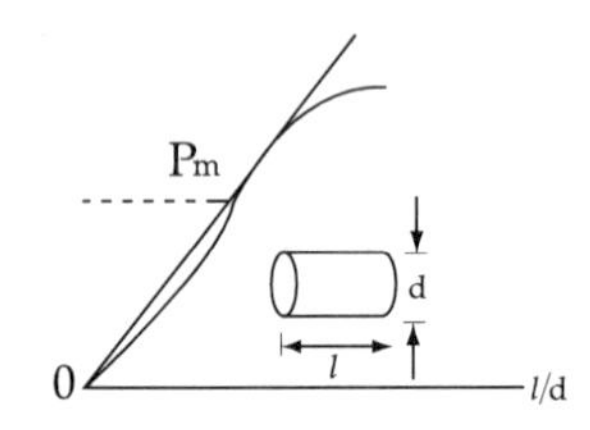

그림 7.10 치수l/d의 비(比)와 B_d의 관계

7.1.6 자성체 경계면에서의 자계

두 개의 서로 다른 자성체가 경계면에서 접하고 있을 때 자계와 자속밀도는 경계면에서 굴절하게 된다.

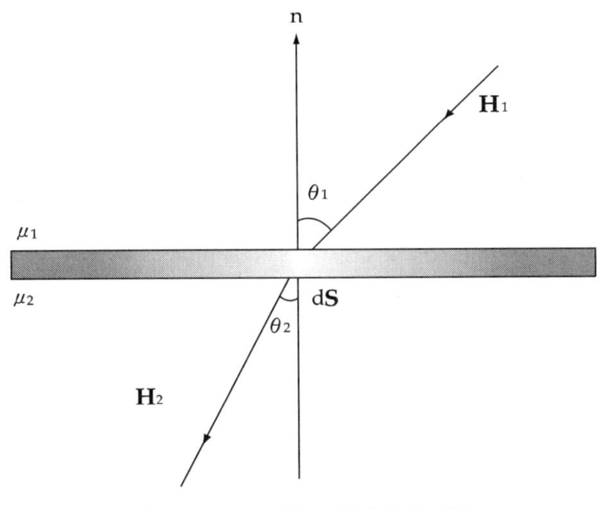

그림 7.11 서로 다른 자성체의 경계면

즉 그림 7.11에서 투자율이 μ_1과 μ_2인 두 자성체의 경계면상에 미소면적 dS를 가정할 때, 각 매질에서 자계의 세기를 $\mathbf{H}_1$, $\mathbf{H}_2$라 하면 그 자계의 세기에 대한 접선(接線)성분은 경계면 양측에서 연속으로 된다. 또 자속밀도의 법선성분은 연속적이어야 하므로 아래의 관계가 성립된다.

$$\mathrm{H}_1 \sin\theta_1 = H_2 \sin\theta_2 \,[\mathrm{AT/m}]$$
$$\mu_1 \mathrm{H}_1 \cos\theta_1 = \mu_2 H_2 \cos\theta_2 \,[\mathrm{Wb/m^2}]$$

그러므로 위의 식으로부터 식 (7.10)의 관계를 얻을 수 있다.

$$\frac{\tan\theta_1}{\tan\theta_2} = \frac{\mu_1}{\mu_2} \tag{7.10}$$

이것은 정전계에서와 같은 형태가 된다. 여기서 $\mu_2 \gg \mu_1$인 경우에는 $\theta_1 \fallingdotseq 0$이 되므로, 자계는 경계면에 거의 수직으로 된다. 따라서 그림 7.12와 같이 공간으로부터 철과 같은 강자성체를 향하여 자계가 진행되는 경우 철의 표면에서 자계는 거의 수직으로 진행된다.

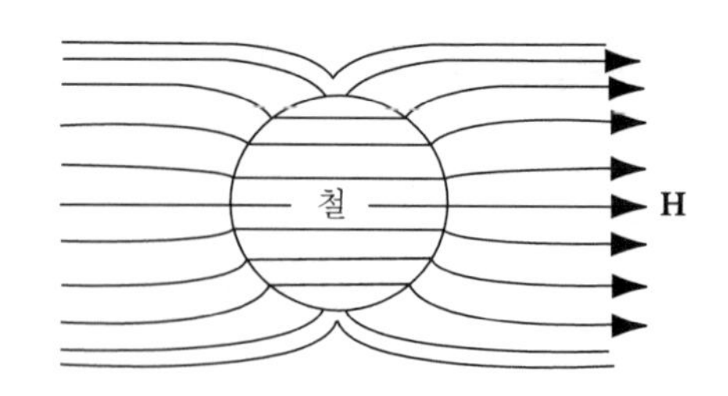

그림 7.12 철구(鐵球)표면에서 자계의 진행

7.1.7 자화(磁化)에너지

자계의 세기가 H [AT/m]인 자계속에서 강자성체가 자속밀도 B [T]로 자화되는 경우 에너지에 대해 생각하기로 한다. 자계의 세기가 0인 무한원점으로부터 자계의 세기가 **H**인 공간으로 강자성체를 미소 길이만큼 이동시키는 데 필요로 되는 일은 dW=H・dB이므로 일은 식 (7.11)과 같이 된다.

$$W=\int_0^B \mathbf{H}\cdot d\mathbf{B}=\int_0^B \mathbf{H}\cdot d(\mu_0\mathbf{H}+\mathbf{J})=\int_0^H \mathbf{H}\cdot d(\mu_0\mathbf{H})+\int_0^J \mathbf{H}\cdot d\mathbf{J} \quad (7.11)$$

여기서

$$W_1=\int_0^H \mathbf{H}\cdot d(\mu_0\mathbf{H})=\frac{1}{2}\mu_0 H^2 \quad (7.12)$$

$$W_2=\int_0^J \mathbf{H}\cdot d\mathbf{J} \quad (7.13)$$

라 하면 식 (7.13)에서 자극의 면밀도가 m일 때 m=J이므로 W_2는 미소자극 dm을 자계의 세기가 0인 무한히 먼 곳으로부터 자계 **H** 중으로 운반해 오는 데 필요로 되는 일을 나타내며, 식 (7.14)로 나타낼 수 있다.

$$W_2=\int_0^m H\,dm \quad (7.14)$$

따라서 식 (7.14)와 식 (6.3)으로부터

$$W=\int_0^m \frac{m}{4\pi\mu_0 r^2}dm=\frac{1}{2}\frac{m^2}{4\pi\mu_0 r}=\frac{1}{2}\mathbf{H}\,m=\frac{1}{2}\mathbf{H}\cdot\mathbf{J} \quad (7.15)$$

가 된다. 그러므로 자화 에너지는 식 (7.16)으로 표현될 수 있다.

$$W = W_1 + W_2 = \frac{1}{2}\mathbf{H} \cdot (\mu_0\mathbf{H} + \mathbf{J}) = \frac{1}{2}HB\ [J] \tag{7.16}$$

이를 자화 곡선상에서 나타내면 그림 7.13과 같이 된다. 여기서

$$W = \int \mathbf{H} \cdot dB\ [J]$$

이며, 히스테리시스 곡선을 반복하여 자화할 때 자화 에너지는 식 (7.17)로 된다.

$$W_h = \int \mathbf{H}\, dB\ [J] \tag{7.17}$$

따라서 히스테리시스 곡선의 1주기에 걸쳐 물체를 자화할 때 필요로 되는 에너지의 크기는 히스테리시스 곡선의 면적과 같다. 이것은 자기에너지의 형태로 축적되는 것은 아니고 열 에너지의 형태로써 소비되며, 이를 히스테리시스 손실(hysteresis loss)이라 한다. 따라서 강자성체를 변압기의 철심과 같은 곳에 사용할 경우 히스테리시스 손실은 전력손실의 원인이 되며 이는 연질 자성 재료에 있어서 특성을 결정짓는 중요한 요소 중의 하나가 된다. 교번전류로 강자성체를 자화하는 경우 히스테리시스 손실은 그 주파수에 비례하며, 식 (7.18)과 같은 실험식으로 표현된다. 이를 스타인메츠(Steinmetz)식이라 부른다.

$$W_h = f\eta B_m^{\ 1.6}\,[J/m^3] \tag{7.18}$$

여기서 f는 주파수, B_m은 자속밀도의 최대치, η는 히스테리시스 정수이다.

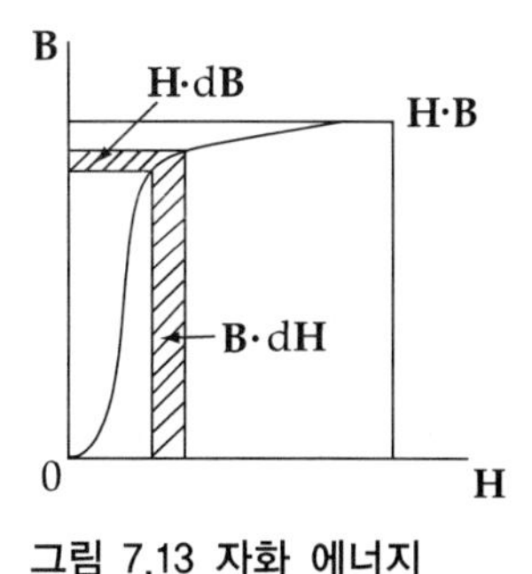

그림 7.13 자화 에너지

7.1.8 강자성체의 표면에 작용하는 힘

이미 앞에서 유전체에 있어서 도체표면에 작용하는 힘에 대해 언급한 바 있다. 이와 마찬가지로 강자성체의 표면에 작용하는 힘을 구할 수 있다.

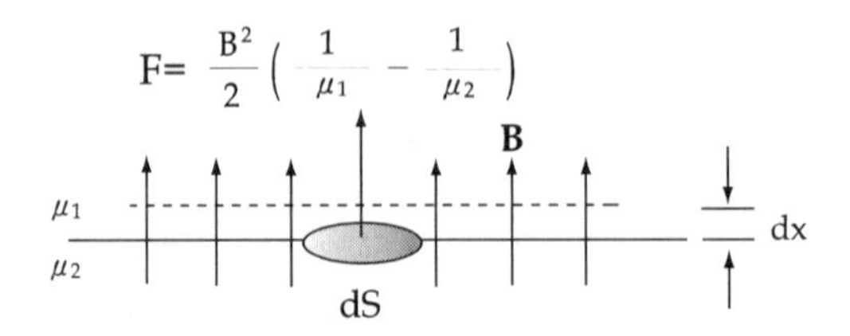

그림 7.14 강자성체의 표면에 작용하는 힘

그림 7.14와 같이 투자율이 μ_1, μ_2인 두 종류의 물질이 경계를 이루고 있을 때 투자율 μ_2인 물질에서 투자율 μ_1인 물질을 향하여 경계면이 dx만큼 변위된다고 가정한다. 이 때 에너지의 변화는 단위체적당 $dW = \omega\, dx = \frac{1}{2}\mathbf{B} \cdot \mathbf{H}\, dx$이므로, 단위체적당 작용하는 힘은

$$\mathbf{F} = -\frac{dW}{dx}\mathbf{a}_n = -\frac{1}{2}\mathbf{B} \cdot \mathbf{H} = \frac{-B^2}{2\mu}\mathbf{a}_n \text{ [N]}$$

가 된다. 또한 μ_1과 μ_2사이에서 변위된 단위체적당 에너지는 식 (7.19)로 된다.

$$\mathbf{F} = \frac{B^2}{2}\left(\frac{1}{\mu_1} - \frac{1}{\mu_2}\right)\mathbf{a}_n \text{ [N]} \tag{7.19}$$

여기서 한 쪽 매질이 $\mu_1 = \mu_0$인 진공 또는 공기이며, 다른 한 쪽은 $\mu_2 = \mu_0\,\mu_r$인 강자성체일 경우 단위체적당 에너지는 식 (7.20)으로 나타낼 수 있다.

$$\mathbf{F} = \frac{B^2}{2\mu_0}\left(1 - \frac{1}{\mu_r}\right)\mathbf{a}_n \fallingdotseq \frac{B^2}{2\mu_0}\mathbf{a}_n \tag{7.20}$$

식 (7.20)은 자석이 철편을 흡인할 때의 힘에 상당하며 이 경우 철편에 작용하는 힘은 공극에서의 에너지 밀도와 같다.

7.2 자기회로(磁氣回路)

7.2.1 자속(磁束)

일정한 면적 S를 수직으로 통과하는 자속밀도 B의 총량 ∅를 자속(magnetic flux)이라 한다. 다시 말하면 면적 S를 통과하는 자력선의 총수를 의미한다. 따라서 자속밀도 B와 자속 ∅는 식 (7.21), (7.22)의 관계를 지닌다.

$$B = \frac{d\varnothing}{dS}[T] \tag{7.21}$$

$$\varnothing = \int B_n \, dS = \int B\cos\theta \, dS[Wb] \tag{7.22}$$

여기서 자속의 단위는[Wb]이다. 도선에 전류가 흐르고 있을 때, 자속은 그림 7.15와 같이 항상 전류를 둘러싸는 연속적인 루프로 된다.

또한 강자성체가 자화되었을 때 자속은 그림 7.16과 같은 연속적인 루프를 형성한다. 지금 임의의 면적 S_i를 가정하고, 이 면에 대해 유입되는 자속과 이 면으로부터 유출되는 자속의 합을 구하면 그 결과는 항상 0이 된다.

또, $\sum\varnothing_i = \sum B_i \cos\theta \, S_i$이므로 임의의 면에 있어서 유입되는 자속과 유출되는 자속사이에는 식 (7.23)의 관계가 성립된다.

$$\int B\cos\theta \, dS = 0 \tag{7.23}$$

여기서 θ는 면적 S의 법선과 자속밀도 B 사이의 각을 나타낸다,

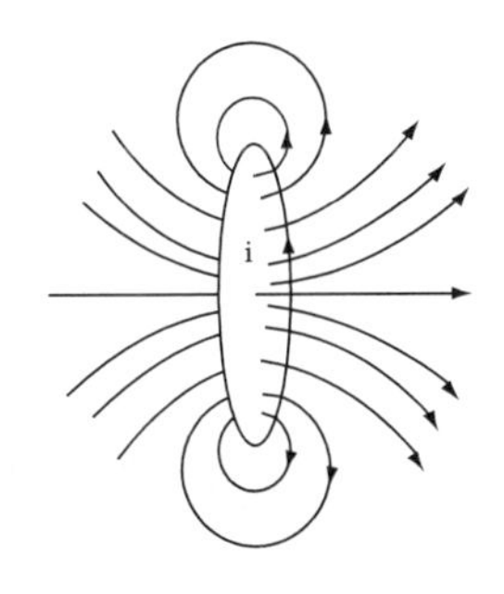

그림 7.15 전류에 의한 자속

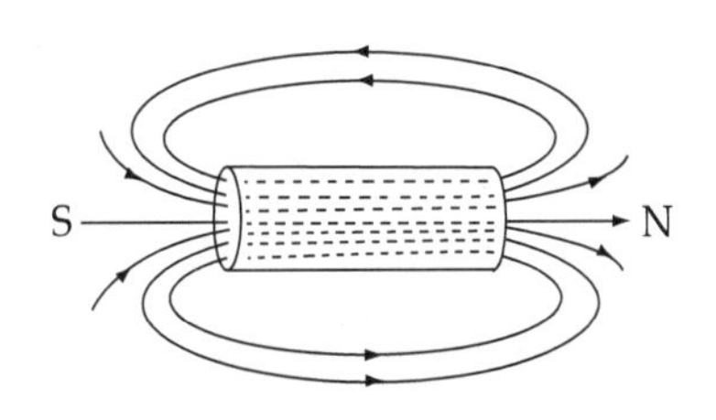

그림 7.16 강자성체에 의한 자속

7.2.2 자기회로(磁氣回路)

전류가 흐름으로써 전기회로를 형성하는 바와 같이 자속도 연속적인 하나의 회로를 만들기 때문에 자속의 통로를 전류의 회로와 같이 취급할 수 있다. 또한 자속이 통과하는 회로를 자기회로(magnetic path)라 부른다.

그림 7.17과 같이 환상(고리모양)의 강자성체에 코일을 감아 전류를 흘리는 경우에 대하여 생각한다. 이 때 코일에 의해 발생된 자계는 식 (7.24)로 표현되는 암페어의 주회적분 법칙으로 구할 수 있다.

$$\int \mathbf{H} \cdot dl = Ni \text{ [AT]} \tag{7.24}$$

또한 자기회로의 단면적을 S라 할 때 이 자기회로를 통과하는 자속은 식 (7.25)의 관계에 있으므로 자계의 세기는 식 (7.26)으로 나타낼 수 있다.

$$\varnothing = \mathbf{B} \cdot \mathbf{S} = \mu \mathbf{H} \cdot \mathbf{S} \tag{7.25}$$

$$\mathbf{H} = \frac{\varnothing}{\mu \mathbf{S}} \tag{7.26}$$

여기서 식 (7.27)로 정의되는 R_m을 자기저항(磁氣抵抗: magnetic resistance)이라 한다.

$$R_m = \int \frac{\mathbf{H} \cdot dl}{\varnothing} = \frac{Ni}{\varnothing} \tag{7.27}$$

여기서 자속발생의 원인이 되는 $\int \mathbf{H} \cdot dl = Ni = V_m$을 기자력(magnetomotive force : m.m.f)라 부르며 또한 식 (7.27)을 소위 자기회로에 대한 옴의 법칙이라 한다. 또 그림에서 자기회로의 길이를 l이라 하면 자기저항 R_m은 식 (7.28)로 되며 이는 자로의 길이, 단면적과 자로의 투자율에 의해 정해지는 값이라 할 수 있다.

$$R_m = \frac{Hl}{\mu H S} = \frac{l}{\mu S} \tag{7.28}$$

이를 자기회로로 나타내면 그림 7.18과 같이 된다. 또 여기서 다수의 기자력과 다수의 자기저항이 직렬로 연결되는 경우 총 자속은 $\varnothing = \frac{\Sigma Ni}{\Sigma R_m}$ 으로 된다.

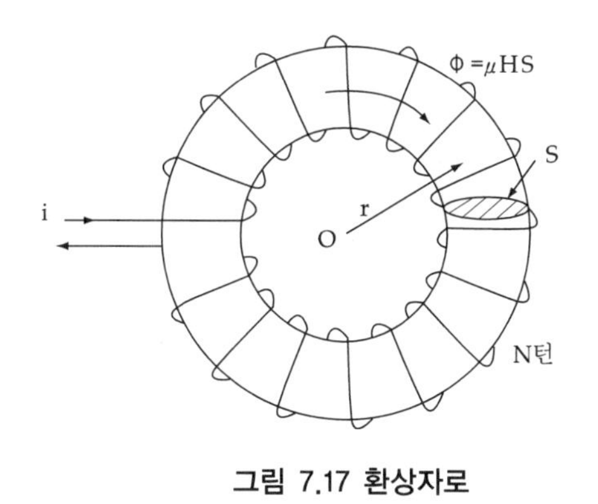

그림 7.17 환상자로

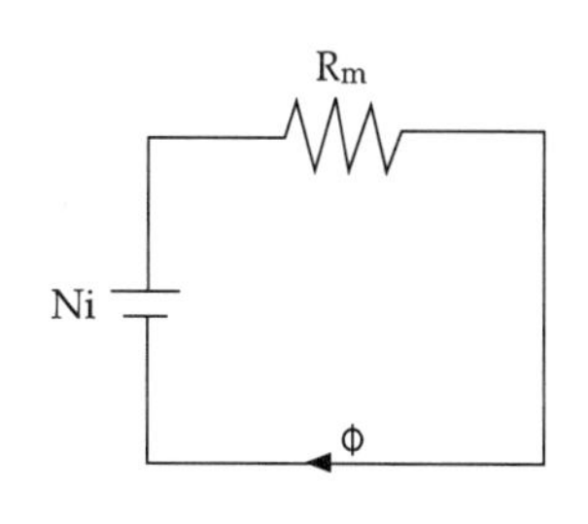

그림 7.18 등가자기회로

7.2.3 자기회로의 예

1) 공극(空隙)이 있는 자기회로

그림 7.19 (a)와 같이 공극이 있는 자기회로에 대해 생각하기로 한다. 자기회로의 일부는 투자율 μ_0인 공극으로 구성되어 있다. 일반적으로 자기회로에서는 전기회로의 경우와 달리 자속의 누설이 발생하므로 실제의 경우에 있어서는 누설되는 자속의 양을 고려해야 하나 이 경우에는 누설자속이 없는 것으로 가정함으로써 자기회로는 그림 (b)와 같이 나타낼 수 있다.

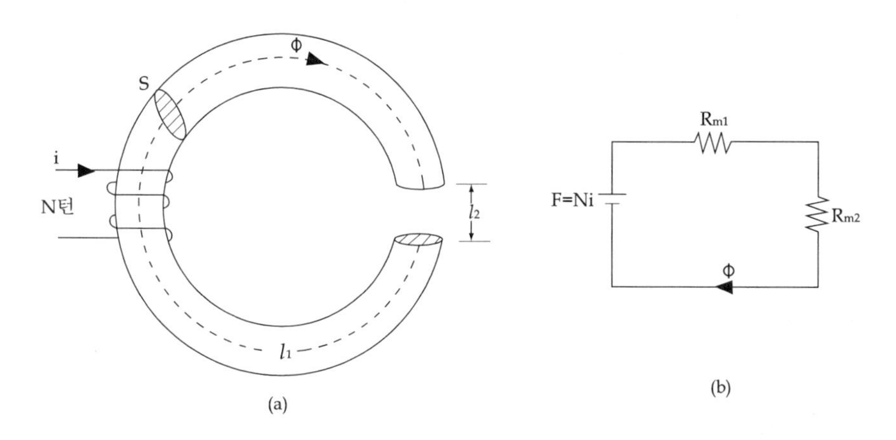

그림 7.19 공극이 있는 자기회로

여기서 R_{m1}과 R_{m2}를 각각 강자성체와 공극부분의 자기 저항이라 하면 자속 ∅는 아래의 식과 같이 나타낼 수 있다.

$$\varnothing = \frac{Ni}{R_m + R_{m2}} [Wb]$$

여기서 자기회로의 단면적이 일정하다면, 각 부분에서의 자기저항은 아래와 같이 된다.

$$R_{m1} = \frac{l_1}{\mu S}, \ R_{m2} = \frac{l_2}{\mu_0 S}$$

따라서 그림 7.19의 자기회로에서 자속은 $\varnothing = \dfrac{NiS}{\dfrac{l_1}{\mu} + \dfrac{l_2}{\mu_0}} [Wb]$가 된다.

한편 강자성체에서의 자계를 $\mathbf{H}_1$이라 하면 $\mathbf{H}_1 = \dfrac{Ni}{l_1} = \dfrac{1}{\mu}\dfrac{\varnothing}{S} [AT/m]$이 되며, 또한 식 (7.29)는 공극에서의 자계 $\mathbf{H}_2$를 나타낸다.

$$\mathbf{H}_2 = \frac{1}{\mu_0}\frac{\varnothing}{S} [AT/m] \tag{7.29}$$

따라서 강자성체에서의 자계 $\mathbf{H}_1$과 공극에서의 자계 $\mathbf{H}_2$사이에는 식 (7.30)의 관계가 성립된다.

$$\mathbf{H}_2 = \frac{\mu}{\mu_0}\mathbf{H}_1 = \mu_r \mathbf{H}_1 [AT/m] \tag{7.30}$$

그 결과 공극부분에서의 자계는 강자성체에서의 자계에 비하여 강자성체의 비(比) 투자율 즉 μ_r배만큼 증가하게 됨을 알 수 있다.

2) 내철형 철심회로(內鐵形 鐵心回路)

그림 7.20은 변압기 등에서 볼 수 있는 내철형 철심이라 불리는 회로로서 내부 철심에 코일이 감겨지며, 코일을 통하여 기자력 $V_m = Ni$이 인가된다. 기자력 $V_m = Ni$에 의해 발생된 자속은 2개의 자기회로로 나뉘어지지만 내부 자기회로와 좌・우측 자기회로에서의 자속밀도가 같아지도록 중앙자기회로의 단면적은 양측 자기회로 단면적의 약 2배가 되도록 한다.

여기서 중앙 자기회로의 단면적과 길이를 S_1, l_1 양측 자기회로의 단면적과 길이를 S_2, l_2라 하면 각 부분에서의 자기저항은 $R_{m1}=\frac{l_1}{\mu S_1}$, $R_{m2}=\frac{l_2}{\mu S_2}$가 된다.

또한 전류에 대한 키르히호프 법칙의 개념을 이용함으로써 다음과 같은 기자력과 자속 사이의 관계를 얻을 수 있다.

$$\varnothing_1 = 2\varnothing_2, V_m = Ni = R_{m1}\varnothing_1 + R_{m2}\varnothing_2 [AT/m]$$

이로부터 각 자기회로에 있어서 자속은 식 (7.31)로 표현된다.

$$\varnothing_1 = \frac{V_m}{R_{m1}+R_{m2}/2},\quad \varnothing_2 = \frac{V_m}{2R_{m1}+R_{m2}} [Wb] \tag{7.31}$$

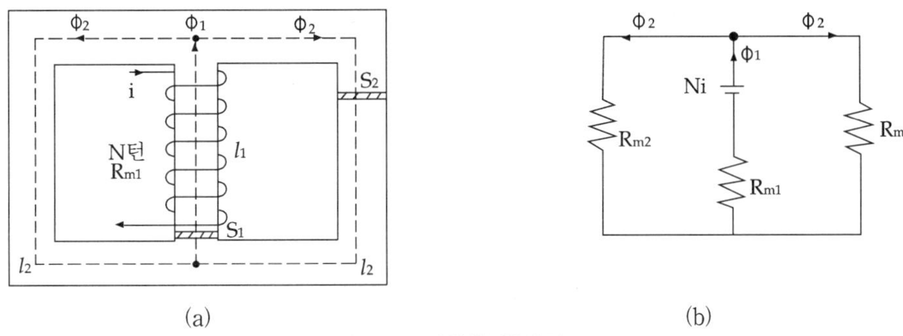

그림 7.20 내철형 철심회로

3) 직류기(直流機)의 자기회로

그림 7.21은 직류 발전기 혹은 직류 전동기에서 볼 수 있는 자기회로의 일예를 나타낸다. 중앙에 위치하고 있는 원통형 부분을 회전자라 하며 회전운동을 한다. 바깥쪽 부분을 고정자라 하는 데 고정자에는 4개의 자극이 있으며 극은 바깥쪽의 계철과 이어지게 된다. 4개의 자극에 $V_m = Ni$의 기자력이 가해짐으로써 자속의 발생이 이루어지며 자속 $\varnothing$는 각 자극에서 모두 같다. 자속 $\varnothing$가 회전자에 유입되면 자속은 $\varnothing$/2로 나뉘어지며, 고정자의 계철 부분에서도 $\varnothing$/2로 된다. 그리고 공극, 회전자, 고정자의 자극, 계철에 있어서의 자기 저항을 그림(b)와 같이 각각 R_g, R_a, R_p, R_y라 하면 전류에 있어서 키르히호프의 법칙과 같이 각각의 자로에 대해 아래의 등식이 성립한다.

$$V_m + V_m = R_g \varnothing + R_a \cdot \frac{1}{2} \varnothing + R_g \varnothing + R_p \varnothing + R_y \cdot \frac{1}{2} \varnothing + R_p \varnothing [AT]$$

$$2V_m = [2(R_g + R_p) + \frac{1}{2} R_y + \frac{1}{2} R_a] \varnothing$$

이로부터 자속 $\varnothing$는 다음과 같이 정의될 수 있다.

$$\varnothing = \frac{2V_m}{2(R_g + R_p) + \frac{1}{2} R_y + \frac{1}{2} R_a}$$

실제에 있어서 문제가 되는 것은 필요한 자속을 얻는데 요구되는 기자력은 어느 정도인가 하는 것을 알아야 하는 데 있다. 따라서 각 자기회로의 평균길이와 평균 단면적 및 투자율을 각각 l, S, μ라 하면 기자력 V_m은

$$V_m = \frac{\varnothing}{2} \cdot \left(\frac{2}{\mu_0 S_g} l_g + \frac{2}{\mu_p S_p} l_p + \frac{1}{2\mu_y S_y} l_y + \frac{1}{2\mu_a S_a} l_a \right) [AT]$$

로 표현된다. 또 각각의 자기회로에서 자계의 세기를 **H**라 하면 기자력 V_m은

$$V_m = \frac{\varnothing}{\mu_0 S_0} l_g + H_p l_p + \frac{1}{2} (H_y l_y + H_a l_a) [AT]$$

로 나타낼 수 있다.

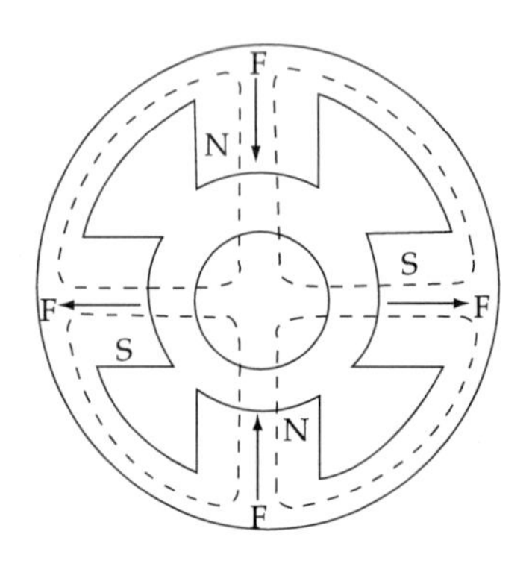

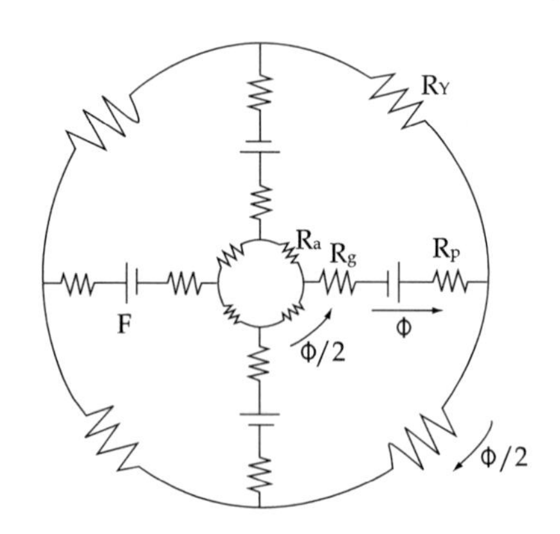

그림 7.21 직류기의 자기회로

예제 4

자기회로와 관련된 정의 중 잘못된 것은? 단, F[A]는 기자력, ∅[Wb]는 자속, R_m [A/Wb]은 자기저항 [A/Wb], A[m^2]는 자기회로의 단면적, l[m]은 자로의 길이 μ[H/m]는 투자율 B[T]는 자속밀도 H[A/m]는 자계의 세기를 나타낸다.

(1) $\varnothing = \frac{F}{R}$ (2) $B = \frac{\varnothing}{A}$

(3) $H = \frac{B}{\mu}$ (4) $R = \mu \frac{l}{A}$

(5) $F = Hl$

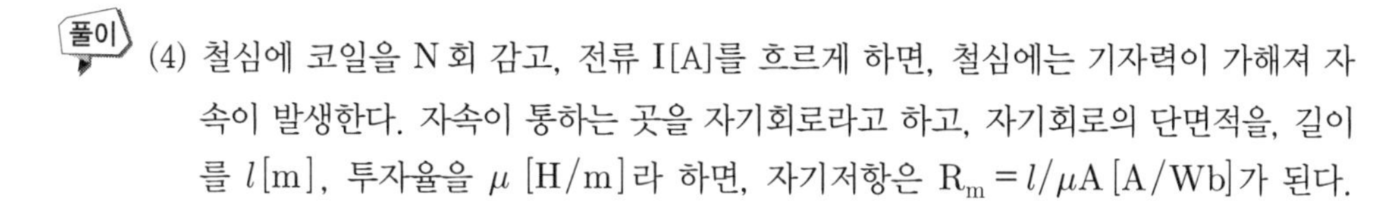

풀이 (4) 철심에 코일을 N회 감고, 전류 I[A]를 흐르게 하면, 철심에는 기자력이 가해져 자속이 발생한다. 자속이 통하는 곳을 자기회로라고 하고, 자기회로의 단면적을, 길이를 l[m], 투자율을 μ [H/m]라 하면, 자기저항은 $R_m = l/\mu A$ [A/Wb]가 된다.

예제 5

자기회로의 길이가 50[cm]인 환상철심에 턴수 N=300인 코일을 감고 여기에 I=7[A]의 전류를 흘리면 기자력 및 자화력은 얼마가 되는가?

풀이 기자력 F는 $F = NI = 300 \times 7 = 2100$ [A]

자화력 H는 $H = NI/l = 2100/0.5 = 4200$ [A/m]

예제 6

평균 자기회로의 길이가 $l = 30$ [cm], 단면적은 $A = 5$ [cm^2]이고 철심의 비투자율 $\mu_r = 800$인 환상철심의 자기저항을 구하시오.

풀이 $$R_m = \frac{l}{\mu_0 \mu_r A} = \frac{30 \times 10^{-2}}{4\pi \times 10^{-7} \times 800 \times 5 \times 10^{-4}}$$

$$= 5.97 \times 10^5 \text{ [A/Wb]}$$

예제 7

그림과 같이 철심으로 된 조립 틀이 있다. 자기저항은 얼마인가?

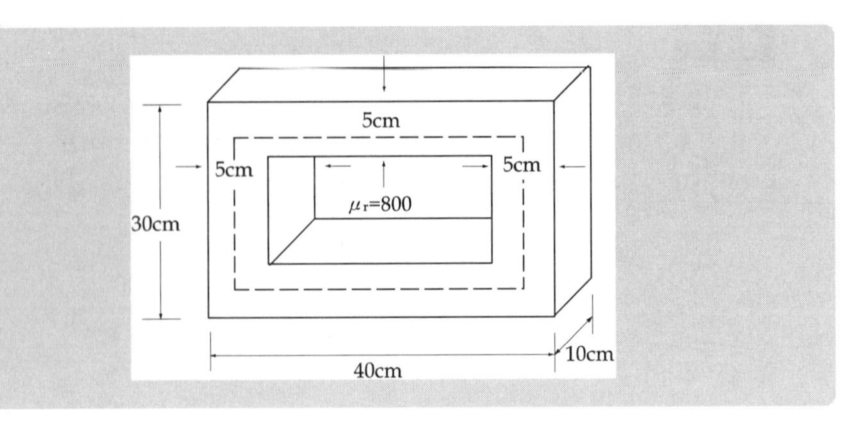

풀이 그림으로부터 자로의 길이 $l = 120\,[\text{cm}]$, 단면적 $A = 50\,[\text{cm}^2]$

$$R_m = \frac{l}{\mu_0 \mu_r A} = \frac{120 \times 10^{-2}}{4\pi \times 10^{-7} \times 800 \times 50 \times 10^{-4}}$$
$$= 2.39 \times 10^5 [\text{A/Wb}]$$

예제 8

단면적 $A = 12[\text{cm}^2]$, 자기저항 $R_m = 8 \times 10^5[\text{A/Wb}]$인 자기회로의 자속밀도를 1.6[T]로 하기 위해서는 기자력을 얼마로 하면 되는가?

풀이 $\varnothing = BA = 1.6 \times 12 \times 10^{-4} = 19.2 \times 10^{-4}[\text{Wb}]$

$\therefore NI = \varnothing R_m = 19.2 \times 10^{-4} \times 8 \times 10^5 = 1536[\text{A}]$

예제 9

단면적 $S[\text{m}^2]$, 평균길이 $l[\text{m}]$인 환상철심에 턴수 N인 코일을 감고, 여기에 I[A]의 전류를 흐르게 했을 경우 자기회로에 관한 다음 설명 중 잘못된 것은? 단, 투자율은 $\mu\,[\text{H/m}]$로 한다.

(1) 철심의 자계의 세기는 $H = NI/l\,[\text{A/m}]$이다.
(2) 철심의 자속밀도는 $B = \mu H = \mu NI/l\,[\text{T}]$이다.
(3) 철심을 통과하는 자속은 $\varnothing = BS = \mu SN/l\,[\text{Wb}]$이다.
(4) 철심의 자기저항은 $R_m = NI/B\,[\text{A/Wb}]$이다.

풀이 (4) 자기저항은 $R_m = NI/\varnothing$ 이므로 $R_m = NI/\varnothing = l/\mu S$

예제 10

환상철심의 단면적과 자기회로의 평균길이가 각각 $S=200\ [cm^2]$, $l=64[cm]$이며, 턴수는 $N=1000$, 코일에 흐르는 전류는 $I=5\ [A]$일 때 다음을 구하여라. 단, 철심의 비투자율은 500이며 누설자속은 없는 것으로 한다.

(1) 기자력 (2)자기저항 (3) 자 속
(4) 자속밀도 (5) 자계의 세기

(1) 기자력 $F=NI=1000\times5=5000[A]$

(2) 자기저항 $R_m=\dfrac{l}{\mu S}=\dfrac{64\times10^{-2}}{500\times4\pi\times10^{-7}\times200\times10^{-4}}=5.1\times10^{-4}[A/Wb]$

(3) 자속 $\varnothing=F/R_m=5000/(5.1\times10^4)=0.098[Wb]$

(4) 자속밀도 $B=\varnothing/S=0.098/(200\times10^{-4})=4.9[T]$

(5) 자계의 세기 $H=F/l=5000/(64\times10^{-2})=7.8\times10^3[A/m]$

예제 11

내경 $40[cm]$, 단면의 직경이 $6[cm]$인 환상 철심이 있다. 여기에 턴수 500인 코일이 감겨져 있다. 철심의 비투자율을 1600이라 할 때, 이 코일에서 $1.0[T]$의 자속밀도를 얻기 위해 전류를 흘려야 할 전류는?

이 환상철심에서 자기회로의 평균길이는 $l=2\pi r=3\pi\times(0.2\times0.06/2)[m]$

$$I=\frac{Bl}{\mu_0\,\mu_r\,N}=\frac{2\pi\times(0.2+0.06/2)\times1.0}{4\times10^{-7}\times1600\times500}\fallingdotseq4.5[A]$$

예제 12

그림과 같이 공극이 있는 환상철심에 대해 (1) 철심의 자기저항, (2) 공극의 자기저항 (3) 전체의 자기저항을 각각 구하시오.

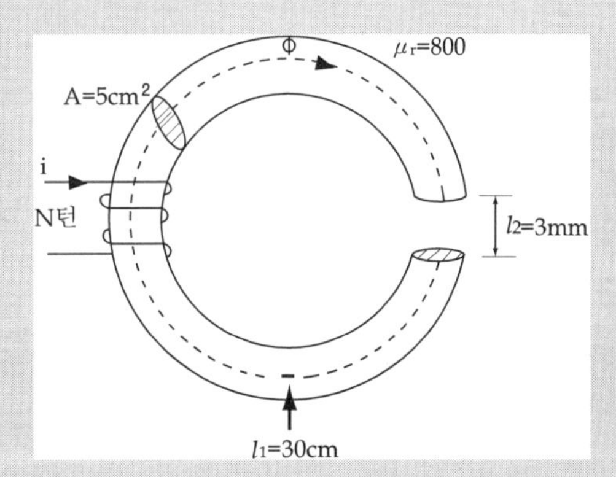

풀이 철심의 자기저항 ; $R_1 = \dfrac{l_1}{\mu_0 \mu_r A}$, 공극의 자기저항 ; $R_2 = \dfrac{l_2}{\mu_0 A}$

전체의 자기저항 ; $R = R_1 + R_2$이므로

$$R_1 = \frac{l_1}{\mu_0 \mu_r A_1} = \frac{30 \times 10^{-2}}{4\pi \times 10^{-7} \times 800 \times 5 \times 10^{-4}} = 5.97 \times 10^5 [A/Wb]$$

$$R_2 = \frac{l_2}{\mu_0 A} = \frac{3 \times 10^{-3}}{4\pi \times 10^{-7} \times 5 \times 10^{-4}} = \frac{30 \times 10^{-4}}{0.2\pi \times 10^{-9}}$$

$$= 47.7 \times 10^5 [A/Wb]$$

따라서 전체의 자기저항 R은

$$R = R_1 + R_2 = 5.97 \times 10^5 + 47.7 \times 10^5 = 53.67 \times 10^5 [A/Wb]$$

예제 13

예제 12에서의 결과를 이용하여 R_1과 R_2의 비를 구하시오.

R_1과 R_2의 비는 $R_1/R_2 = 5.97/47.7 \fallingdotseq 8$ 즉, 공극은 철심에 비해 8배의 자기저항을 갖는다. 공극은 철심에 비해 자기회로의 길이가 1/100, 투자율이 1/800이므로 자기저항은 1/100×1(1/800)=8배가 된다.

예제 14

그림과 같이 공극을 갖는 철심이 있다. 철심의 비투자율과 단면적, 자기회로의 평균길이, 공극의 길이는 각각 μ_r=1500, $A = 10\,[cm^2]$, $l_1 = 20\,[cm]$, $l_2 = 2\,[mm]$이며 여기에 400회의 코일을 감고 5[A]의 전류를 흘릴 때 다음을 구하시오.

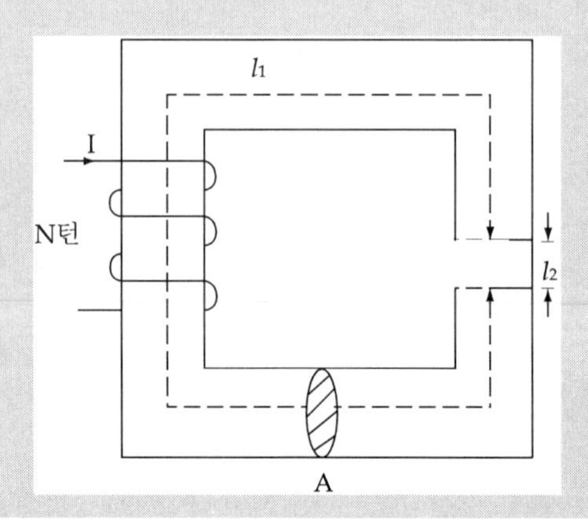

(1) 철심의 자기저항 R_1 (2) 공극의 자기저항 R_2
(3) 이 회로의 자속 $\varnothing$ (4) 자속밀도 B

풀이 (1) $R_1 = \dfrac{l_1}{\mu A} = \dfrac{l_1}{\mu_0 \mu_r A} = \dfrac{0.2}{4\pi \times 10^{-7} \times 1500 \times 10 \times 10^{-4}}$

$= 1.06 \times 10^{-6} \times 10^{11} = 1.06 \times 10^5 [A/Wb]$

(2) $R_2 = \dfrac{l_2}{\mu_0 A} = \dfrac{2 \times 10^{-3}}{4\pi \times 10^{-7} \times 10 \times 10^{-4}} = 0.0159 \times 10^8 = 15.9 \times 10^5 [A/Wb]$

(3) 합성 자기 저항은

$R = R_1 + R_2 = 1.06 \times 10^5 + 15.9 \times 10^5 = 16.96 \times 10^5 [Wb]$ 이므로

$\varnothing = \dfrac{NI}{R} = \dfrac{400 \times 5}{16.96 \times 10^5} = 117.9 \times 10^{-5} = 1.18 \times 10^{-3} [Wb]$

(4) 자속밀도 B는 전 자기회로에 걸쳐 일정하므로

$B = \dfrac{\varnothing}{A} = \dfrac{1.18 \times 10^{-3}}{10 \times 10^{-4}} = 1.18 [T]$

예제 15

그림과 같이 철심으로 된 자기 회로가 있다. 철심의 좌측 암에 턴수 $N = 2000$의 코일을 감고, 여기에 10 [A]의 전류를 흐르게 했을 때, 다음 각각을 구하시오.
단, 철심의 자기적 제량은, 다음과 같다.
철심의 비투자율 $\mu_r = 1000$, 철심 각부의 단면적과 평균자기회로의 길이는 $A_1 = 50[cm^2]$, $A_2 = 100[cm^2]$, $A_3 = 50[cm^2]$, $l_1 = 80[cm]$, $l_2 = 25[cm]$, $l_3 = 80[cm]$
(1) 합성 자기저항 R_0
(2) 철심각부의 자속 $\varnothing_1$, $\varnothing_2$, $\varnothing_3$
(3) 철심각부의 자속밀도 B_1, B_2, B_3

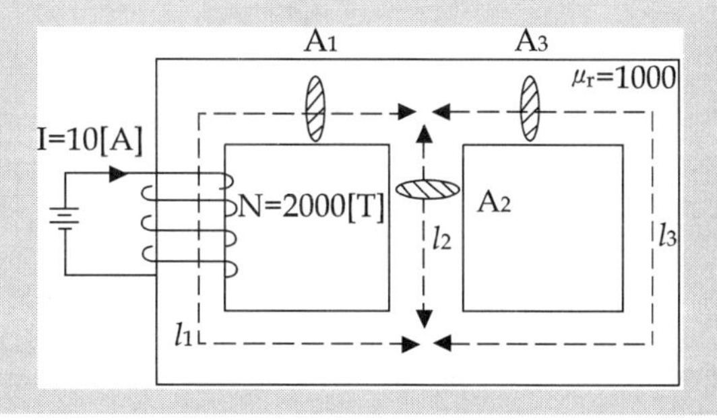

풀이 $R_1 = \dfrac{l_1}{\mu_0 \mu_r A_1} = \dfrac{80 \times 10^{-2}}{4\pi \times 10^{-7} \times 10^3 \times 50 \times 10^{-4}} = 12.7 \times 10^4 [A/Wb]$

$$R_2 = \frac{l_2}{\mu_0 \mu_r A_2} = \frac{25 \times 10^{-2}}{4\pi \times 10^{-7} \times 10^3 \times 100 \times 10^{-4}} = 1.9 \times 10^4 [A/Wb]$$

$$R_3 = R_1 = 12.7 \times 10^4 [A/Wb] = 12.7 \times 10^4 [A/Wb]$$

(1) 따라서 합성자기저항 R_0는

$$R_0 = R_1 + \frac{R_2 R_3}{R_2 + R_3} = 12.7 \times 10^4 + \left(\frac{12.7 \times 1.9}{12.7 + 1.9}\right) \times 10^4 = 4.35 \times 10^4 [A/Wb]$$

(2) $\varnothing_1 = \frac{NI}{R_0} = \frac{2000 \times 10}{14.35 \times 10^4} = 0.139[Wb]$

$$\varnothing_2 = \phi_1 \times \frac{R_3}{R_2 + R_3} = 0.139 \times \frac{12.7}{1.9 + 12.7} = 0.121[Wb]$$

$$\varnothing_3 = \varnothing_2 - \varnothing_1 = 0.018[Wb]$$

(3) $B_1 = \frac{\varnothing_1}{A_1} = 0.139/(50 \times 10^{-4}) = 27[T]$

$$B_2 = 0.121/(100 \times 10^{-4}) = 12.1[T]$$

마찬가지 방법으로 $B_3 = 0.018/(500.018/(50 \times 10^{-4}) = 3.6[T]$

예제 16

그림과 같은 철심이 있다. 철심 중앙부 코일에 전류를 흐르게 하여, 5000[A]의 기자력이 발생되었을 때 철심 각부를 흐르는 자속 $\varnothing_1$, $\varnothing_2$, $\varnothing_3$는 얼마가 되는가? 철심의 비투자율은 1000, 자속의 누설은 없는 것으로 한다. 단, 자기회로 각부의 길이 및 단면적은 $l_1 = 25[cm]$, $l_2 = 75[cm]$, $l_3 = 75[cm]$, $A_1 = 50[cm^2]$, $A_2 = 25[cm^2]$, $A_3 = 25[cm^2]$이다.

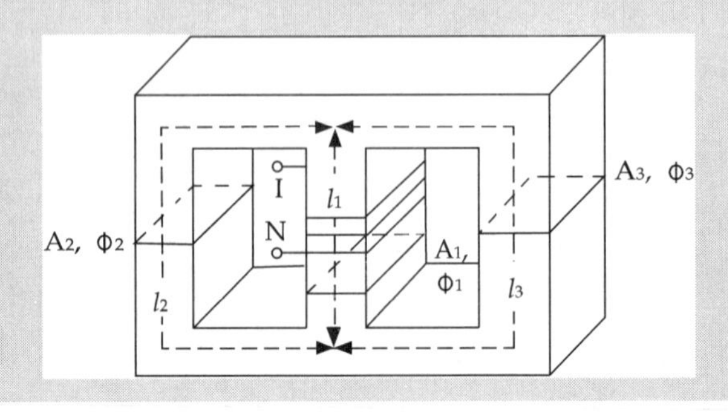

풀이 중앙 암의 자기저항 R_1은

$$R_1 = \frac{l_1}{\mu_0 \mu_r A_1} = \frac{25 \times 10^{-2}}{4\pi \times 10^{-7} \times 1000 \times 50 \times 10^{-4}} = \frac{5 \times 10^{-2}}{4\pi \times 10^{-7}} [A/Wb]$$

왼쪽 암의 자기저항 R_2는

$$R_2 = \frac{l_2}{\mu_0 \mu_r A_2} = \frac{75 \times 10^{-2}}{4\pi \times 10^{-7} \times 1000 \times 25 \times 10^{-4}} = \frac{30 \times 10^{-2}}{4\pi \times 10^{-7}} [A/Wb]$$

오른쪽 암의 자기저항 R_3는 $R_3 = R_2$ 따라서, 합성자기저항은 R은

$$R = R_1 + \frac{R_2}{2} = \frac{5 \times 10^{-2}}{4\pi \times 10^{-7}} + \frac{1}{2} \cdot \frac{30 \times 10^{-2}}{4\pi \times 10^{-7}} = \frac{20 \times 10^{-2}}{4\pi \times 10^{-7}} [A/Wb]$$

중앙 암의 자속 ϕ_1은 $\phi_1 = \frac{F}{R} = \frac{5000 \times 4\pi \times 10^{-7}}{20 \times 10^{-2}} = 0.0314[Wb]$

좌우 암의 자속 ϕ_2는 $\phi_2 = \frac{\phi_1}{2} = 0.0157[Wb]$

7.3 자성재료(磁性材料)

7.3.1 자성재료의 발전

자성체에 관한 이해를 깊게 하기 위하여 현재 실용화되어 있는 주요 자성 재료와 그 응용에 대해 간단하게 설명한다.

표 7.2는 금세기 들어 이룩된 자성 재료의 발전 역사를 정리한 것이다. 표에서 볼 수 있는 바와 같이 실용 자성 재료의 발전은 금세기 초부터 시작되어 연질 자성 재료(soft magnetic material), 영구 자석 재료(permanent magnet material)와 같은 다양한 재료가 개발되어 왔다. 그 중 일본의 가토, 다케이등에 의해 개발된 산화물 페라이트 자성 재료는 매우 획기적인 재료로 평가되며 고주파(高周波)용 자심(磁心)으로 현재 널리 사용되고 있으며 전자기기산업에 크게 공헌하고 있다. 또한, 이 산화물 페라이트 자성 재료는 바륨(Barium) 및 스트론티늄(Strontium) 페라이트 자석의 원형으로 되었다.

마즈모토, 야마모토 등이 발명한 샌더스트의 발명도 주목된다. 영구 자석 분야에 있어서도 미시마의 MK(Fe-Al-Ni-Co)자석과, 혼다, 마즈모토, 야마모토 등에 의한 NKS(Fe-Al-Ni-Co-Ti)자석은 종래의 개념이나 이론을 바꾸어 놓았으며, 그 결과 새로운 영구 자석으로의 길을 열어 놓은 재료로서 이것이 전자기기 분야에 대단한 공헌을 이룩하게 되었다. 또한 희토류(希土類)자석의 개발이 이루어지게 되었으며, 그 중 Nd-Fe-B자석은 불가능하리라 여겨 왔던 최고의 자기특성을 달성한 것으로 평가받고 있다. 그림 7.22는 고투자율(高透磁

率) 고보자력(高保磁力) 재료를 투자율과 보자력을 기준으로 정리하여 놓은 것이다.

표 7.2 금세기의 강자성 재료 개발의 역사

년도	재료	발명자	년도	재료	발명자
1904	Heusler합금	F.Heusler	1942	이방성 알니코자석	G.B.Jones
1904	규소강판	E.Gumlich	1943		L.Neel
1917	퍼멀로이(78Ni−Fe)	G.W.Elmen	1946	수퍼멀로이(79Ni−5Mo−Fe)	O.L.Boathby R.M.Bozorth
1920	KS강	혼다, 다가키	1952	Ba(St)ferrite자석	J.J.Went
1920	철의 단결정	혼다	1953	알니코자석	D.G.Ebeling
1928	퍼멘쥴(49Co강)	G.W.Elmen	1955	EDS자석	F.E.Luborsky
1931	MK강(Fe−Al−Ni)	미시마	1959	Mn−Al자석	A.J.J.Koch
1931	이소펌(50Ni−Al−Ni)	O.Dahi	1967	SmCo5자석	K.J.Strnat
1932	OP자석, Forrite	가토, 다케이	1967	비정질 자성합금 (Fe10P12.5C7.5)	P.Duwey
1934	MKS강 (Fe−Al−Ni−Co−Ti)	혼다, 마스모토, 사라카와	1968	HI−B방향성 규소강판	야마모토 다구치
1934	방향성 규소강판	N.P.Goss	1970	Fe−Cr−Co자석	가네코, 혼마
1935	구니페(60Cu−20Ni−Fe)	H.Neuman	1971	하드펌(Nb퍼멀로이)	마스모토, 무라카미
1936	샌더스트(9.5Si−5.5Al−Fe)	마스모토, 야마모토	1973	R2Co17형 희토류 자석	센토, 다와라
1936	Pt−Co자석	W.Jellinghauss	1973	이방성 Mn−Al−C 자석	구보, 오타니
1938	바이컬로이 (50Co−13V−Fe)	E.A.Nesbitt G.A.Kelsall	1982	Nd−Fe−B자석(소결)	사가와
1942	알펌(Fe−12Al)	마스모토, 사이토	1982	Nd−Fe−B자석(급냉 분말)	J.J.Croat

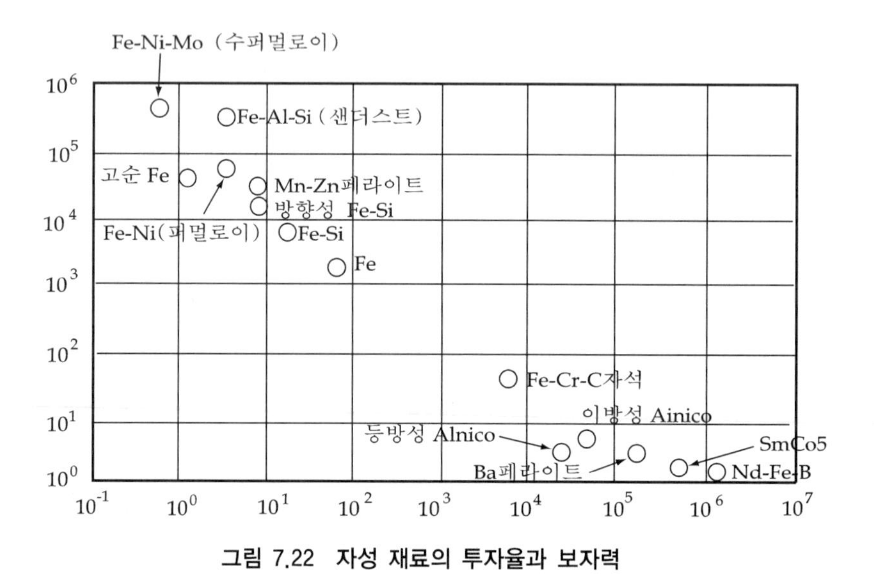

그림 7.22 자성 재료의 투자율과 보자력

참고

자성재료 분야에 있어서 일본의 연구자들은 매우 큰 공헌을 하였다. 즉 1917년 혼다, 다가키등은 고탄소강에 Cr, W과 함께 Co를 함유하여 KS강(鋼)자석을 발명하였으며, 1931년 미시마는 Fe-Ni합금에 Al을 첨가한 MK강(鋼)을 발명하였다. 이는 당시 영구 자석의 개념을 뒤엎은 획기적인 발명이었다. 이 발명에 힘입어 혼다, 야마모토, 사라카와 등은 Fe-Ni-Co.(Al).Ti를 주성분으로 하는 MKS자석을 발명하였으며, 이것들은 뒷날 알니코(Alnico)자석의 발전에 기초가 되었다. 또 1932년 가토, 다케이에 의해 OP자석이 발명되었으며, 페라이트 연질자성 재료 및 페라이트 자석의 기초가 되었다. 최근에는 1984년 사가와는 Nd-Fe-B자석을 발명하였으며, Nd-Fe-B자석에서 Alnico자석을 상당히 상회하는 고성능의 자성(磁性)이 발명되어 세계적으로 주목받고 있다.

7.3.2 연질자성재료(軟質磁性材料)

현재 실용화되어 있는 주요 연질 자성재료를 표 7.3에 나타내었다.

① 순철(純鐵), 연철(軟鐵)—근래에 정련(精鍊)기술의 발달에 의해 탄소 함유량이 적은 철이 대규모로 생산됨에 따라 릴레이(relay)의 철심이나 일부 가전기기용 전동기 또는 변압기의 철심으로 사용되고 있다.

② 규소강—순강에 규소를 함유시키면 전기 저항이 증가하고, 교류 손실을 감소시킬 수 있기 때문에 교류기기의 철심으로써 규소강합금이 널리 사용된다. 대부분은 판의 형태로 적층(積層)하여 사용한다.

전동기와 같은 회전기기(回轉機器)용에는1 ~ 3%의 Si, 변압기에는3 ~ 4%의 Si를 이용하고 있다. 또 판의 형태로 압연하고, 소(燒)담금하는 제조하는 과정을 통하여 압연시키는 방향으로 자기 특성을 지니게 하는 자성 향상 기술이 확실하게 정착됨에 따라 약 3%의 Si로 교류손이 극히 적은 규소강판을 만들어 변압기용으로 사용하고 있다.

③ 샌더스트—1936년 높은 투자율을 지닌 재료로써 세계적인 주목을 받았다. 단단하지 못하고 연하다는 성질로 인하여 좀처럼 실용화되지 못하였지만, 최근에는 오히려 그와 같은 특성을 이용하여 비디오 테이프의 자기 헤드 재료로써 사용되고 있다.

④ Fe-Ni합금(퍼멀로이)—Fe-Ni합금은 1917년 엘멘(Elmen)의 연구이래, 여러 종류의 고투자율 재료로 개발되어 왔다. 그 중 현재 실용화되고 있는 것은 47% Ni의 PB퍼멀로이와 79Ni-4Mo, 경우에 따라서는 Cu를 함유하는 PC퍼멀로이의 2종류를 들 수 있다. PB퍼멀로이는 주로 릴레이회로에 사용되고 있다. 또한 PC퍼멀로이는 금속 자성재료로 최고의 투자율을 갖는 박판(薄板)으로써 주로 자기 헤드용으로 이용되고 있다.

또 Nb를 함유한 PC퍼멀로이는 내(耐) 마모성이 우수한 합금으로 사용되고 있다.

⑤ Fe-Co합금(퍼멘쥴)—Fe-Co가 각각 1/2로, V를 2% 함유시킨 합금으로, 포화자속밀도가 높아야 하는 부품이나 전자석의 자극등에 이용되고 있다.

⑥ Fe-Cr 합금(電磁 스테인레스)—약 13% Cr과 소량의 Al, Si등을 함유한 합금으로써 내식성(耐蝕性)이 뛰어나며 전기저항이 높기 때문에 교류용 철심, 특히 펄스를 발생하는 릴레이 회로의 철심으로써 이용이 확대되고 있다.

⑦ 페라이트—일반적으로 $MOFe_2O_3$(M은 2價 금속)의 조성으로 되어 있는 산화물자성 재료로 소결(燒結)에 의해 제조된다. 금속 자심(磁心) 재료에 비해 전기 저항이 매우 높으며, 전류 손실이 적기 때문에 높은 주파수 영역에서도 높은 투자율을 지니게 된다. 용도에 따라 각종 조성의 재료가 개발되고 있는데(MnZn)O · Fe_2O 조성으로 이루어진 Mn · Zn 페라이트가 가장 광범위하게 사용되고 있다. 주요 용도로는 안테나 코어(core)을 들 수 있다.

표 7.3 주요한 실용 연질 자성 재료

재료	비 초기 투자율	비 최대 투자율	보자력 [AT/m]	저항율 [μΩ · cm]	주요용도
순철. 연철	400	6000	64	12	Relay 철심
3%규소강	500	7000	24	45	전동기, 변압기 철심
방향성규소강(3%Si)	1500	30000	16	45	변압기의 철심
샌더스트(10Si-5A1-Fe)	35000	110000	2	80	자기헤드
PB퍼멀로이(47Ni-Fe)	4000	5000	1.5	45	Relay 철심
PC퍼멀로이(79Ni-4Mo-Fe)	100000	500000	0.8	55	자기헤드
퍼멘쥴(49Co-2V-Fe)	800	5000	4.5	40	자극
전자(電磁)스텐레스(13Cr-Fe)	300	3500	100	90	펄스릴레이의 철심
Mn-Zn페라이트	5000	-	10	200×10^6	고주파 자심

7.3.3 경질자성재료(硬質磁性材料)

그림 7.23은 영구 자석의 발전 상황을 나타낸다. 이중 실용화되어 있는 중요한 재료의 특성을 표 7.4에 나타내었다.

① Alnico系 자석—MK강, NKS강을 기초로 각국에서 연구 개발이 이어져 왔으며 그 결과 오늘날의 Alnico계 자석이 완성되었다. 대표적인 재료는 이방성(異方性)의 Alnico5라 할 수 있으며, 이것은 주조(鑄造)에 의해 만들어지며 자계 중에서 열처리를 하는 방식에 의해 자계의 방향으로 자성을 향상시키게 된다. 또 주조할 때 냉각. 응고

의 방향을 규제하여 결정(結晶)방향을 갖추게 된다. 또 특성의 향상을 도모한 재료도 있다. 즉 Alnico8 및 11은 여기에 Ti를 첨가하여 보자력의 향상을 도모하였으며, 일반적으로 Alnico계 자석은 자성의 온도변화가 작고 안정하기 때문에 계측기용으로써 많이 이용되고 있다.

② 페라이트(ferrite)자석—BaO · $6Fe_2O_3$와 SrO · $6Fe_2O_3$의 조성으로 된 Ba페라이트와 Sr페라이트로 만들어지며, 공업용 자석재료의 주류가 되고 있다. 분말을 프레스 소결하는 방법으로 만들어지므로, 가격이 비교적 저렴하다는 점을 특징이라 할 수 있다. 대부분 프레스할 때 자계를 가하여 자계의 방향으로 자성을 향상시키고 있다.(異方性). Sr 페라이트는 Ba 페라이트에 비해 보자력이 다소 높기 때문에, 고성능 기기로의 이용이 확대되어 가는 추세에 있으며 각종 스피커, 발전기용 자석으로 폭 넓게 이용되고 있다.

③ 희토류(希土流)자석—희토류 자석은 SmCo5에서 Sm2(Co, Fe, Cu, Zr)17의 조성으로 발전되었다. 페라이트 자석과 같이 원료 분말을 자계중에서 프레스 · 소결시키는 방법으로 매우 높은 자성에 이를 수 있다. 가격이 고가이나 소형 전자기기 부품으로 이용되고 있다. 그 후, Nd－Fe－B계의 자석이 출현하였으며, 이는 고성능이기 때문에 이용이 급속하게 늘고 있다. 이 자석의 조성은 $Nd_2-Fe_{14}-B_1$으로 되며 두 가지의 제조법이 이용되고 있다. 그 중 하나는 앞의 희토류 자석과 같은 제조 방법이며, 또 하나는 급냉에 의해 합금 분말을 만들고, 그것을 소결(燒結)한 후 소성(塑性) 가공을 하여 이방성(異方性)을 줌으로써 자성을 향상시키는 방법으로 발전이 기대되고 있다.

표 7.4 주요 실용 경질 자성 재료

재료	보자력 Hc [kAT/m]	잔류자속밀도 Br[T]	최대에너지곱 (BH)max[kT/m^3]	주요 용도
Alnico 5	50	1.3	40	계기, 해상레이더, 스텝모터
Alnico 8	110	0.9	40	서보모터
Alnico 11	120	1.0	75	제어기기
Ba ferrite	160, 200	0.4, 0.35	30,25	스피커, 전장모터
Sr ferrite	200, 280	0.42, 0.35	31,25	
Sm2Co17	500	1.05	220	소형모터
Nd－Fe－B	800	1.2	290	MRI, VCM

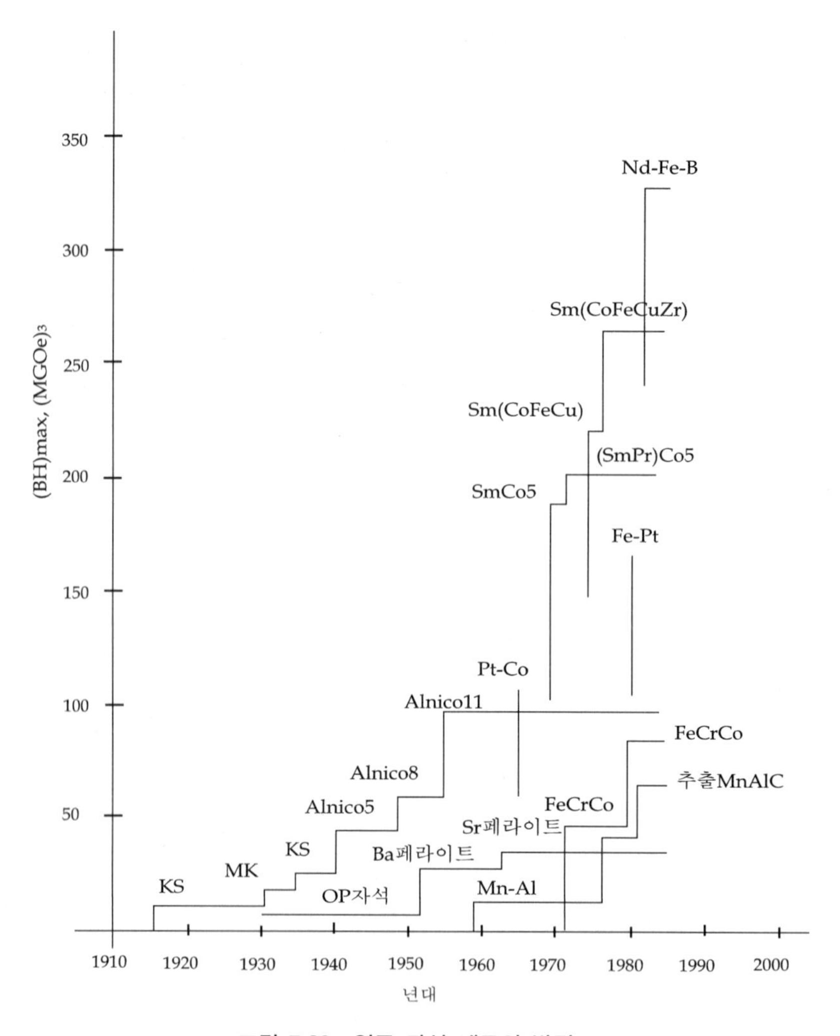

그림 7.23 영구 자석 재료의 발전

제7장 연습문제

01 H_0의 일정한 자계에 얇은 철판을 자계와 (1) 평행하게 놓을 경우, (2) 수직으로 놓을 경우, 각각에 대해 철판내부의 자계의 세기와 자화의세기를 구하시오. 단, 철의 자화율은 χ이다.

02 단면적이 6[cm^2]인 환상 철심에 도선을 감고 여기에 전류를 흘려 철심속의 자계의 세기를 600[AT/m]가 되도록 여자할 때 철심속의 자속밀도와 자속은 얼마가 될까? 또, 이때 자화의 세기 및 자화율을 구하시오. 단, 철의 자화곡선은 우측그림과 같다.

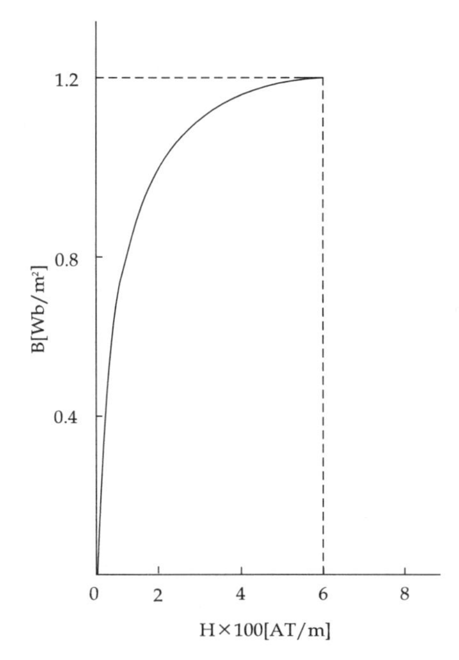

03 중심 반경이 5[cm], 1000턴의 코일이 감겨진 무단(無端)솔레노이드에 전류 50[mA]를 흘렸을 때, 솔레노이드 중심 선상의 자속밀도를 구하시오. 단 철심의 비투자율은 850이다.

04 그림과 같이 비투자율이 200인 자기회로가 있다. 공극의 자속밀도를 0.5[Wb/m^2]으로 하기 위해서는 코일에 얼마의 전류를 흘려야 하는가? 단, 자로의 단면적은 4[cm^2]이며, 일정하다.

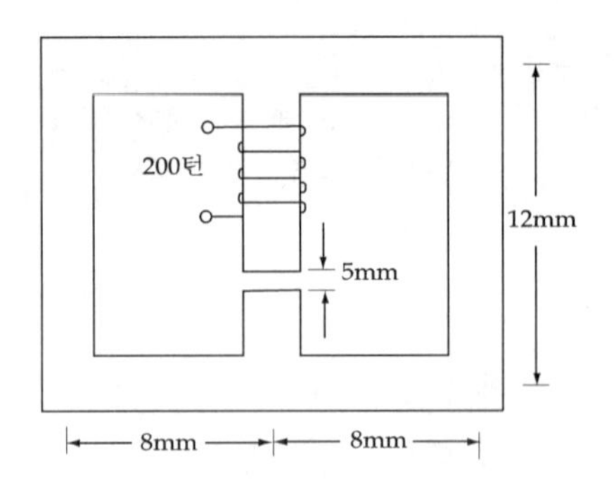

05 전체길이 $l=80[\text{cm}]$, 단면적 $S=2[\text{cm}^2]$, 비투자율이 1000인 철심으로된 링형 자기회로에 500[AT]의 기자력을 인가했을 때 자속 $\varnothing$와 공극의 간격 d사이의 관계를 구하시오. 단, 누설자속은 무시하며, 공극에 있어서의 자속의 단부효과(end effect)는 고려하지 않는 것으로 한다. 또, $d=3$, $d=5[\text{mm}]$인 경우 각각의 자속 $\varnothing$를 구하시오.

06 그림과 같이 투자율이 μ_1, μ_2인 강철을 직렬 접속한 일정 단면적인 링 형태의 자기회로가 있다. 단면적 S, 링의 중심반경 r, 양쪽 강철의 길이를 같게 하며, 그 접속부가 길이 δ의 간격으로 될 때, 자속 $\varnothing$를 발생시키기 위해 필요로 되는 기자력을 구하시오.

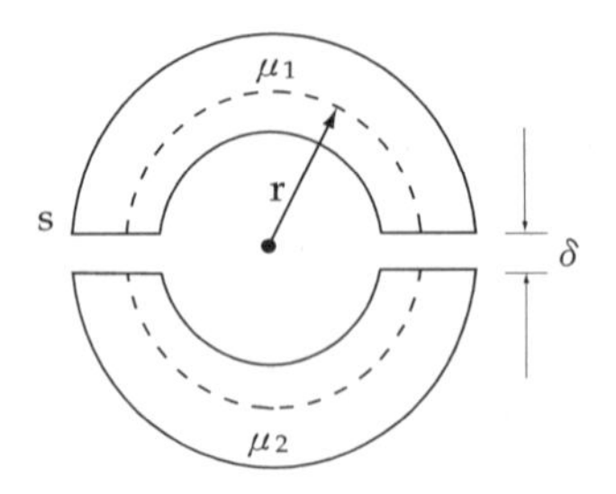

07 공극이 있는 환상 솔레노이드에서 코일의 턴수 N, 철심의 단면적 S, 자로길이 l, 공극의 길이가 δ일 때, 공극에서의 자속밀도가 B_0로 되기 위해 필요로 되는 전류의 크기는? 단, 자로의 공극에서 20% 누설자속이 발생하며, 철심의 자화곡선은 아래 그림과 같다.

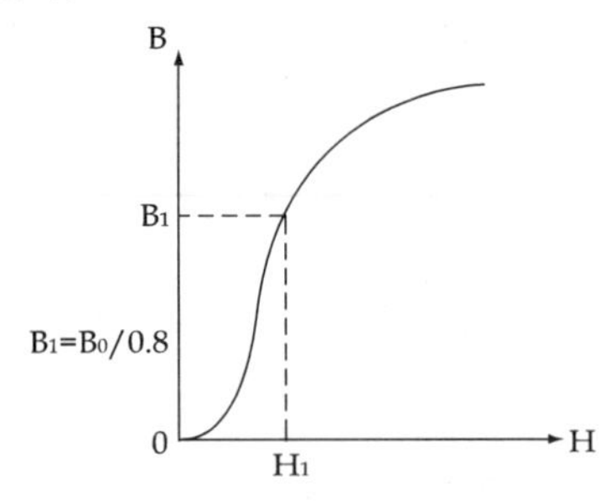

제8장 전자유도(電磁誘導)현상

8.1 전자유도현상

1820년 에르스테드가 발견한 전류의 자기작용(磁氣作用)과 뒤이어 암페어가 발견한 전류 사이의 상호작용에 따라 영구자석주위에 놓여진 코일에 전류가 흐르면 코일과 영구자석사이에는 자기력이 작용하게 되며 이로부터 전자력(電磁力)이 작용한다는 것을 알 수 있게 되었다. 그리고 이와 같은 힘은 모두 자계 중에 놓여진 도선에 전류가 흐를 때 작용하는 전자력이라는 것을 확실히 인식하게 되었다. 그렇다면 역으로 전류가 흐르는 도선이 자석으로서의 작용을 한다면 그 가까이에 놓여 있는 전기회로에 전류가 흐르도록 할 수 있지 않을까라는 생각도 든다. 이와 같은 전자 유도현상에 대한 사고방식은 1830년 미국의 헨리(Joseph Henry:1797 ~ 1878)에 의해 이루어졌다고 알려져 있다. 그러나 당시의 미국은 아직 신흥국으로서 설비가 불충분했기 때문에 정밀한 실험은 뒤로 미루어 두고 있었다. 1831년 8월 패러데이(Michael Faraday : 1791 ~ 1867)는 연철(軟鐵)현상의 발견을 기록해두었으며 그 결과 이것이 헨리의 업적으로 되었다.

8.1.1 패러데이의 전자 유도 법칙

그림 8.1과 같이 1차·2차 코일이 근접해 있을 때 1차 코일의 스위치를 닫아 전류를 흐르게 하면 유도작용에 의해 2차 코일에도 전류가 흐른다. 그러나 전류가 일정치로 되면 2차 코일에는 더 이상 전류가 흐르지 않는다. 다음 스위치를 열면 그때는 전과는 반대 방향으로 전류가 흐른다. 이것은 1차 코일의 전류를 개폐함에 따라 발생된 자속의 변화로 말미암아 2차 코일에 유도 기전력(induced electromtive force)이 발생되었기 때문이며, 이와 같은 현상을 전자유도(electromagnetic induction)라 부른다.

전류가 흐르는 1차 코일을 2차 코일에 접근시켰다 멀리할 때에도 똑같은 유도 현상이 나타나며, 전류가 흐르고 있는 코일 대신 영구자석으로 바꿔 놓아도 똑같은 현상이 발생된다.

이 경우 2차 코일에 흐르는 전류 즉, 전자유도에 의해 생기는 기전력의 방향은 쇄교자속의 변화를 방해하는 방향으로 되는 데 이러한 현상을 렌쯔(Lentz)법칙이라 한다.

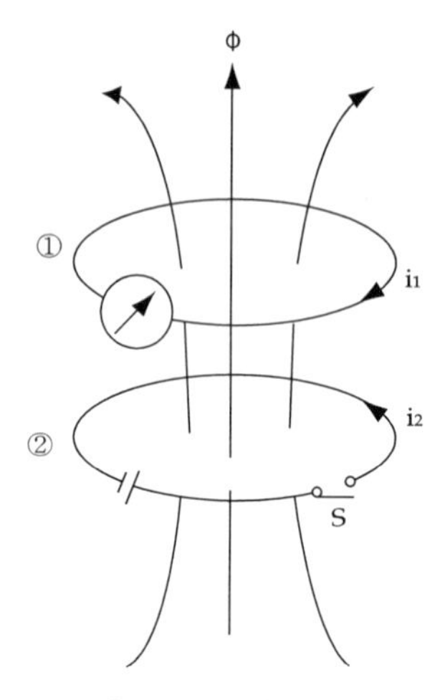

그림 8.1 전자유도 코일

발생된 기전력 e는 자속 ∅의 변동비율에 비례하며, 식 (8.1)로 나타낼 수 있다. 식 (8.1)을 노이만(Neumann)의 법칙이라 한다.

$$e = -\frac{d\varnothing}{dt}[V] \tag{8.1}$$

여기서 회로에 발생되는 기전력과 자속은 오른 나사의 관계에 있게 된다. 이들의 관계를 정리한 것을 일반적으로 패러데이의 전자 유도 법칙이라 한다.

예를 들면 현재 그림 8.2와 같은 철심에서 철심을 통과하는 자속 ∅가 시간에 대해 정현적인 진동을 하면, 코일에는 예상대로 정현파의 유도기전력이 발생한다. 즉 철심의 자속 ∅를 $\varnothing = \varnothing_m \sin \omega t$[Wb]라 하면, 코일 1턴당 식 (8.2)로 표현되는 유도기전력이 발생하게 된다.

$$e_1 = -\frac{d}{dt}\varnothing m\sin\omega t = -\omega\,\varnothing m\cos\omega t[V] \tag{8.2}$$

여기서 코일의 턴수를 N이라 하면 유도기전력은 식 (8.3)으로 된다.

$$e = -N\omega\,\varnothing m\cos\omega t[V] \tag{8.3}$$

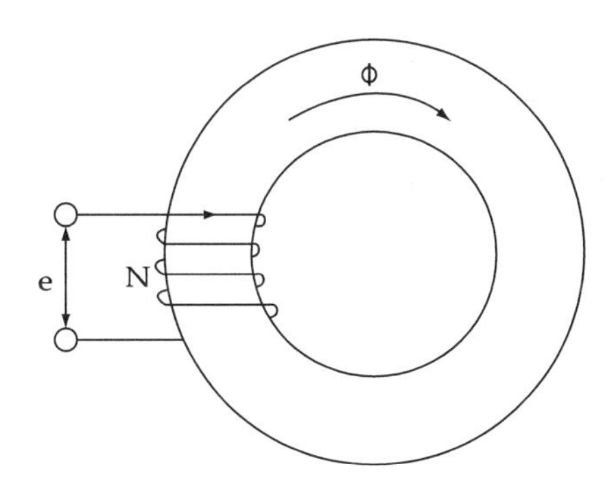

그림 8.2 철심 자속에 의한 유도기전력

예제 1

그림 (a)와 같이 턴수가 2회인 코일과 쇄교하는 자속∅를 그림 (b)와 같이 1.0초 동안 변화시켰다. 이때 코일에 유도되는 기전력을 계산하시오.

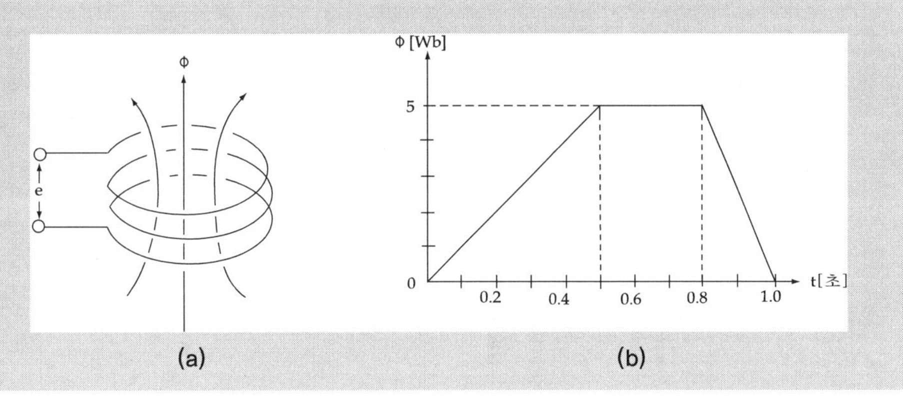

(a) (b)

풀이 $t=0 \sim t=0.5$의 시간대에서는 $e=-2\times\dfrac{5-0}{0.5-0}=-20[V]$

$t=0.5 \sim t=0.8$의 시간대에서는 $\Delta\phi=0$, $e=0[V]$

$t=0.8 \sim t=1.0$의 시간대에서는 $e=-2\times\dfrac{0-5}{1.0-0.8}=50[V]$

예제 2

예제 1에서 $t=0 \sim t=0.5$의 시간대에서는 아래의 그림 (b)와 같이 자속이 증가하고 있다. 이때 외부로부터의 자속 방향이 그림 (a)와 같이 된다면 유도기전력의 방향은 어떻게 되는가?

풀이 렌쯔의 법칙을 적용함으로써 유도기전력의 방향은 그림 (b)와 같이 된다.

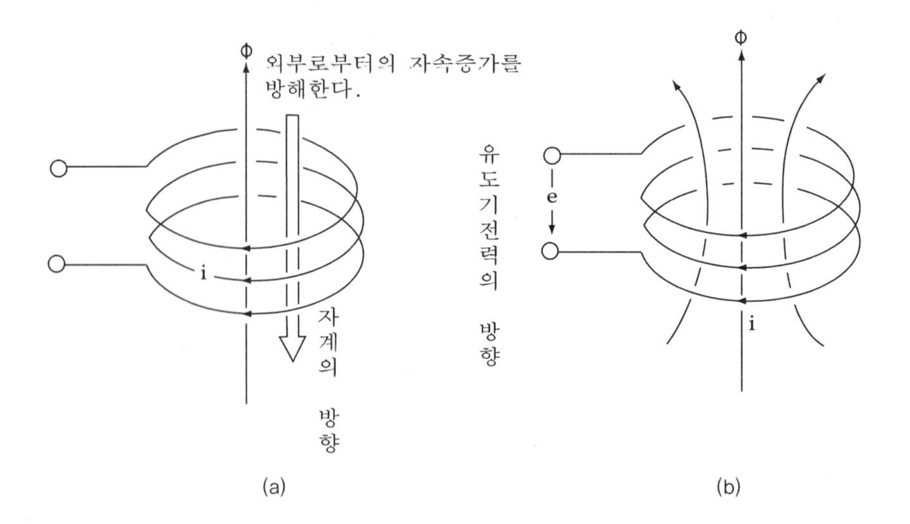

예제 3

그림과 같이 철심에 턴수 $N_1 = 20$회 및 $N_2 = 30$회인 두 개의 코일이 감겨져 있다. 전류 i를 변화시켜 그림 (b)와 같이 0.02초 동안 자속 $\varnothing$를 0.7[Wb]에서 0.1[Wb]로 직선적으로 감소시켰다. 그림 (a)의 단자 a b사이의 전압과 단자 c d사이의 전압을 구하시오. 또, 그 전압의 방향(극성)을 나타내시오.

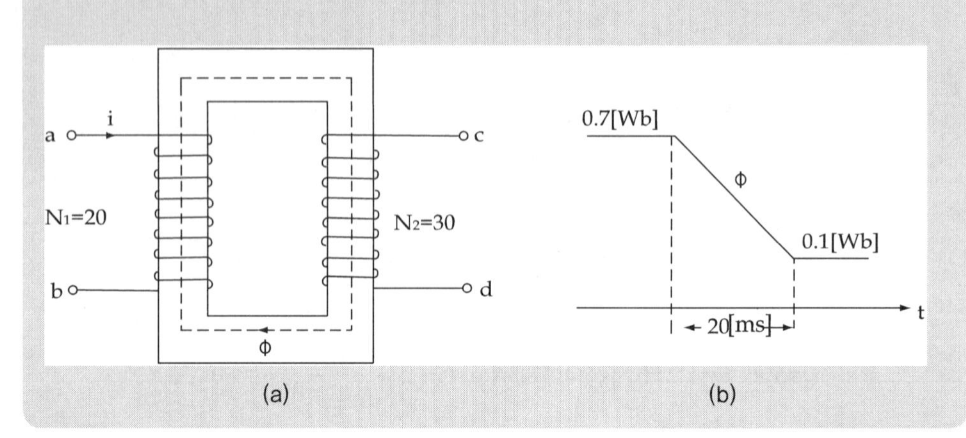

풀이 $\Delta\varnothing = 0.7 - 0.1 = 0.6[\text{Wb}]$, $\Delta t = 0.02[\text{s}]$, $N_1 = 20$이므로

ab사이의 전압을 e_1이라 하면 $e_1 = N_1 \dfrac{\Delta\varnothing}{\Delta t} = 20 \times \dfrac{0.6}{0.02} = 600[\text{V}]$

렌쯔의 법칙으로부터 e_1의 극성은 예제 3의 $\varnothing$와 같은 방향으로 자속을 발생시키도록 전류를 흐르게 한다.(왜냐하면, 자속이 0.7[Wb]에서 0.1[Wb]로 감소했기 때문에 감소시키지 않도록 $\varnothing$와 같은 방향으로 자속을 발생하도록 한다.)

따라서, 단자 b가 (+)로 된다.

단자 cd사이의 전압을 e_2라 하면 $e_2 = N_2\frac{\Delta \varnothing}{\Delta t} = 30 \times \frac{0.6}{0.02} = 900[V]$

e_2의 극성은 $\varnothing$ 의 감소를 방해하는 전류를 흐르게 하므로 단자 c가 (+)로 된다. (그림 참조)

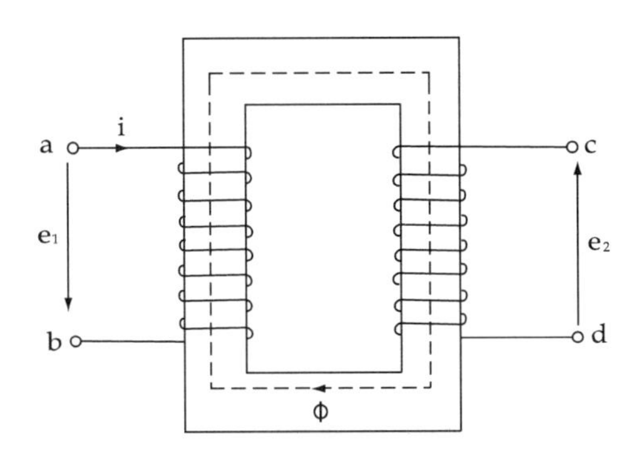

예제 4

그림과 같이 코일이 회전할 때, 부하저항 R에 흐르는 전류의 방향은 어떻게 되는가.

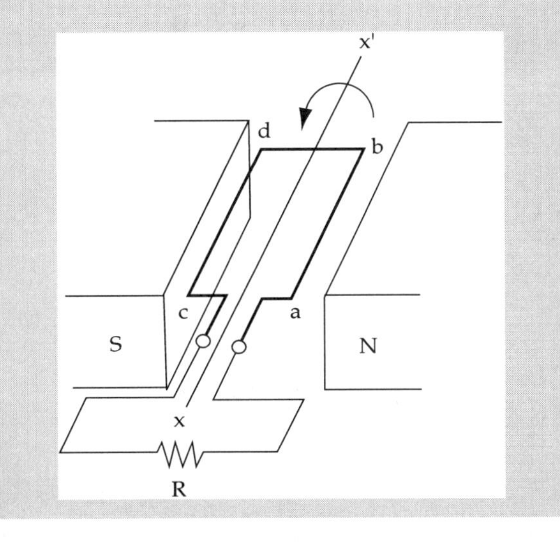

풀이 그림 (a)와 같이, 도체 ab, cd에 각각 렌쯔의 법칙을 적용하면 전류의 방향은 그림 (b)와 같이 된다. 따라서 저항 R에는 오른쪽에서 왼쪽으로 전류가 흐른다.

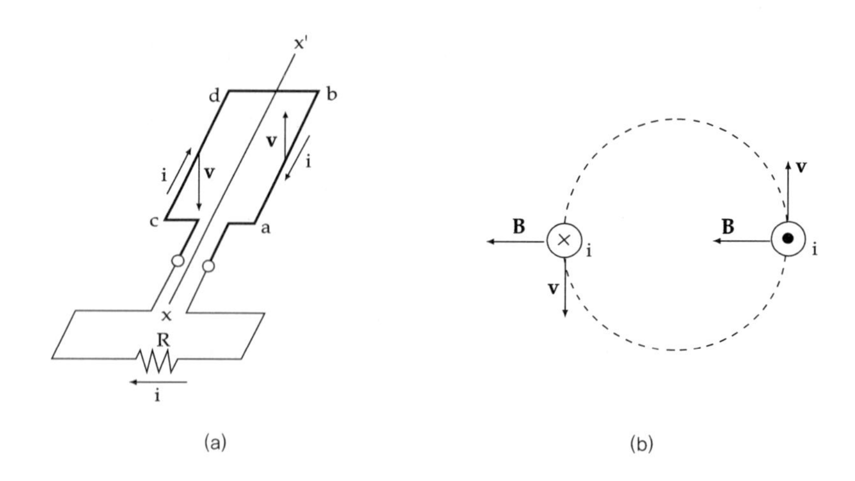

8.1.2 이동도체에 의한 유도기전력

그림 8.3과 같이 자속밀도가 B [T]인 일정 자계 속에 놓여진 두 개의 평행 도체위를 직선 도체가 **v** [m/s]의 속도로 이동하는 경우에 대해 생각하기로 한다.

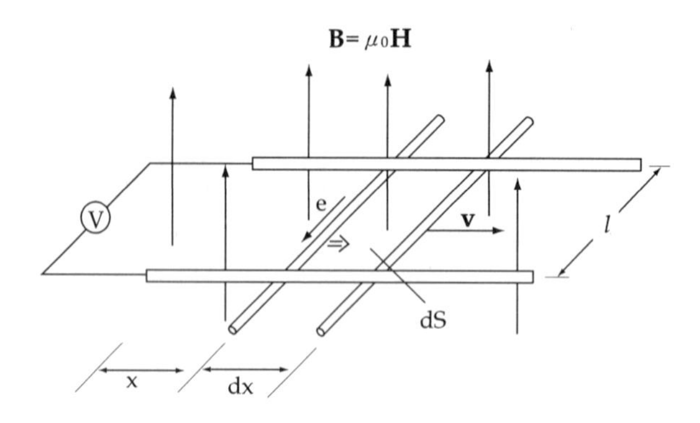

그림 8.3 자계속을 이동하는 도체

직선 도체가 dt초 동안 dx를 이동하면 자속과 쇄교하는 면적은 $dS = l\,dx = l\,vdt$가 되므로, 패러데이의 법칙에 의해 회로에 유도된 기전력은 식 (8.4)와 같이 된다.

$$e = -\frac{d\varnothing}{dt} = \frac{Blv\,dt}{dt} = -vlB[V] \tag{8.4}$$

도선의 단위 길이당 유도되는 기전력은 식 (8.5)로 된다.

$$e = -vB\,[V] \tag{8.5}$$

만약 이동 도체가 자속밀도 B와 θ의 각도를 이루고 있다면, 도체의 단위 길이당 기전력은 식 (8.6)으로 표현된다.

$$e = -vB\sin\theta[V] \quad (8.6)$$

이러한 현상을 도체내의 전도전자에 착안하여 설명하기로 한다. 즉 도선이 이동하면 전자도 도선의 이동속도 **v**로 함께 움직이게 되므로, 단위 체적당 전자의 수를 n, 전하량을 e^-라 하면 로렌츠력에 의해 $F = nevB$의 힘이 자속밀도의 방향 및 도선의 이동 방향에 대해 직각으로 작용하게 된다. 이에 따라 전자는 이동하게 되며, 기전력이 발생된다고 생각할 수 있다. 여기서 기전력의 방향은 **v**의 방향에서 **B**의 방향으로 오른 나사를 돌릴 때 오른 나사의 진행방향으로 된다. 이들의 관계는 일반적으로 오른손 엄지, 집게손가락, 중지를 그림 8.4와 같이 서로 직각으로 펴고, 집게손가락을 자계, 엄지를 도선의 이동 방향이라 하면, 중지는 기전력의 방향이 된다. 이 관계를 플레밍(Fleming)의 오른손 법칙이라 한다.

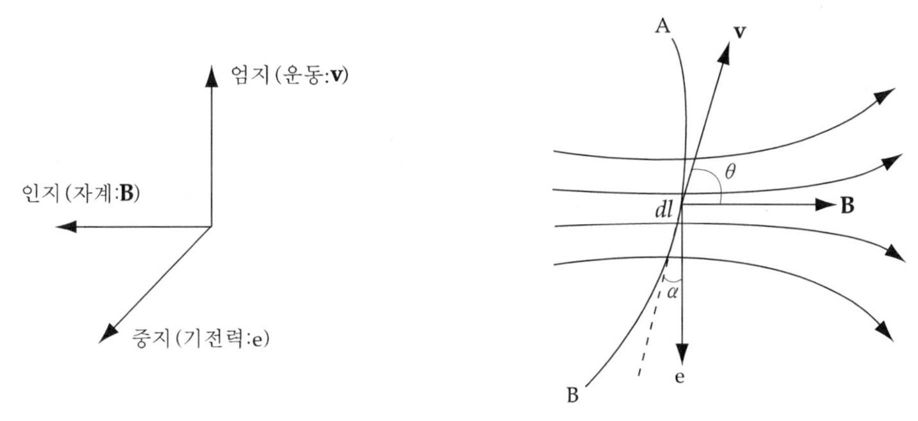

그림 8.4 플레밍의 오른손 법칙 **그림 8.5 자계속을 이동하는 임의의 형태의 도체**

이와 같은 상태를 보다 일반화시켜 일정하지 않은 자계속을 임의의 형태의 도선이 임의의 방향으로 움직였을 경우에 대해 생각하기로 한다. 그림 8.5에서 도선의 미소부분 dl에 대해 그 부분의 자속밀도를 B [T]라 하면, dl부분이 자속밀도 B와 θ의 각도를 이루는 방향으로 속도 **v** [m/s]로 이동할 때 유기되는 기전력은 식 (8.6)에서 $de_1 = -vB\sin\theta dl[V]$로 된다. 이것은 자속과 도선의 이동 방향 모두에 대해 직각 방향이므로, 그 방향과 도선 dl가 이루는 각을 α라 하면, 기전력은 $de = -vB\sin\theta\cos\alpha dl[V]$가 된다. 따라서 이를 A에서 B까지 적분함에 따라 A, B사이의 기전력은 식 (8.7)로 표현된다.

$$e = \int_A^B de = -\int_A^B Bv\sin\theta \cos\alpha \, ds[V] \tag{8.7}$$

이와 같은 관계는 도선이 정지해 있고, 자계가 변화할 경우에 대해서도 마찬가지로 생각할 수 있다.

예제 5

자속밀도가 0.2[T]인 자계속에서 그림과 같이 길이 10[cm]인 도체를 자계와 직각방향으로 50[m/s]의 속도로 이동시켰을 때, 도체에 유기되는 기전력은 얼마인가?

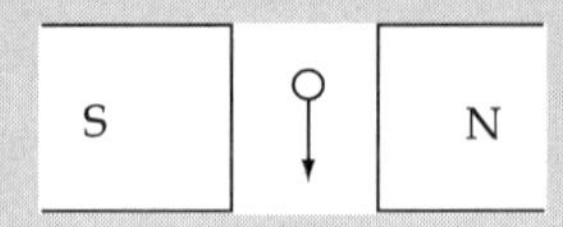

풀이 $e = Blv = 0.2 \times 10 \times 10^{-2} \times 50 = 1[V]$

예제 6

그림과 같이 자속밀도 1.2[T]인 자계속에서 자계의 방향과 직각으로 놓여진 도체(길이 50[cm])가 자계와 30°방향으로 5[m/s]의 속도로 운동한다면 도체에 유도되는 기전력은 얼마인가?

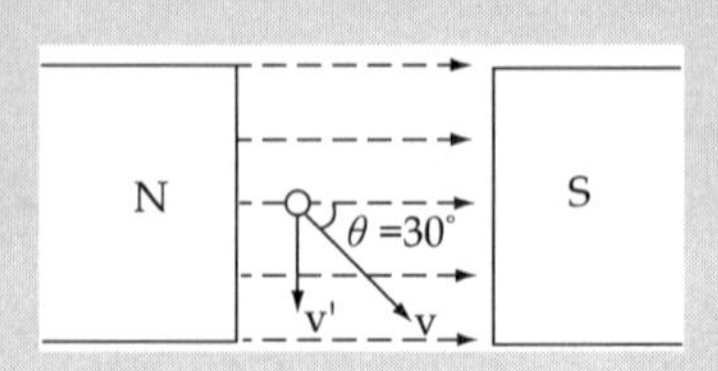

풀이 $B = 1.2[T]$, $l = 50[m]$, $v = 5[m/s]$이며, 자속을 직각으로 자르는 속도성분(유효분)은 $v\sin 30$이므로 기전력은

$$e = Blv\sin 30 = 1.2 \times 0.5 \times 5 \times 0.5 = 1.5[V]$$

예제 7

그림과 같이 자석이 화살표의 오른쪽 방향으로 이동했을 때, 자극의 아래에 있는 도체에 유도되는 기전력의 방향을 나타내시오.

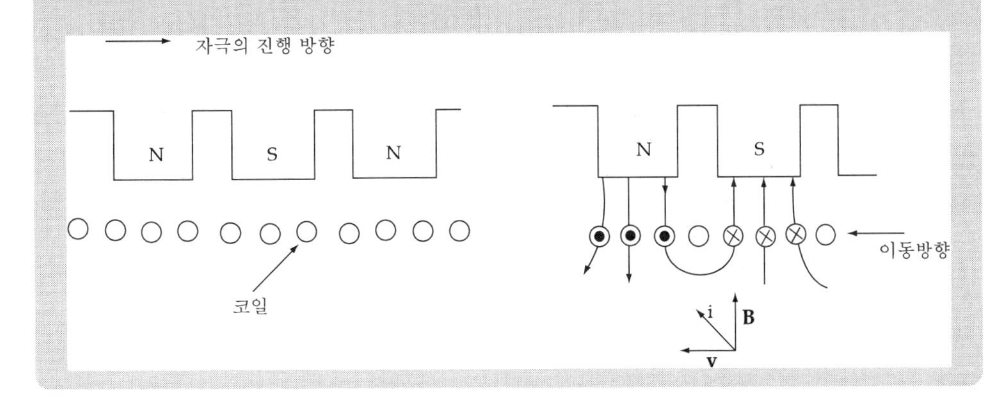

풀이 이 경우 주의해야 할 점은 오른손 법칙에서 엄지는 도체가 움직이는 방향을 나타내지만 이 경우 자석이 오른쪽 방향으로 움직이며 도체는 정지하고 있는데 이는 상대적으로 자석이 정지하고 도체가 왼쪽 방향으로 움직이는 것과 같으므로 해는 우측의 그림과 같이 된다.

8.1.3 코일에서 자석이 멀어지는 경우의 유도기전력

그림 8.6과 같이 반경 a [m]인 원형 코일과 자기쌍극자가 하나의 축 위에 있으며, 자속이 코일과 쇄교하고 있을 때, 자기쌍극자가 축으로부터 멀어지는 경우에 대해 생각하기로 한다. 자기쌍극자의 자기모멘트를 M_m이라 하면, 자기쌍극자에 의한 자속밀도 B [T]는 식 (6.14)에서

$$B = \mu_0 H_r = \frac{\mu_0 M_m}{4\pi \mu_0 r^3} \times 2\cos\theta \, \boldsymbol{a}_r \, [T]$$

이므로, 최초의 쇄교 자속 $\varnothing_0$는 식 (8.8)로 나타낼 수 있다.

$$\varnothing_0 = \mu_0 \int_0^{\theta_0} H_r \times 2\pi r^2 \sin\theta \, d\theta = \mu_0 \int_0^{\theta_0} \frac{M_m \times 2\cos\theta}{4\pi \mu_0 r^3} \times 2\pi r^2 \sin\theta \, d\theta$$

$$= \frac{M_m}{r} \int_0^{\theta^0} \sin\theta \cos\theta \, d\theta = \frac{M_m}{r} \frac{\sin^2\theta}{2}$$

$$= \frac{M_m}{(a^2+x_0^2)^{1/2}} \cdot \frac{a^2}{2(a^2+x_0^2)} = \frac{M_m a^2}{2(a^2+x_0^2)^{3/2}} [Wb] \qquad (8.8)$$

$x = x_0$의 위치로부터 x가 증가될 때, 그 속도를 $\mathbf{v}$ [m/s]라 하면 코일에 유도되는 기전력 e는 식 (8.9)로 된다.

$$e = -\frac{d\varnothing}{dt} = -v\frac{d\varnothing}{dx} = -v\frac{d}{dx}\frac{M_m a^2}{2(a^2+x^2)^{3/2}} = \frac{3vM_m a^2 x}{2(a^2+x^2)^{5/2}} \qquad (8.9)$$

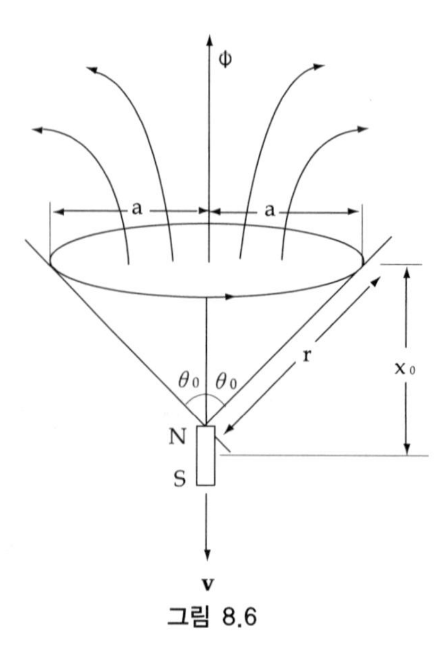

그림 8.6

참고

$$\frac{d}{dx}\frac{k}{(a^2+x^2)^{3/2}} = -\frac{d}{dx}(k(a^2+x^2)^{-3/2})$$

$$= k \cdot -\frac{3}{2}(a^2+x^2)^{-5/2} \cdot 2x$$

$$= -3kx(a^2+x^2)^{-5/2} = -\frac{3kx}{(a^2+x^2)^{5/2}}$$

8.1.4 유도기전력의 계산 예

1) 평등자계내를 일정 각(角)속도로 회전하는 코일

그림 8.7과 같이 변의 길이가 a, b인 사각 코일이 일정한 각속도 ω로 회전하는 경우 코일에 유도되는 기전력을 구한다. 자계의 자속밀도를 B [T]라 하면, 코일과 쇄교되는 자속 $\varnothing$는 $\theta=\omega t$의 관계를 이용하여

$$\varnothing = Bab\sin\theta = Bab\sin\omega t \ [Wb] \tag{8.10}$$

이 되며, 이는 시간에 대해 정현적인 변화를 하게 된다. 그러므로 기전력 e는 식 (8.11)과 같이 정현적인 변화를 하게 된다.

$$e = -\frac{d\varnothing}{dt} = \omega Bab\cos\omega t \ [V] \tag{8.11}$$

여기서 S=ab라 하면

$$e = -\omega BS\cos\omega t \ [V] \tag{8.12}$$

이다. 예를 들어 코일의 형상이 원형이라고 해도 그 면적이 주어지면 유도기전력을 구할 수 있다.

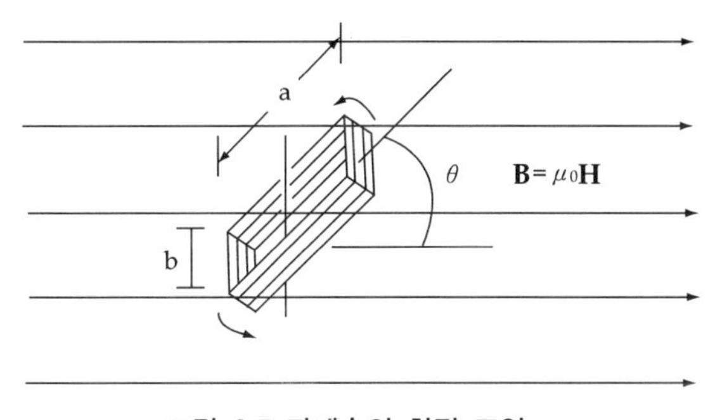

그림 8.7 자계속의 회전 코일

2) 원통형 공극의 자계내를 회전하는 코일

그림 8.8과 같이 철심과 철심사이에 형성된 공극 내에서의 자계가 정현적으로 분포되어 있으며 또한 공극 내에 놓여진 코일이 일정한 각속도 ω로 회전하는 경우 코일에

유도되는 기전력을 구한다. 만약 자속밀도가 $\theta=0$일 때 0, $\theta=\pi/2$일 때 최대자속밀도 B_m [T]가 된다면, 자속은 $\varnothing = B_m S \sin\theta = B_m S \sin\omega t$ [Wb]로 되며, 유도기전력은 식 (8.13)으로 표현된다.

$$e = -\frac{d\varnothing}{dt} = -\omega B_m S \cos\omega t \ [V] \qquad (8.13)$$

여기서 코일이 1개가 아니라 그림 8.9와 같이 전 원주에 걸쳐 코일이 균등하게 감겨져 있는 경우에 대해 생각하기로 한다. 코일의 수를 N이라 하면 유도기전력은 각각 코일에서 발생되는 유도기전력을 모두 더함으로써 구할 수 있다.

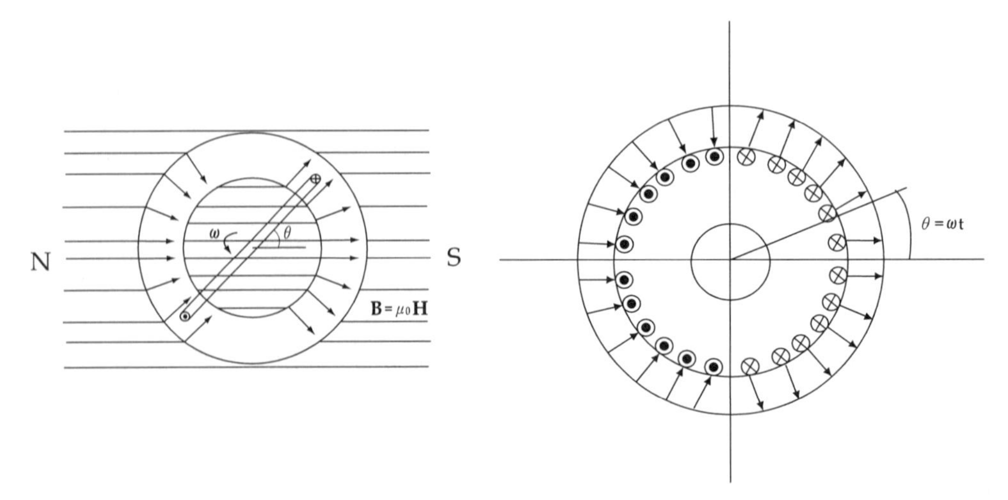

그림 8.8 공극 자계 속의 회전 코일

그림 8.9 공극 자계 속에 평등하게 분포된 도체 코일

그림 8.9의 오른쪽 절반에 위치한 코일에 대해 유도기전력을 구하면

$$\begin{aligned} e_N &= -\int_{-\pi/2}^{\pi/2} \omega B_m S \cos\theta \cdot \frac{N d\theta}{\pi} \\ &= -\frac{\omega B_m SN}{\pi} \cdot \int_{-\pi/2}^{\pi/2} \cos\theta \cdot d\theta \\ &= -\frac{2\omega B_m SN}{\pi} [V] \qquad (8.14) \end{aligned}$$

와 같이 된다. 또, 이 기전력을 교류발전기와 같이 슬립링에 의해 외부로 공급하는 경우 기전력은 이 값을 최대로 하여, 다음과 같이 구할 수 있게 된다.

$$e = -\frac{2\,\omega B_m SN}{\pi}\cos\omega t\ [V] \tag{8.15}$$

3) 패러데이의 단극(單極)발전

패러데이는 그림 8.10과 같이 원형 단면을 지닌 도전성 자석을 축 중심으로 고속 회전시키면, 축과 주변사이에 전위차가 발생한다는 것을 발견했다.

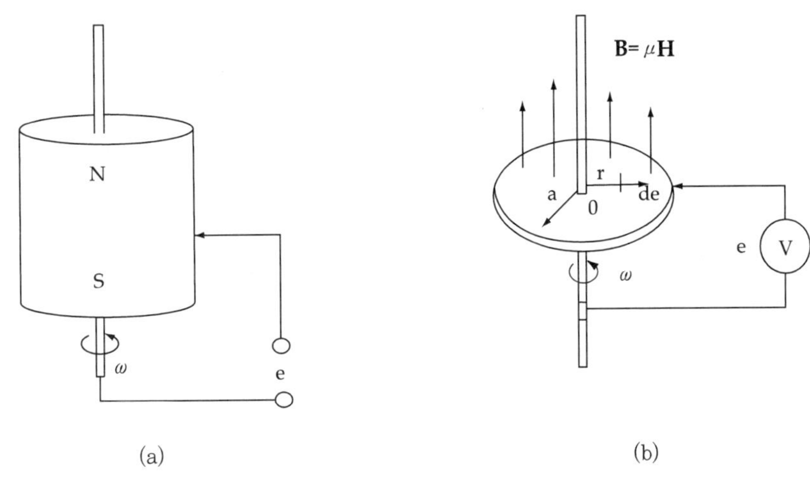

그림 8.10 패러데이의 단극 발전

여기서 자계의 크기는 자석의 회전에 의해서는 변하지 않으므로, 그 상태는 그림 (b)와 같이 생각할 수 있다. 또한 자계의 자속밀도를 B [T], 원판의 반경을 r [m], 그 회전속도를 ω라 하면 원판의 중심으로부터 r [m] 떨어진 점의 미소길이dr에서의 유도기전력 de는 식 (8.16)으로 나타낼 수 있다.

$$de = r\omega B dr \tag{8.16}$$

그러므로 원판의 중심에서 원주까지의 반경 a사이에 발생하는 기전력은 식 (8.17)로 된다.

$$e = \int_0^a de = \int_0^a r\omega B dr = \frac{1}{2}\omega a^2 B\,[V] \tag{8.17}$$

이러한 현상을 패러데이의 단극 유도(unipole induction)라 부른다.

8.1.5 와전류(Eddy Current)

코일로부터 자석을 멀리하거나 혹은 근접시키면 코일에 유도기전력이 발생되어 전류가 흐르게 되지만, 코일 뿐 아니라 알루미늄이나 동과 같은 도체판에서도 같은 현상이 발생된다. 또한 자속의 변화가 있으면 도체판에서 유도기전력이 발생되어 맴돌이 전류가 흐르게 된다. 이 맴돌이 전류를 와전류(eddy current)라 한다. 변압기나 발전기, 전동기 등의 경우 철심에 코일을 감고 여기에 교류 전류를 흘리고 있지만, 철심 속에는 시간적으로 변화하는 자속이 유기되며, 그 결과 그림 8.11과 같이 와전류가 흐르게 된다.

이와 같은 와전류는 열로 소비되기 때문에 전력 손실이 된다. 따라서 철심을 절연하여 적층하는 방법으로 와전류를 감소시키고 있다. 재료의 두께가 충분히 얇은 경우 와전류 손실 W_e는 공급전원의 주파수 f의 제곱에 비례하며 식 (8.18)과 같은 근사식으로 표현된다.

$$W_e = \frac{Kf^2 t^2 B_m^2}{\rho} \tag{8.18}$$

여기서 K는 정수, t는 판의 두께, ρ는 전기저항이다.

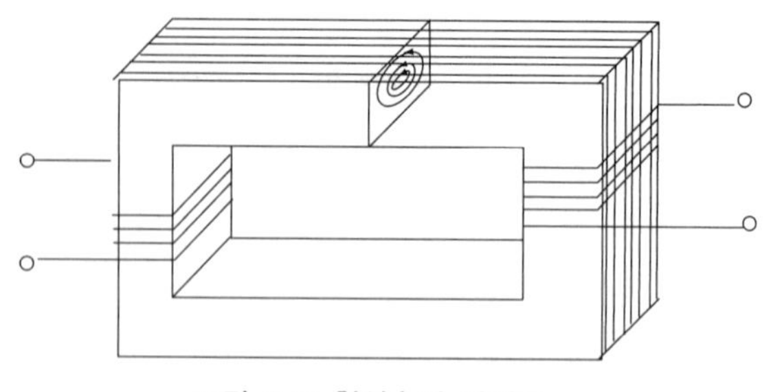

그림 8.11 철심속의 와전류

그림 8.12와 같이 자석의 자극 사이를 도체판이 이동하는 경우에도 와전류가 흐르게 된다. 이 경우, 왼쪽 그림의 파선으로 둘러싸인 부분은 도체판 위에서 자속과 쇄교하는 부분을 나타내며, 그림과 같이 자속을 끊어 유도기전력이 발생되므로 그 결과 와전류가 흐르게 된다. 한편 도체판이 이동하고 있으므로 이 와전류는 좌우 비대칭이 되며, 따라서 도체판에 제동력이 작용하게 된다. 이것은 적산 전력계에서 볼 수 있는 회전판의 제동이라든가, 자동판매기에 있어서의 코인의 판별 등에 응용될 수 있다.

그림 8.13과 같이 도체판을 원판으로 하여 축의 둘레를 회전하도록 되어 있는 경우 자석을 회전시키면 원판도 회전하게 된다. 이와 같은 현상은 1824년 아라고(Dominique F.J.Arago, 1786~1853, 프랑스)에 의해 발견되었기 때문에 이 원판을 아라고의 원판이라

고 부르고 있다. 이것은 유도전동기의 원리로 이용되었으며 유도전동기는 고정자에 의해 형성된 회전자계에 의해 회전자가 회전하게 되어 있다.

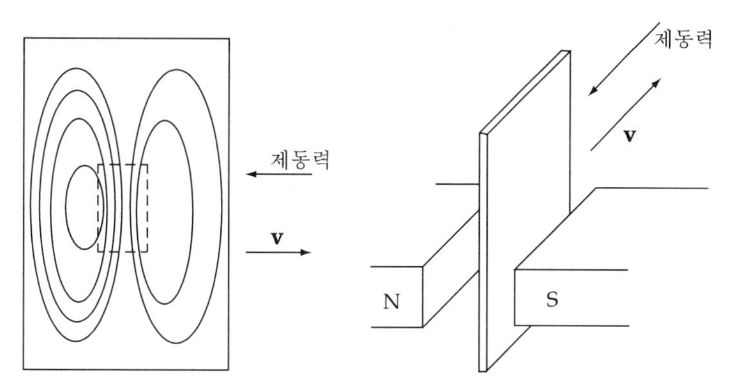

그림 8. 12 자극 사이에서의 도체 이동

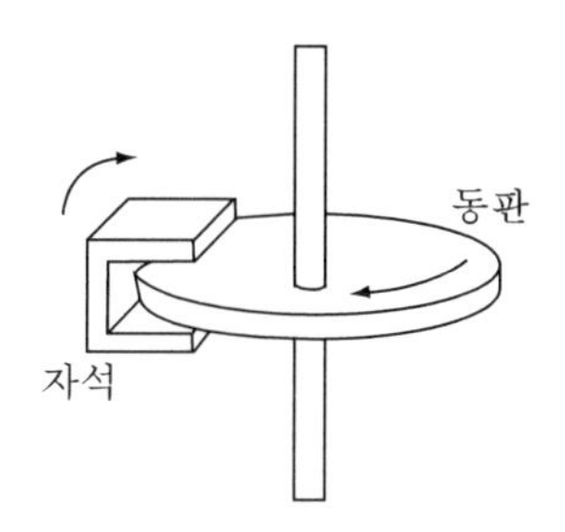

그림 8.13 아라고의 원판

8.1.6 표피효과(表皮效果)

도체에 전류가 흐를 때, 정상전류인 경우에는 그 도체 단면에 일정하게 분포되어 흐른다. 그러나, 전류가 교류일 때는 전류와 쇄교하는 자속이 변화하며 뿐만 아니라, 장소에 따라 자속과 쇄교하는 비율이 다르게 되므로 유도기전력은 도체의 단면에 걸쳐 불균일하게 되어, 전류는 도체단면을 일정하게 흐르지는 않는다. 도체가 그림 8.14와 같이 원형단면인 경우, 중심부로 향할수록 전류와 자속의 쇄교 비율이 커지기 때문에 중심부가 될수록 유도기전력이 커지게 된다. 이러한 현상은 원래의 전류를 감소시키는 작용을 하게 되므로 중심부일수록 전류가 흐르기 어려워진다.

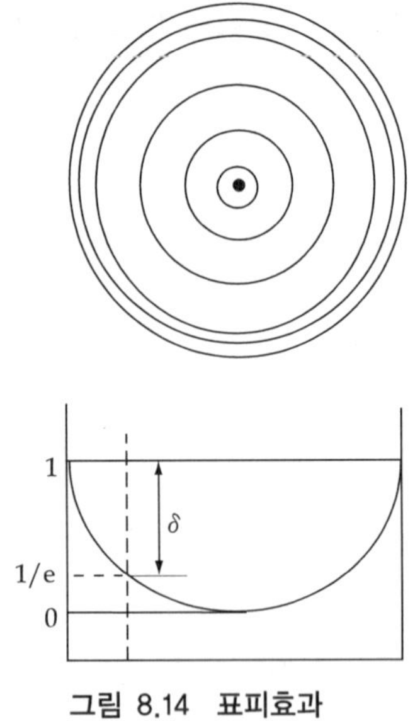

그림 8.14 표피효과

일반적으로 전류의 크기가 표면전류의 크기에 대해 $1/e=0.368$로 될 때의 깊이 δ를 표피효과의 침투 깊이(depth of skin effect)라고 하며 식 (8.19)로 표현된다.

$$\delta=\sqrt{\frac{\rho}{\mu\pi f}} \tag{8.19}$$

여기서 μ는 투자율, ρ는 저항률, f는 교류전원의 주파수이다. 침투 깊이는 교류 주파수의 평방근에 비례하여 작아지게 된다. 따라서 적지 않은 크기의 교류전류가 흐르는 도선의 경우 도선을 중공(中空)으로 하거나, 혹은 연선으로 하여 전류가 흐르는 표면적을 넓게하는 방법이 널리 이용되고 있다.

8.2 인덕턴스

8.2.1 자기인덕턴스

코일에 전류가 흐르면 전류의 크기에 비례하는 자속이 발생되는데, 발생된 자속은 그림 8.15와 같이 코일 자신과 쇄교한다. 이 관계는 전류를 i [A], 자속을 ∅[Wb], 비례정수를 L이라 하면 식 (8.20)과 같이 표현된다.

$$\varnothing = Li[Wb] \tag{8.20}$$

여기서 비례정수 L을 자기인덕턴스(self inductance)라 하며 단위는 H(Henry=Wb/A)이다. 따라서 자기유도현상에 의해 발생되는 기전력은 식 (8.21)으로 표현된다.

$$e = -\frac{d\varnothing}{dt} = -L\frac{di}{dt}[V] \tag{8.21}$$

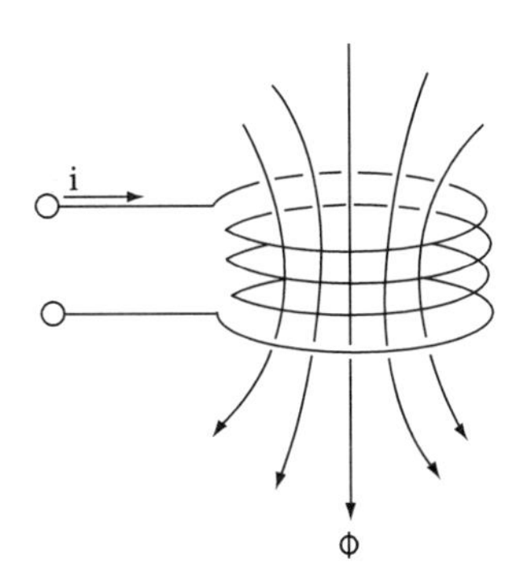

그림 8.15 자기유도

예제 8

임의의 인덕턴스를 갖는 코일에 그림과 같이 전류를 흐르게 하는 경우 코일 양단에 발생되는 전압을 그래프를 나타내시오. 단, 가로축을 시간 t, 세로축을 전압 e로 한다.

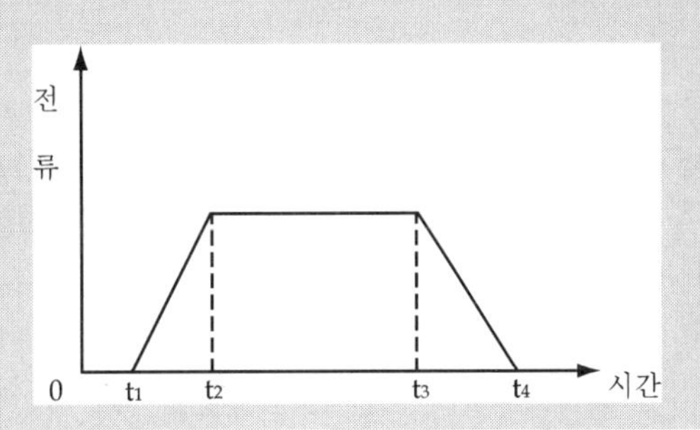

풀이 전류가 증가하는 $t_1 \sim t_2$구간의 유도기전력 $e = -L(\Delta i/\Delta t)$를 (+)로 하면, $t_3 \sim t_4$ 구간에서는 전류가 감소하고 있으므로 유도기전력은 (−)가 된다. $t_1 \sim t_2$사이, $t_3 \sim t_4$ 사이는 전류의 증감이 서로 반대이지만 시간에 대한 전류의 변화가 일정하므로 유도기전력은 구형파(矩形波)로 된다. $t_2 \sim t_3$사이에서는 $\Delta i/\Delta t = 0$이므로 $e = 0$으로 된다.

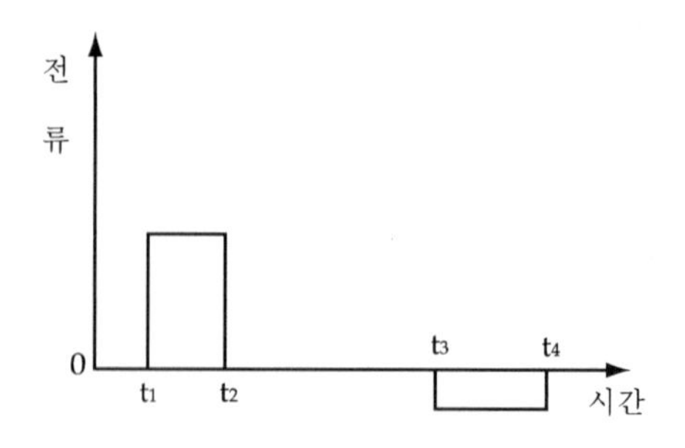

예제 9

자기 인덕턴스가 $10[mH]$인 코일의 전류가 0.01초 동안에 $20[A]$변할 때, 이 코일에 유기되는 기전력은 얼마인가?

풀이 $e = -L\dfrac{\Delta i}{\Delta t} = -10 \times 10^{-3} \times \dfrac{20}{0.01} = -20[V]$

예제 10

턴수 600인 코일에 $5[A]$의 전류를 흐르게 하였더니, $0.025[Wb]$의 자속이 발생 하였다. 이 코일의 자기 인덕턴스는?

풀이 $L = \dfrac{N\varnothing}{I} = \dfrac{600 \times 0.025}{5} = 3[H]$

예제 11

그림과 같은 철심이 있다. 코일의 턴수 100, 철심의 비투자율 $\mu_r = 1000$이라 할 때, 코일에 $I = 1\ [A]$의 전류가 흐르는 경우 다음을 구하시오. 철심의 단면적은 10[cm^2], 자기회로의 평균길이는 50[cm]이다.

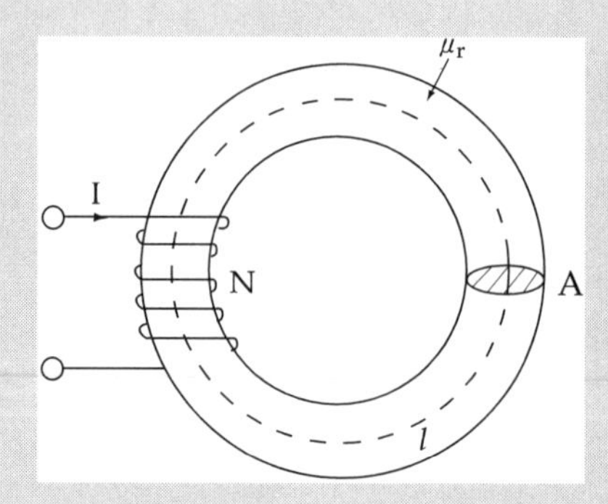

(1) 철심의 자속　　　　　　　(2) 코일의 자기 인덕턴스

(1) 철심의 자속 $\varnothing$ 는

$$\varnothing = \frac{NI}{R} = \frac{NI}{l/\mu A} = \frac{NI\mu A}{l} = \frac{100 \times 1 \times 4\pi \times 10^{-7} \times 10^3 \times 10 \times 10^{-4}}{0.5}$$

$$= 2.5 \times 10^{-4} [Wb]$$

(2) 1[A]의 전류가 흐를 때 자속 $\varnothing$ 가 2.5×10^{-4} [Wb] 이며, 여기에 턴수 $N = 100$ 을 곱하면 인덕턴스 L 을 구할 수 있다.

$$\therefore L = N\varnothing = 100 \times 2.5 \times 10^{-4} = 2.5 \times 10^{-2} [Wb]$$

8.2.2 상호인덕턴스

두 개의 코일이 그림 8.16과 같이 접근하여 있고, 한쪽 코일(1)에 전류 i_1[A]가 흐를 때 이로 인하여 발생되는 자속 중 다른쪽 코일(2)와 쇄교하는 자속을 $\varnothing_{21}$[Wb]라 하면 이 관계는 비례정수 M_{21}을 이용하여 식 (8.22)와 같이 나타낼 수 있다.

$$\varnothing_{21} = M_{21}\, i_1 [Wb] \tag{8.22}$$

이 비례정수 M_{21}을 상호인덕턴스(mutual inductance)라 하며, 단위는 헨리[HRIGHT]이다.

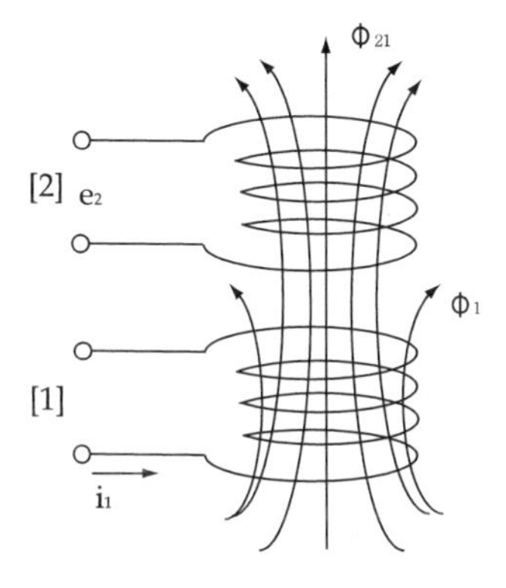

그림 8.16 상호유도

그러므로 상호 유도에 의해 발생되는 기전력은 식 (8.23)으로 나타낼 수 있다.

$$e_2 = -\frac{d\varnothing_{21}}{dt} = -M_{21}\frac{di_1}{dt} [V] \tag{8.23}$$

역으로 코일(2)에 전류 i_2 [A]가 흐를 때, 코일(1)과 쇄교하는 자속을 $\varnothing_{12}$[Wb]라 하면

$$\varnothing_{12} = M_{12} i_2 \text{ [Wb]}$$

이며, 코일(1)에 유도되는 기전력은

$$e_1 = -\frac{d\varnothing_{12}}{dt} = M_{12}\frac{di_2}{dt}\text{[V]}$$

가 된다. 여기서

$$M_{21} = M_{12} = M \text{ [H]} \qquad (8.24)$$

예제 12

턴수가 N_1, N_2인 두 개의 코일이 철심에 감겨 있다. 코일 N_1을 흐르는 전류의 변화량이 0.01초 동안 6 [A]일 때, 코일 N_2에는 25[V]의 전압이 유도된다. 이 때 두 코일사이의 상호 인덕턴스 M을 구하시오.

풀이 $e_2 = 25$[V], $\Delta t = 0.01$[s], $\Delta I_1 = 6$[A]이므로

$$M = \frac{e_2 \cdot \Delta t}{\Delta I_1} = 0.042\text{[H]} = 42\text{[mH]}$$

예제 13

그림과 같이 코일 N_1에 2[A]의 전류가 흐를 때 코일 N_2에 1×10^{-3}[Wb]의 자속이 쇄교하였다. 양 코일의 상호인덕턴스는 얼마인가? 단 코일 N_2의 턴수는 200회이다.

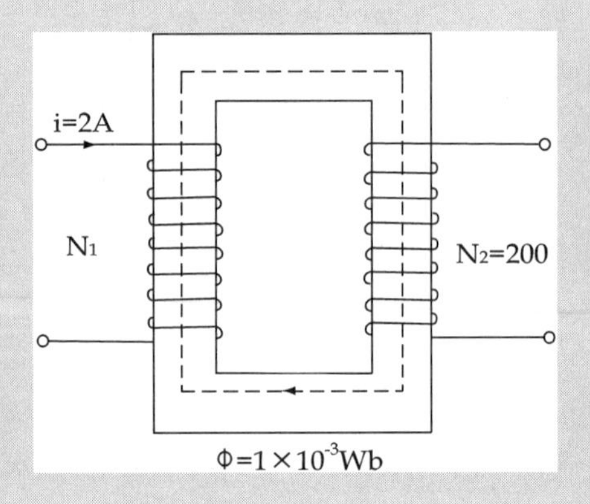

코일 N_1에 의해 발생된 자속

$\varnothing = 1 \times 10^{-3}$[Wb]이 모두 코일 N_2와 쇄교할 때 코일 N_2의 쇄교자속수는 $N_2 \varnothing$이므로 자기 인덕턴스와 같이 ($N_2 \varnothing$는 $I_1 = 2$ [A]에 비례하므로) $N_2 \varnothing = M I_1$(M : 비례정수)가 성립한다. 따라서 $M = N_2 \varnothing / I_1$으로부터

$$M = \frac{N_2 \varnothing}{I_1} = \frac{200 \times 1 \times 10^{-3}}{2} = 100 \times 10^{-3}[H] = 100[mH]$$

예제 14

그림과 같이 턴수가 $N_1 = 400$, $N_2 = 2000$인 두 개의 코일이 감긴 철심이 있다. 두 코일 사이의 상호 인덕턴스를 구하시오. 철심의 단면적은 $A = 4 \times 10^{-4}[m^2]$, 철심의 평균 자기회로의 길이 $l = 0.4[m]$, 비투자율 $\mu_r = 1000$이며 누설자속은 없는 것으로 한다.

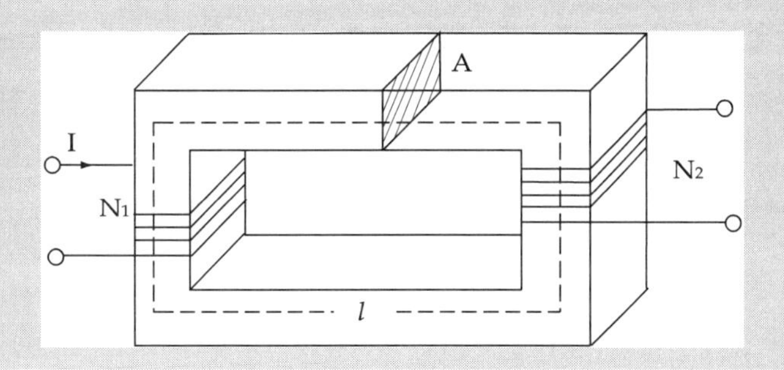

풀이 1차측 코일 N_1에 전류 I를 흐르게 하는 경우 발생하는 자속 $\varnothing$는

$$\varnothing = \frac{N_1 I}{R} = \frac{N_1 I}{\frac{l}{\mu A}} = \frac{\mu A N_1 I}{l}$$

따라서, 상호 인덕턴스 M은

$$M = \frac{N_2 \varnothing}{I} = \frac{N_2}{I} \cdot \frac{\mu A N_1 I}{l} = \frac{\mu_0 \mu_r A N_1 N_2}{l}[H]$$

$\mu_0 = 4\pi \times 10^{-7}$, $\mu_r = 1000$, $A = 4 \times 10^{-4}[m^2]$, $N_1 = 400$, N_2이므로

$$M = \frac{\mu_0 \mu_r A N_1 N_2}{l} = \frac{4\pi \times 10^{-7} \times 1000 \times 4 \times 10^{-4} \times 400 \times 2000}{0.4}$$

$= 2000$, $l = 0.4[m]$

$= 1[H]$

예제 15

턴수가 각각 300회인 코일 A, B가 철심에 감겨져 있다. 지금 코일 A에 0.2[A]의 전류를 흐르게 했을 때, 10^{-3}[Wb]인 자속이 발생하고, 그 중 70 [%]가 코일 B와 쇄교한다면, 두 코일 사이의 상호인덕턴스는 얼마인가?

풀이 코일 A에서 발생된 자속 중 코일 B와 쇄교하는 자속은 $0.7\varnothing$ 이다. 따라서

$$M = \frac{N_B(0.7\varnothing)}{I} = \frac{300 \times 0.7 \times 10^{-3}}{0.2} = 1.05[H]$$

8.2.3 자기인덕턴스와 상호인덕턴스의 관계

서로 접근되어 있는 두 개의 코일에 각각 i_1, i_2의 전류가 흐를 때, 코일(1)과 쇄교하는 자속 $\varnothing_1$은 i_1에 의한 자속 $\varnothing_{11}$과 i_2에 의한 자속 $\varnothing_{12}$의 합이 되며, 같은 방법으로 코일(2)와 쇄교하는 자속 $\varnothing_2$는 i_2에 의한 자속 $\varnothing_{22}$와 i_1에 의한 자속 $\varnothing_{21}$의 합이 되므로 각각 식 (8.25)로 나타낼 수 있다.

$$\left.\begin{aligned} \varnothing_1 &= \varnothing_{11} + \varnothing_{12} = L_1 i_1 + M_{12} i_2 \,[Wb] \\ \varnothing_2 &= \varnothing_{21} + \varnothing_{22} = M_{21} i_1 + L_2 i_2 \,[Wb] \end{aligned}\right\} \tag{8.25}$$

여기서 L_1, L_2는 각 코일의 자기인덕턴스로 L_1의 크기는 코일(1)에 1[A]의 전류를 흘릴 때 코일(1)과 쇄교하는 자속의 수를 나타내며, 또한 상호인덕턴스 M_{21}의 크기는 코일(2)와 쇄교하는 자속의 크기를 나타낸다. 따라서 $L_1 \geq |M_{21}|$의 관계를 지니게 된다.

만일 코일(1)과 코일(2)가 완전히 밀착되어, 누설자속이 없는 경우라 한다면 $L_1 = M_{21}$로 된다. 마찬가지로 $L_2 \geq |M_{12}|$이 된다. 따라서 식 (8.26)의 부등식을 얻을 수 있다.

$$M = |M_{12}| = |M_{21}| \leqq \sqrt{L_1 \cdot L_2} \;\; [H] \tag{8.26}$$

이에 관해 일반적으로 $-1 \leqq k \leqq +1$의 범위에서

$$M = k\sqrt{L_1 L_2}\,[H] \tag{8.27}$$

로 표시되며, 여기서 k를 결합계수(coupling coefficient)라 한다.

예제 16

A, B 코일의 자기인덕턴스가 각각 36[mH], 64[mH]이다. 누설자속을 무시했을 때 두 코일 사이의 상호인덕턴스를 구하시오. 또, 결합계수가 0.8일 때 상호인덕턴스는?

풀이 누설자속을 무시했을 때

$$M = \sqrt{36 \times 10^{-3} \times 64 \times 10^{-3}} = 48 \times 10[H] = 48[mH]$$

결합계수가 0.8일 때

$$M = 0.8 \times \sqrt{36 \times 10^{-3} \times 64 \times 10^{-3}} = 0.8 \times 48 \times 10^{-3}$$
$$= 38.4 \times 10^{-3}[H] = 38.4[mH]$$

예제 17

그림에 나타낸 바와 같이 철심에 감겨진 코일 N_1, N_2가 있고, 각 코일의 인덕턴스는 $L_1 = 50$[mH], $L_2 = 100$[mH], M = 70 [mH]이다. 코일의 접속을 가동(加動)접속, 차동(差動)접속으로 하는 경우 각각의 합성 인덕턴스는 얼마가 되는가? 또, 그 때 각 단자를 어떻게 접속하면 좋은가?

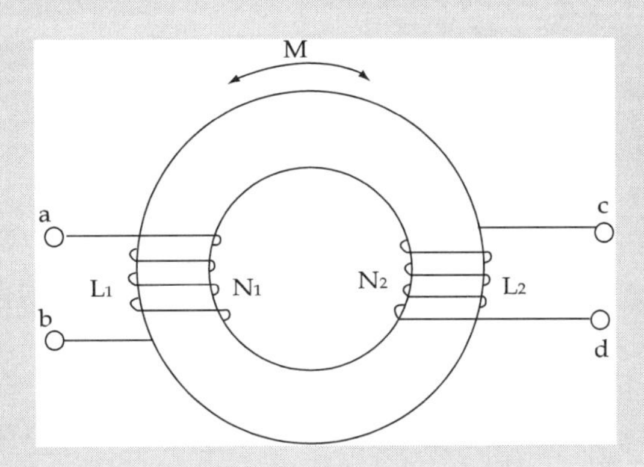

풀이 가동 접속 $L = L_1 + L_2 + 2M = 50 + 100 + 2 \times 70 = 290$[mH]

차동 접속 $L = L_1 + L_2 - 2M = 50 + 100 - 2 \times 70 = 10$[mH]

단자의 접속 방법은 코일 N_1에 전류를 흘려서 자속이 서로 더해지는 연결 방법(가동 접속)과 서로 상쇄되는 연결 방법(차동 접속)을 생각하여 단자를 선택하면 된다. 각 경우의 접속 방법은 아래 그림과 같다.

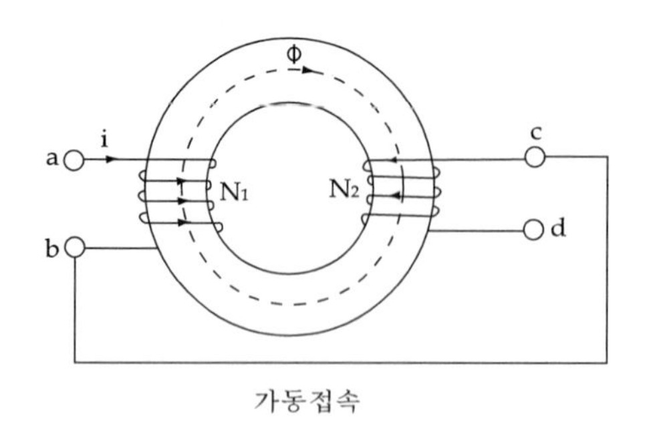

가동접속

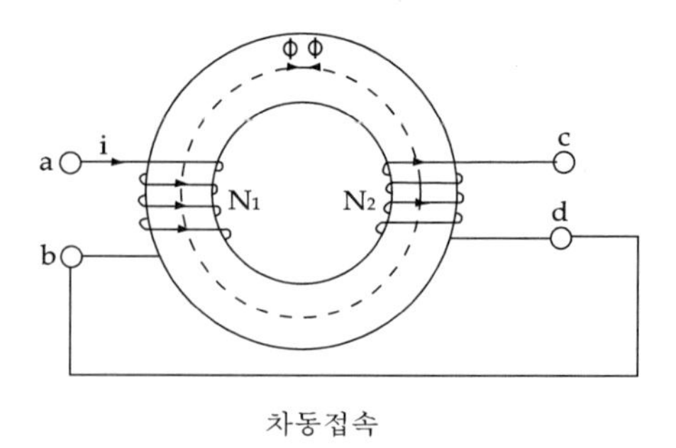

차동접속

예제 18

그림과 같이 동일 철심상에 감겨진 2개의 코일이 있다. 단자 a와 c를 접속하면, 단자 bd사이의 인덕턴스 L_{bd}가 2[mH], 단자 a와 d를 접속하면 단자 bc사이의 인덕턴스 L_{bc}가 50[mH]로 되었다. 각 코일의 자기인덕턴스와 양 코일 사이의 상호인덕턴스를 구하시오. 단, 결합계수는 1로 하고, 코일은 cd쪽의 권수가 많은 것으로 한다.

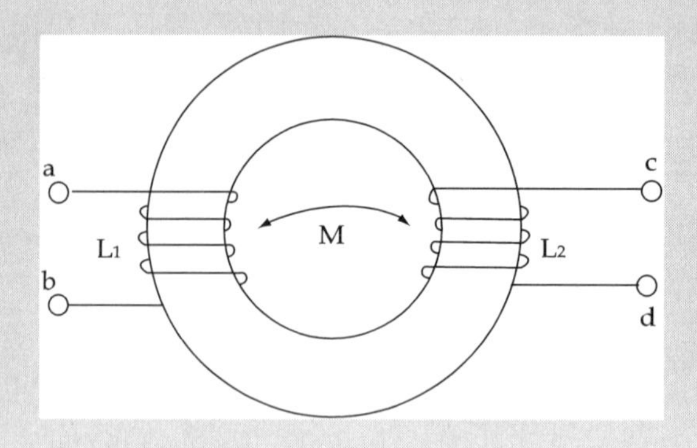

풀이 인덕턴스의 직렬 접속 공식에 관련하여 다음 세 개의 식을 이용한다.

$$L_{bd} = L_1 + L_2 - 2M \quad \cdots\cdots ①$$

$$L_{bc} = L_1 + L_2 + 2M \quad \cdots\cdots ②$$

$$M^2 = L_1 L_2 \quad \cdots\cdots ③$$

①, ② 식에서 M을 구하면, $M = (L_{bc} - L_{bd})/4$를 얻을 수 있다.

따라서 $M = (L_{bc} - L_{bd})/4 = (50 - 20)/4 = 12$[mH]

$L_{bd} = L_1 + L_2 - 2M$의 식과 $M^2 = L_1 L_2$에 $M = 12$, $L_{bd} = 2$를 대입하여 L_2를 소거하면, $L_1^2 - 26L_1 + 144 = 0$, $(L_1 - 18)(L_1 - 8) = 0$

$\therefore L_1 = 18$[mH] 혹은 8[mH]

그런데 cd쪽 코일의 턴수가 많기 때문에 $L_2 = 8$[mH], $L_1 = 18$[mH]가 된다.

8.2.4 인덕턴스에 축적된 에너지

그림 8.17과 같이 자기인덕턴스가 L[H]인 코일에 I[A]의 전류가 흐르면 $e=-L(di/dt)$의 전압이 발생하는데, 이 전류가 지속적으로 흐르도록 하기 위해서는 전원에서 코일에서 유기되는 전압에 대항하여 전압을 공급하여야 한다. 그 전압을 V라 하면

$$V=L\frac{di}{dt}$$

따라서 전원으로부터 미소 시간 dt [s]사이에 코일에 공급되는 에너지는

$$dW=Vidt=Lidi\,[J]$$

가 된다. 그러므로 총 에너지는 식 (8.28)을 적분함으로써 식 (8.29)로 표현되며, 또한 식 (8.29)는 인덕턴스에 축적된 에너지를 나타낸다.

$$W=\int dW=L\int_0^i idi=\frac{1}{2}Li^2\,[J] \tag{8.29}$$

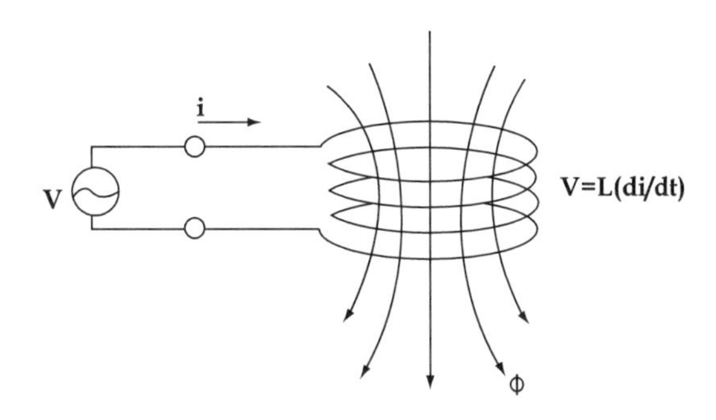

그림 8.17 인덕턴스에 축적된 에너지

여기서, 코일속에 강자성체가 있는 경우에 대해 생각하기로 한다. 그림 8.18과 같은 환상 솔레노이드 코일에서 강자성체의 단면적을 S [m^2], 자기회로의 평균 길이를 l[m], 코일의 턴 수를 N, 강자성체의 투자율을 μ라 하면 식 (6.28)로부터 $\mathbf{B}=\mu\mathbf{H}=\mu\frac{N}{l}i\,\mathbf{a}_\varnothing$ [T]이므로 인덕턴스 L은 $L=\frac{\varnothing}{i}=\frac{BSN}{i}$ [H]로 나타낼 수 있다.

따라서 인덕턴스에 축적되는 에너지는 식 (8.30)으로 표현된다.

$$W = \frac{1}{2}Li^2 = \frac{i}{2}\frac{BSN}{i}i^2 = \frac{1}{2}BSNi\,[J] \tag{8.30}$$

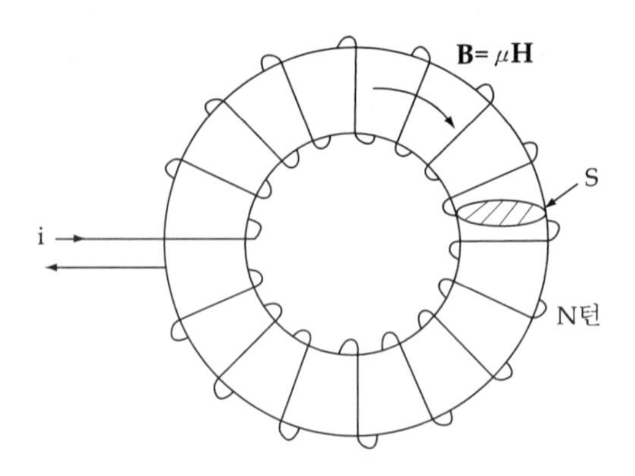

그림 8.18 솔레노이드 코일에 축적된 에너지

그리고 코일 내의 자속밀도가 균일하다면, 단위체적당 에너지는 식 (8.31)로 나타낼 수 있다.

$$\omega = \frac{W}{Sl} = \frac{1}{2}\frac{BNi}{l} = \frac{1}{2}BH\,[J] \tag{8.31}$$

식 (8.31)은 앞에서 구한 식 (7.16)과 같은 결과임을 알 수 있다.

예제 19

자기인덕턴스가 20[H]인 회로에 10[A]의 전류가 흐르고 있을 때, 인덕턴스에 축적된 전자(電磁)에너지는 얼마인가?

풀이 $W = \frac{1}{2}LI^2 = \frac{1}{2} \times 20 \times 10^2 = 1000[J]$

예제 20

자기인덕턴스가 30[H]인 회로에 15[A]의 전류가 흐르고 있을 때, 전자에너지는 얼마가 되는가? 또, 전류를 1/3로 줄이는 경우 회로내로 방출되는 전자에너지는?

풀이 전 축적 에너지 ; $W = \frac{1}{2} \times 30 \times 15^2 = 3375[J]$

전류를 1/3로 줄이는 경우 축적되는 에너지 ; $W = \frac{1}{2} \times 30 \times 5^2 = 375[J]$

∴ 방출되는 에너지 $\Delta W = 3375 - 375 = 3000[J]$

예제 21

그림과 같이 단면적 $20[cm^2]$, 비투자율 1000인 환상철심에 400회의 코일을 균등하게 감고 여기에 $5[A]$의 전류를 흐르게 하면, 철심내에 자속 밀도는 $0.8[T]$가 된다. 이 코일의 자기 인덕턴스는 얼마인가? 또, 이때 자기회로내에 축적되어 있는 전자 에너지는 얼마로 되는가?

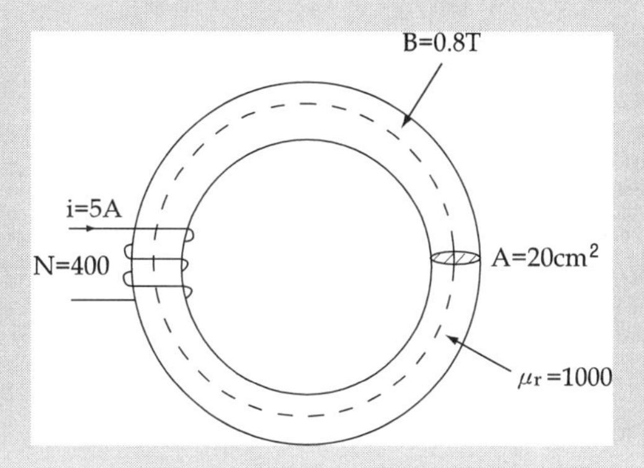

풀이 $\varnothing = BA = 0.8 \times 20 \times 10^{-4}[Wb]$

∴ $L = N\varnothing / I = (400 \times 16 \times 10^{-4})/5 = 0.128[H] = 128[mH]$

∴ $W = \frac{1}{2} L I^2 = \frac{1}{2} \times 0.128 \times 5^2 = 1.6[J]$

예제 22

자계의 세기가 $580[A/m]$인 자계가 있다. 단위 면적당 $0.6[Wb]$의 자속이 발생되고 있을 때, 단위체적당 축적된 자기에너지는 얼마가 되는가?

풀이 $\omega = \frac{1}{2} HB = \frac{1}{2} \times 580 \times 0.6 = 174[J/m^3]$

8.2.5 인덕턴스의 접속

전기회로에 있어서 인덕턴스는 그림 8.19와 같으며, 그림 (a)는 자기인덕턴스, 그림 (b)는 상호인덕턴스를 나타낸다. 또한 인덕턴스의 접속에는 병렬접속과 직렬접속이 있다.

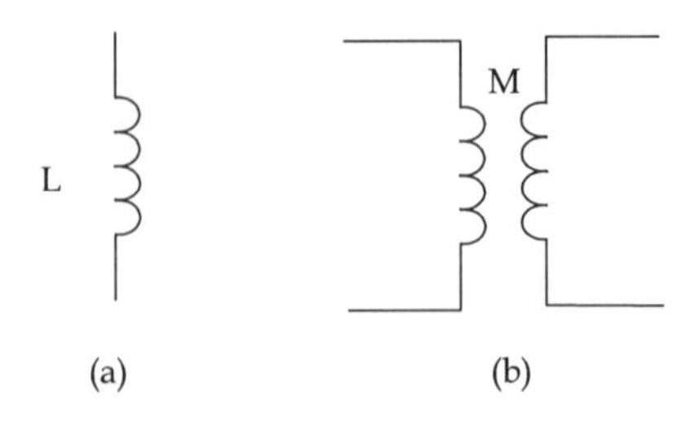

그림 8.19 인덕턴스 기호

1) 직렬접속

자기인덕턴스 L_1, L_2를 그림 8.20과 같이 직렬로 접속하여, 전류 i를 흘릴 때 각각의 인덕턴스에 유도된 기전력을 각각 e_1, e_2라 하면 전체 기전력 e는 인가된 전압 V와 같으므로 다음의 등식이 성립된다.

$$V = -e = -(e_1 + e_2) = L_1\frac{di}{dt} + L_2\frac{di}{dt} = L\frac{di}{dt}$$

따라서 합성 인덕턴스 L은 식 (8.32)로 구할 수 있다.

$$L = L_1 + L_2[H] \tag{8.32}$$

2) 병렬접속

자기인덕턴스 L_1, L_2를 그림 8.21과 같이 병렬로 접속하는 경우

$$V = L_1\frac{di_1}{dt} = L_2\frac{di_2}{dt}, \quad i = i_1 + i_2$$

가 되므로

$$\frac{di}{dt} = \frac{di_1}{dt} + \frac{di_2}{dt} = \left(\frac{1}{L_1} + \frac{1}{L_2}\right)V = \frac{1}{L}V$$

와 같으며 합성 인덕턴스 L은 식 (8.33)으로 주어진다.

$$\frac{1}{L}=\frac{1}{L_1}+\frac{1}{L_2}[1/H] \tag{8.33}$$

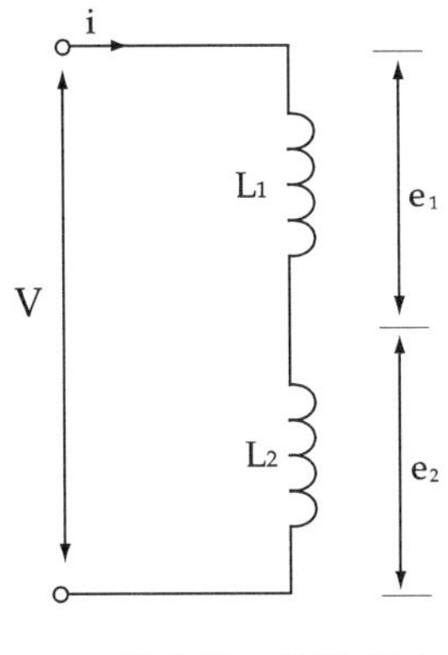

그림 8.20 직렬 접속

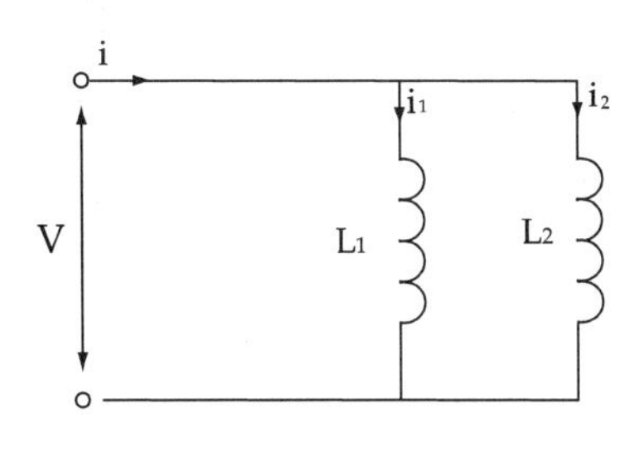

그림 8.21 병렬 접속

3) 상호인덕턴스가 있는 경우의 접속

직렬접속에서 두 코일 사이에 상호인덕턴스가 있는 경우 가해진 전압과 쇄교하는 자속이 같은 방향일 때에는

$$\begin{aligned} V_a &= L_1\frac{di}{dt}+M_{12}\frac{di}{dt}+L_2\frac{di}{dt}+M_{21}\frac{di}{dt} \\ &= L_1\frac{di}{dt}+L_2\frac{di}{dt}+2M\frac{di}{dt} \end{aligned}$$

와 같이 되며, 쇄교하는 자속이 전체 전압과 역방향일 때에는

$$V_a=L_1\frac{di}{dt}+L_2\frac{di}{dt}-2M\frac{di}{dt}$$

와 같이 된다. 그러므로 합성 인덕턴스는 식 (8.34)로 표현된다.

$$L=L_1+L_2\pm 2M[H] \tag{8. 34}$$

8.3 인덕턴스의 계산

인덕턴스는 회로에 전류가 흐를 때 발생하는 자속(식 8.20) 또는 자계 에너지(식 8.30)을 이용하여 구할 수 있다. 인덕턴스의 계산에는 상당히 번거롭고 복잡한 것이 많지만 이하에서는 비교적 간단한 몇 가지 예를 들어본다.

8.3.1 자기인덕턴스

1) 환상 솔레노이드코일

그림 8.22에 나타낸 환상 솔레노이드 코일의 자기인덕턴스를 구한다. 코일 단면의 반경을 a[m], 코일의 평균반경을 r[m], 코일의 총 턴수를 N이라 하면 코일에 i [A]의 전류가 흐를 때 코일에 발생되는 자계의 세기는 식 (6.28)로부터 $\mathbf{H} = N\frac{i}{2\pi r}\mathbf{a}_{\varnothing}$ [AT/m]로 정의된다.

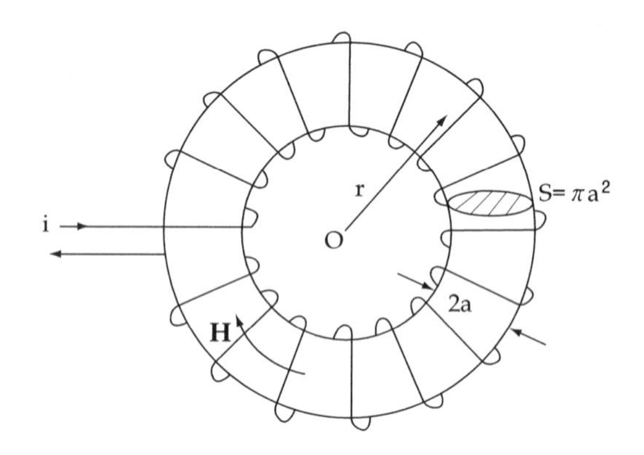

그림 8.22 환상 솔레노이드

따라서 윗식에 투자율 μ와 코일의 턴수 N, 코일의 단면적 S [m^2]를 곱함으로써 아래의 식과같이 쇄교 자속을 구할 수 있다.

$$\varnothing = \mu HNS = \frac{\mu Ni}{2\pi r}N \cdot \pi a^2 [Wb]$$

그 결과 자기인덕턴스 L은 식 (8.35)로 나타낼 수 있다.

$$L = \frac{\varnothing}{i} = \mu\frac{a^2}{2r}N^2[H] \tag{8.35}$$

또는, 평균 자기회로의 길이를 l이라 하면 식 (8.36)으로 된다.

$$L = \mu\frac{S}{l}N^2\ [H] \tag{8.36}$$

2) 가늘고 긴 솔레노이드코일

그림 8.23과 같이 가늘고 긴 솔레노이드 코일에 대해 자기인덕턴스를 구하기로 한다. 코일의 단위길이당 턴수를 n이라 하면 코일에 i [A]의 전류를 흘릴 때 코일에 발생되는 자계의 세기는 식 (6.21)으로부터 $\mathbf{H} = ni\,\mathbf{a}_z$ [AT/m]이 된다. 따라서 코일의 길이를 l [m], 단면적 $S = \pi a^2[m^2]$, 총 턴수를N이라 할 때 쇄교 자속은

$$\varnothing = \mu_0 HNS = \mu_0 niNS = \mu_0\frac{N}{l}i \cdot N \cdot \pi a^2$$

$$= \mu_0\frac{N^2}{l}i \cdot \pi a^2[Wb]$$

으로 된다. 그러므로, 자기인덕턴스는 식 (8.37)과 같이 구할 수 있다.

$$L = \frac{\varnothing}{i} = \mu_0\pi\frac{a^2}{l}N^2 = \mu_0\frac{S}{l}N^2[H] \tag{8.37}$$

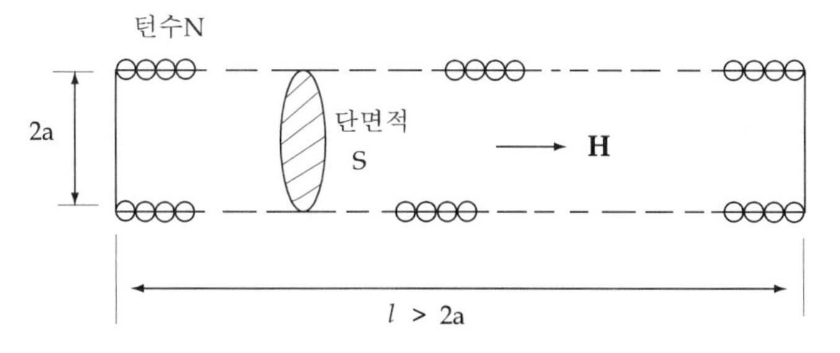

그림 8.23 가늘고 긴 솔레노이드 코일

3) 짧은 솔레노이드코일

앞의 예에서는 솔레노이드 코일이 상당히 길고, 그 양단면에서의 영향을 무시할 수 있는 것으로 가정하여 계산하였다. 그러나 솔레노이드의 길이가 유한하고 또 그림

8.24와 같이 자계의 폭을 무시할 수 없는 경우라 한다면 쇄교자속은 감소하게 되며 그 결과 자기인덕턴스의 크기는 식 (8.37)에 비해 작아지게 된다.

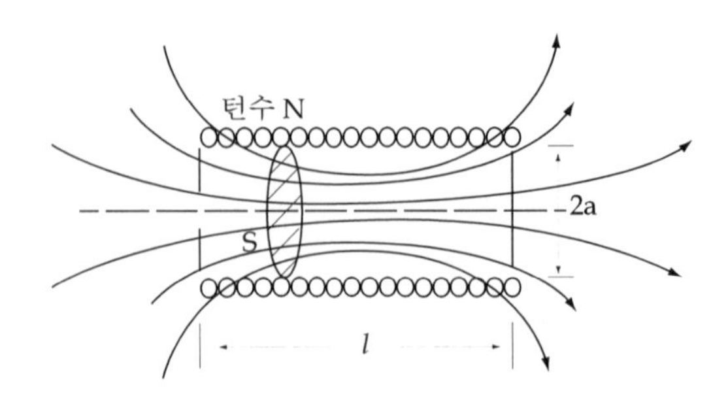

그림 8.24 짧은 솔레노이드

이러한 현상에 대해서는 계수 K(≦ 1)를 도입하여 식 (8.38)로 나타낼 수 있다.

$$L = K\mu_0 \frac{\pi a^2}{l} N^2 = K\mu_0 \frac{S}{l} N^2 [H] \tag{8.38}$$

계수 K의 값은 $2a/l$의 값에 따라 그림 8.25 및 표 8.1과 같이 변하며, $2a/l$의 비가 커짐에 따라 작아진다. K의 값은 일본의 나가오까에 의해 자세하게 계산되었기 때문에 이를 나가오까계수라 한다.

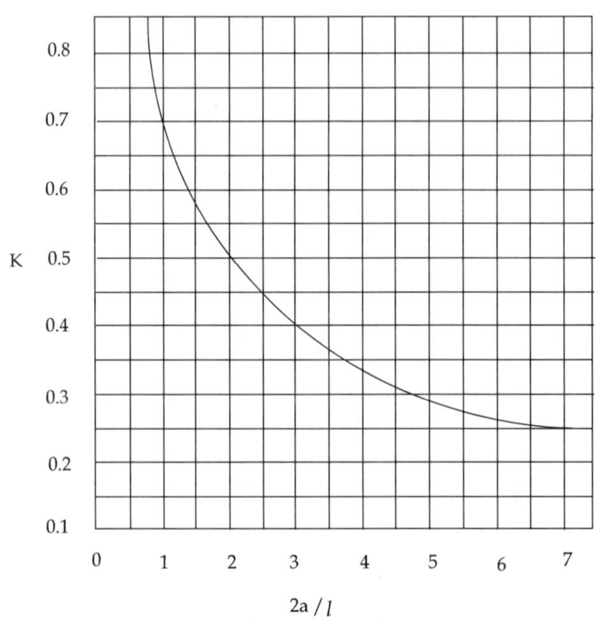

그림 8.25 나가오까 계수

표 8.1 나가오까 계수

2a/l	K	2a/l	K	2a/l	K	2a/l	K
0	1.000	0.55	0.803	1.10	0.667	3.00	0.429
0.05	0.979	0.60	0.789	1.20	0.648	3.50	0.394
0.10	0.959	0.65	0.775	1.30	0.629	4.00	0.365
0.15	0.939	0.70	0.761	1.40	0.611	4.50	0.341
0.20	0.920	0.75	0.748	1.50	0.595	5.00	0.319
0.25	0.902	0.80	0.735	1.60	0.580	6.00	0.302
0.30	0.884	0.85	0.723	1.70	0.565	7.00	0.258
0.35	0.867	0.90	0.711	1.80	0.551	8.00	0.237
0.40	0.850	0.95	0.700	1.90	0.538	9.00	0.219
0.45	0.834	1.00	0.688	2.00	0.526	10.00	0.2037
0.50	0.818			2.50	0.472		

4) 원형단면의 직선도선

그림 8.26과 같은 반경 a [m], 길이 l[m]인 직선 도선에 대해 인덕턴스의 값을 구하기로 한다. 직선 도선의 중심으로부터 r [m]인 도선 내부의 점에서 자계의 세기는 식 (6.26)에서

$$\mathbf{H} = \frac{r\,i}{2\pi\,a^2}\,\mathbf{a}_{\varnothing}\ [\mathrm{AT/m}]$$

이므로 도선의 투자율을 μ라 하면 도선 내의 자계에너지는

$$W = \frac{1}{2}\int_0^a \mu H^2 \cdot 2\pi r \cdot l \cdot dr = \frac{\mu l\,i^2}{4\pi\,a^4}\int_0^a r^3 dr = \frac{\mu l\,i^2}{16\pi}[\mathrm{J}]$$

로 된다.

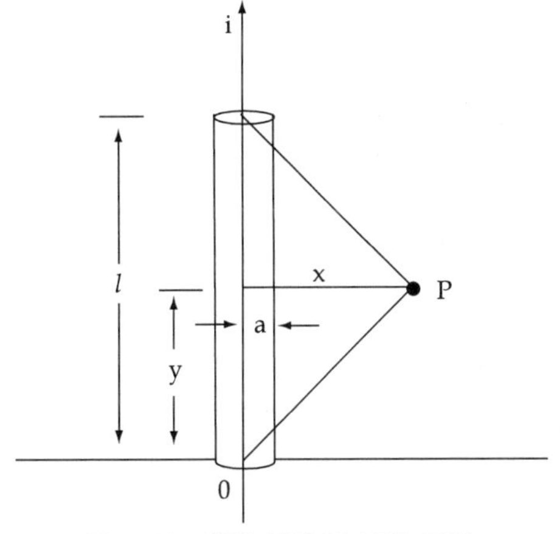

그림 8.26 원형 단면의 직선 도체

따라서, 도선 내부의 자기인덕턴스 L_0는 식 (8.39)와 같이 된다.

$$L_0 = \frac{2W}{i^2} = \frac{\mu l}{8\pi}[H] \tag{8.39}$$

또, 도선 외부의 자계의 세기는 식 (6.16)으로부터

$$\mathbf{H} = \frac{i}{4\pi x}\left(\frac{l-y}{\sqrt{x^2+(l-y)^2}} + \frac{y}{\sqrt{x^2+y^2}}\right)\mathbf{a}_\varnothing \ [AT/m]$$

이므로 자속은 아래의 식으로 나타낼 수 있다.

$$\begin{aligned}
\varnothing &= \int\int \mu_0 H dxdy \\
&= \frac{\mu_0 i}{4\pi}\int_0^\infty \int_0^l \frac{1}{x}\left(\frac{y}{\sqrt{x^2+y^2}} + \frac{l-y}{\sqrt{x^2-(l-y)^2}}\right)dydx \\
&= \frac{\mu_0 i}{4\pi}\int_a^\infty \frac{1}{x}\left(\sqrt{x^2+y^2} - \sqrt{x^2-(l-y)^2}\right)dx = \frac{\mu_0 i}{2\pi}\int_a^\infty \left(\frac{\sqrt{x^2+l^2}}{x} - 1\right)dx \\
&= \frac{\mu_0 i}{2\pi}\left[\sqrt{x^2+l^2} - l\log\frac{l+\sqrt{x^2+l^2}}{x} - x\right] \\
&= \frac{\mu_0 i}{2\pi}\left[l\log\left(\frac{l+\sqrt{a^2+l^2}}{a}\right) - \sqrt{a^2+l^2} + a\right][Wb]
\end{aligned}$$

그러므로 도선 외부의 자기인덕턴스 L_e는 식 (8.40)과 같이 된다.

$$L_e = \frac{\mu_0}{2\pi}\left[l\log\left(\frac{l+\sqrt{a^2+l^2}}{a}\right) - \sqrt{a^2+l^2} + a\right][H] \tag{8.40}$$

따라서 전체의 자기인덕턴스 L은 식 (8.41)로 된다.

$$L = L_0 + L_e = \frac{\mu l}{8\pi} + \frac{\mu_0}{2\pi}\left[l\log\left(\frac{l+\sqrt{a^2+l^2}}{a}\right) - \sqrt{a^2+l^2} + a\right][H] \tag{8.41}$$

만약 $l \gg a$일 경우에는 식 (8.42)로 간략화될 수 있다.

$$\frac{l}{2\pi}\left[\frac{\mu}{4}+\mu_0\left(\log\frac{2l}{a}-1\right)\right][\mathrm{H}] \tag{8.42}$$

5) 평행 왕복 선로(平行往復線路)

그림 8.27과 같이 반경 a [m]인 두 도선이 d[m]의 간격으로 평행하게 놓여져 있으며 이 두 도선에 전류가 왕복하여 흐르고 있을 때 이 평행 왕복 선로의 자기인덕턴스를 구한다. 내부 인덕턴스는 앞의 예와 같으며, 길이 l[m]에 대해 2배를 취함으로써 식 (8.43)과 같이 된다.

$$L_0=\frac{\mu l}{8\pi}\times 2=\frac{\mu l}{4\pi} \tag{8.43}$$

외부 인덕턴스에 대해 생각하기로 한다. 먼저 그림의 점 P에 도선과 평행한 $l$dx인 부분을 가정하고, 그 점을 흐르는 전류를 i [A]라 할 때 점 P에서 자계의 세기는 식 (6.25)로부터

$$\mathbf{H}=\left[\frac{\mathrm{i}}{2\pi \mathrm{x}}-\frac{\mathrm{i}}{2\pi(\mathrm{d}-\mathrm{x})}\right]\mathbf{a}_{\mathrm{n}}\ [\mathrm{AT/m}]$$

이 되므로 자속은 $\mathrm{d}\varnothing=\mu_0 \mathrm{H}l\mathrm{dx}=\frac{\mu_0 l\mathrm{i}}{2\pi}\left(\frac{1}{\mathrm{x}}-\frac{1}{\mathrm{d}-\mathrm{x}}\right)\mathrm{dx}$이 된다.

따라서, 양 도선과 쇄교하는 자속은

$$\begin{aligned}\varnothing&=\int \mathrm{d}\varnothing=\frac{\mu_0 l\mathrm{i}}{2\pi}\int_{\mathrm{a}}^{\mathrm{d-a}}\left(\frac{1}{\mathrm{x}}-\frac{1}{\mathrm{d}-\mathrm{x}}\right)\mathrm{dx}\\&=\frac{\mu_0 l\mathrm{i}}{2\pi}[\log\mathrm{x}-\log(\mathrm{d}-\mathrm{x})]\mathrm{dx}\\&=\frac{\mu_0 l\mathrm{i}}{\pi}\log\frac{\mathrm{d}-\mathrm{a}}{\mathrm{a}}[\mathrm{Wb}]\end{aligned}$$

가 된다. 그러므로 도선 외부의 자기인덕턴스 L_e는 식 (8.44)와 같이 된다.

$$L_e = \frac{\mu_0 l}{\pi}\log\frac{d-a}{a}[H] \tag{8.44}$$

만약 a≪d이라고 하면 식 (8.45)와 같이 간략화될 수 있다.

$$L_e = \frac{\mu_0 l}{\pi}\log\frac{d}{a}[H] \tag{8.45}$$

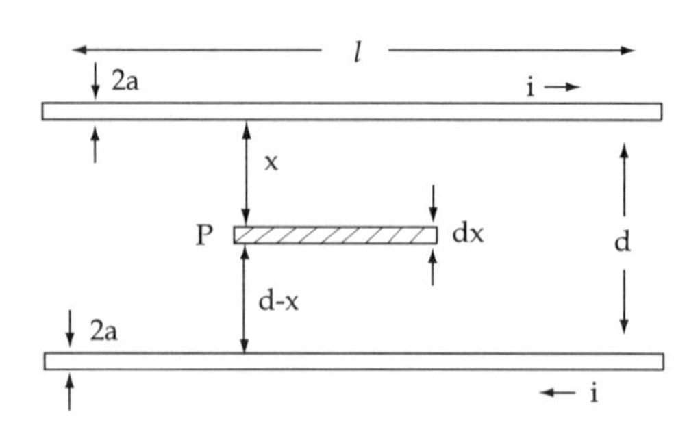

그림 8.27 평행 왕복 선로

6) 왕복 동축 선로(往復同軸線路)

그림 8.28과 같이 내도체의 반지름 a[m], 외도체의 내반지름 b[m], 외반지름 c[m], 길이 l[m]인 왕복 동축선로에 대해 자기인덕턴스를 구한다. 내도체의 자기인덕턴스는 식 (8.39)에 의해 $L_1 = \frac{\mu l}{8\pi}$[H]으로 표현되며 동축선로 외부에서는 자계가 존재하지 않게 된다. 따라서 내도체와 외도체 사이의 자계를 구한다. 중심축으로부터 거리가 r[m]떨어진 곳에서의 자계는 $\mathbf{H}_i = i/2\pi r\,\mathbf{a}_\varnothing$이 되므로 자속 ∅는

$$\varnothing = \int \mu_0 H_1 l dr = \int_a^b \frac{\mu_0 i l}{2\pi r\,dr}$$

$$= \frac{\mu_0 i l}{2\pi}\log\frac{b}{a}[Wb]$$

로 표현된다. 따라서 도선 사이의 자기 인덕턴스 L_e는 다음과 같이 된다.

$$L_e = \frac{\varnothing}{i} = \frac{\mu_0 l}{2\pi}\log\frac{b}{a}[H]$$

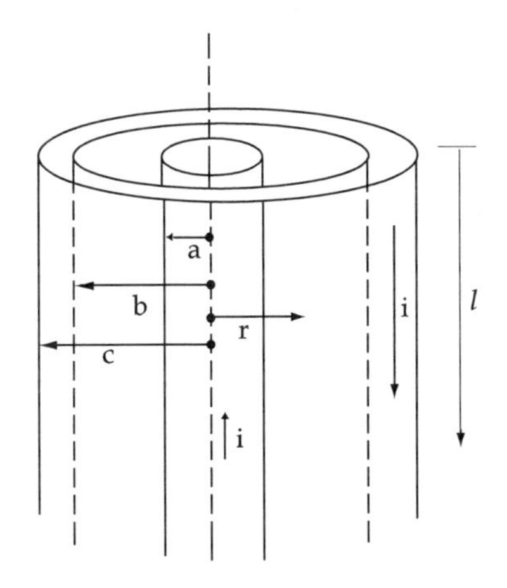

그림 8.28 왕복 동축 선로

외부도체의 내부 즉, 중심축으로부터 거리 r 인 점에서의 자계를 H_2라 하면

$$\mathbf{H}_2 = \frac{i}{2\pi r}\frac{c^2 - r^2}{c^2 - b^2}\,\mathbf{a}_\varnothing[H]$$

가 되며$(c^2 - r^2)/(c^2 - b^2)$ 부분만이 전류와 쇄교하기 때문에 거리 r 인 점에서의 자속은

$$\begin{aligned}
\varnothing_2 &= \frac{c^2 - r^2}{c^2 - b^2}\mu H_2 l dr = \int_a^c \frac{\mu i l}{2\pi}\left(\frac{c^2 - r^2}{c^2 - b^2}\right)\frac{dr}{r} \\
&= \frac{\mu i l}{2\pi(c^2 - b^2)^2}\int_b^c \left(\frac{c^4}{r} - 2c^2 r + r^3\right)dr \\
&= \frac{\mu i l}{2\pi(c^2 - b^2)^2}\left[c^4 \log r - c^2 r^2 + \frac{r^4}{4}\right] \\
&= \frac{\mu i l}{2\mu(c^2 - b^2)^2}\left[c^4 \log\frac{c}{b} - c^2(c^2 - b^2) + \frac{c^4 - b^4}{4}\right] \\
&= \frac{\mu i l}{2\mu(c^2 - b^2)^2}\left(\frac{c^4}{c^2 - b^2}\log\frac{c}{b} - \frac{3c^2 - rb^2}{4}\right)[Wb]
\end{aligned}$$

으로 된다. 따라서 외부 도체 내의 인덕턴스 L_2는 식 (8.46)과 같이 된다.

$$L_2 = \frac{\mu l}{2\pi(c^2-b^2)}\left(\frac{c^4}{c^2-b^2}\log\frac{c}{b} - \frac{3c^2-b^2}{4}\right)[H] \tag{8.46}$$

따라서, 전체의 자기인덕턴스는 식 (8.47)과 같다.

$$\begin{aligned} L &= L_1 + L_e + L_2 \\ &= \frac{l}{2\pi}\left[\frac{\mu}{4} + \mu_0 \log\frac{b}{a} + \frac{\mu}{(c^2-b^2)}\left(\frac{c^4}{c^2-b^2}\log\frac{c}{b} - \frac{3c^2-b^2}{4}\right)\right][H] \end{aligned} \tag{8.47}$$

8.3.2 상호인덕턴스

1) 환상 솔레노이드

그림 8.29와 같이 1·2차 코일의 턴수가 각각 N_1, N_2인 환상 솔레노이드 코일에 대해 상호인덕턴스를 구한다. 1차 코일에 i [A]의 전류가 흐를 때 2차 코일과 쇄교하는 자속은 전 자기회로의 길이를 l, 단면적을 S라 할 때

$$\varnothing = N_2 \cdot \mu \mathbf{H} \cdot \mathbf{S} = N_2 \frac{\mu N_1 i}{l} S = \frac{\mu a^2 N_1 N_2}{2r} i [Wb]$$

가 되므로 상호인덕턴스는 식 (8.48)로 나타낼 수 있다.

$$M = \frac{\varnothing}{i} = \frac{\mu N_1 N_2 S}{l} = \frac{\mu a^2 N_1 N_2}{2r}[H] \tag{8.48}$$

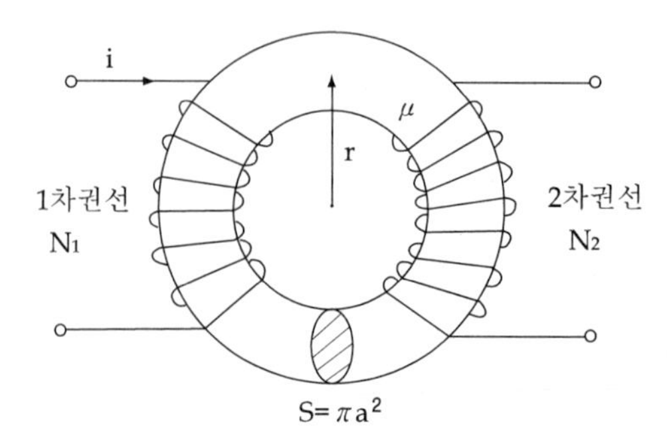

그림 8.29 환상 솔레노이드 코일의상호 인덕턴스

2) 솔레노이드코일과 원형코일

그림 8.30과 같이 가늘고 긴 반경 a [m], 길이 l[m]1, 턴수 N_1인 솔레노이드 코일의 바깥쪽 중앙부근에 턴수 N_2인 짧은 코일이 감겨져 있을 때 코일 N_1과 N_2사이에 작용하는 상호 인덕턴스를 구한다. 코일 N_1에 전류 i [A]가 흐를 때 발생되는 자계는 $H=(N_1/l)i$ 이므로 코일 N_2와 쇄교하는 자속은

$$\varnothing = \mu_0 H \cdot N_2 S = \mu_0 \frac{N_1}{l} \cdot i \cdot N_2 \pi a^2$$

$$= \mu_0 \frac{\pi a^2}{l} N_1 N_2 i \ [Wb]$$

로 되며, 이로부터 상호 인덕턴스는 식 (8.49)와 같이 구할 수 있다.

$$M = \frac{\varnothing}{i} = \mu_0 \frac{\pi a^2}{l} N_1 N_2 \ [H] \tag{8.49}$$

또한 N_1과 N_2가 θ의 각도를 이루는 경우에는 식 (8.50)과 같이 된다.

$$M = \mu_0 \frac{\pi a^2}{l} N_1 N_2 \cos\theta \ [H] \tag{8.50}$$

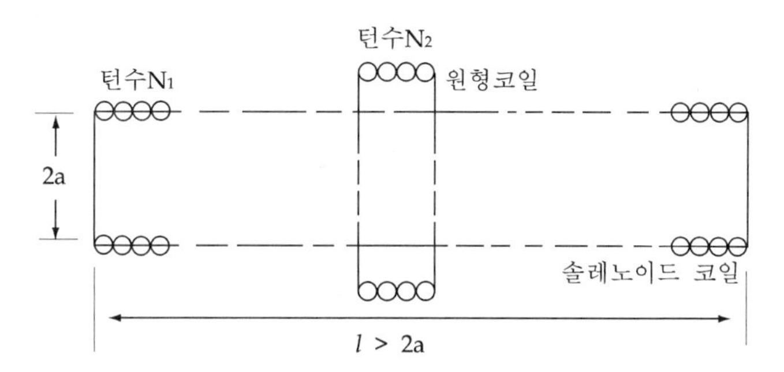

그림 8.30 솔레노이드 코일과 원형 코일

3) 긴 직선도선과 코일

그림 8.31과 같이 긴 직선 도선과 평행하게 거리 d[m]만큼 떨어진 위치에 두 변의 길이가 a[m], b[m]인 사각형 코일이 놓여져 있을 때 직선 도선과 코일 사이의 상호 인덕턴스를 구한다.

긴 직선 도선으로부터 x[m]떨어진 점의 자계의 세기는 $\mathbf{H}=\frac{i}{2\pi x}\mathbf{a}_\varnothing$ [AT/m]이므로 폭이 dx, 길이가 b이며 턴수가 N인 부분의 자속 d∅는 아래의 식으로 나타낼 수 있다.

$$d\varnothing=\mu_0 H\cdot b\cdot dx=\frac{\mu_0 i}{2\pi}b\frac{dx}{x}$$

그러므로 사각형 코일과 쇄교하는 전체 자속은

$$\varnothing=N\int d\varnothing=\frac{\mu_0 Ni}{2\pi}\int_a^{d+a}\frac{1}{x}dx=\frac{\mu_0 bNi}{2\pi}\log\frac{d+a}{d}\ [Wb]$$

가 되므로 상호 인덕턴스는 식 (8.51)과 같이 구할 수 있다.

$$M=\frac{\varnothing}{i}=\frac{\mu_0 bN}{2\pi}\log\frac{d+a}{d}\ [H] \tag{8.51}$$

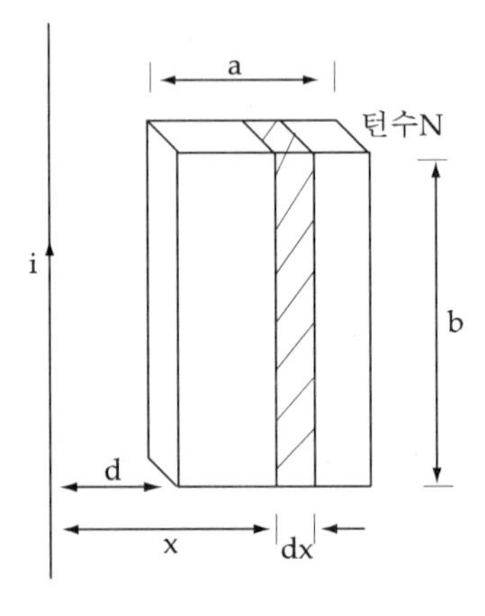

그림 8.31 긴 직선 도선과 사각형 코일

4) 두 개의 원형코일

그림 8.32와 같이 반경 a [m], 턴수 N_1 인 큰 원형 코일의 중심으로부터 d [m] 떨어진 거리에 반경 b [m], 턴수 N_2 인 작은 원형 코일이 있을 때 두 코일 사이의 상호 인덕턴스를 구한다. 큰 원형 코일에 전류 i [A]를 흐르게 했을 때, 작은 코일의 위치에 있어서 자계의 세기는 $\mathbf{H} = \frac{i\,a^2 N_1}{2(a^2+d^2)^{3/2}}\mathbf{a}_d$ [AT/m]이 되므로, 작은 코일의 범위에서 자계를 일정한 것으로 가정하면 작은 코일과 쇄교하는 자속은

$$\varnothing = N_2 \cdot \mu_0 H \cdot \pi b^2 = \frac{\mu_0 \pi N_1 N_2 a^2 b^2}{2(a^2+d^2)^{3/2}} i \ [Wb]$$

으로 된다.

그러므로 상호 인덕턴스는 식 (8.52)으로 구할 수 있게 된다.

$$M = \frac{\varnothing}{i} = \frac{\mu_0 \pi N_1 N_2 a^2 b^2}{2(a^2+d^2)^{3/2}} [H] \tag{8.52}$$

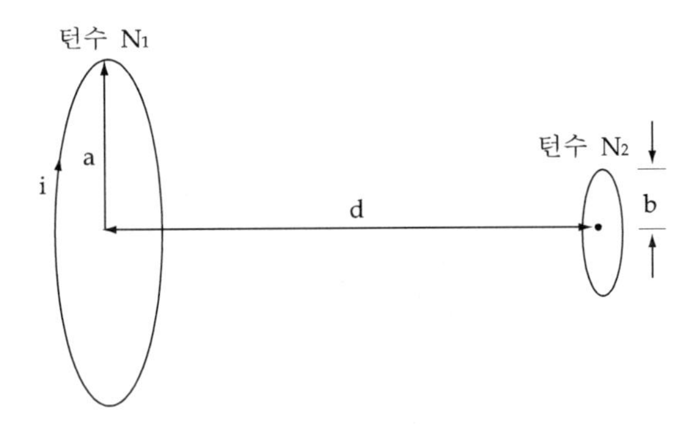

그림 8.32 두 개의 원형 코일

만일 코일 N_1과 N_2가 θ의 각도를 이룬다면 상호 인덕턴스 M은 식 (8.53)으로 표현된다.

$$M = \frac{\mu_0 \pi N_1 N_2 a^2 b^2}{2(a^2+d^2)^{3/2}} \cos\theta [H] \tag{8.53}$$

8.4 전자유도현상의 응용

8.4.1 발전기(發電機)

여기서는 전자 유도현상의 여러 응용에 관해서 살펴보기로 한다. 발전기는 전자유도현상을 최초로 응용한 기기라 할 수 있다. 1832년 픽시(Negro Hippolyte M. Pixii, 1804~1851, 프랑스)는 사람의 힘으로 자석을 회전시키는 발전기를 발명하였으며, 계속하여 1840년 암스트롱(W.Armstrong, 1810~1900, 英)이 발명한 수력 발전기 등 수많은 발명과 개량이 있었지만, 실용적으로는 1866년 지멘스(Ernst W. Siemens, 1816~1892, 獨)에 의해 완성되었다.

그림 8.33은 발전기의 원리를 나타낸다. 자석의 극 사이에서 코일을 회전시키면 식(8.11)로 표현된 바와 같이 정현적으로 변화하는 기전력을 얻을 수 있게 되며, 정류자와 브러시를 매개로 전류를 외부로 유출할 수 있게 된다.

그림 8.34는 자석식 발전기의 개략적인 구조를 나타낸다. 이 경우는 자석이 회전하며 철심에 감긴 고정 코일로부터 전류를 유출할 수 있도록 되어 있다.

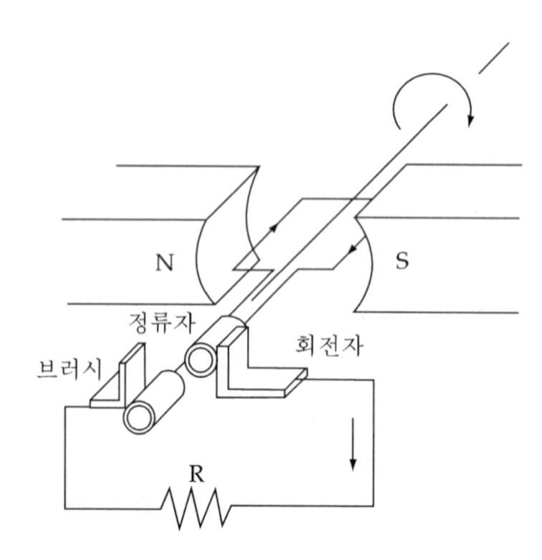

그림 8.33 발전기의 원리

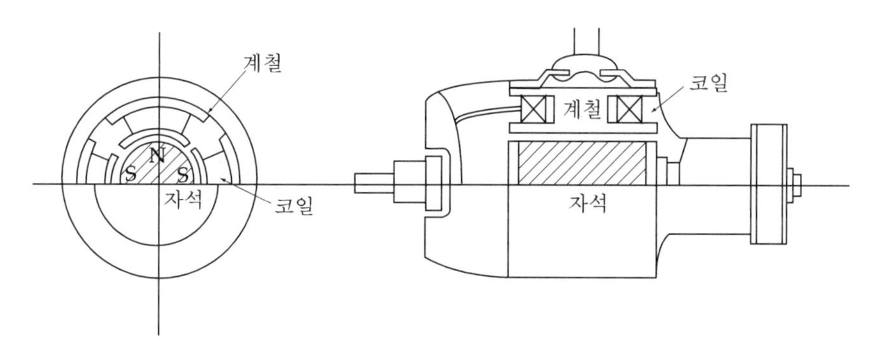

그림 8.34 자석식 발전기의 구조(자동차 발전 램프)

8.4.2 전동기(電動機)

1873년 파리에서 열린 제2회 만국박람회에 그람(Z.TGramme, 1826 ~ 1901, 벨기에)이 발전기를 출품했을 때, 때때로 발전기 2대를 병렬로 연결하여 한쪽 발전기를 회전시키면 다른 한 쪽이 회전된다는 사실을 발견한 것이 계기가 되어 전동기에 대한 연구가 시작되었다. 그림 8.35는 직류 전동기의 원리를 나타내고 있다.

코일에 흐르는 전류와 자계가 이루는 각에 의해 코일에는 식 (6.36)과 같은 정현적인 토크가 발생하게 되므로, 코일이 1/2회전할 때마다 정류자에 의해 코일에 흐르는 전류의 방향을 바꾸어 주게 되면 코일은 계속해서 회전을 하게 된다.

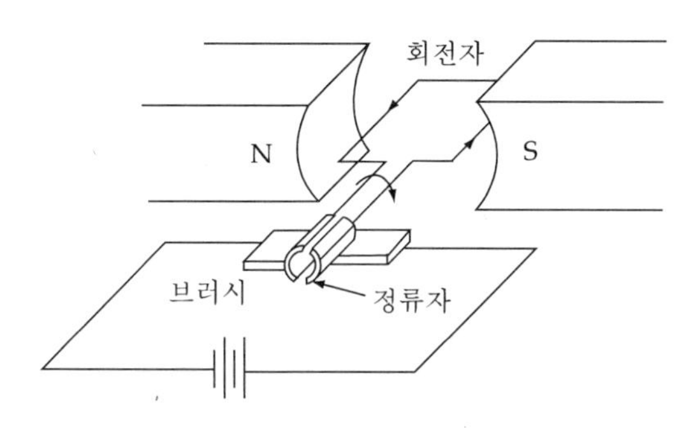

그림 8.35 직류 전동기의 원리

직류 전동기의 실제 구조는 그림 8.36과 같다. 이 방식의 전동기는 교류에 의해서도 회전하지만, 일반적으로 교류 전동기에는 다른 방식이 이용되고 있다. 일반적으로 공업용 전동기는 3상 교류를 이용하는 것이 대부분이다. 여기서는 단상을 이용한 전동기의 구조에 관해서 설명하기로 한다.

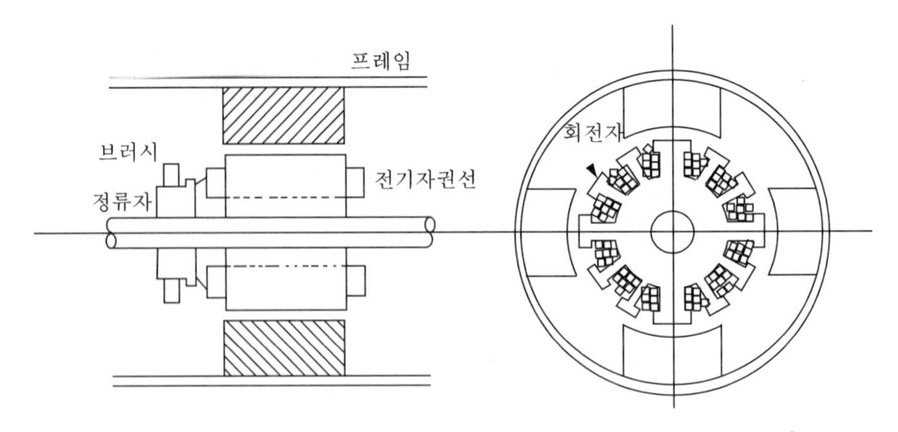

그림 8.36 직류 전동기의 구조

그림 8.37과 같이 코일이 감겨진 4극의 고정자를 설치하고, 대응하는 극의 코일을 각각 직렬로 접속하며, 그 사이에 그림과 같이 적당한 크기의 콘덴서를 접속하여 교류 전류를 흘리는 경우, 극사이에는 교류전류의 주파수에 대응하는 회전자계가 발생한다. 따라서, 그 자계내에 영구자석 회전자를 놓으면 회전하게 되는 데 이와 같은 원리를 지닌 전동기를 동기 전동기라 한다. 이 경우, 영구자석 대신 동으로 된 링을 놓으면, 링에는 아라고에 의해 발견된 유도기전력이 발생되며, 회전자계를 따라 링의 회전이 이루어진다. 또한 철로 제작된 링이라면 더욱 강한 유도기전력이 발생하기 때문에 강한 회전이 이루어지게 된다. 이것이 유도전동기의 원리이며 유도전동기는 원리상 회전자계 보다 항상 느리게 회전하게 된다.

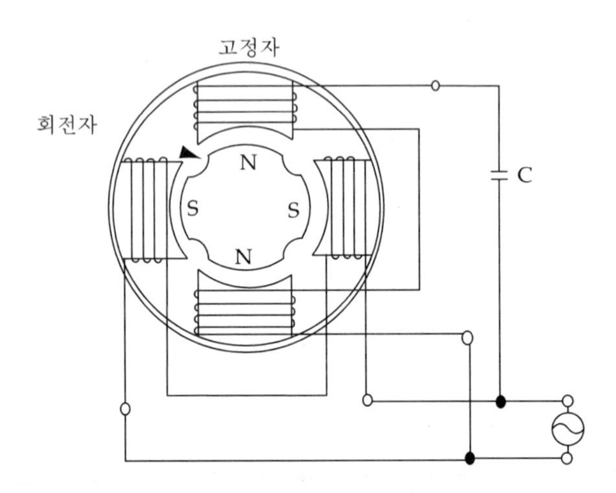

그림 8.37 회전자계 전동기의 원리그림

그림 8.38은 실용 유도전동기의 구조를 나타낸다. 회전자는 자성 철판을 여러 층 겹친 구조로 하며, 링의 표면에 흠을 내어, 농(籠, 바구니)형 코일을 삽입한 구조로 되어 있다. 또, 동기 전동기는 기동시의 토크가 매우 작으므로 유도 전동기의 회전자를 조합하여 그 결점을 보충하는 방식도 행해지고 있다.

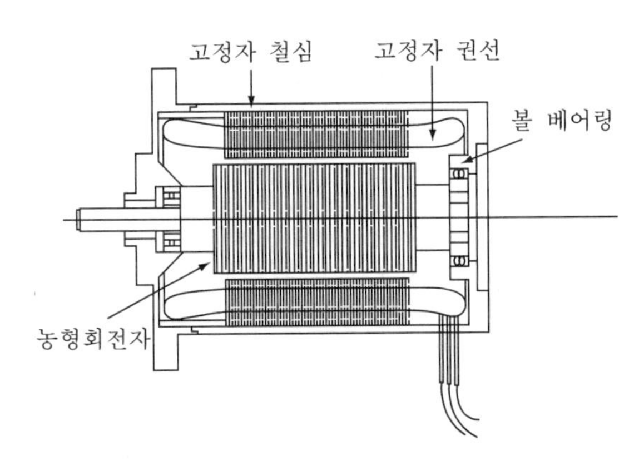

그림 8.38 유도 전동기의 구조

8.4.3 변압기(變壓器)

변압기는 1882년 고라르(Lucine Gaulard, 1850 ~ 1888, 프랑스)와 깁스(John Dixon Gibbs, 英)에 의해 최초로 발명되었으나, 실용화된 것은 1885년 데리(Max Diri, 1854 ~ 1938, 헝가리)와 스탠리(William Stanley, 1858 ~ 1916, 미국) 등에 의해서 였으며, 나이아가라의 교류 송전에 이용된 것으로 유명하다.

그림 8.39에서 1차, 2차 코일의 턴수가 N_1, N_2일 때 1차, 2차 단자사이에 발생되는 전압 e_1, e_2는 식 (8.1)로부터 $e_1 = N_1 \frac{d\varnothing}{dt}$ [V], $e_2 = N_2 \frac{d\varnothing}{dt}$ [V]이 되므로 $\frac{e_1}{e_2} = \frac{N_1}{N_2}$의 관계가 성립한다.

따라서, 2차 코일에 유도되는 전압은 1차 코일의 전압과 2차 코일의 턴수에 비례하며, 1차 코일의 턴수에 반비례하게 됨을 알 수 있다.

$$\frac{e_1}{e_2} = \frac{i_2}{i_1}, \quad \frac{N_1}{N_2} = \frac{i_2}{i_1} \tag{8.54}$$

또한 식 (8.54)로부터 $\frac{e_1}{i_1} = \left(\frac{N_1}{N_2}\right)^2 \left(\frac{e_2}{i_2}\right)$의 관계가 성립한다. 이 식은 1차 측에서 본 변압기의 저항(임피던스)의 크기를 의미한다. 실제 변압기는 일반적으로 그림 8.40과 같이 규소강판을 여러 층으로 겹쳐 제작하고 있다.

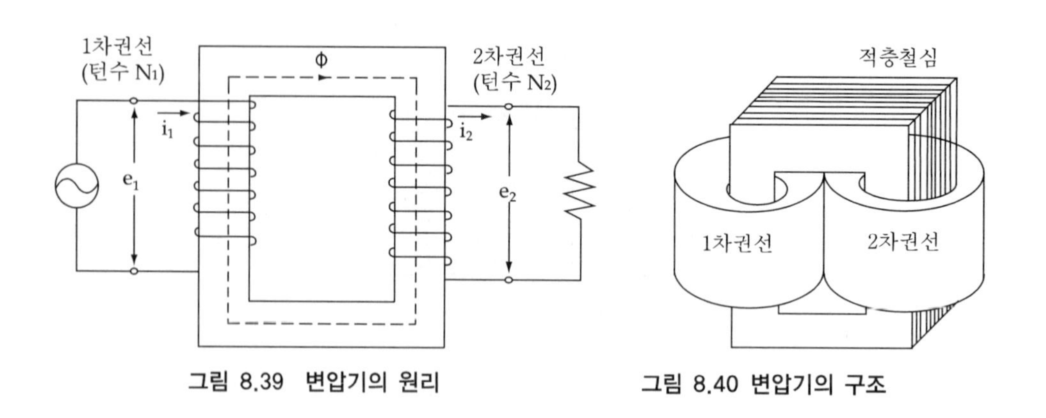

그림 8.39 변압기의 원리

그림 8.40 변압기의 구조

8.4.4 스피커

현재 폭넓게 이용되고 있는 스피커는 동전형(動電形)이라 불리며, 1925년 미국의 윈스턴 일렉트로닉사에서 개발되었다. 스피커의 종류에는 그림 8.41에서 볼 수 있는 바와 같이 영구 자석의 사용 방법에 따라 내자형(內磁形)과 외자형(外磁形)이 있으며, 어느 것이나 공극에서의 자계가 균일하게 되도록 자석과 계철로 자기회로를 구성한다.

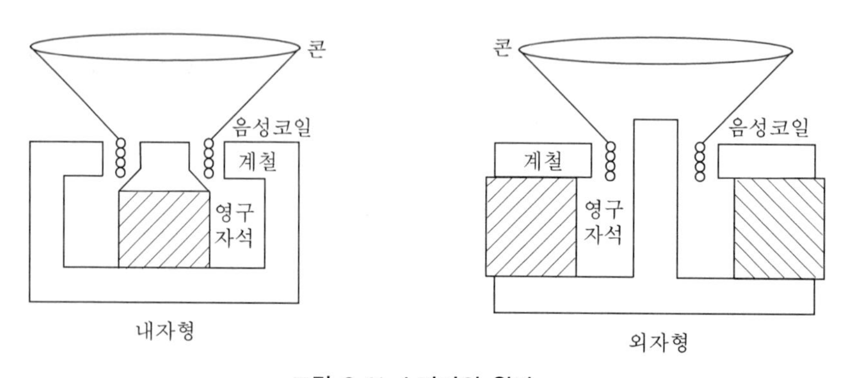

그림 8.41 스피커의 원리

또한 그림과 같이 공극에 코일을 배치하고, 코일에 음성 전류를 흘리면 코일에는 식 (6.35)로 표현된 힘이 작용하며 이 힘에 의해 음파가 콘(corn)으로부터 출력된다. 이것이 스피커의 원리이며 실제 스피커의 구조는 그림 8.42와 같다.

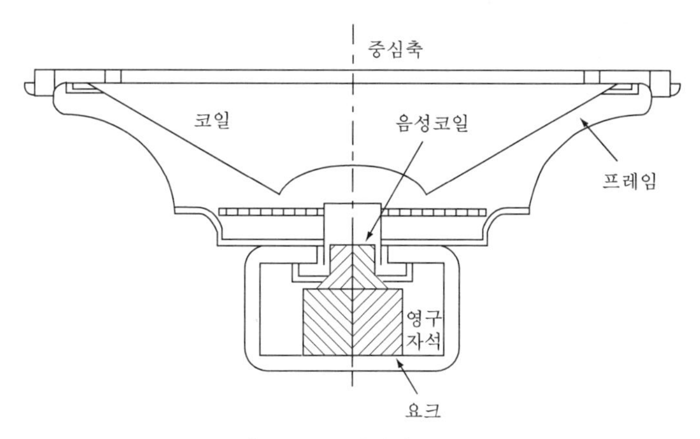

그림 8.42 스피커의 구조

8.4.5 전류계와 전압계

그림 8.43은 일반적으로 사용되고 있는 가동 코일형 전류계의 원리를 나타낸다. 영구자석 사이의 공극에는 철심이 놓여지게 되며 그림과 같이 철심에는 코일이 감겨진다. 코일에 전류가 흐르면 식 (6.36)으로 표현되는 토크가 코일에 작용하게 된다. 토크는 코일에 흐르는 전류에 비례하므로 와선형 스프링을 사용하여 평형을 이루게 하며, 지침은 전류에 비례하는 각도만큼 움직이고, 그 위치에서 정지하여 전류의 값을 지시하게 된다. 이러한 형태의 전류계는 눈금이 균일하고 비교적 감도가 우수한 장점을 지니고 있다.

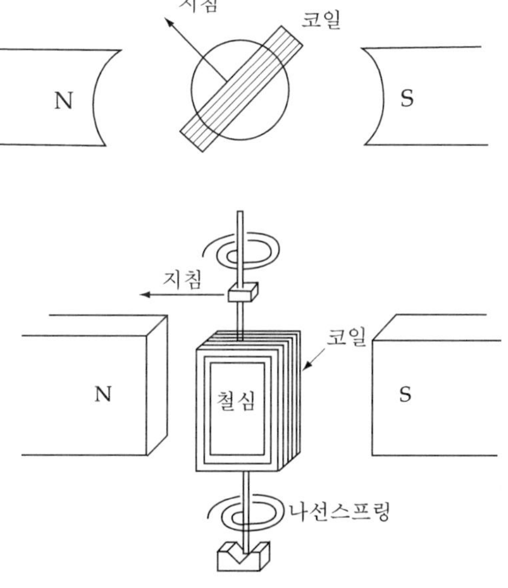

그림 8.43 가동 코일형 계기의 원리

실제 측정 회로에서는 전류계를 그림 8.44와 같이 회로에 직렬로 접속하므로 가능한 한 전류계의 저항을 낮게 할 필요가 있다. 따라서 계기 내에 바이패스의 전류통로를 설치하여, 작은 전류로 계기를 작동시키도록 고려하고 있다.

또, 이와 같은 가동형 계기는 고저항을 직렬로 접속하여 적은 전류를 흐르게 함으로써 전압계로도 이용되고 있으며, 그림 8.44와 같이 측정 회로에 병렬로 접속하여 사용한다.

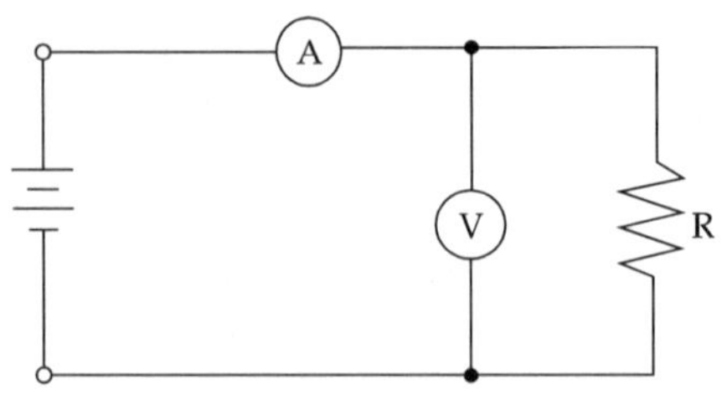

그림 8.44 전류계와 전압계의 결선

제8장 연습문제

01 턴수 20회인 코일에 0.1[Wb]의 자속이 1/100초 동안 쇄교될 때, 이 코일에 발생하는 기전력은 얼마인가?

02 턴수 N인 코일에 $\varnothing = \varnothing_0 \sin\omega t$으로 변화하는 자속이 쇄교할 때, 코일 내에 발생되는 기전력을 구하시오.

03 반경 a, 턴수 N인 원형코일을 그림과 같이 세기가 H인 평등 자계속에서 자계에 수직인 중심축을 중심으로 각속도 ω로 회전시킬 때, 이 코일의 양단에 발생되는 전위차를 구하시오.

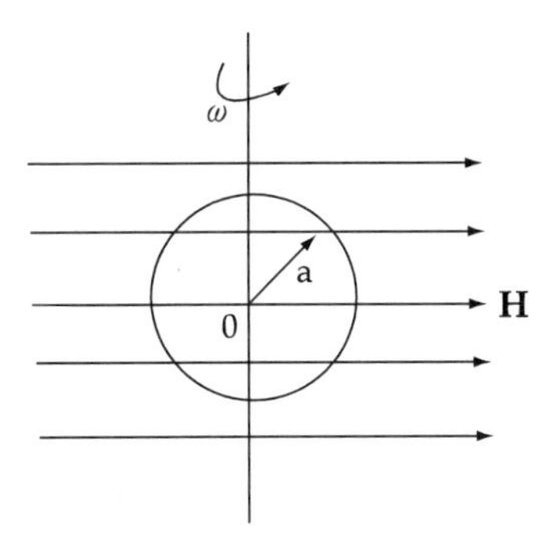

04 한변의 길이 l, 턴수 N인 사각형 코일에서 인접하는 두 변을 x, y축으로 한다. 자속밀도 $B = a\sin\pi x \cdot \sin\pi y \cdot \sin(2\pi ft)$가 면에 수직 방향으로 작용할 때, 코일에 발생되는 기전력을 구하시오.

05 그림에 나타낸 바와 같이 일정한 자속밀도 B = 0.5 [T]인 자계가 간격 l = 10[cm]인 평행 도체 막대에 수직으로 가해지고 있다. 평행 도체의 끝단에 저항 R = 1[Ω]을 연결하였으며, 평행 도체 막대위를 직선 도체가 v = 2[m/s] 속도로 운동할 때, 이 회로에 흐르는 전류를 구하시오. 또, 이때 도체봉 ab를 일정속도 v = 2[m/s]로 움직이기 위하여 외부로부터 가해야 하는 힘을 구하시오.

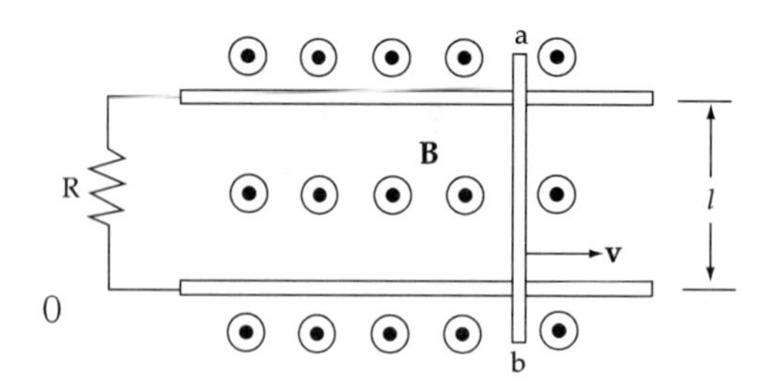

06 No.1, No.2인 두 개의 코일이 있다. No.1의 코일에 흐르는 전류가 1/100초 동안에 5[A] 변화했을 때, No.1, No.2의 코일에는 각각 50[V], 10[V]의 기전력이 유도되었다. No.1의 자기인덕턴스와 두 코일 사이의 상호 인덕턴스를 구하시오.

07 같은 평면위에 충분히 긴 직선 도선과 도선에서 직선거리 d [m]인 점을 중심으로 하는 반경 a [m] (a<d)인 원형 코일이 있을 때, 두 도선 사이의 상호인덕턴스를 구하시오.

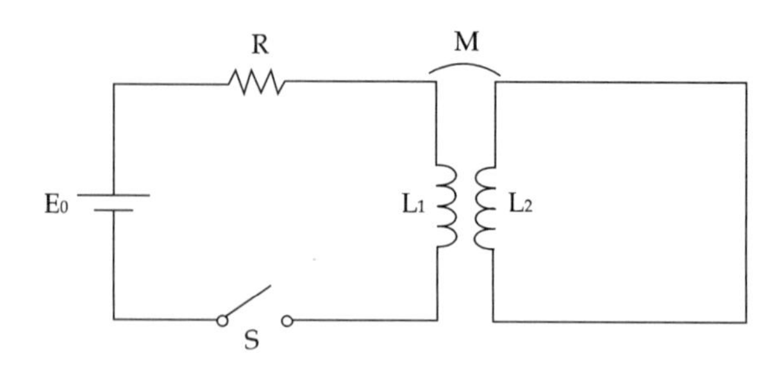

08 그림과 같이 결합계수가 1인 상호인덕턴스를 갖는 회로가 있다. 1차 코일에는 기전력 E_0의 전지, 저항 R, 스위치 S가 접속되어 있으며 2차 코일의 저항은 0이고 그 양단은 단락되어 있다. 스위치 S를 닫으면 1차 회로의 전류는 어떻게 되는가?

09 턴수가 500회이며, 0.2[H]의 자기 인덕턴스를 갖는 코일에 5[A]의 전류가 흐르고 있을 때, 코일의 쇄교 자속수는 얼마인가. 또 이 코일에 축적된 자기 에너지를 구하시오.

10 반지름 a, 길이 l, 턴수 N인 유한길이 원통 솔레노이드가 있다. 다음 각각의 경우에 대해 자기인덕턴스를 계산하시오.

(a) a = 5 [cm], l = 10 [cm], N = 150

(b) a = 1 [cm], l = 4 [cm], N = 200

11 도선의 반경이 a[m]이고 길이가 매우 긴 도선이 지상 높이 h[m]인 곳에 놓여 있을 때 도선의 단위 길이당 자기 인덕턴스를 구하시오.

12 단위 길이당 턴수가 n이고 길이가 충분히 긴 원통 솔레노이드와, 그 안에 평행하게 놓여져 있는 턴수 N, 단면적이 S인 가늘고 긴 원통 솔레노이드 사이의 상호 인덕턴스를 구하시오.

13 그림과 같이 단자 1, 2 사이에 코일을 일정하게 N회 감은 환상 솔레노이드가 있다. 단자 1, 2 사이에서 단자 3을 내어, 단자 1, 3 사이와 단자 2, 3사이의 상호인덕턴스를 최대로 하기 위해서는, 단자 1, 3의 턴수를 얼마로 하면 좋은가. 또, 그 때의 상호인덕턴스도 구하시오. 단, 자로의 투자율과 평균 길이는 각각 μ[H/m], l[m]이며, 단면적은 S[m^2]이다.

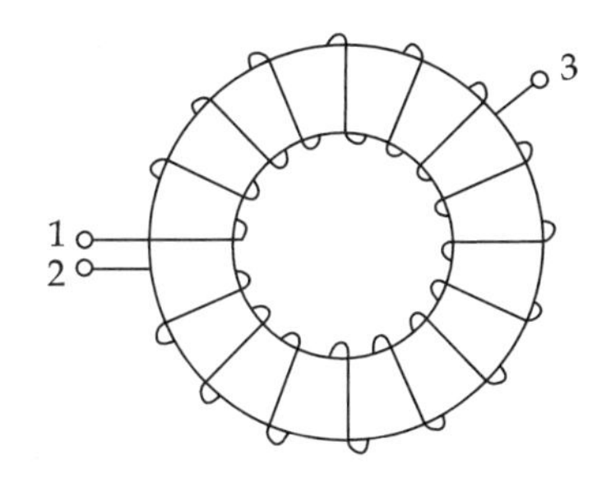

14 그림과 같이 단면적이 사각형이고, 비 투자율이 μ_r인 철심에 턴수 N회의 코일이 감긴 환상 솔레노이드가 있다. 솔레노이드의 내반경이 a[m], 외반경이 b[m], 두께 c[m]일 때 자기 인덕턴스를 구하시오.

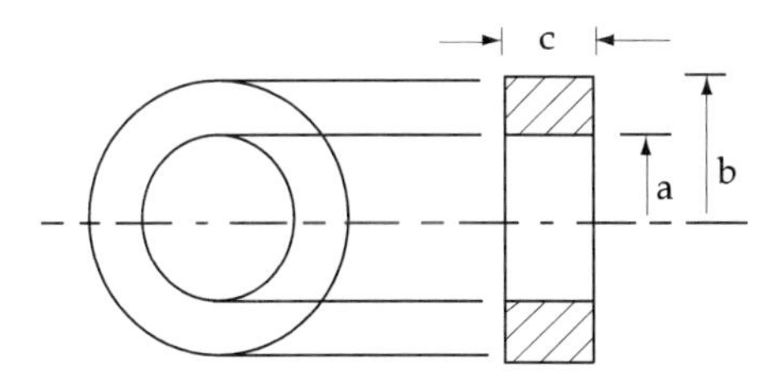

15 그림과 같이 반지름 a인 원형 코일과, 그 중심 축상에 놓인 길이 2a, 단면적 S, 단위 길이당 턴수 n인 가늘고 긴 원통 솔레노이드 사이의 상호 인덕턴스를 구하시오. 단, 솔레노이드의 중심은 원형 코일의 중심과 일치하는 것으로 한다.

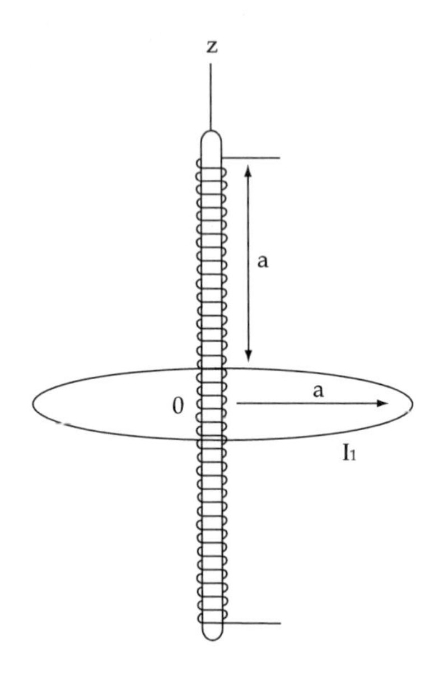

제9장 전자계(電磁界)

9.1 변위전류(變位電流)

전류란 도체내에서 자유전자가 이동함에 따라 형성된 것으로 이를 전도전류(傳導電流)라 한다. 그 크기는 옴의 법칙에 의하여 결정되며, 전류가 흐르는 도선 주위에는 자계가 발생된다. 이 때 자계의 세기와 방향은 비오－사바르(Biot－Savart)의 법칙에 의하여 결정된다.

그림 9.1에서 저항 R대신 콘덴서 C를 접속하는 경우 콘덴서 내부의 절연물로 인하여 자유전자의 이동이 불가능하게 되며, 그 결과 전류가 흐를 수 없게 된다. 그러나 전원전압이 시간에 따라 변하는 경우에는 콘덴서내의 구속전자가 변위를 일으키게 되며 이로 인하여 전류가 흐르는 것으로 볼 수 있다.

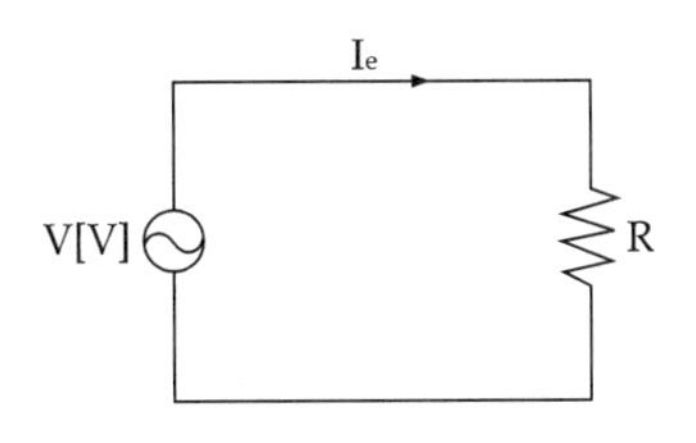

그림 9.1 저항회로

이와 같이 전극 사이의 유전체 내에 존재하는 구속전자가 변위를 일으킴에 따라 발생되는 전류를 변위전류(變位電流 : displacement current)라 하며, 이는 1865년 맥스웰(Maxwell)이 가정한 것으로 맥스웰은 "변위전류에도 전도전류와 같이 자기작용(磁氣作用)이 있으나 에너지 소비는 없다"라고 하였다. 이와 같이 전류에는 전도전류와 변위전류가 있다. 변위전류를 이용하려면 전원 전압의 주파수가 매우 높아야 하는데, 이에 대해 그림 9.2와 같은 큰 평행판 콘덴서를 예로 들어 설명하기로 한다.

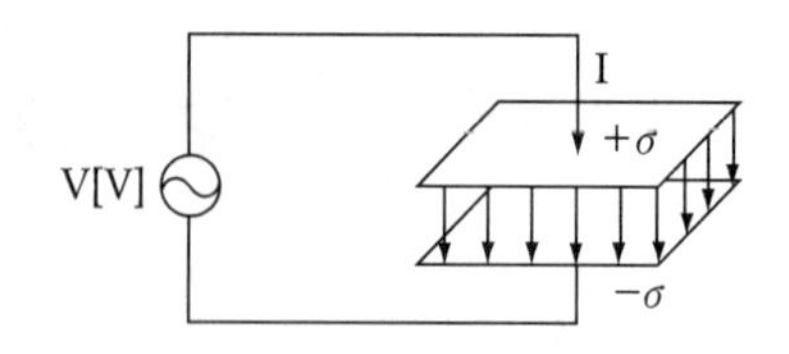

그림 9.2 콘덴서 회로

콘덴서에 전류 I가 흐름에 따라 상측 평판은 표면전하밀도 σ로 충전되며, 하측 평판은 표면전하밀도 −σ로 충전된다. 이 평판 사이의 전계는 전하분포가 일정한 두 개의 평행판사이의 전계와 같으므로 식 (9.1)과 같이 표현된다. 만약 콘덴서에 연속적으로 전류가 흐른다면 전하밀도σ는 시간에 따라 증가하며 전계 **E**도 시간에 따라 증가하게 된다.

$$\mathbf{E}=\frac{\sigma}{\epsilon_0}\mathbf{a}_n \tag{9.1}$$

그러므로 콘덴서를 흐르는 전류의 변화는 콘덴서 내의 전계 **E**의 시간적 변화율에 기인하게 된다. 즉, 콘덴서 내에서 전계의 시간적 변화율 $\frac{\partial \mathbf{E}}{\partial t}$는 콘덴서 양단을 가로질러 흐르는 가상적인 전류와 연관이 있다.

전극의 전하 Q가 시간적으로 변화됨에 따라 콘덴서로 유입하는 전류 I는 식 (9.2)로 표현된다.

$$I=\frac{\partial Q}{\partial t}=\frac{\partial}{\partial t}(S\sigma)[A] \tag{9.2}$$

여기서, S는 전극의 면적이며 $\mathbf{D}=\sigma=\epsilon_0\mathbf{E}$의 관계에 있으므로 식 (9.2)는 식 (9.3)과 같이 된다.

$$I=\epsilon_0\frac{\partial \mathbf{E}}{\partial t}\cdot \mathbf{S}\ [A] \tag{9.3}$$

이 때 면적 S와 유전율 ϵ_0는 시간t에 무관하다.

식 (9.3)의 양변을 전극면적 S로 나누어 이를 $\mathbf{i}_d$라 하면

$$\mathbf{i}_d=\frac{I}{S}=\epsilon_0\frac{\partial \mathbf{E}}{\partial t}=\frac{\partial \mathbf{D}}{\partial t}\ [A/m^2] \tag{9.4}$$

가 된다.

식 (9.4)에서 전류 $I\left(=S\cdot\frac{\partial D}{\partial t}\right)$는 콘덴서의 전극 사이를 흐르는 것으로 생각되며, 전류 I에 전극을 연결하는 도선의 전도전류를 더함에 따라 전류의 연속성이 성립된다. 식 (9.3)의 가상적인 전류를 변위전류, 또 식 (9.4)의 i_d를 변위전류밀도라 한다. 그 이유는 맥스웰이 전속밀도 D를 전기변위(electric displacement)라 하였기 때문에 i_d를 전기변위의 시간적 변화에 의해 형성된 전류라는 의미에서 변위전류라 부른다.

이 변위전류 역시 앞에서 언급한 전도전류와 마찬가지로 그 주위에 자계를 발생하며, 그 크기와 방향은 비오-사바르 법칙이나 암페어법칙에 따르게 된다.

예제 1

공기 중에서 1[V/m]의 전계로 $1\,[A/m^2]$의 변위전류를 흐르게 하려면 주파수는 얼마가 되어야 하는가?

풀이 변위전류밀도 $i_d=\epsilon\frac{\partial E}{\partial t}=j\,\omega\,\epsilon E[A/m^2]$이므로 $\omega=\frac{i_d}{\epsilon E},\omega=2\,\pi\,f$ 따라서

$$f=\frac{i_d}{2\pi\epsilon E}=\frac{1}{2\times\epsilon_0\times\epsilon_s\times 1}\fallingdotseq 18{,}000[MHz]$$

예제 2

정전용량이 $C\,[F]$인 평행판 콘덴서에 $v=V_m\sin\omega\,t$[V]의 교류전압이 인가될 때 이 콘덴서의 변위전류를 구하라.

풀이 극판 사이의 간격을 d[m], 면적을 $S\,[m^2]$, 유전율을 $\epsilon\,[F/m]$라 하면 $C=\frac{\epsilon}{d}S\,[F]$

극판사이의 전계 $E=\frac{V}{d}=V_m\sin\omega t\,[V/m]$

전속밀도 $D=\epsilon E=V_m\sin\omega t\,[C/m^2]$이므로 변위전류는

$$I=S\cdot\frac{\partial D}{\partial t}=S\frac{\partial}{\partial t}\left(\epsilon\frac{V_m}{d}\sin\,\omega\,t\right)=\omega\,C\,V_m\cos\,\omega\,t\,[A]$$

9.2 맥스웰의 전자방정식(電磁方程式)

1) 1820년 에르스테드(Oersted)가 전류에 의해 나침반의 자침(磁針)이 움직이는 것을 발견한 후, 패러데이(Faraday)는 1831년 2개의 코일을 감고 한쪽 코일에는 전원과 스위치를 접속하고, 다른 한쪽 코일에 검류계(檢流計 : galvanometer)를 연결하여 스위치를 넣은 순간 검류계의 지침이 움직이는 것을 실험으로 알게 되었다. 이와 같은 현상은 자계가 시간적으로 변화될 때 폐회로에 기전력이 발생되어 전류를 흐르게 하기 때문이다. 이 유도기전력(induced electromotive force)은 자계를 변화시키거나 자계 내에서 코일을 움직일 때 발생되는 전압으로, 패러데이의 법칙에 따라 식 (9.5)로 나타낼 수 있다.

$$e = -\frac{d\varnothing}{dt}\ [V] \tag{9.5}$$

여기서 $\varnothing$는 자속이며, e는 유도기전력을 나타낸다.

한편, 전계의 세기 $\mathbf{E}$와 기전력 e [V]사이에는 식 (9.6)의 관계가 성립된다.

$$e = \oint_c \mathbf{E} \cdot dl \tag{9.6}$$

정전계(靜電界: electrostatic field)의 경우 폐곡선에 대한 전계세기의 주회적분은 0이 되지만 변화하는 전계의 경우 선적분은 0으로 되지 않는다.

또, 식 (9.5)의 자속 $\varnothing$[Wb]는 식 (9.7)로 표현되므로

$$\varnothing = \int_s \mathbf{B} \cdot dS \tag{9.7}$$

식 (9.7)을 식 (9.5)에 대입하고 이를 식 (9.6)과 같게 놓으면

$$\oint_c \mathbf{E} \cdot dl = -\frac{d}{dt}\int_s \mathbf{B} \cdot dS = -\int_s \frac{\partial \mathbf{B}}{\partial t} \cdot dS \tag{9.8}$$

식 (9.8)의 좌변에 스토크의 정리(Stokess′ theorem)를 적용하면

$$\oint_c \mathrm{E} \cdot dl = \int_s (\nabla \times \mathrm{E}) \cdot \mathrm{dS} \tag{9.9}$$

식 (9.9)와 식 (9.8)로부터 식 (9.10)이 유도될 수 있다.

$$\int_s (\nabla \times \mathrm{E}) \cdot \mathrm{dS} = -\int_s \frac{\partial \mathrm{B}}{\partial t} \cdot \mathrm{dS} \tag{9.10}$$

따라서

$$\nabla \times \mathrm{E} = -\frac{\partial \mathrm{B}}{\partial t} \tag{9.11}$$

로 표현된다.

식 (9.11)을 패러데이(Faraday)법칙으로 부터 유도된 맥스웰(Maxwell)의 전자방정식(電磁方程式)이라 한다.

2) 도선에 전류가 흐를 때 그 주위에 자계가 발생하는 현상에 대해 설명한 암페어 주회적분의 법칙은 식 (9.12)로 표현된다.

$$\oint_c \mathrm{E} \cdot dl = \mathrm{I} = \int_s \mathrm{i} \cdot \mathrm{dS} \tag{9.12}$$

여기서 선적분은 임의의 폐곡선을 대상으로 하며, 면적적분은 이 폐곡선으로 이루어진 임의의 표면을 대상으로 한다. 또한 **i**는 전류밀도로서 이는 도체를 흐르는 전도전류밀도 $\mathbf{i}_c$와 유전체내의 변위전류밀도 i_d의 합으로 이루어진다. 즉 식 (9.12)와 식 (9.4)에 의해

$$\oint_c \mathrm{H} \cdot dl = \mathrm{I} = \int_s \mathrm{i}_c \cdot \mathrm{dS} + \int_s \frac{\partial \mathrm{D}}{\partial t} \cdot \mathrm{dS}$$

의 관계가 성립되므로

$$\oint_c \mathrm{H} \cdot dl = \int_s \left(\mathrm{i}_c + \frac{\partial \mathrm{D}}{\partial t}\right) \cdot \mathrm{dS} \tag{9.13}$$

식 (9.13)의 좌변은 스토크의 정리에 의하여

$$\oint_c \mathrm{H} \cdot dl = \int_s (\nabla \times \mathrm{H}) \cdot \mathrm{dS} \tag{9.14}$$

따라서

$$\nabla \times \mathrm{H} = \mathrm{i_c} + \frac{\partial \mathrm{D}}{\partial \mathrm{t}} \tag{9.15}$$

3) 가우스(Gauss) 정리에 의하여

$$\mathrm{div\,D} = \rho \text{ 또는 } \nabla \cdot \mathrm{D} = \rho \tag{9.16}$$

전류가 흐르는 도체 주위에 발생되는 자계에서 자속은 언제나 전류회로를 포함하는 폐곡선을 이루게 된다. 이러한 현상은 자계가 전류에 의하여 발생되기 때문이며, 전하가 전기력선의 원천이라는 사실과는 전혀 다른 의미를 지니고 있다.

유도자계의 경우 전하에 해당하는 물질이 존재하지 않으므로, 자속의 원천은 존재하지 않으며 그 결과 식 (9.17)의 관계가 성립된다.

$$\mathrm{div\,B} = 0 \text{ 또는 } \nabla \cdot \mathrm{B} = 0 \tag{9.17}$$

9.3 전자파 방정식과 평면파(電磁波 方程式과 平面波)

공간 내 임의의 한 점에서의 전계 E와 자계 H는 각각 x, y, z축 방향 성분을 가지며, 또한 각각 시간과 위치의 함수로 된다. 따라서 맥스웰의 전자방정식 $\nabla \times \mathrm{H} = \frac{\partial \mathrm{D}}{\partial \mathrm{t}}$를 ($\epsilon_0$, μ_0, k=0, $\mathrm{i_c}=0$)인 자유공간내에서 직각 좌표로 나타내면 좌변은

$$\nabla \times \mathrm{H} = \begin{bmatrix} \mathrm{i} & \mathrm{j} & \mathrm{k} \\ \frac{\partial}{\partial \mathrm{x}} & \frac{\partial}{\partial \mathrm{y}} & \frac{\partial}{\partial \mathrm{z}} \\ \mathrm{H_x} & \mathrm{H_y} & \mathrm{H_z} \end{bmatrix}$$

$$=\mathbf{i}\left(\frac{\partial H_z}{\partial y}-\frac{\partial H_y}{\partial z}\right)+\mathbf{j}\left(\frac{\partial H_x}{\partial z}-\frac{\partial H_z}{\partial x}\right)+\mathbf{k}\left(\frac{\partial H_y}{\partial x}-\frac{\partial H_x}{\partial y}\right)$$

또한 우변은

$$\frac{\partial \mathbf{D}}{\partial t}=\epsilon_0\frac{\partial \mathbf{E}}{\partial t}=\epsilon_0\left(\frac{\partial E_x}{\partial t}\mathbf{i}+\frac{\partial E_y}{\partial t}\mathbf{j}+\frac{\partial E_z}{\partial t}\mathbf{k}\right)$$

이므로, 두 식의 좌·우변의 성분을 같게 놓으면 식 (9.18)이 성립된다.

$$\left.\begin{aligned}\frac{\partial H_z}{\partial y}-\frac{\partial H_y}{\partial z}&=\epsilon_0\frac{\partial E_x}{\partial t}\\ \frac{\partial H_x}{\partial z}-\frac{\partial H_z}{\partial x}&=\epsilon_0\frac{\partial E_y}{\partial t}\\ \frac{\partial H_y}{\partial x}-\frac{\partial H_x}{\partial y}&=\epsilon_0\frac{\partial E_z}{\partial t}\end{aligned}\right\}\qquad(9.18)$$

식 (9.18)은 공간 내의 임의의 점에 있어서 전계가 시간적으로 변화할 때 그 주위에 발생하는 자계의 세기를 나타낸 것으로 이를 맥스웰의 제 1 방정식이라 한다.

같은 방법으로 맥스웰의 전자방정식 $\nabla\times\mathbf{E}=-\frac{\partial \mathbf{B}}{\partial t}$ 으로부터 식 (9.19)가 유도된다.

$$\left.\begin{aligned}\frac{\partial E_z}{\partial y}-\frac{\partial E_y}{\partial z}&=-\mu_0\frac{\partial H_x}{\partial t}\\ \frac{\partial E_x}{\partial z}-\frac{\partial E_z}{\partial x}&=-\mu_0\frac{\partial H_y}{\partial t}\\ \frac{\partial E_y}{\partial x}-\frac{\partial E_x}{\partial y}&=-\mu_0\frac{\partial H_z}{\partial t}\end{aligned}\right\}\qquad(9.19)$$

식 (9.19)는 공간 내의 임의의 점에 있어서 자계가 시간적으로 변화할 때 그 주위에 발생하는 전계의 세기를 나타내는 것으로 이를 맥스웰의 제 2 방정식이라 한다.

여기서 비교적 간단한 평면파에 대한 파동 방정식(波動方程式)을 유도하기로 한다. 균일한 매질 내에서 전계 $\mathbf{E}$와 자계 $\mathbf{H}$가 x, y방향과는 무관한 평면 전자파를 생각한다. x, y방향에 무관하다는 것은 z방향으로 진행하는 전자파임을 의미하며, 그 결과 **E**나 **H**는 z와 t의 함수로 되며, x, y에 대해서는 일정하게 됨을 나타낸다. 따라서 x, y방향에 대한 미분은 모두 0으로 된다. 즉,

$$\frac{\partial E_x}{\partial y} = \frac{\partial E_y}{\partial x} = \frac{\partial E_z}{\partial x} = \frac{\partial E_z}{\partial y} = 0$$
$$\frac{\partial H_x}{\partial y} = \frac{\partial H_y}{\partial x} = \frac{\partial H_z}{\partial x} = \frac{\partial H_z}{\partial y} = 0$$

따라서 식 (9.18)과 식 (9.19)의 마지막 식은 식 (9.20)으로 된다.

$$\left.\begin{aligned} &\epsilon_0 \frac{\partial E_z}{\partial t} = 0 \text{ 또는 } E_z = 0 \\ &-\mu_0 \frac{\partial H_z}{\partial t} = 0 \text{ 또는 } H_z = 0 \end{aligned}\right\} \tag{9.20}$$

이와 같이 x, y방향으로 균일한 전자계는 z방향 성분을 갖지 않게 되므로 식 (9.18)과 식 (9.19)는 식 (9.21), 식 (9.22)로 간략화된다.

$$\epsilon_0 \frac{\partial E_x}{\partial t} = -\frac{\partial H_y}{\partial z}, \ \epsilon_0 \frac{\partial E_y}{\partial t} = -\frac{\partial H_x}{\partial z} \tag{9.21}$$

$$-\mu_0 \frac{\partial H_x}{\partial t} = -\frac{\partial E_y}{\partial z}, \ -\mu_0 \frac{\partial H_y}{\partial t} = -\frac{\partial E_x}{\partial z} \tag{9.22}$$

식 (9.21)을 시간 t로 미분하고 여기에 식 (9.22)를 대입하면

$$\epsilon_0 \frac{\partial^2 E_x}{\partial t^2} = -\frac{\partial^2 H_y}{\partial t \partial z} = -\frac{\partial}{\partial z}\left(\frac{\partial H_y}{\partial t}\right) = \frac{1}{\mu_0} \frac{\partial^2 E_x}{\partial z^2}$$
$$\epsilon_0 \frac{\partial^2 E_y}{\partial t^2} = -\frac{\partial^2 H_x}{\partial t \partial z} = -\frac{\partial}{\partial z}\left(\frac{\partial H_x}{\partial t}\right) = \frac{1}{\mu_0} \frac{\partial^2 E_y}{\partial z^2}$$

따라서 위의 식은 식 (9.23)과 같이 간단히 표현된다.

$$\left.\begin{aligned}\frac{\partial^2 E_x}{\partial t^2} = \frac{1}{\epsilon_0 \mu_0}\frac{\partial^2 E_x}{\partial z^2} \\ \frac{\partial^2 E_y}{\partial t^2} = \frac{1}{\epsilon_0 \mu_0}\frac{\partial^2 E_y}{\partial z^2}\end{aligned}\right\} \tag{9.23}$$

식 (9.23)을 파동방정식(wave equation) 혹은 다름베르 방정식(D'alembert equation)이라 한다.

이 방정식의 일반해는 식 (9.24), (9.25)가 되며 자계의 경우 식 (9.26), (9.27)로 된다.

$$E_x(z,t) = F_{x_1}(z - vt) + F_{x_2}(z + vt) \tag{9.24}$$

$$E_y(z,t) = F_{y_1}(z - vt) + F_{y_2}(z + vt) \tag{9.25}$$

$$H_x(z,t) = -\sqrt{\frac{\epsilon_0}{\mu_0}}F_{y_1}(z - vt) + \sqrt{\frac{\epsilon_0}{\mu_0}}F_{y_2}(z + vt) \tag{9.26}$$

$$H_y(z,t) = -\sqrt{\frac{\epsilon_0}{\mu_0}}F_{x_1}(z - vt) + \sqrt{\frac{\epsilon_0}{\mu_0}}F_{x_2}(z + vt) \tag{9.27}$$

여기서 $v = \frac{1}{\epsilon_0 \mu_0}$[m/s]는 진공 중에서 전자파의 전파속도로서 진공의 유전율과 투자율, 즉 $\epsilon_0 = \frac{1}{4\pi}\frac{1}{9\times 10^9}$[F/m], $\mu_0 = 4\pi \times 10^{-7}$[H/m]을 대입함으로써 식 (9.28)로 정의된다.

$$v = \frac{1}{\epsilon_0 \mu_0} = \sqrt{9\times 10^{16}} = 3\times 10^8 \text{[m/s]} \tag{9.28}$$

따라서 전자파는 진공 속에서 빛과 같은 속도로 진행하며, 맥스웰은 이러한 점에서 빛을 전자파의 일종이라고 추론(推論)하였으며, 후에 이것이 옳다는 것이 입증되었다. 또한 일반 매질 속에서 전자파의 전파 속도는 식 (9.29)로 표현되며, 매질의 종류에 따라 속도가 달라진다.

$$v = \frac{1}{\sqrt{\epsilon\mu}} = \frac{1}{\sqrt{\epsilon_0 \mu_0}}\cdot\frac{1}{\sqrt{\epsilon_s \mu_s}} = \frac{3\times 10^8}{\sqrt{\epsilon_s \mu_s}} \text{[m/s]} \tag{9.29}$$

식 (9.24)~(9.27)의 일반해를 식 (9.23)에 대입함으로써 식 (9.23)이 파동방정식을 나타낸다는 것을 증명할 수 있다.

이 해가 파동의 성격을 지닌다는 것을 증명하기 위하여 식 (9.24)에서 우측의 제 1항, 즉 $E_x(z,t)=F_{x1}(z-vt)$에서 $z \rightarrow z+vt$ 및 $t \rightarrow t+\tau$라 하면 우측의 제 1항은 다음의 식으로 된다.

$$F_{x1}[(z+v\tau)-v(t+\tau)]=F_1(z-vt)$$

즉 $E_x(z,\ t)=F_{x1}(z-vt)$는 $E_x(z\ t)=F_{x1}(z)$의 곡선이 v의 속도로 z의 (+)방향으로 전파하는 진행파임을 의미한다. 또한 $E_x(z,\ t)=F_{x2}(z+vt)$는 $E_x(z,\ t)=F_{x2}(z)$의 곡선이 z의 (−)방향으로 전파하는 후퇴파임을 의미한다. 여기서 τ는 주기, $vt=\lambda$는 파장을 나타내며, $E_x(z,\ t)=F_{x1}(z)$ 및 $E_x(z,\ t)=F_{x2}(z)$는 파형을 나타낸다.

전자파는 진행파와 후퇴파의 합으로 구성된다. 여기서 식 (9.24)와 식 (9.26)의 진행파만을 도시하면 그림 9.3과 같다.

이와 같이 파동의 진행 방향에 대해 전계와 자계가 직각 방향으로 진동하게 되므로 전자파는 횡파(橫波)이며, 이를 TEM파(transverse electromagnetic wave)라 한다.

한편, 식 (9.24), (9.25)와 식 (9.26), (9.27)로부터 자유공간 내 임의의 순간에 있어서 전계 및 자계의 크기의 비는 식 (9.30)으로 표현되며, 일반 매질의 경우 식 (9.31)로 나타낼 수 있다.

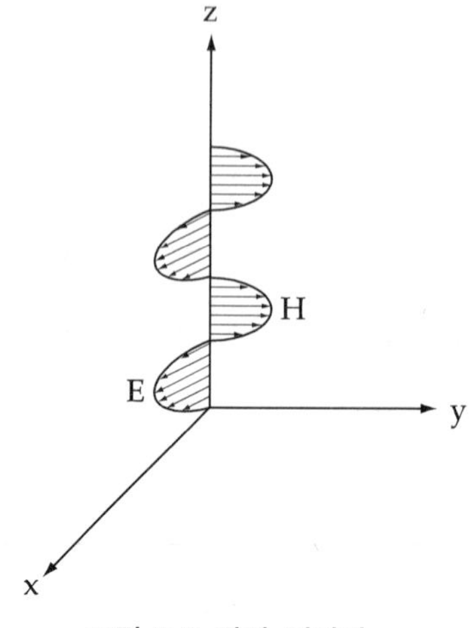

그림 9.3 평면 전자파

$$Z_0 = \frac{\mathbf{E}}{\mathbf{H}} = \frac{\sqrt{E_x^2 + E_y^2}}{\sqrt{H_x^2 + H_y^2 = \sqrt{\frac{\mu_0}{\epsilon_0}} = 120\pi \fallingdotseq 377[\Omega]}} \tag{9.30}$$

$$Z = \frac{\mathbf{E}}{\mathbf{H}} = \sqrt{\frac{\mu}{\epsilon}} = \sqrt{\frac{\mu_0}{\epsilon_0}}\sqrt{\frac{\mu_s}{\epsilon_s}} = 120\pi\sqrt{\frac{\mu_s}{\epsilon_s}} \tag{9.31}$$

여기서 $\frac{\mathbf{E}}{\mathbf{H}}$를 고유(固有)임피던스(intrinsicimpedance) 또는 파동임피던스(wave impedance)라 한다.

9.4 전자파의 존재와 의미

패러데이의 법칙으로부터 맥스웰의 전자방정식이 유도되었으며, 이 방정식으로 전자파 방정식을 알 수 있었다. 이와 같은 맥스웰의 방정식은 독일의 헤르츠(Hertz,1888년)가 전자파의 존재를 실험으로 확인함에 따라 입증되었다. 그 후1895년 이탈리아의 20세 청년 마르코니(Marconi)는 헤르츠에 의해 발견된 전자파와 프랑스의 학자 브랜리(Branly)가 연구한 검파기(檢波機)에 자기가 고안한 공중선(antenna)과 어스(earth)를 결합하여 전파를 이용한 무선통신을 발명하였다. 그 후 라디오를 비롯한 텔레비전, 레이다(radar), 레이져(laser)등 눈부신 발전이 이루어져 왔다. 이러한 전자파의 취급에는 전파의 주파수, 측 파장과 대상 물제의 크기 등에 따라 취급 방법에 약간의 차이가 있게 된다.

즉 자유공간에서 주파수 f[Hz]와 파장 λ[m]는 $\lambda = \frac{c}{f} = \frac{3\times10^8}{f}$[m]의 관계에 있으므로 주파수가 높은 전자파의 경우 파장이 짧아진다. 여기서 전자파의 전파시간(傳播時間)이 문제가 되므로 전기·자기현상을 취급함에 있어서는 맥스웰의 전자방정식을 토대로 모든 것을 계산하여야 된다. 이에 대하여 60[Hz]의 상용 주파수에 대한 파장은 5×10^3[km]이므로 실험실내의 전기장치에서는 전파 시간을 무시하고 옴의 법칙, 가우스의 법칙 및 암페어 주회적분의 법칙에서 유도된 전기저항, 정전용량 및 인덕턴스를 그대로 사용하여도 된다. 그러나 수백[km]되는 송전선의 경우에는 전파시간을 무시할 수 없게 되므로 맥스웰의 전자방정식을 토대로 계산하여야 한다.

9.5 도체내의 전자파

지금까지는 매질 내, 즉 전도도(傳導度) k가 0인 곳에서 전자파를 다루어 왔다. 그러나 도체 내부에서는 전도도 k가 0이 아니므로 전도전류를 포함해서 생각하여야 한다. 전도전류밀도 $\mathbf{i}_c = k\mathbf{E}$의 관계를 고려하여 전자파(파동)방정식을 구하면

$$\nabla \times \mathbf{H} = \mathbf{i}_c + \epsilon \frac{\partial \mathbf{E}}{\partial t} = k\mathbf{E} + \epsilon \frac{\partial \mathbf{E}}{\partial t} \tag{9.32}$$

$$\nabla \times \mathbf{E} = -\mu \frac{\partial \mathbf{H}}{\partial t} \tag{9.33}$$

식 (9.32), (9.33)으로 된다. 식 (9.32)에 대해 회전(回轉 : rotation,curl)을 취하면 식 (9.34)와 같다.

$$\begin{aligned} \nabla \times \nabla \times \mathbf{H} &= k\nabla \times \mathbf{E} + \epsilon \frac{\partial (\nabla \times \mathbf{E})}{\partial t} \\ &= -k\mu \frac{\partial \mathbf{H}}{\partial t} - \mu\epsilon \frac{\partial^2 \mathbf{H}}{\partial t^2} \\ &= -\left(k\mu \frac{\partial \mathbf{H}}{\partial t} + \mu\epsilon \frac{\partial^2 \mathbf{H}}{\partial t^2} \right) \end{aligned} \tag{9.34}$$

식 (9.34)의 좌변은 벡터등식에 의하여 $\nabla \times \nabla \times \mathbf{H} = \nabla(\nabla \cdot \mathbf{H}) - \nabla^2 \mathbf{H}$으로 변환될 수 있으며, $\nabla \cdot \mathbf{H} = 0$이므로 식 (9.34)는

$$\nabla^2 \mathbf{H} = k\mu \frac{\partial \mathbf{H}}{\partial t} + \mu\epsilon \frac{\partial^2 \mathbf{H}}{\partial t^2}$$

으로 되며, 같은 방법으로

$$\nabla^2 \mathbf{E} = k\mu \frac{\partial \mathbf{E}}{\partial t} + \mu\epsilon \frac{\partial^2 \mathbf{E}}{\partial t^2} \tag{9.35}$$

가 되어 일반적인 파동 방정식이 얻어진다.

여기서 임의의 평면파에 대해 진행방향을 z축으로 하고 x축 방향의 전계만을 생각하면 자계는 y축 성분만이 남게 된다. 즉,

$$\nabla^2 \equiv \frac{\partial^2}{\partial x^2} + \frac{\partial^2}{\partial y^2} + \frac{\partial^2}{\partial z^2} \text{에서 } \frac{\partial^2}{\partial x^2} + \frac{\partial^2}{\partial y^2} = 0$$

이므로, 식 (9.35)는

$$\frac{\partial^2 E_x}{\partial t^2} = k\mu \frac{\partial E_x}{\partial t} + \mu\epsilon \frac{\partial^2 E_x}{\partial t^2}$$

가 되며, 마찬가지로

$$\frac{\partial^2 H_y}{\partial t^2} = k\mu \frac{\partial H_y}{\partial t} + \mu\epsilon \frac{\partial^2 H_y}{\partial t^2} \tag{9.36}$$

가 된다.

이 경우 일반해의 도출은 대단히 어려우므로 전계 및 자계가 일정 주파수 f로 주기적인 변화를 하는 경우에 대하여 생각한다. 전계 **E**를 식 (9.37)이라 하면

$$\mathbf{E} = E_0\, e^{j\omega t} \tag{9.37}$$

$$\frac{\partial \mathbf{E}}{\partial t} = j\,\omega E_0\, e^{j\omega t} = j\,\omega \mathbf{E}$$

$$\frac{\partial^2 \mathbf{E}}{\partial t^2} = j^2 \omega^2 E_0\, e^{j\omega t} = -\omega^2\, \mathbf{E}$$

이 되므로, 이를 식 (9.36)에 대입하면 식 (9.38)이 유도된다.

$$\left.\begin{aligned} \frac{\partial^2 E_x}{\partial z^2} &= \omega^2 \mu\epsilon \left(j\frac{k}{\omega\epsilon} - 1\right) E_x \\ \frac{\partial^2 H_y}{\partial z^2} &= \omega^2 \mu\epsilon \left(j\frac{k}{\omega\epsilon} - 1\right) H_y \end{aligned}\right\} \tag{9.38}$$

여기서 전계 **E**와 자계 **H**의 x, y, z축 성분 모두를 고려하면 일반식은 식 (9.39)로 된다.

$$\left.\begin{aligned} \nabla^2\mathbf{E}+\omega^2\mu\epsilon\left(1+j\frac{k}{\omega\epsilon}\right)\mathbf{E}=0 \\ \nabla^2\mathbf{H}+\omega^2\mu\epsilon\left(1+j\frac{k}{\omega\epsilon}\right)\mathbf{H}=0 \end{aligned}\right\} \tag{9.39}$$

식 (9.39)를 헬름홀츠(Helmholtz)의 방정식이라 하며, 여기서 $\epsilon_e=\epsilon\left(1+\frac{1}{j\,\omega\epsilon}\right)$로 정의되는 ϵ_e를 실효유전율이라 한다.

실효유전율을 이용하면 헬름홀츠의 방정식은 다음과 같이 표현된다.

$$\left.\begin{aligned} \nabla^2\mathbf{E}+k^2\mathbf{E}=0 \\ \nabla^2\mathbf{H}+k^2\mathbf{H}=0 \end{aligned}\right\}$$

여기서 $k^2=\omega^2\epsilon_e\,\mu$이다.

식 (9.32)와 (9.39)에서 도체의 특성은 $\frac{k}{\omega\epsilon}$에 의하여 결정됨을 알 수 있다. 식 (9.32), 즉 $\nabla\times\mathbf{H}=k\mathbf{E}+\epsilon\frac{\partial\mathbf{E}}{\partial t}=(k+j\,\omega)\mathbf{E}=j\,\omega\epsilon\left(\frac{k}{j\,\omega}+1\right)\mathbf{E}$로부터 $\frac{k}{\omega\epsilon}\ll 1$이면 전도전류성분은 무시되므로 완전 부도체에 가깝게 되며, $\frac{k}{\omega\epsilon}\gg 1$인 경우, 식 (9.39)로부터 1은 무시할 수 있으므로 변위전류의 영향을 무시하면 $\nabla^2\mathbf{E}=j\,\omega k\mu\mathbf{E}$가 된다.

여기서, $\omega k\mu$가 크다는 것은 주파수가 극히 높거나 혹은 전도도가 매우 큰 경우(즉, 완전도체)를 의미한다. 이러한 경우 도체 내부에는 전류 및 전하밀도가 존재하지 않는다. 따라서 완전 도체를 흐르는 전류는 도체 외부로 분포되어 흐르며, 도체 내부에는 전류가 흐르지 못하게 된다. 그 결과 도체표면과 수직인 자속 성분은 존재하지 않으며 도체표면과 평행한 성분만이 존재하게 된다.

9.6 도전성을 지닌 매질내의 평면파

9.6.1 전송계수(傳送係數: Propagation Constant)

식 (9.39)의 헬름홀츠방정식에서 $\epsilon_e = \epsilon\left(1+\frac{k}{j\omega\epsilon}\right)$의 관계를 이용하여 전계만을 고려한 파동방정식을 다시 나타내면 $\nabla^2\mathbf{E} = -\omega^2\mu\epsilon_e\mathbf{E}$로 할 수 있으며 z축 방향으로 진행하는 평면파의 E_x 성분만을 고려하면 식 (9.40)의 관계를 얻을 수 있다.

$$\frac{\partial^2 E_x}{\partial z^2} = -\omega^2\mu\epsilon_e E_x = \gamma^2 E_x \qquad (9.40)$$

여기서 $\gamma = \sqrt{-\omega^2\mu\epsilon_e}$ 이며, E_x의 해를 $E_x = E_1 e^{\omega t-\gamma z} + E_2 e^{\omega t+\gamma z}$라 하면 제 1항은 진행파, 제 2항은 후퇴파를 나타낸다. 여기서는 진행파만을 대상으로 논의하기로 한다. 따라서γ를 식 (9.41)로 나타내면

$$\gamma = \alpha + j\beta \qquad (9.41)$$

E_x는 식 (9.42)와 같이 나타낼 수 있으므로

$$E_x = \mathbf{E}_1 e^{j\omega t} e^{-\gamma z} = \mathbf{E}_1 e^{j\omega t} e^{-(\alpha+j\beta)z} = (\mathbf{E}_1 e^{j\omega t})\mathbf{E}_1 e^{-\alpha} z e^{-j\beta z} \qquad (9.42)$$

따라서 임의의 시각 t에서 거리 z에 대한 전계의 분포는 α와 β에 의해 결정된다. 즉, z 방향으로 전자파가 진행하는 경우 $e^{\alpha z}$에 의해 전계의 진폭이 감소하게 되며, 이는 전자파가 z방향으로 $1/\alpha$만큼 진행함에 따라 진폭이 e^{-1}, 즉 0.368배로 작아짐을 의미한다.

여기서 α는 거리에 대한 전계의 감쇠 정도를 나타내며, 이를 감쇠정수(減衰定數: attenuation constant)라 하며 단위는 neper/meter[Np/m]이다. 한편 β는 거리에 대한 위상변위(phase shift)의 정도를 나타내므로 이를 위상정수(位相定數 :phase constant)라 하며, β의 단위는[rad/m]이다.

이와 같이 α와 β는 전자파의 전파거리에 대한 감쇠와 위상의 변화를 나타내는 정수이며, α와 β를 포함하는 γ를 전송계수(傳送係數)라 한다.

9.6.2 도전성이 무시될 수 있는 유전체내의 평면파

실효유전율 ϵ_0에서 $k/\omega\epsilon \ll 1$인 경우 도전성을 무시할 수 있으며, 손실이 거의 없는 완전유전체라 할 수 있다. 즉, k=0으로 볼 수 있는 경우 전송계수 γ는 식 (9.40)으로부터 $\gamma=\alpha+j\beta=\sqrt{-\omega^2\mu\epsilon}=j\omega\sqrt{\mu\epsilon}$이므로 식 (9.43)으로 된다.

$$\left.\begin{aligned} &\alpha=0 \\ &\beta=\omega\sqrt{\mu\epsilon} \\ &\gamma=j\beta \end{aligned}\right\} \qquad (9.43)$$

여기서 $\alpha=0$이므로 진행에 따르는 감쇠는 없고, β에 따르는 위상변위만 있게 되며, 이 때 위상변위 β는 $\beta=\frac{\omega}{v}=\frac{2\pi f}{v}=\frac{2\pi}{\lambda}$로 된다.

9.6.3 손실이 있는 매질내의 평면파

도전성이 무시될 수 없는 매질, 즉 $k\neq0$인 경우

$$\nabla^2 E=-\omega^2\mu\epsilon_e E=-\omega^2\mu\epsilon\left(1+\frac{k}{j\omega}\right)E=j\omega\mu(k+j\omega\epsilon)E=\gamma^2 E \qquad (9.44)$$

에서 전파 정수 γ는

$$\gamma=\pm\sqrt{j\omega\mu(k+j\omega\epsilon)}=j\omega\sqrt{\mu\epsilon}\sqrt{1+\frac{k}{j\omega\epsilon}} \qquad (9.45)$$

가 된다.

여기서 $\left|\frac{k}{j\omega\epsilon}\right|$ 〈1인 경우 이항정리를 이용하여 γ를 전개하면

$$\gamma=j\omega\sqrt{\mu\epsilon}\left\{1-j\frac{k}{2\omega\epsilon}+\frac{1}{8}\left(\frac{k}{\omega\epsilon}^2\right)+\ldots\right\}=\alpha+j\beta$$

가 되므로, α와 β는 근사적으로

$$\left.\begin{aligned}\alpha &= \frac{k}{2}\sqrt{\frac{\mu}{\epsilon}} \\ \beta &= \omega\sqrt{\mu\epsilon}\left\{1+\frac{1}{8}\left(\frac{k}{\omega\epsilon}\right)^2\right\} \\ &\fallingdotseq \omega\sqrt{\mu\epsilon}\end{aligned}\right\} \quad (9.46)$$

과 같이 나타낼 수 있다. 한편, 매질의 고유 임피던스 Z는

$$Z = \sqrt{\frac{\mu}{\epsilon_e}} = \sqrt{\frac{j\,\omega\epsilon}{k+j\,\omega\epsilon}} = \sqrt{\frac{\mu}{\epsilon}}\sqrt{\frac{1}{1-(j\,k/\omega\epsilon)}} = \frac{E}{H}$$

로 표시되므로, 전계와 동위상이 되지 않음을 알 수 있으며, γ에서와 같이 이항정리를 이용하여 Z를 전개하면 고유 임피던스 Z는 근사적으로 식 (9.47)로 표현될 수 있다.

$$Z = \sqrt{\frac{\mu}{\epsilon}}\left\{1-\frac{3}{8}\left(\frac{k}{\omega\epsilon}\right)^2+j\frac{k}{2\omega\epsilon}\right\} \quad (9.47)$$

9.6.4 완전 도체내의 평면파

완전 도체의 경우 $k \gg \omega\epsilon$이므로 식 (9.45)에서 $\gamma=\sqrt{j\omega\mu k}$가 되며, $e^{j\theta}=\cos\theta+j\sin\theta$에서 $\theta=\pi/2$라 하면 $e^{j\frac{2}{\pi}} = j$이며, $\sqrt{j}=e^{j\frac{\pi}{4}}$를 이용하면

$$\gamma=\sqrt{\omega\mu k}\left(\cos\frac{\pi}{4}+j\sin\frac{\pi}{4}\right)=\sqrt{\frac{\omega\mu k}{2}}+j\sqrt{\frac{\omega\mu k}{2}}$$

로부터 식 (9.48)을 구할 수 있게 된다.

$$\alpha=\beta=\frac{\sqrt{\omega\mu k}}{2}=\sqrt{\pi f\mu k} \quad (9.48)$$

따라서 도체 내에서는 전자파가 z의 거리를 진행할 때 마다 식 (9.48)의 α에 의해 전자파의 세기는 $e^{-\alpha z}$씩 감쇠된다. 여기서 $\alpha z=1$이 될 때의 z를 식 (9.49)의 δ로 표시하며, 이를 침투 깊이(depth of penetration)라 한다.

$$\delta = \frac{1}{\alpha} = \frac{1}{\sqrt{\pi \, f \, \mu \, k}} \, [m] \tag{9.49}$$

이는 전자파가 도체의 표면으로부터 δ만큼 침투하며 전계가 e^{-1}배로 작아지게 됨을 나타내며, 도체의 표면에 전자파의 전원이 있는 경우 식 (9.49)에서 주파수가 높아질수록 δ는 얕아지므로 도체 표면 근처에 전자계가 모이게 되며, 전류도 도체 표면에 분포하게 된다. 이러한 양도체 내의 전파속도와 파장은 식 (9.48)과 (9.49)를 이용하여 식 (9.50)으로 표현된다.

$$\left.\begin{aligned} \lambda &= \frac{2\pi}{\beta} = 2\pi\delta \\ v &= f\lambda = 2\pi f \delta \end{aligned}\right\} \tag{9.50}$$

전자파의 주파수가 60[Hz]일 때 구리(Cu)의 경우 $\lambda = 5.39$[cm], $v = 3.22$[m/s] 정도로 된다. 표피효과를 고려한 저항을 표피저항이라 하며 반지름 a, 표피두께 $\delta(\delta \ll a)$), 길이 l인 도체의 경우 저항은 근사적으로 $R = \frac{l}{kS} = \frac{l}{2\pi a k \delta}$으로 표현된다.

9.7 포인팅 정리

전계만 존재하는 매질 내에는 단위체적당 식 (9.51)로 표현되는 에너지가 축적되며 또한 자계만이 존재하는 매질 내에서는 단위체적당 식 (9.52)로 표현되는 에너지가 축적된다.

$$w_e = \frac{1}{2}\mathbf{E} \cdot \mathbf{D} = \frac{1}{2}\epsilon \mathbf{E}^2 [J/m^3] \tag{9.51}$$

$$w_m = \frac{1}{2}\mathbf{B} \cdot \mathbf{H} = \frac{1}{2}\mu \mathbf{H}^2 [J/m^3] \tag{9.52}$$

그런데, 변화하고 있는 전계(또는 자계)가 존재할 경우에는 전계(또는 자계)의 변화에 의하여 자계(또는 전계)가 발생하게 되므로 매질 내에는 자신의 전계(또는 자계)에너지와 함께 전계(또는 자계)변화에 의해 유기되는 자계(또는 전계) 에너지도 존재한다.

이때 전체 에너지 밀도 w는 식 (9.53)으로 나타낼 수 있다.

$$w = w_e + w_m = \frac{1}{2}\epsilon \mathbf{E}^2 + \frac{1}{2}\mu \mathbf{H}^2 = \frac{1}{2}(\epsilon \mathbf{E}^2 + \mu \mathbf{H}^2)[J/m^3] \tag{9.53}$$

그런데, 평면 전자파의 전계 **E**와 자계 **H**사이에는 식 (9.54)의 관계가 성립되므로

$$H = \sqrt{\frac{\epsilon}{\mu}}\,E \tag{9.54}$$

식 (9.54)를 식 (9.53)에 대입하면 다음 식으로 표현된다.

$$w = \frac{1}{2}\left(\epsilon \sqrt{\frac{\mu}{\epsilon}}\,\mathbf{EH} + \mu \sqrt{\frac{\epsilon}{\mu}}\,\mathbf{EH}\right) = \sqrt{\epsilon\mu}\,\mathbf{EH}\,[J/m^3] \tag{9.55}$$

식 (9.55)는 평면 전자파가 갖는 에너지 밀도를 나타내며, 평면 전자파는 앞에서 설명한 바와 같이 전계와 자계의 진동 방향에 모두에 대해 수직 방향으로 $v = \frac{1}{\sqrt{\epsilon\mu}}$ [m/s]의 속도로 전파하기 때문에, 파면(波面)의 진행 방향과 수직인 단위 면적을 단위 시간에 통과하는 에너지의 흐름은 식 (9.56)으로 표현된다.

$$P = wv = \sqrt{\epsilon\mu}\,[J/m^3] = E\,H\,[W/m^2] \tag{9.56}$$

또한 평면 전자파에서 **E**와 **H**는 서로 수직이므로 식 (9.56)을 벡터로 표시하면 식 (9.57)과 같으며 **P**의 방향은 전자파의 진행 방향과 일치함을 알 수 있다.

$$\mathbf{P} = \mathbf{E} \times \mathbf{H}\,[W/m^2] \tag{9.57}$$

즉, $\mathbf{P} = \mathbf{E} \times \mathbf{H}$는 전자계 내의 한 점을 통과하는 단위 면적당 에너지 흐름을 나타내는 벡터가 됨을 의미하며, 이 때 **E**, **H**, **P** 사이의 방향은 오른손 법칙을 따르게 된다. 따라서, 임의의 면적 S를 통하여 매초 지나가는 전체에너지, 즉 방사(복사)전력은 식 (9.58)로 정의된다.

$$p = \int_s \mathbf{P} \cdot \mathbf{n}\,dS\,[W] = \int_s (\mathbf{E} \times \mathbf{H}) \cdot \mathbf{n}\,dS\,[W] \tag{9.58}$$

식 (9.58)의 관계를 포인팅 정리(Ponyting's theorem)라 하며, 이때의 벡터 **P**를 포인팅 벡터(Poynting Vector) 혹은 방사벡터(Radiation Vector)라 한다.

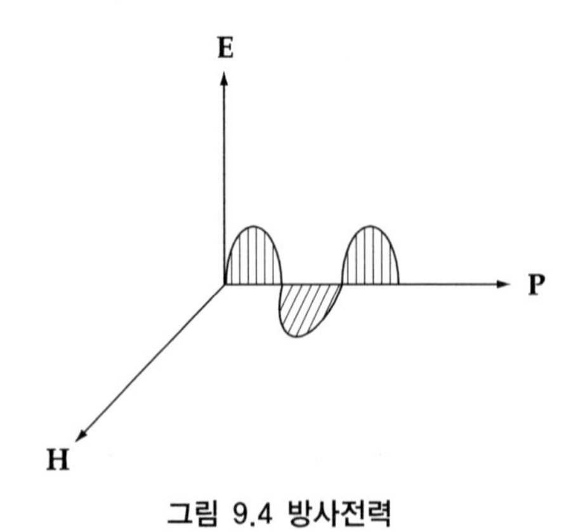

그림 9.4 방사전력

예제 3

아래 그림과 같이 반지름이 a[m], 길이가 l[m]인 도체에 I[A]의 전류가 흐를 때 이 도체의 단위면적당 소비전력을 포인팅 벡터를 이용하여 구하시오.

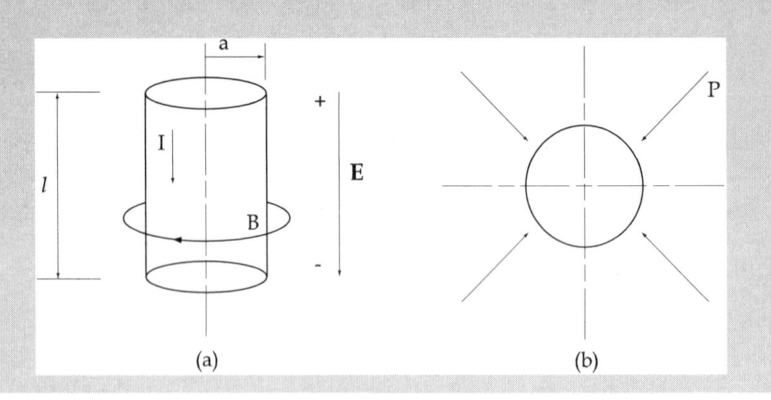

풀이 암페어 주회적분 법칙에 의하여 $2\pi a B\Phi = \mu_0 I$ 이며, 포인팅 벡터 **P**는

$$P = \frac{EB\varnothing}{\mu_0} = \frac{1}{\mu_0}\frac{V}{l}\frac{\mu_0 I}{2\pi a}[W]$$

E와 **B**, $\varnothing$ 의 방향은 그림 (a)에 표시한 것과 같으며, 포인팅 벡터 **P**의 방향은 그림 (b)와 같이 도체의 중심축을 향하는 방향이다. 도체 내부에서의 전 전력을 구하면 포인팅 벡터 **P**에 대한 수직면적은 도체의 측면적, 즉 $2\pi a l$이 되므로

$$P \times 2\pi a l = \frac{1}{\mu_0}\frac{V}{l}\frac{\mu_0 I}{2\pi a}\cdot 2\pi a l = VI[W]$$

9.8 전자파의 반사와 굴절

9.8.1 서로 다른 유전체의 경계면에 있어서 전자파의 반사 및 굴절

굴절률이 서로 다른 두 매질의 경계면을 향하여 빛이 입사하게 되면 입사광의 일부는 반사하고, 나머지는 제 2의 매질로 굴절되어 입사하게 된다는 사실은 광학(optics)에서는 이미 잘 알려져 있다. 앞에서 설명한 바와 같이 빛은 전자파의 일종이므로 광학에서의 반사(reflection)와 굴절(refraction)현상에 대한 이론을 전자파에 적용하여 생각하기로 한다. 먼저, 가장 간단한 경우로서 전자파가 경계면에 수직으로 입사되는 경우를 취급한다.

그림 9.5는 서로 다른 두 매질의 경계면이 x축상 x=0에서 yz평면과 일치하여 있으며, 평면 전자파가 x축의 (−)방향에서 (+) 방향으로 진행한다. 또한 이때 경계면에 있어서 입사파, 반사파 및 침입파의 전계 벡터 및 포인팅 벡터를 각각 다음과 같이 나타내기로 한다.

$$\begin{cases} \text{입사파} : \mathbf{E}_0, \mathbf{H}_0, \mathbf{P}_0 \\ \text{반사파} : \mathbf{E}_1, \mathbf{H}_1, \mathbf{P}_1 \\ \text{침투파} : \mathbf{E}_2, \mathbf{H}_2, \mathbf{P}_2 \end{cases}$$

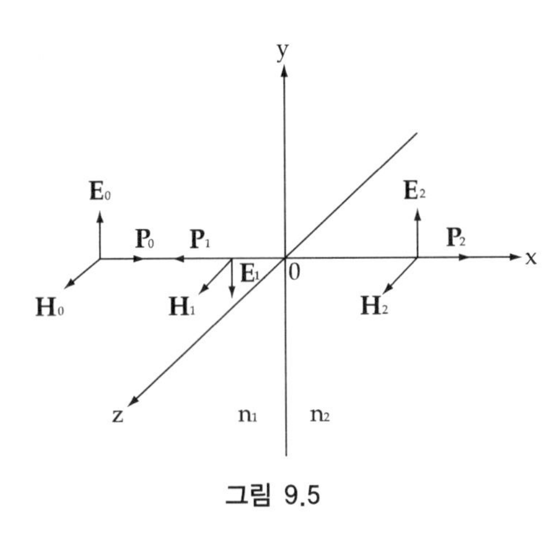

그림 9.5

광학에서 사용되는 매질의 굴절률 η는 식 (9.59)로 정의된다.

$$\eta = \frac{c}{\mathrm{v}} \tag{9.59}$$

여기서, c는 공기(진공)중에서 빛의 속도, v는 그 매질 중에서 빛의 속도를 나타낸다. 이 관계를 전기자기적으로 생각하면 다음과 같다.

공기(진공)중에서 빛의 속도는 $c=\frac{1}{\sqrt{\epsilon_0\mu_0}}$ [m/s]이며, 유전율 ϵ, 투자율 μ인 매질 중에서 빛의 속도는 $\mathrm{v}=\frac{1}{\sqrt{\epsilon\mu}}$ [m/s]로 되는 데, 광학적으로 투명한 매질의 투자율은 근사적이기는 하나 진공에서의 투자율 μ_0와 같게 되므로, 식 (9.59)는 식 (9.60)과 같이 나타낼 수 있다.

$$\eta=\frac{\mathrm{c}}{\mathrm{v}}=\sqrt{\frac{\epsilon\mu}{\epsilon_0\mu_0}}\fallingdotseq\sqrt{\frac{\epsilon\mu_0}{\epsilon_0\mu_0}}=\sqrt{\frac{\epsilon}{\epsilon_0}}=\sqrt{\epsilon_s}\tag{9.60}$$

여기서, ϵ_s는 매질의 비유전율이다. 그림 9.5에서 반사파의 포인팅 벡터 $\mathbf{P}_1$은 입사파의 포인팅 벡터 $\mathbf{P}_0$와 반대 방향으로 되어야 한다. 그 결과 반사파의 전계 $\mathbf{E}_1$이나 자계 $\mathbf{H}_1$중 어느 하나는 입사파의 전계 $\mathbf{E}_0$ 혹은 자계 $\mathbf{H}_0$와 반대 방향으로 되어야 한다. 그림 9.5는 반사파의 전계 $\mathbf{E}_1$을 입사파의 전계 $\mathbf{E}_0$와 역상으로, 반사파의 자계 $\mathbf{H}_1$을 입사파의 자계 $\mathbf{H}_0$와 동상으로 한 경우를 나타낸다.

이들의 위상관계는 두 매질의 굴절률에 의하여 정해지는데, 이에 대해서는 다음에 설명하기로 한다. 식 (9.54)로부터 평면 전자파의 전계 $\mathbf{E}$와 자계 $\mathbf{H}$사이에는 $\mathbf{H}=\sqrt{\frac{\epsilon}{\mu}}\mathbf{E}$의 관계가 성립한다. 여기에 식 (9.60)의 관계를 대입하면 다음 식을 얻는다.

$$\mathbf{H}=\eta\sqrt{\frac{\epsilon_0}{\mu_0}}\mathbf{E}\tag{9.61}$$

식 (9.61)을 입사파, 반사파 및 침투파에 각각 적용하면 다음과 같다.

$$\mathbf{H}_0=\eta_1\sqrt{\frac{\epsilon_0}{\mu_0}}\mathbf{E}_0\tag{9.62}$$

$$\mathbf{H}_1=\eta_1\sqrt{\frac{\epsilon_0}{\mu_0}}\mathbf{E}_1\tag{9.63}$$

$$\mathbf{H}_2 = \eta_2 \sqrt{\frac{\epsilon_0}{\mu_0}}\, \mathbf{E}_2 \tag{9.64}$$

또한 경계면에 대해 식(9.65)와 같은 경계조건이 성립하여야 한다.

$$\left.\begin{array}{l} \mathbf{D}_{1n} = \mathbf{D}_{2n},\ \mathbf{B}_{1n} = \mathbf{B}_{2n} \\ \mathbf{E}_{1t} = \mathbf{E}_{2t},\ \mathbf{H}_{1t} = \mathbf{H}_{2t} \end{array}\right\} \tag{9.65}$$

지금, 특별한 경우로서 그림 9.5와 같이 평면 전자파가 경계면 yz 평면에 수직으로 입사하는 경우라 한다면 $\mathbf{D}_n$과 $\mathbf{B}_n$은 모두 0이 되므로 $\mathbf{E}_t$와 $\mathbf{H}_t$만을 고려함으로써 식 (9.66)과 식 (9.67)을 얻을 수 있다.

$$\mathbf{E}_0 - \mathbf{E}_1 = \mathbf{E}_2 \tag{9.66}$$

$$\mathbf{H}_0 + \mathbf{H}_1 = \mathbf{H}_2 \tag{9.67}$$

식 (9.67)에 식 (9.62)~(9.64)의 관계를 대입하여 정리하면

$$\eta_1 \mathbf{E}_0 + \eta_1 \mathbf{E}_1 = \eta_2 \mathbf{E}_2 \tag{9.68}$$

가 되며, 식 (9.68)과 식 (9.66)으로부터 $\mathbf{E}_1$, $\mathbf{E}_2$를 구하면 식 (9.69), (9.70)이 구해진다.

$$\mathbf{E}_1 = \left(\frac{\eta_1 - \eta_2}{\eta_1 + \eta_2}\right)\mathbf{E}_0 \tag{9.69}$$

$$\mathbf{E}_2 = \left(\frac{2\eta_1}{\eta_1 + \eta_2}\right)\mathbf{E}_0 \tag{9.70}$$

같은 방법으로 $\mathbf{H}_1$, $\mathbf{H}_2$는 식 (9.71), (9.72)로 된다.

$$\mathbf{H}_1 = \left(\frac{\eta_1 - \eta_2}{\eta_1 + \eta_2}\right)\mathbf{H}_0 \tag{9.71}$$

$$\mathbf{H}_2 = \left(\frac{2\eta_1}{\eta_1 + \eta_2}\right)\mathbf{H}_0 \tag{9.72}$$

식 (9.69), (9.71)에서 만약 $\eta_2 > \eta_1$이면, $\mathbf{E}_1$과 $\mathbf{H}_1$ 모두 (+)가 된다. 이는 그림 9.5에서 벡터 $\mathbf{E}_1$과 $\mathbf{H}_1$의 방향이 $\eta_2 > \eta_1$인 경우 그림의 방향과 같게 됨을 의미하며, 만일 반대로 $\eta_2 < \eta_1$인 경우, $\mathbf{E}_1$과 $\mathbf{H}_1$의 방향은 그림과 반대로 됨을 의미한다. 즉, 입사파에 대한 반사파의 전계와 자계의 위상 관계는 양 매질의 굴절률의 크기에 따라 다르게 된다.

이게 비해 침투파의 전계와 자계의 벡터 방향은 항상 그림 9.5와 같이 입사파와 같은 방향으로 된다.

그림 9.6과 같이 전자파가 경계면의 법선과 θ_i의 각도로 입사되는 경우 입사파의 일부는 입사각 θ_i와 같은 반사각 θ_i로 반사된다. 나머지는 굴절각 θ_r 의 방향으로 굴절하여 제 2의 매질 안으로 침투하는데, 이 경우 식 (9.73)의 관계가 성립한다.

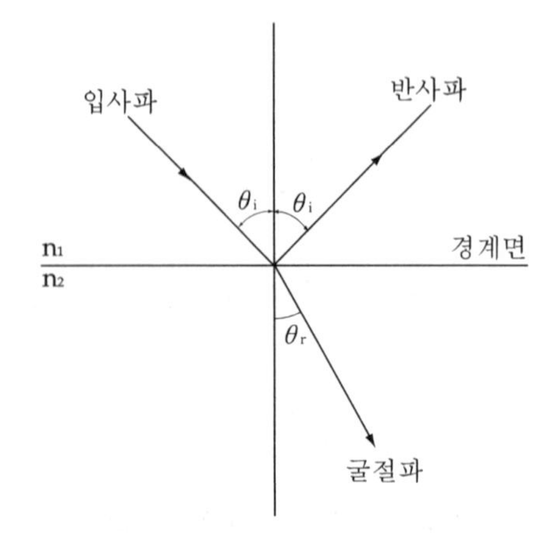

그림 9.6 경계면의 법선과 θ_i의 각도로 입사된 전자파의 반사와 굴절

$$\frac{\sin\theta_i}{\sin\theta_r} = \frac{\eta_2}{\eta_1} \tag{9.73}$$

광학에서는 이러한 관계를 스넬의 법칙(Snell's law)이라 한다.

9.8.2 완전 도체면에 수직으로 입사되는 전자파

그림 9.7에 나타낸 바와 같이 x=0인 yz 평면상에 놓여진 완전 도체 평면에 x축의 (−) 방향에서 (+)방향으로 진행하는 평면 전자파가 입사하는 경우를 생각해 본다.

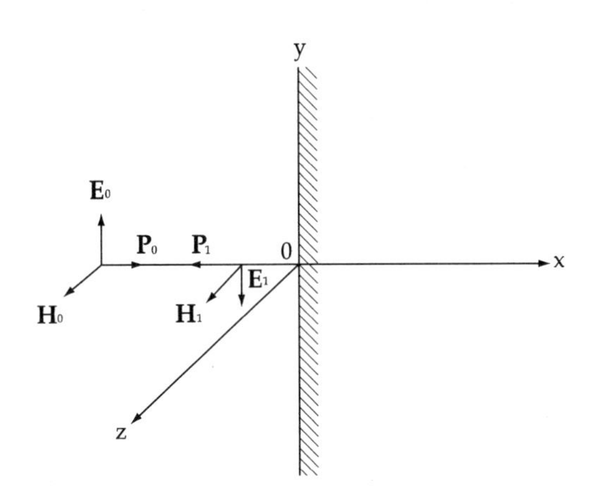

그림 9.7 완전 도체면에서 전자파의 반사

완전 도체 내에서 전계의 세기는 항상 0이기 때문에 도체 내에 침투하는 전자파는 존재하지 않으며, 또한 도체 표면에서 전계의 세기도 0이다.

그림 9.7에 대해 이와 같이 조건을 고려할 때 침투파는 없이 입사파와 반사파만이 존재하며, 또한 각 파의 벡터 사이에는 식 (9.74), (9.75)의 관계가 성립된다.

$$\mathbf{P}_0 = \mathbf{P}_1 \tag{9.74}$$

$$\mathbf{E}_0 = \mathbf{E}_1 \tag{9.75}$$

따라서, 완전 도체면에서 반사파의 포인팅 벡터 P_1과 전계 및 자계의 벡터 E_1, H_1은 그림 9.7에 나타낸 방향을 갖게 된다.

9.9 전자계와 전송선로

9.9.1 전압과 전류방정식

그림 9.8 (a)와 같이 시간 t와 거리 z에 따라 변하는 전류 I(z, t)가 평행 2선식 선로에 흐르는 경우 선로상 왕복 도선의 전위차도 시간과 거리에 따라 변하게 된다. 또한 두선 사이의 공간에서는 시변 전계 **E**와 시변 자계 **H**에 의한 자속 밀도 **B**가 z방향으로 전파된다.

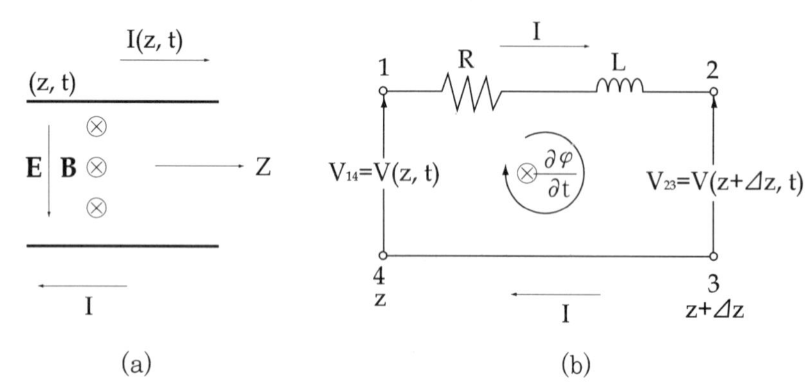

그림 9.8 평행 2선식 선로

이제 두 선로 사이에 분포되어 있는 z방향의 단위 길이당 저항, 인덕턴스, 커패시턴스 및 컨덕턴스를 각각 R, L, C 및 G라 하고, 여기에 전자계 이론을 적용하여 이 회로의 성질을 고찰하기로 한다.

그림 (b)와 같이 선로의 미소구간 Δz를 가정하고 이 미소구간을 포함하는 1−2−3−4−1의 폐회로에 대해 일주적분을 취하면 그 결과는 이 폐회로와 쇄교하는 자속의 시간적 변화율에 따르는 기전력이 되므로

$$\oint_l \mathrm{E} \cdot dl = -\frac{\partial \varnothing}{\partial t} \fallingdotseq -(\mathrm{L}\,\Delta \mathrm{z})\frac{\partial \mathrm{I}}{\partial \mathrm{t}}$$

으로 나타낼 수 있다. 한편 윗식의 좌변은 폐회로 내의 전압 강하를 의미하게 되므로

$$\oint_l \mathrm{E} \cdot dl \fallingdotseq \mathrm{I}\,\mathrm{R}\,\Delta \mathrm{z} + \mathrm{V}_{23} - \mathrm{V}_{14}$$

위의 두 식으로부터 아래의 관계가 성립하며 이를 정리함에 따라 식 (9.76)을 얻을 수 있다.

$$\left.\begin{aligned} -L(\Delta z)\frac{\partial I}{\partial t} &\fallingdotseq IR\Delta z + V_{23} - V_{14} \\ -\frac{(V_{23} - V_{14})}{\Delta z} &\fallingdotseq IR + L\frac{\partial I}{\partial t} \end{aligned}\right\} \qquad (9.76)$$

여기서 $\Delta z \to 0$의 극한을 취하면 $-\lim \frac{V_{23} - V_{14}}{\Delta z} = -\frac{\partial V}{\partial z}$이 되므로, 식 (9.76)은 식 (9.77)로 되며 식 (9.77)은 거리에 따르는 선로의 전압방정식을 나타내게 된다.

$$-\frac{\partial V}{\partial z} = RI + L\frac{\partial I}{\partial t} \qquad (9.77)$$

한편, 그림 9.9에서 폐곡면 S를 취하고, S에 대하여 전하의 연속식을 적용시켜 본다. 폐곡면 S내의 전하를 Q, 두 선로간의 전위차를 V, 용량을 $C\,\Delta z$, 또한 폐곡면 S에서 유출하는 전류밀도를 J 라 하면, 전하의 감소와 전류사이의 관계는 아래의 식으로 나타낼 수 있다.

$$\oint_s \mathbf{J} \cdot \mathbf{n} dS = -\frac{\partial Q}{\partial t} \fallingdotseq -\frac{\partial}{\partial t}(CV\,\Delta z)$$

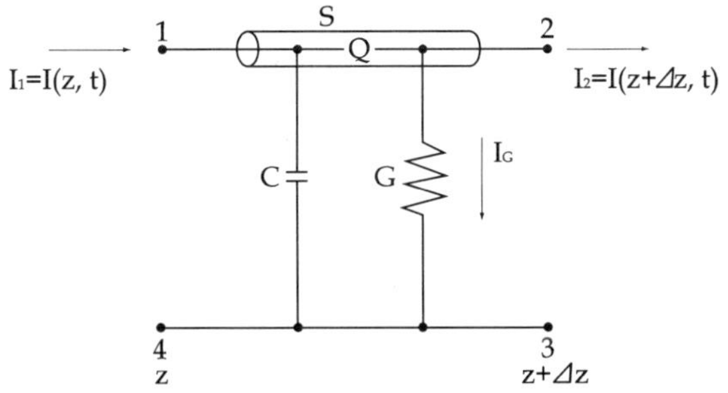

그림 9.9 전송선로

또한 폐곡면 S로부터 유출되는 전류는 $\oint_s \mathbf{J} \cdot \mathbf{n} dS \fallingdotseq GV\Delta z + I_2 - I_1$의 관계에 있게 된다. 따라서 위의 두식의 우변을 같게 놓으면 식 (9.78)을 구할 수 있게 된다.

$$\left.\begin{aligned} -C\,\Delta z\frac{\partial V}{\partial t} &\fallingdotseq GV\Delta z + I_2 - I_1 \\ \frac{(I_2 - I_1)}{\Delta z} &\fallingdotseq GV + C\frac{\partial V}{\partial t} \end{aligned}\right\} \tag{9.78}$$

여기서 $\Delta z \to 0$의 극한을 취하면 식 (9.79)의 전류방정식이 얻어진다.

$$\frac{\partial I}{\partial t} = GV + C\frac{\partial V}{\partial t} \tag{9.79}$$

9.9.2 선로의 파동방정식과 전송계수

선로의 전압·전류 방정식에서 전압과 전류가 시간에 대해 정현적으로 변하면 식 (9.78)과 식 (9.79)는 각각 식 (9.80), (9.81)로 된다.

$$-\frac{\partial V}{\partial z} = (R + j\omega L)I \tag{9.80}$$

$$-\frac{\partial I}{\partial z} = (G + j\omega C)V \tag{9.81}$$

식 (9.80), (9.81)을 전자파 방정식의 형태로 나타내기 위해 식 (9.80)의 양변에 $\frac{\partial}{\partial z}$를 취하면

$$\frac{\partial^2 V}{\partial z^2} = (R + j\omega L)\frac{\partial I}{\partial z}$$

여기에 식 (9.81)을 대입하면

$$\frac{\partial^2 V}{\partial z^2} = (R + j\omega L)(G + j\omega C)V = \gamma^2 V \tag{9.82}$$

여기서, $\gamma^2 = (R + j\omega L)(G + j\omega C)$

전류에 대해 같은 방법을 적용하면 식 (9.83)을 구할 수 있다.

$$\frac{\partial^2 I}{\partial z^2} = (R + j\omega L)(G + j\omega C) = \gamma^2 I \tag{9.83}$$

여기서, $\gamma = \sqrt{(R + j\omega L)(G + j\omega C)} = \alpha + j\beta$ (9.84)

γ 는 전송계수, α 는 감쇠정수, β 는 위상정수이다.

9.9.3 선로의 파동 방정식의 해

위에서 유도한 식 (9.82), 즉 전압에 대한 파동 방정식 $\frac{\partial^2 V}{\partial z^2} = \gamma^2 V$의 일반해는 식 (9.85)가 된다.

$$V = Ae^{-\gamma z} + Be^{\gamma z} \tag{9.85}$$

여기서 A와 B는 상수이며, 식 (9.85)의 제 1항은 진행파, 제 2항은 반사파를 나타낸다. 식 (9.85)를 식 (9.80)의 전압방정식에 적용하고 이를 전류에 대해 정리하면 전류의 일반해는 식 (9.86)으로 된다.

$$I = \sqrt{\frac{(G + j\omega C)}{(R + j\omega L)}}\,(Ae^{-\gamma z} + Be^{\gamma z}) \tag{9.86}$$

식 (9.86)에서 진행파만을 고려하여 전압과 전류의 비를 구하면 식 (9.87)로 된다.

$$\frac{V}{I} = \sqrt{\frac{(R + j\omega L)}{(G + j\omega C)}} = Z_0 \tag{9.87}$$

식 (9.87)은 전자파에 있어서 $\eta = \mathbf{E}/\mathbf{H}$ 에 대응하며 Z_0를 선로의 특성 임피던스라 한다. 주파수가 충분히 높거나, 선로의 손실이 없는 경우 식 (9.87)은 식 (9.88)로 간략화할 수 있다.

$$Z_0 \fallingdotseq \sqrt{\frac{L}{C}} \tag{9.88}$$

또한 식 (9.84)의 γ는 식 (9.89)로 된다.

$$\gamma = j\beta = j\,\omega\,\sqrt{LC} \tag{9.89}$$

전파 속도 v는 $\beta = \omega\,\sqrt{LC} = \frac{\omega}{v}$ 로부터 식 (9.90)의 관계를 지닌다.

$$v = \frac{1}{\sqrt{LC}} \tag{9.90}$$

여기서 평행 2선식 선로의 중심간 거리를 D, 도선의 반지름을 a라 할 때 단위 길이당 인덕턴스 L과 커패시턴스 C는 각각 아래의 식으로 표현된다.

$$L = \frac{\mu}{\pi}\ln\frac{D}{a}\,[H/m], \qquad C = \frac{\pi\,\epsilon}{\ln\frac{D}{a}}\,[F/m]$$

따라서 위의 식으로 표현된 단위 길이당 인덕턴스 L과 커패시턴스 C를 식 (9.88)과 (9.90)에 대입함으로써 전자파의 고유 임피던스와 전파속도는 아래의 식으로 나타낼 수 있다.

$$\mathbf{Z}_0 = \sqrt{\frac{\mu}{\epsilon}}$$

$$\mathbf{v} = \frac{1}{\sqrt{\mu\,\epsilon}}$$

이는 전계와 자계를 기초로 하는 전자파의 파동을 전압과 전류라는 다른 관점에서 관찰한 것에 지나지 않으며 그 기본적인 내용은 같은 것임을 나타낸다.

9.10 전파의 복사(輻射)

전류 분포에 의해 형성되는 전자계에 관해서 알아보기 위해 그림 9.10과 같이 미소길이 dz에 시변전류 $Ie^{j\omega t}$가 흐르는 경우에 대해 생각하기로 한다. 점 P (r, θ, φ)인 곳에 발생되는 벡터 퍼텐셜 **A**는 아래의 식과 같으며

$$A = \int_v \frac{\mu \mathbf{J}}{4\pi r} dv = \int_v \frac{\mu I dl}{4\pi r}$$

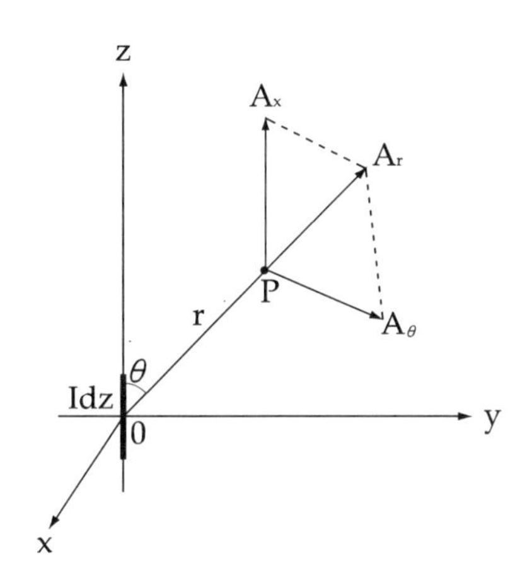

그림 9.10 미소 다이폴 안테나

조건에 따라 미소 전류소 I dz만 존재하며 **A**와 dl은 같은 방향이므로, P점에는 A_z 성분만 있게 되며 A_z 성분은 식 (9.91)로 나타낼 수 있다.

$$[A_z] = \frac{\mu I dz}{4\pi r} e^{j\omega\left(t - \frac{r}{v}\right)} = \frac{\mu I dz}{4\pi r} e^{j(\omega t - \beta r)} \tag{9.91}$$

여기서 $[A_z]_t = A_z e^{j\omega t}$이며 임의의 시각 t에서 속도 **v**의 전자파가 점 O로부터 거리 r 만큼 떨어진 곳으로 전파되는 경우 $t' = r/v$의 시간이 경과한 후 점 P에 벡터퍼텐셜이 나타나게 되므로, 실제에 있어서 점 O의 전류는 t'이전의 시각, 즉 $t - t'$일 때의 값이 된다. 이러한 것을 지연 벡터퍼텐셜(retarded vector potential) $\mathbf{A} = \int_l \frac{\mu(I) dl}{4\pi r}$과 같이 표현한다.

수식을 간단히 하기 위해 $e^{j\omega t}$를 생략하면 식 (9.92)가 된다.

$$A_z = \frac{\mu I dz}{4\pi r} e^{-j\omega t} \tag{9.92}$$

여기서 그림 9.10의 벡터 포텐셜에 대해 구좌표 성분을 구하면 식 (9.93)으로 된다.

$$\left.\begin{aligned} A_r &= A_z \cos\theta = \frac{\mu I dz}{4\pi r} e^{-j\beta r} \cos\theta \\ A_\theta &= -A_z \cos\theta = -\frac{\mu I dz}{4\pi r} e^{-j\beta r} \sin\theta \\ A_\phi &= 0 \end{aligned}\right\} \tag{9.93}$$

따라서 점 P의 자속 밀도 **B**는 벡터 퍼텐셜의 정의에 의해서

$$\mathbf{B} = \nabla \times \mathbf{A} = \begin{pmatrix} \frac{a_r}{r^2 \sin\theta} & \frac{a_\theta}{r^2 \sin\theta} & \frac{a_\phi}{r} \\ \frac{\partial}{\partial r} & \frac{\partial}{\partial \theta} & \frac{\partial}{\partial \phi} \\ A_r & rA_\theta & r\sin\theta A_\phi \end{pmatrix}$$

이며, 전자계는 z축에 대해 대칭이므로 $\frac{\partial}{\partial \varnothing} = 0$이 된다. 또한 $\beta = \frac{2\pi}{\lambda}$, $\mathbf{H} = \frac{\mathbf{B}}{\mu}$이며 자계의 세기는 $\mathbf{H} = H_r \mathbf{a}_r + H_\theta \mathbf{a}_\theta + H_\varnothing \mathbf{a}_\varnothing$으로 나타낼 수 있으므로 자계의 각 성분은

$$H_r = 0,\ H_\theta = 0, H_\phi = \frac{I\,dz}{4\pi} e^{-j\beta r} \left(j\frac{2\pi}{\lambda r} + \frac{1}{r^2} \right) \sin\theta$$

가 된다.

한편, 전계와 자계 사이에 전도전류가 없는 매질이라면

$$\nabla \times \mathbf{H} = \frac{\partial \mathbf{D}}{\partial t} = j\omega\epsilon \mathbf{E}$$

이므로, $\nabla \times \mathbf{H}$를 전개하고 H_r, H_θ와 $\frac{\partial}{\partial \varnothing} = 0$, $\eta = \sqrt{\frac{\mu}{\epsilon}}$를 이용하면

$$\nabla\times\mathbf{H} = \frac{1}{r\sin\theta}\frac{\partial}{\partial\theta}(\sin\theta H_{\varnothing})\mathbf{a}_r - \frac{1}{r}\frac{\partial(rH_{\varnothing})}{\partial r}\mathbf{a}_\theta$$

$$= j\,\omega\epsilon\mathbf{E} = j\,\frac{2\pi v}{\lambda}\epsilon\mathbf{E}$$

$$= j\frac{2\pi}{\lambda}\sqrt{\frac{\epsilon}{\mu}}\,\mathbf{E} = j\,\frac{2\pi}{\lambda Z_0}\mathbf{E}$$

$$= j\frac{2\pi}{\lambda Z_0}(E_r\mathbf{a}_r + E_\theta\mathbf{a}_\theta + E_{\varnothing}\mathbf{a}_{\varnothing})$$

가 되며 각각의 성분은

$$\left.\begin{aligned} E_r &= Z_0\frac{I\,dz}{4\pi}e^{-j\beta r}\left(\frac{1}{r^2} - j\frac{\lambda}{2\pi r^3}\right)\cos\theta \\ E_\theta &= Z_0\frac{I\,dz}{4\pi}e^{-j\beta r}\left(j\frac{2\pi}{\lambda r} + \frac{1}{r^2} - j\frac{\lambda}{2\pi r^3}\right)\sin\theta \\ E_{\varnothing} &= 0 \end{aligned}\right\}$$

로 구해진다.

위로부터 전계와 자계의 식은 각각 거리 r, r^2, r^3에 반비례하는 항으로 구성되어 있으며, r^3에 반비례하는 항은 미소 전류소에 극히 접근된 공간에만 존재할 수 있으며, 전계는 있으나 자계는 없으므로 포인팅 벡터를 형성하지 못하며 결국 에너지의 흐름이 없는 정전계를 의미하게 된다.

r^2에 반비례하는 항은 비오－사바르(Biot－Savart)법칙에 따라 발생하는 자계와 이 자계로부터 유기되는 전계로 볼 수 있으며 이것을 유도자계라 한다. 이것도 r^2에 반비례하므로 전류소에 가까운 곳에만 존재하고 곧 감쇠한다.

r에 반비례하는 항은 E_θ와 $H_{\varnothing}$항에 존재하며, 포인팅벡터는 r의 방향이므로 전자파는 구면파로서 전파하여 완전한 파동성을 가지며 원거리까지 전파될 수 있다. 이것을 방사 전자계라 한다.

제9장 연습문제

01 동의 도전율 $k = 5.8 \times 10^7 [\mho/m]$, 비투자율 $\mu_s = 1$, 주파수 $f = 1[MHz]$일 때의 침투깊이 δ를 구하시오.

02 평면파에 있어서, 전계의 세기를 $\mathbf{E}$, 자계의 세기를 $\mathbf{H}$라 할 때 파의 진행은 서로 직각방향이며, 또한 우수계(右手系)가 됨을 증명하라.

03 전계 및 자계가 $E_x = E(z)e^{j\omega t}$, $H_y = H(z)e^{j\omega t}$인 정현파일 때 E_x, H_y를 구하시오.

04 주파수 100[㎑], 10[㎒], 7000[㎒]의 전자파의 파장은 몇 [m]인가?

05 평면전자계의 전계의 세기가 $E = E_m \sin\omega\left(t - \dfrac{z}{v}\right)$일 때, (a) 수중에서의 전파속도 및 (b) 수중에서의 자계의 세기를 구하시오, 단, 물의 비유전율은 80, 비투자율은 1로 한다.

06 그림과 같이 유전율과 투자율이 각각(ε_1, μ_1), (ε_2, μ_2)인 2개의 절연매질이 이루는 경계면을 향해 전계 $\mathbf{E}_1$, 자계 $\mathbf{H}_1$인 전자파가 수직으로 입사할 때 반사파 $(\mathbf{E}_1, \mathbf{H}_1)$ 및 투과파$(\mathbf{E}_2, \mathbf{H}_2)$의 크기를 구하시오.

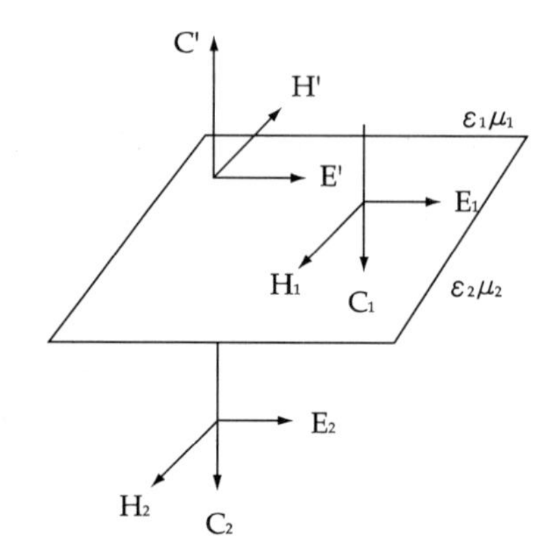

연습문제 해답

제2장 정전계

01 $F = Q_1Q_2/4\pi\epsilon_0 r^2 = 9\times10^9 Q_1\times Q_2/r^2$[N]

-9×10^9[N] : 흡인력

02 (1) q_1, q_2, q_3에 작용하는 힘을 F_1, F_2, F_3라 하고, 값이 (+)일 때 힘의 방향을 아래 그림의 화살표 방향으로 하면

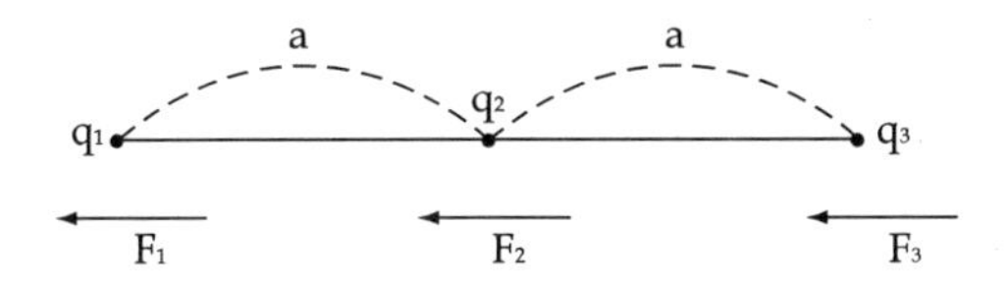

$$F_1 = \frac{1}{4\pi\epsilon_0}\frac{q_1 q_2}{a^2} + \frac{1}{4\pi\epsilon_0}\frac{q_1 q_3}{(2a)^2} = \frac{q_1}{16\pi\epsilon_0 a^2}(4q_2 + q_3)\ [N]$$

$$F_2 = -\frac{1}{4\pi\epsilon_0}\frac{q_1 q_2}{a^2} + \frac{1}{4\pi\epsilon_0}\frac{q_1 q_3}{a^2} = \frac{q_2}{4\pi\epsilon_0 a^2}(q_3 - q_1)\ [N]$$

$$F_3 = -\frac{1}{4\pi\epsilon_0}\frac{q_1 q_3}{(2a)^2} - \frac{1}{4\pi\epsilon_0}\frac{q_1 q_3}{(2a)^2} = \frac{q_3}{16\pi\epsilon_0 a^2}(q_1 + 4q_2)\ [N]$$

(2) 평형 즉

$F_1 = F_2 = F_3 = 0$으로 되기 위해서는

$4q_2 + q_3 = 0$, $q_3 - q_1 = 0$, $q_1 + 4q_2 = 0$

따라서 $q_1 : q_2 : q_3 = 4 : -1 : 4$

03 중력과 쿨롱력 사이의 식을 세우면(그림 참고)

$$mg\sin\theta = \frac{1}{4\pi\epsilon_0}\frac{Q^2}{(2r)^2}\cos\theta,\ r = l\sin\theta$$

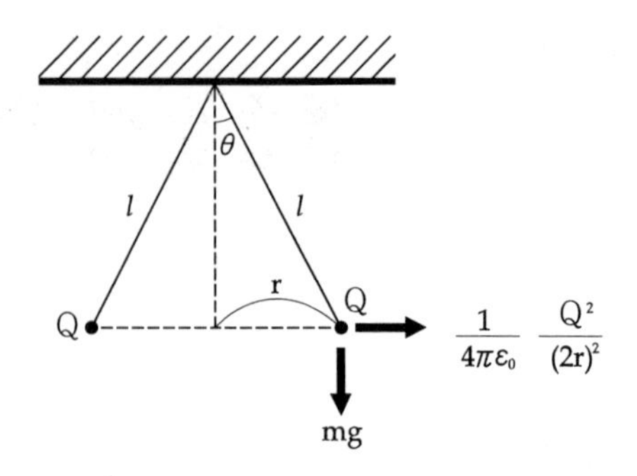

04 $E=\dfrac{Q}{4\pi\epsilon_0 r}$에 r = 0.05, 0.2, 6[m]를 대입하면

(1) 3.6×10^6 [V/m],

(2) 2.25×10^5 [V/m]

05 $V=Q/4\pi\epsilon_0$에서,

구의 전위 : $V=3.6\times10^3$ [V],

표면전하밀도 : $\sigma=6.37\times10^{-7}$ [C/m^2]

전계의 세기 : $E=\sigma/\epsilon_0=7.19\times10^4$ [V/m]

구의 표면에서 12[cm] 떨어진 점의 전계의 세기

$$E'=9\times10^9\times(2\times10^{-8})\ /\ (0.17)^2=6.23\times10^3\ [\text{V/m}]$$

06 (1) 양 전하의 중간에서 전계는 그림 (a)의 왼쪽 방향에

$$E=\frac{1}{4\pi\epsilon_0}\left(\frac{q}{(l-x)^2}+\frac{q}{(l+x)^2}\right)=\frac{q}{4\pi\epsilon_0}\frac{2(l^2+x^2)}{(l^2-x^2)^2}\ [\text{V/m}]$$

q의 바깥쪽에는 그림(a)의 오른쪽 방향으로

$$E=\frac{1}{4\pi\epsilon_0}\left(\frac{q}{(x-l)^2}-\frac{q}{(x+l)^2}\right)=\frac{q}{4\pi\epsilon_0}\frac{4xl}{(x^2-l^2)^2}\ [\text{V/m}]$$

−q의 바깥쪽에는 그림 (a)의 왼쪽 방향으로 동일하게

$$E=\frac{q}{4\pi\epsilon_0}\frac{4xl}{(x^2-l^2)^2}\ [\text{V/m}]$$

결국 전계의 방향은 전하를 연결하는 선분과 평행하며, 중간에서는 +q에서

－q로 향하고, ＋q의 바깥쪽에서는 외측으로, －q의 바깥쪽에는 내측으로 향한다. 그림(b)는 전계의 분포이며, 화살표는 그 방향을 나타낸다.

(2) E_+, E_- 를 ＋q, －q에 의한 전계라고 하면

$$E = E_+\left(\frac{2l}{(x^2+l^2)^{1/2}}\right) = \frac{1}{4\pi\epsilon_0}\frac{q}{(x^2+l^2)}\frac{2l}{(x^2+l^2)^{1/2}}$$

$$= \frac{1}{4\pi\epsilon_0}\frac{2ql}{(x^2+l^2)^{3/2}}\ [\mathrm{V/m}]$$

방향은 전하를 연결하는 선분에 평행하며, ＋q에서－q로 향한다. (d)는 전계의 분포로 화살표는 그 방향을 나타낸다.

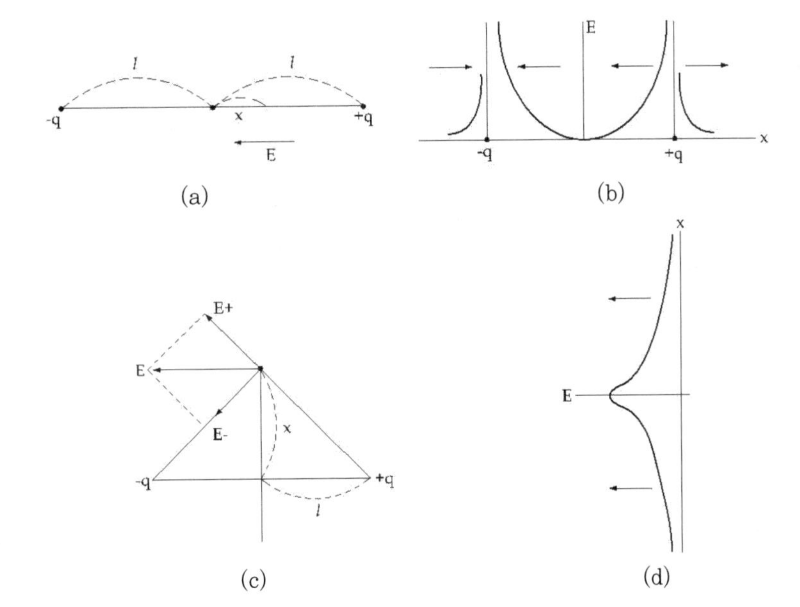

(a) (b) (c) (d)

07 전위차가 5000[V]인 공간 내에서 전자가 d[m]만큼 이동했을 때, 운동량 W는 W＝q・E・d가 된다. E＝5000/d [V/m]이므로

$$W = 1.602\times10^{-19}\times(5000/d)\times d = 8.01\times10^{-16}\ [\mathrm{J}]$$

전자의 운동 에너지는 $mv^2/2$이기 때문에

$$v^2 = 2\times8.01\times10^{-16}/\ 9.11\times10^{-31} = 1.7585\times10^{15}$$

따라서 $v = 4.193\times10^7\ [\mathrm{m/s}]$

08 $Q = (2000-3000)\epsilon_0 = -8.85 \times 10^{-9}$ [C]

09 내구의 반경을 r_0, 외구의 내외반경을 각각 r_1, r_2라고 하면, 내구에 전하 Q를 주었을 때 내구의 전위 V는 $V = \dfrac{Q}{4\pi\epsilon_0}\left(\dfrac{1}{r_0} - \dfrac{1}{r_1} + \dfrac{1}{r^2}\right)$ [V]

따라서, $Q = 4.8 \times 10^{-8}$[C], $r_0 = 5 \times 10^{-2}$, $r_1 = 6 \times 10^{-2}$, $r_2 = 6.3 \times 10^{-2}$ [m]을 대입하여 $V = 8291$ [V]

또, 외구를 접지하는 경우, 외구의 표면 전하는 0이기 때문에

$$V = \frac{Q}{4\pi\epsilon_0}\left(\frac{1}{r_0} - \frac{1}{r_1}\right) = 1440 \text{ [V]}$$

10 평행 도체간의 전위 : $E = V/d = 2 \times 10^4$ V [V/m]

쿨롱력 : $f_q = E_q = (2 \times 10^4 \times V) \times (-1.6 \times 10^{-19})$ [N]

중력 : $f_g = mg = (9.11 \times 10^{-31}) \times 9.8$ [N]

두 힘이 평형을 이루고 있으므로 $f_q = f_g$

따라서 $V = 27.4 \times 10^{-16}$ [V]

11 가우스의 법칙에서

$$E_r = q/2\pi\epsilon_0 r$$

$$V_a = \int_\infty^a \frac{q}{2\pi\epsilon_0 r} dr$$

$$= \frac{q}{2\pi\epsilon_0}[\log(b/a)]$$

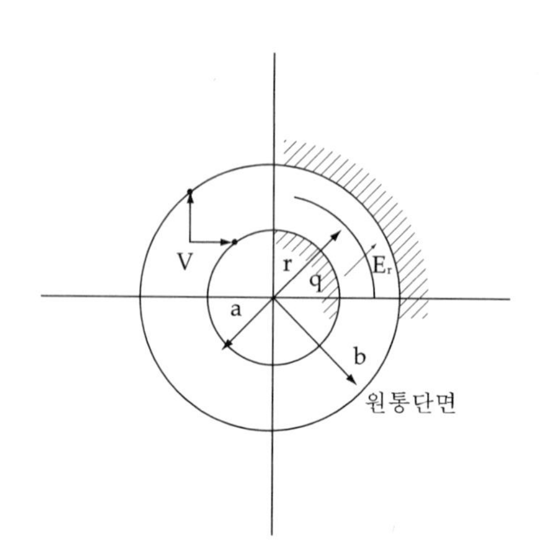

$V_a = V$를 대입하여, q를 구하면

$$q = \frac{2\pi\epsilon_0}{\log\dfrac{b}{a}}$$

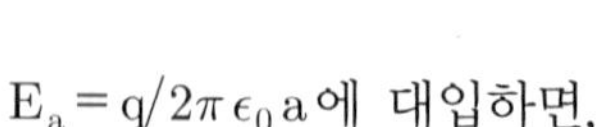
$E_a = q/2\pi\epsilon_0 a$에 대입하면,

$$E_a = V/a\log(b/a)$$

12 (1) 구외부에 외부 반지름이 (r > a)인 동심구를 생각한다.

가우스의 법칙에서 $4\pi r^2 E = \dfrac{Q}{\epsilon_0}$

따라서 $E = \dfrac{Q}{4\pi\epsilon_0 r^2}$

(2) 구내부에 반지름이$(r < a)$인 동심구를 생각하면, 여기에 포함된 전하는 Qr^3/a^3이 되므로, 역시 가우스법칙에 의해 $E = \dfrac{Qr}{4\pi\epsilon_0 a^3}$

13 도체구 A, B, C의 전위를 각각 V_1, V_2, V_3라 하면 V_3는 전하 Q_1, Q_2, Q_3가 구의 중심에 집중했을 때의 전위와 동일하기 때문에,

$$V_3 = \frac{Q_1 + Q_2 + Q_3}{4\pi\epsilon_0 r^3}$$

따라서

$$V_2 = V_3 + \int_{r_2}^{r_3} \frac{Q_1 + Q_2}{4\pi\epsilon_0 r^2} dr = \frac{Q_1 + Q_2}{4\pi\epsilon_0 r^2} + \frac{Q_3}{4\pi\epsilon_0 r^3}$$

$$V_1 = V_2 + \int_{r_1}^{r_2} \frac{Q_1}{4\pi\epsilon_0 r^2} dr = \frac{Q_1}{4\pi\epsilon_0 r^2} + \frac{Q_2}{4\pi\epsilon_0 r^3} + \frac{Q_3}{4\pi\epsilon_0 r^3}$$

제3장 정전계

01 연결후의 전위(공통)를 V라 하면

$$Q_1 = (q_{11} + q_{12} + \ldots)V$$
$$Q_2 = (q_{21} + q_{22} + \ldots)V$$

전 전하 : $Q = Q_1 + Q_2 + \ldots = V\left(\sum q_{kk} + 2\sum_{k \neq 0} q_{kl}\right)$

$$C = \frac{Q}{V} = \sum q_{kk} + 2\sum_{k \neq 0} q_{kl}$$

02 $C = 4\pi\epsilon_0 R = 4\pi \times 8.85 \times 10^{-12} \times (6370 \times 10^3)$

$= 7.08 \times 10^{-4} F = 708\ [\mu F]$

03 내구에 전하 Q_1, 외구에 Q_2를 주었을 때 외구의 반지름을 a라고 하면 외구의 전위는

$$V = \frac{Q_1 + Q_2}{4\pi\epsilon_0 a} \ [V]$$

또, 외구의 대지정전용량은 $C = 4\pi\epsilon_0 a$ 이므로 $V = \frac{Q_1 + Q_2}{C}$ [V]

04 $C = \epsilon_0 S/d = (8.85 \times 10^{-12}) \times (100 \times 10^{-4})/1 \times 10^{-2}$

$= 8.85 \times 10^{-12}$ [F]

$= 8.85$ [pF]

05 (a) 2.1[μF], (b) 0.5[μF], (c) 60[μF]

06 $Q_1 + Q_2 = Q_3 + Q_4$, $Q_1/12 + Q_3/36 = 100 \times 10^{-6}$

$Q_2/24 + Q_4/6 = 100 \times 10^{-6}$, $Q_1/12 + (Q_1 - Q_3)/18 = Q_2/24$ 의 연립 방정식에서

$Q_1 \fallingdotseq 775$ [μC], $Q_2 \fallingdotseq 880$ [μC], $Q_3 = 1275$ [μC], $Q_4 = 380$ [μC]를 얻는다.

따라서 $V_{dc} = \frac{(Q_2 - Q_1)}{18} \fallingdotseq 27.8$ [V]

07 $C = \pi\epsilon_0 l/\log(d/a) = 3.14 \times (8.85 \times 10^{-12}) \times (10)/\log(0.6/0.004)$

$= 5.55 \times 10^{-11}$ [F]

08 판의 매수를 n, 판간격을 t, 판의 면적을 S라 하면 $C = \frac{(n-1)\epsilon_0 S}{t}$ [F]이 되므로, $t = 1.2 \times 10^{-3}$ [m], $S = \pi \times (4/100)^2$, 또 $C = 5 \times 10^{-10}$ [F]를 대입하면, $n = 7$매

09 $C = Q/V$ 에서, BD 사이의 전하는 $Q = 0.5 \times 10^{-10} \times 980 = 4.9 \times 10^{-4}$ [C], AD 사이에도 이와 동량의 전하 Q가 축적되기 때문에, AD 간의 정전용량은

$$C_{AD} = Q/V_{AD} = 4.9 \times 10^{-4}/(1000 - 980) = 2.45 \times 10^{-5} \ [C]$$

콘덴서 C_1, C_3는 병렬로 접속되어 있기 때문에, $C_{AD} = 0.3 + C_3$ [μF]가 된다. 따라서 $C_3 = (24.5 - 0.3) \times 10^{-6} = 24.2$ [μF]

10 $C = 2\pi\epsilon_0/\log(b/a)$에 a, b의 값을 대입하면,

(1) 80 [pF/m], (2) 51 [pF/m]

11 $W=\frac{1}{2}CV^2=\frac{1}{2}\times 1\times 10^{-6}\times 10^4=5\times 10^{-3}$ [J]

12 충전된 콘덴서 A가 갖는 에너지는 $W_1=CV^2/2$이며, 충전 전하는 $Q=C_1V$이다. A와 B는 병렬로 접속되었기 때문에 합성 정전용량은 $C=C_1+C_2$가 되고, 이때의 에너지는 $W_2=Q^2/2C=C_1^2V^2/2(C_1+C_2)$이 된다. 따라서, 접속에 의해 손실된 에너지는 $W=W_1+W_2=C_1C_2V^2/2(C_1+C_2)$

13 전계에 의해 발생된 힘은 $F=C^2V^2/2\epsilon_0 S$이다.
평행금속판의 정전용량은 $C=\epsilon_0 SV^2/d$이므로 $F=\epsilon_0 SV^2/2d^2$가 된다. 분동의 중력 mg에 의해 평형이 이루어지므로, $mg=\epsilon_0 SV^2/2d^2$이다.
따라서 $V=d\sqrt{2mg/\epsilon_0 S}$ 가 된다.

14 $F=\frac{1}{2}V^2\frac{\epsilon_0 S}{d^2}=\frac{1}{2}\times 1000^2\times\frac{8.855\times 10^{-12}}{0.01^2}=4.4\times 10^{-2}$ [N/m]

제4장 유전체

01 ϵ_r속의 전계는 진공속에 비해 $1/\epsilon_r$로 되므로, r [m] 떨어진 위치에서 Q_1에 의한 전계의 세기는 $E=Q_1/4\pi\epsilon_0 r^2$ [N]이다. 이 전계에 의해 Q_2가 받는 힘은

$$F=EQ^2=Q_1Q_2/4\pi\epsilon_0 r^2\ [N]$$

02 유전체가 없는 경우 ; $C_1=\epsilon_0 S/d$, 유전체가 있는 경우 ; $C_2=\epsilon S/d=\epsilon_0\epsilon_r S/d$
따라서 $C_1-C_2=125\times 10^{-12}$ [F]이므로 $\epsilon_r=2.8$

03 외구각의 전위 $V_2=-\int_{\infty}^{r_2}\frac{Q_1+Q_2}{4\pi\epsilon_0 r^2}dr=\frac{Q_1+Q_2}{4\pi\epsilon_0 r^2}$

내구의 전위 $V_1=V_2+\int_{r_1}^{r_2}\frac{Q_1}{4\pi\epsilon_1 r^2}=\frac{Q_1+Q_2}{4\pi\epsilon_0 r_2}+\frac{Q_1}{4\pi\epsilon_1}\left(\frac{1}{r_1}-\frac{1}{r_2}\right)$

04 간격이 d인 평행 평판 도체의 정전용량은 $C_1=\epsilon_0/d$,
도체 사이에 두께 t, 비유전율$\epsilon_r=7$인 유전체를 삽입했을 때 정전용량은

$C_2 = s/[(d-t)\epsilon_0 + t/\epsilon_0 \epsilon - r]$, 따라서 $\frac{C_1}{C_2} = \frac{\epsilon_r d}{\epsilon_r (d-t)+t}$

여기에 $\epsilon_r = 7$, $t = d/2, C_1 = 0.05$를 대입하면 $C_2 = 0.0875[\mu F]$

05 두 콘덴서의 병렬접속으로 생각한다. $C_1 = \epsilon_1 S/2d$, $C_2 = \epsilon_2 S/2d$이므로

$$C = C_1 + C_2 = \frac{S(\epsilon_1 + \epsilon_2)}{2d} [F]$$

06 유전체내에서 전계의 방향이 판의 법선과 이루는 각을 θ라 하면

$$E\sin\theta = E_0 \sin\theta_0,\ \epsilon E\cos\theta = \epsilon_0 E_0 \cos\theta_0$$

이들 식으로부터 E를 구하면,

$$E = E_0 \sqrt{\sin^2\theta_0 + (\epsilon_0/\epsilon^2)\cos^2\theta_0},\ \theta = \tan^{-1}(\epsilon \tan\theta_0/\epsilon_0)$$

07 거리 x인 점의 유전율은 $\epsilon(x) = \epsilon_1 + (\epsilon_2 - \epsilon_1)/d$이다. 전극에 면 밀도 $\pm\sigma$의 전하를 공급하면, 임의의 장소에서 전속밀도는 $D = 0$이 되므로 전계는 $E(x) = \sigma/\epsilon(x)$가 된다. 전위차는

$$V = \int_0^d E\,dx = \int_0^d \frac{\sigma dx}{\epsilon_1 + (\epsilon_2 - \epsilon_1)x/d} = \frac{\sigma d}{\epsilon_2 - \epsilon_1} \log\frac{\epsilon_2}{\epsilon_1}$$

따라서, 단위 면적당 용량은

$$C = \frac{\sigma}{V} = \frac{\epsilon_2 - \epsilon_1}{d \log\frac{\epsilon_2}{\epsilon_1}} [F/m^2]$$

08 유전체와 공기 부분의 정전 용량의 직렬접속으로 되므로 유전체로 채워진 부분의 정전용량 C_x는

$$C_x = \frac{\epsilon_0 \epsilon a x}{\epsilon(t-t') + \epsilon_0 t'}$$

유전체가 들어있지 않은 $(a-x)$ 부분의 정전용량은

$$C_{a-x} = \frac{\epsilon_0 a(a-x)}{t}$$

따라서, 전체의 정전용량은,

$$C = \epsilon_0 \left[\frac{a^2}{t} - \frac{a x t}{t(t-t')} \right], \quad t = \left(\frac{\epsilon - \epsilon_0}{\epsilon} \right) t'$$

인장력은

$$F = -\frac{\partial W}{\partial x} = -\frac{\partial}{\partial x}\left(\frac{Q^2}{2C} \right) = \frac{1}{2}\left(\frac{Q}{C}^2 \frac{\partial C}{\partial x} \right)$$

$$= \frac{Q^2 tt'(t-t')}{2\epsilon_0 a[a(t-t')+xt']^2}$$

09 $W = \frac{1}{2}\epsilon E^2 = \frac{1}{2} \times 2 \times 8.855 \times 10^{-12} [J/m^3]$

$$f = \frac{1}{2}ED = 8.855 \times 10^{-2} [N/m^2]$$

제5장 정상전류

01 $N = \left(\frac{1}{1.6 \times 10^{-19}} \right) \times 0.1 = 6.25 \times 10^{17}$개

02 $Q = 100 \int_0^{3 \times 10^{-6}} i\,dt = 100 \times 3 \int_0^{3 \times 10^{-6}} e^{-\frac{t}{2 \times 10^{-6}}} dt$

$$= 100 \times 3 \times 2 \times 10^{-6}(1 - e^{-1.5}) = 4.66 \times 10^{-4} [C]$$

03 51.3 [Ω]

04 $W = R\left(\frac{e}{r+R} \right)^2$에 대해 미분을 한다.

$$\frac{dW}{dR} = \left(\frac{e}{r+R} \right)^2 + 2R\left(\frac{e}{r+R} \right)\left[-\frac{e}{r+R^2} \right]$$

$R = r$에서 $dW/dR = 0$이기 때문에 $W_{max} = \frac{e^2}{4r} [W]$

05 키르히호프의 제 1법칙에서 $i_1 = i_1 + i, i_2 = i + i_4$

제2법칙에서 $R_1i_1 - Ri - R_3i_3 = 0$, $R_2i_2 - R_4i_4 + Ri = 0$, $R_1i_1 + Ri = E_0$
이들 식으로부터

$$i = \frac{(R_1R_4 - R_2R_3)E_0}{R(R_1+R_2)(R_3+R_4) + R_1R_2(R_3+R_4) + R_3R_4(R_1+R_2)}$$

06 CP간의 저항을 x, 전 저항을 R이라 하면,

$$R = x + \frac{r_2(r_1 - r_2)}{r_2 + (r_1 - x)} = \frac{r_1r_2 + r_1x - x^2}{r_2 + r_1 - x}$$

$$i = i_1 + i_2 = \frac{V}{R},\ \frac{i_1}{i_2} = \frac{r_2}{r_1 - x},\ \frac{i_1}{i_1 + i_2} = \frac{r_2}{r_2 + r_1 - x}$$

따라서 $i_1 = \dfrac{r_2}{r_1r_2 + r_1x - x^2}V$

i_1이 최소가 되는 것은 분모가 최대일 때이므로

$$\frac{d}{dt}(r_1r_2 + r_1x - x^2) = 0$$

따라서 $x = r_1/2$일 때 결국 AP사이와 PD사이가 같을 때 i_1은 최대가 된다.

07 $R = R_0(1 + \alpha_t t)$, α_t는 t[℃]에 있어서의 온도 계수이며, $\alpha_t \risingdotseq \alpha_0(1 + \alpha_0 t)$.
따라서 $\alpha_t = 3.4 \times 10^{-3}(1 + 3.4 \times 10^{-3} \times 30) \fallingdotseq 3.8 \times 10^{-3}$

$R = 20 \times (1 + 3.8 \times 10^{-3} \times 30) \fallingdotseq 22.29$ [Ω]

08 키르히호프의 제 2 법칙을 사용하면
ACG : $2i_1 - i_2 - i_3 = 0$
CDG : $3i_3 - 2i_1 = 0$
A, B사이의 전위차를 V라 하면, $V = 2RI_2$
따라서, $i_2 = V/2R$, $i_1 = 3V/8R$ 또 A에 유입되는 전류는 $i = 2i_1 + i_2$가 되므로

$$R_{AB} = \frac{V}{2i_1 + i_2} = \frac{4R}{5}$$

09 R_3를 접속하지 않을 때

$$V_{CD} = \frac{300}{200 \times 2} \times 200 = 150[V]$$

R_3를 접속했을 때 CD사이의 합성 저항은

$$R_{CD} = 1/\left(\frac{1}{200} + \frac{1}{50}\right) = 40$$

따라서 $V_{CD} = \dfrac{300}{(40+200)} \times 40 = 50[V]$

제6장 정자계

01 A, B의 자기 모멘트를 M_1, M_2라 하면 $2M_1 = M_2$

A,B에 의한 점 P의 자계 H_1, H_2는

$$H_1 = \frac{1}{4\pi\mu_0}\frac{2M_1}{r_1^3},\ H_2 = \frac{1}{4\pi\mu_0}\frac{2M_2}{r_2^3}$$

$H_1 = H_2$로 두면

$$\frac{1}{r_1^3} = \frac{1}{r_2^3} \quad \therefore r_1 : r_2 = 1 : 2^{(3/2)}$$

02 직선 전류에 의한 자계 $H = i/2\pi a$에 대해 $i = 3$, $a = 0.2$를 대입하여

$$H = \frac{3}{2} \times \pi \times 0.2 = 2.39[AT/m]$$

03 도선으로부터 r만큼 떨어진 점 P의 자속 밀도 $B_p = \mu_0 i/2\pi r$

$$\text{전 자속} \varnothing = \int_d^{d+a} b \cdot B_p dr = \frac{\mu_0 i b}{2\pi}\int_d^{d+a}\frac{1}{r}dr$$

$$= \frac{\mu_0 i b}{2\pi}\log\frac{d+a}{d}[Wb]$$

04 반원 부분에 의한 자계는 원의 1/2이며 직선 부분에 의한 자계는 서로 상쇄되므로

$$\therefore \quad H = H_1 + H_2 = \frac{i}{4a}[Wb/m^2]$$

05 코일에 의한 자속밀도 $B_c = \mu_0 N i/2a$, 또한 $\tan\theta = \dfrac{B_c}{B_0}$이므로

$$\therefore \theta = \tan^{-1}\frac{B_c}{B_0} = \tan^{-1}\frac{\mu_0 N i}{2aB_0}\,[\mathrm{rad}]$$

06 길이 l인 직선전류로부터 r 떨어진 점 P의 자속밀도 B_p는

$$B_p = \frac{\mu_0 i}{4\pi r}\left\{\frac{l_1}{(r^2 + l_1^2)^{1/2}} + \frac{l_2}{(r^2 + l_2^2)^{1/2}}\right\}$$

이 식에서 $l_1 = l_2 = r = a/2$ 두고, 4변을 생각하면

$$B = 4\times\frac{\mu_0 i}{4\pi\frac{a}{2}}\cdot\frac{2\times a/2}{\sqrt{(\frac{a}{2})^2 + (\frac{a}{2})^2}} = \frac{2\sqrt{2}\,\mu_0 i}{\pi a}\,[\mathrm{Wb/m^2}]$$

07 (1) 중공부 ; $B = 0$

(2) 도체부 ; $\int_c B_r\, ds = \mu_0 i\frac{r^2 - a^2}{b^2 - a^2} = 2\pi r B_r$

$$\therefore\ B_r = \frac{\mu_0 i}{2\pi r}\cdot\frac{r^2 - a^2}{b^2 - a^2}\,[\mathrm{Wb/m^2}]$$

(3) 외부 $2\pi r B_r = \mu_0 i$ $\quad\therefore\ B_r = \frac{\mu_0 i}{2\pi r}\,[\mathrm{Wb/m^2}]$

08 공동이 없는 경우, 임의의 점 P의 자계는 $H_\theta' = (1/2)Jr$이며, 반경 r_2인 원의 중심을 원점으로 하는 직각 좌표로 나타내면

$$H_x' = -H_\theta'\frac{y}{r} = -\frac{1}{2}Jy,\ H_y' = H_\theta'\frac{x}{r} = \frac{1}{2}Jx'$$

계속해서 원통 내부에 $-J$의 전류가 흐르고 있으면, 내원통의 중심을 원점으로 하는 직각 좌표에 의해 $H_x'' = \frac{1}{2}Jy',\ H_y'' = \frac{1}{2}Jx'$

점 P의 자계는 이들을 합성함에 따라

$$H_x = H_x' + H_x'' = \frac{1}{2}J(y - y') = 0$$

$$H_y = H_y' + H_y'' = \frac{1}{2}J(x - x') = \frac{1}{2}Ja\,[\mathrm{AT/m}]$$

09 $f = |qvB| = 1.6\times10^{-19}\times10^{-3} = 1.6\times10^{-17}\,[\mathrm{N}]$

$f = ma = 9.11\times10^{-31}\times10^{10}/r$에서 r을 구하면, $r = 5.7\times10^{-4}\,[\mathrm{m}]$

10 자계의 방향과 속도 v는 직각이므로 자계에 따라 굽어지는 곡률 반경은 $r = mv/eB$ 이며, 편차를 d라 하면, $d(2r - d) = l^2$

따라서, $d \gg r$ 라 하면 $d = \frac{l^2}{2r} = \frac{eBl^2}{2mv}$

11 $T = nBiS = 10 \times 0.1 \times 2 \times \pi \times (0.02)^2$

$= 2.51 \times 10^{-3}$ [Nm]

제7장 자성체

01 (1) 평행한 경우, $H = H_0$, $J = \chi H_0$

(2) 수직인 경우, 자속밀도의 수직 성분은 같기 때문에 $B_{1n} = B_{2n} = \mu_0 H_0$

한편, 자성체 속에서는 $B = B_{2n} = (\mu_0 + x)H_0$

위의 두식에 의해 $H = \frac{\mu_0 H_0}{\mu_0 + \chi} = \frac{H_0}{1 + \frac{\chi}{\mu_0}}$, 또 $J = \chi H_0 = \frac{\chi H_0}{1 + \frac{\chi}{\mu_0}}$

02 자계의 세기가 600 [AT/m] 이므로 그림에서

$B = 1.2$ [Wb/m^2]

$\varnothing = BS = 1.2 - 4\pi \times 10^{-7} \times 600 \fallingdotseq 1.2$ [Wb/m^2]

$J = B - \mu_0 H = 1.2 - 4\pi \times 10^{-7} \times 600 \fallingdotseq 1.2$ [Wb/m^2]

$\chi = J/H = 1.2/600 = 2 \times 10^{-3}$ [H/m]

03 $B = \frac{\mu N i}{2\pi r} = \frac{4 \times 10^{-7} \times 850 \times 1000 \times 0.05}{2\pi \times 0.05} = 0.17$ [Wb/m^2]

04 외곽 철심 부분의 자기 저항 $R_{1m} = 0.28/4\pi \times 10^{-7} \times 200 \times S$

중앙 철심부의 자기저항 $R_{2m} = 0.115/4\pi \times 10^{-7} \times 200 \times S$

공극부의 자기저항 (S : 단면적)

자속 $\varnothing = \frac{Ni}{\frac{1}{2}R_{1m} + R_{2m} + R_{3m}} + BS = 0.5S$

이상으로부터 $i = 0.5S\left(\frac{1}{2}R_{1m} + R_{2m} + R_{3m}\right)/200 = 12.5[A]$

05 자기 저항 $R_m = l - d/\mu S + d/\mu_0 S$

$$\varnothing = \frac{Ni}{R_m} = \frac{1000 \times 4\pi \times 10^{-7} \times 500 \times 2 \times 10^{-4}}{0.8 + (1000-1)d} = \frac{12.6 \times 10^{-5}}{0.8 + 999d}[Wb]$$

$d = 3[mm]$인 경우 $\varnothing = 3.3 \times 10^{-5}[Wb]$

$d = 5[mm]$인 경우 $\varnothing = 2.2 \times 10^{-5}[Wb]$

06 $R_m = \frac{\pi R - \delta}{\mu_1 S} + \frac{\pi R - \delta}{\mu_2 S} + \frac{\delta}{\mu_0 S}$

기자력 $V_m = R_m \varnothing = \left\{(\varnothing R - \delta)\left(\frac{1}{\mu_1} + \frac{1}{\mu_2}\right) + \frac{2\delta}{\mu_0}\right\}\frac{\varnothing}{S}$

07 공극과 철심의 첨자를 각각 0, 1이라 하면 $0.8\varnothing_1 = \varnothing_0 \rightarrow 0.8B_1 = B_0$

따라서

$$\mu_1 = \frac{B_1}{H_1} = \frac{B_0}{0.8H_1}$$

$$R_m = \frac{l}{\mu_1 S} + \frac{\delta}{\mu_0 S} = \left(\frac{0.8H_1 l}{B_0} + \frac{\delta}{\mu_0}\right)\frac{1}{S}$$

$$i = \varnothing\frac{R_m}{N} = \frac{SB_1R_m}{N} = \frac{1}{N}\left(H_1 l + \frac{B_0\delta}{0.8\mu_0}\right)[A]$$

제8장 전자유도현상

01 $e = -N\frac{d\varnothing}{dt} \fallingdotseq -N\frac{\Delta\varnothing}{\Delta t} = -20 \times 0.1 \times 0.01 = -200[V]$

02 쇄교 자속은 $\Phi = N\varnothing$ 이므로

기전력 $e = -N\frac{d\varnothing}{dt} = -\frac{d\Phi}{dt} = -\frac{dN\varnothing_0 \sin\omega t}{dt}$

$$= -N\varnothing_0\omega \cdot \cos\omega t = (N\varnothing_0\omega)\sin(\omega t - \frac{\varnothing}{2})$$

03 코일과 쇄교하는 자속수 Φ는 $\Phi = N\varnothing a^2\mu_0 H\omega\cos\omega t$이다. 단 θ는 코일을 포함한 평면의 법선과 자계가 이루는 각도이며, $\theta = \omega t$이기 때문에 전위차 V는

$$V = -\frac{d\Phi}{dt} = N\pi a^2\mu_0 \sin\omega t$$

04 미소 면적 dxdy를 통과하는 자속은 $B \cdot dxdy$이기 때문에 전 자속 $\varnothing$는

$$\varnothing = \int\int B \cdot dxdy = \int_0^1\int_0^1 a \cdot \sin(2\pi ft)dxdy$$

$$= a \cdot \sin(2\pi ft)\int_0^1 \sin\pi x\,dx \int_0^1 \sin\pi y\,dy$$

$$= \frac{a}{\pi^2}(1-\cos\pi l)^2 \sin(2\pi ft)$$

기전력 $e = -\frac{dN\varnothing}{dt} = -\frac{a}{\pi^2}(1-\cos\pi l)^2 2\pi f\ \cos(2\pi ft)$

$$= \frac{2Nfa}{\pi}(1-\cos\pi l)^2 \cdot \sin(2\pi ft - \frac{\pi}{2})$$

05 기전력 $E = vBl = 2 \times 0.5 \times 0.1 = 0.1[V]$, 따라서 회로에 흐르는 전류 i는

$$i = E/R = 0.1/1 = 0.1[A]$$

또 외부로부터의 힘 F는

$$F = iBl = 0.1 \times 0.5 \times 0.1 = 5 \times 10^{-3}[N]$$

06 No.1코일의 자기 인덕턴스를 L, 상호 인덕턴스를 M이라 하면,

$$|L| = e_1\frac{\Delta t}{\Delta t_1} = 5 \times 10^{-3}[H]$$

$$|M| = e_2\frac{\Delta t}{\Delta t_1} = 10 \times \frac{0.01}{5} = 0.02\ [H]$$

07 원형코일의 중심을 원점으로 하는 극좌표(r, θ)를 생각한다. 코일내의 점(r, θ)의 직선전류i에 의한 자계 H는

$$H = \frac{i}{2\pi(d+\cos\theta)}$$

코일내의 미소면적 $r\,dr\,d\theta$를 통과하는 자속을 $d\varnothing$라 하면, 원형코일 전체를 통과하는 자속 $\varnothing$는

$$\varnothing = \int\int d\varnothing = \int_0^a \int_0^2 \pi \mu_0 H_r \, dr \cdot d\theta = \frac{\mu_0 i}{2\pi} \int_0^a \int_0^2 \pi \frac{r \, d\theta \, dr}{d + \cos\theta}$$

$$= \frac{\mu_0 i}{2\pi} \int_0^a \pi \frac{2\pi r}{\sqrt{d^2 - r^2}} dr = (d - \sqrt{d^2 - r^2})i$$

$\varnothing = Mi$ 에서 $M = \mu_0(d - \sqrt{d^2 - r^2})[H]$

08 1차 코일 $E_0 = Ri_1 + L_1(di_1/dt) + M(di_2/dt)$

2차 코일 $L_2(di_2/dt) + M(di_1/dt) = 0$

위의 식에서 di_2/dt를 소거하면 $L_2E_0 = L_2Ri_1 + (L_1L_2 - M^2)(di_1/dt)$

$L_1L_2 = M^2$가 된다. 그러므로 $L_2E_0 = L_2Ri_1$ $\quad \therefore i_1 = E_0/R$

09 $N\varnothing = L_i = 0.2 \times 5 = 1[Wb]$

$W_m = 1/2 \cdot Li^2 = \frac{1}{2} \times 0.2 \times 25 = 2.5[J]$

10 (1) $2a/l = 1$에서 나가오까 계수 $K = 0.688$

$$L = 0.688 \times 4\pi^2 \times 10^{-7} \times 150^2 \times 10 = 1.53 \times 10^{-3}[H]$$

(2) 마찬가지로 $K = 0.820$

$$L = 0.820 \times 4\pi^2 \times 10^{-7} \times 1 \times 10^{-4} \times 200^2 \times 4 = 5.18 \times 10^{-5}[H]$$

11 지표면에 대해 도선과 대칭위치에 동량 반대 부호 전류가 흐르고 있는 영상 도선을 생각하면 두 경우에 있어서 자계의 분포가 같아진다. 따라서 자기 인덕턴스는 평행왕복 선로의 1/2이 된다.

$$\therefore L = \frac{1}{2}\left(\frac{\mu}{4\pi} + \frac{\mu_0}{\pi}\log\frac{d}{a}\right)$$

$d = 2h$로부터

$$L = \frac{1}{4}\pi\left(\frac{\mu}{2} + 2\mu_0 \log\frac{2h}{a}\right)[H]$$

12 외측 솔레노이드에 전류 i를 흐르게 했을 때 내부의 자속 밀도 B는 $B = \mu_0 ni$

따라서, 솔레노이드의 내부를 통과하는 자속수 $\varnothing$는 $\varnothing = \mu_0 niNS$

$Mi = \varnothing$ 에서 $M = \varnothing/i = \mu_0 nNS[H]$

13 상호 인턱턴스 $M = \frac{N_1 N_2 \mu S}{l}$, $(N_1 + N_2 = N)$

$$= \frac{N_1 (N - N_2) \mu S}{l}$$

$dM/dN_1 = 0$에서 $N_1 = 1/2N$일 때 최대가 된다. 이때, $M = \frac{N^2 \mu S}{4} l [H]$

14 반경 r인 위치의 dr부분의 인턱턴스를 dL이라 하면

$$L = \int_a^b dL = \int_a^b \mu_0 \mu_r N^2 \frac{C}{2\pi r} dr = \frac{\mu_0 \mu_r N^2 C}{2\pi r} \log \frac{b}{a} [H]$$

15 원형 코일의 전류에 의해 발생되는 중심축에서 자계의세기H는

$$H = \frac{a^2 i}{2(a^2 + z^2)^{3/2}}$$

솔레노이드를 통과하는 자속수 $\varnothing$는

$$\varnothing = n \mu_0 S \int_{-a}^{a} H dz = \frac{n \mu_0 S a^2 i}{2} \int_{-a}^{a} \frac{dz}{(a^2 + z^2)^{3/2}} = \frac{\mu_0 n S}{\sqrt{2}} i$$

따라서 $M = \varnothing / i = \frac{\mu_0 n S}{\sqrt{2}}$

제9장 전자계

01 $\delta = \frac{1}{\sqrt{\pi f \mu k}} = 6.67 \times 10^{-2} [mm]$

02

$$E \times H = \begin{vmatrix} i & j & k \\ F_x & F_y & 0 \\ -\sqrt{\frac{\epsilon}{\mu}} F_y & \sqrt{\frac{\epsilon}{\mu}} F_x & 0 \end{vmatrix} = k \sqrt{\frac{\epsilon}{\mu}} (F_x^2 + F_y^2)$$

크기는

$$|\mathbf{E}\times\mathbf{H}| = |\mathbf{E}||\mathbf{H}|\sin\theta$$
$$= \sqrt{F_x^2 + F_y^2}\sqrt{\frac{\epsilon}{\mu}(F_x^2 + F_y^2)}\sin\theta$$
$$= \sqrt{\frac{\epsilon}{\mu}}(F_x^2 + F_y^2)$$

이므로 $\sin\theta = 1, \theta = \frac{\pi}{2}$ 가 된다.

이로부터 전계 **E**와 자계 **H**는 직각을 이루며, **E** →**H**로의 회전과 진행방향(**k** 방향)은 우수계가 됨을 알 수 있다.

03 E(z), H(z)는 **E**, **H**가 z의 함수임을 나타낸다.
주어진 조건으로부터

$$\left.\begin{aligned} \frac{d^2E(z)}{dz^2} &= -\omega^2\epsilon\mu E(z) \\ \frac{d^2H(z)}{dz^2} &= -\omega^2\epsilon\mu H(z) \end{aligned}\right\} \quad (1)$$

식 (1)의 해를 구하기 위해 $E(z)=e^{az}$라 하고 이를 식 (1)에 대입하면
$\alpha = +-j\omega\sqrt{\epsilon\mu}$을 구할 수 있다.
따라서

$$\left.\begin{aligned} &E(z) = E_1 e^{j\omega\sqrt{\epsilon\mu z}} + E_2 e^{-j\omega\sqrt{\epsilon\mu z}} \quad (E_1, E_2 : 적분상수) \\ &\therefore E_x = E(z)e^{j\omega t} = E_1 e^{j\omega\left(t+\frac{z}{v}\right)} + E_2 e^{j\omega\left(t-\frac{z}{v}\right)} \\ &H_y = -\int\epsilon\frac{\partial E_x}{\partial t}dz = \sqrt{\frac{\epsilon}{\mu}}\left(-E_1 e^{j\omega\left(t+\frac{z}{v}\right)} + E_2 e^{j\omega\left(t-\frac{z}{v}\right)}\right) \\ &v = \frac{1}{\sqrt{\epsilon\mu}} \end{aligned}\right\}(2)$$

식(2)의 E_2항은 파형이 z방향으로 진행하는 진행파이며, E_1항은 역방향으로 진행하는 반사파가 된다.

지금 진행파만을 고찰하면 $E_x = E_2 e^{j\omega\left(t-\frac{z}{v}\right)}$

t, z = 0일 때 $E_x=E_m$이라고 하면 $E_2=E_m$이므로 $E_x = E_m e^{j\omega\left(t-\frac{z}{v}\right)}$
이것을 정현파로 고쳐 쓰면

$$\left.\begin{aligned} E_x &= E_m \sin\omega\left(t - \frac{z}{v}\right) \\ H_y &= \sqrt{\frac{\epsilon}{\mu}}\, E_m \sin\omega\left(t - \frac{z}{v}\right) \end{aligned}\right\}$$

여기서, $\omega\left(t-\frac{z}{v}\right)$에서 $\omega\frac{z}{v}=2\pi, (\omega=2\pi f)$로 될 때 sin은 원래의 값과 같게 된다. 여기서 z를 λ로 표시하여, $\lambda = v/f$ 를 파장이라 한다.
공간에 있어서 전파속도와 파장은

$$\left.\begin{aligned} v_0 &= \frac{1}{\sqrt{\epsilon_0 \mu_0}} \fallingdotseq 3\times 10^8 \quad [m/s] \\ \lambda_0 &= \frac{v_0}{f} = \frac{3\times 10^8}{f} \quad [m] \end{aligned}\right\}$$

04

$$\left.\begin{aligned} \lambda_1 &= \frac{v}{f_1} = \frac{3\times 10^8}{10^5} = 3000\,[m] \\ \lambda_2 &= \frac{v}{f_2} = \frac{3\times 10^8}{10^7} = 30\,[m] \\ \lambda_3 &= \frac{v}{f_3} = \frac{3\times 10^8}{7}\times 10^9 = \frac{30}{7}\,[cm] \end{aligned}\right\}$$

05

(a) $v = \frac{1}{\sqrt{\epsilon\,\mu_0}} = \frac{1}{\sqrt{80\times 8.855\times 10^{-12}\times 4\pi\times 10^{-7}}} = 3.35\times 10^7\ [m/s]$

(b) $H_y = \sqrt{\frac{\epsilon_s}{\mu_s}}\times\frac{E_m}{377} = \frac{\sqrt{80}}{377}E_m = 2.38\times 10^{-2}E_m$

따라서 수중에서 자계의 세기는 $H = 2.38\times 10^{-2}E_m \sin\omega\left(t - \frac{z}{v}\right)$

06. C_1, C_1', C_2는 각파의 진행방향을 표시한다. 전계 E가 모두 같은 방향을 따를 때, 반사파의 자계는 반사파의 진행방향 C'에 역으로 되기 때문에 H_1'은 역방향이 된다.
경계면의 평행성분은 같다는 조건으로부터

$$E_1 + E_1' = E_2\ ,\quad H_1 - H_1' = H_2 \quad (1)$$

그런데

$$E_1 = \sqrt{\frac{\mu_1}{\epsilon_1}} H_1 \ , \ E_1' = \sqrt{\frac{\mu_1}{\epsilon_1}} H_1' \ , \ E_2 = \sqrt{\frac{\mu_2}{\epsilon_2}} H_2 \qquad (2)$$

식(2)의 E를 식(1)에 대입하고, H에 대한 연립방정식을 풀며

$$H_1' = \frac{\sqrt{\frac{\mu_2}{\epsilon_2}} - \sqrt{\frac{\mu_1}{\epsilon_1}}}{k} H_1 \ , \ H_2 = \frac{2\sqrt{\frac{\mu_1}{\epsilon_1}}}{k} H_1$$

$$\therefore \ E_1' = \frac{\sqrt{\frac{\mu_2}{\epsilon_2}} - \sqrt{\frac{\mu_1}{\epsilon_1}}}{k} E_1 \ , \ E_2 = \frac{2\sqrt{\frac{\mu_2}{\epsilon_2}}}{k} E_1$$

여기서 $k = \sqrt{\frac{\mu_1}{\epsilon_1}} + \sqrt{\frac{\mu_2}{\epsilon_2}}$

반사파 혹은 투과파의 크기는 $\frac{\sqrt{\mu_2/\epsilon_2}}{\sqrt{\mu_2/\epsilon_2}}$ 만으로 결정된다.

특별한 경우로서 $\sqrt{\mu_1/\epsilon_1} = \sqrt{\mu_2/\epsilon_2}$ 일 때는 $E_1' = H_1' = 0$ 이므로 반사파는 없으며, 입사파는 모두 경계면을 통과한다.

$\sqrt{\mu_1/\epsilon_1} > \sqrt{\mu_2/\epsilon_2}$ 일 때는 $H_1' < 0$, $E_1' < 0$ 로 되고 반사파의 전계, 자계의 방향은 그림과 반대로 된다.

찾아보기

ㅊ

전자기학

발　　행 / 2021년 3월 19일

판권 소유

•

저　　자 / 강 진 규
펴 낸 이 / 정 창 희
펴 낸 곳 / 동일출판사
주　　소 / 서울시 강서구 곰달래로31길7 (2층)
전　　화 / (02) 2608-8250
팩　　스 / (02) 2608-8265
등록번호 / 제109-90-92166호

•

ISBN 978-89-381-0997-2-93560
값 / 20,000원